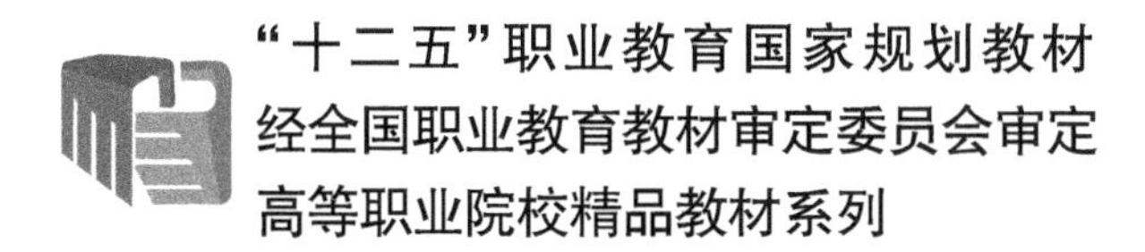

火灾报警及消防联动系统施工

（第2版）

杨连武　主　编
沈瑞珠　副主编
袁青青　主　审

電子工業出版社
Publishing House of Electronics Industry
北京·BEIJING

内 容 简 介

本书是在第1版得到广泛使用的基础上，充分征求相关教师和专家的意见，结合最新的职业教育教学改革要求和国家示范院校建设项目成果进行编写。课程以学生就业为导向进行设计，通过对火灾报警及消防联动系统在施工工程中实际案例的讲解，力求同实际工程相结合，培养学生掌握火灾报警及联动控制原理、操作及应用技能，成为能够进行火灾报警系统方案设计的高素质应用型技术人才。全书分为6个项目单元：建筑消防相关知识；火灾自动报警系统；消防设备的联动控制；火灾报警及联动控制设备的安装与调试；火灾报警及联动控制系统的方案设计；气体灭火系统。

本书内容新颖，通俗易懂，实用性强，设有“职业导航”、“教学导航”、“知识分布网络”、“知识梳理与总结”，便于教师教学和学生高效率学习。

本书为高等职业本专科院校消防工程、楼宇智能化、建筑电气工程、物业管理等专业的教材，以及开放大学、成人教育、自学考试、中职学校及培训班相关课程的教材，同时也是消防工程技术人员的一本好参考书。

本书配有免费的电子教学课件和练习题参考答案，详见前言。

图书在版编目(CIP)数据

火灾报警及消防联动系统施工／杨连武主编. —2版. —北京：电子工业出版社，2010.8（2023.8重印）
高等职业院校精品教材系列
ISBN 978-7-121-11539-4

Ⅰ.①火… Ⅱ.①杨… Ⅲ.①火灾监测-自动报警系统-工程施工-高等学校:技术学校-教材 Ⅳ.①TU998.13

中国版本图书馆CIP数据核字(2010)第152374号

策划编辑：陈健德(E-mail:chenjd@phei.com.cn)
责任编辑：刘真平　　文字编辑：王凌燕
印　　刷：北京虎彩文化传播有限公司
装　　订：北京虎彩文化传播有限公司
出版发行：电子工业出版社
　　　　　北京市海淀区万寿路173信箱　邮编 100036
开　　本：787×1092　1/16　印张：18.25　字数：467.2千字
版　　次：2006年2月第1版
　　　　　2010年8月第2版
印　　次：2023年8月第19次印刷
定　　价：46.00元

所购买电子工业出版社图书有缺损问题，请向购买书店调换。若书店售缺，请与本社发行部联系，联系及邮购电话：(010)88254888，88258888。

质量投诉请发邮件至 zlts@phei.com.cn，盗版侵权举报请发邮件至 dbqq@phei.com.cn。

本书咨询联系方式：chenjd@phei.com.cn。

职业教育　继往开来（序）

自我国经济在21世纪快速发展以来，各行各业都取得了前所未有的进步。随着我国工业生产规模的扩大和经济发展水平的提高，教育行业受到了各方面的重视。尤其对高等职业教育来说，近几年在教育部和财政部实施的国家示范性院校建设政策鼓舞下，高职院校以服务为宗旨、以就业为导向，开展工学结合与校企合作，进行了较大范围的专业建设和课程改革，涌现出一批示范专业和精品课程。高职教育在为区域经济建设服务的前提下，逐步加大校内生产性实训比例，引入企业参与教学过程和质量评价。在这种开放式人才培养模式下，教学以育人为目标，以掌握知识和技能为根本，克服了以学科体系进行教学的缺点和不足，为学生的顶岗实习和顺利就业创造了条件。

中国电子教育学会立足于电子行业企事业单位，为行业教育事业的改革和发展，为实施"科教兴国"战略做了许多工作。电子工业出版社作为职业教育教材出版大社，具有优秀的编辑人才队伍和丰富的职业教育教材出版经验，有义务和能力与广大的高职院校密切合作，参与创新职业教育的新方法，出版反映最新教学改革成果的新教材。中国电子教育学会经常与电子工业出版社开展交流与合作，在职业教育新的教学模式下，将共同为培养符合当今社会需要的、合格的职业技能人才而提供优质服务。

近期由电子工业出版社组织策划和编辑出版的"全国高职高专院校规划教材·精品与示范系列"，具有以下几个突出特点，特向全国的职业教育院校进行推荐。

（1）本系列教材的课程研究专家和作者主要来自于教育部和各省市评审通过的多所示范院校。他们对教育部倡导的职业教育教学改革精神理解得透彻准确，并且具有多年的职业教育教学经验及工学结合、校企合作经验，能够准确地对职业教育相关专业的知识点和技能点进行横向与纵向设计，能够把握创新型教材的出版方向。

（2）本系列教材的编写以多所示范院校的课程改革成果为基础，体现重点突出、实用为主、够用为度的原则，采用项目驱动的教学方式。学习任务主要以本行业工作岗位群中的典型实例提炼后进行设置，项目实例较多，应用范围较广，图片数量较大，还引入了一些经验性的公式、表格等，文字叙述浅显易懂。增强了教学过程的互动性与趣味性，对全国许多职业教育院校具有较大的适用性，同时对企业技术人员具有可参考性。

（3）根据职业教育的特点，本系列教材在全国独创性地提出"职业导航、教学导航、知识分布网络、知识梳理与总结"及"封面重点知识"等内容，有利于老师选择合适的教材并有重点地开展教学过程，也有利于学生了解该教材相关的职业特点和对教材内容进行高效率的学习与总结。

（4）根据每门课程的内容特点，为方便教学过程对教材配备相应的电子教学课件、习题答案与指导、教学素材资源、程序源代码、教学网站支持等立体化教学资源。

职业教育要不断进行改革，创新型教材建设是一项长期而艰巨的任务。为了使职业教育能够更好地为区域经济和企业服务，殷切希望高职高专院校的各位职教专家和老师提出建议和撰写精品教材（联系邮箱：chenjd@phei.com.cn，电话：010－88254585），共同为我国的职业教育发展尽自己的责任与义务！

中国电子教育学会

全国高职高专院校土建类专业课程研究专家组

前 言

随着我国经济的快速发展，各个城市中出现越来越多的高楼大厦，对消防技术和人员的要求都大大提高。然而，相关的专业书籍比较缺乏，再加上火灾报警技术是紧跟电子技术的发展而不断提升的，电子技术的发展与产品性能的更新都很快，原有书籍的内容有些滞后。而现从事消防专业施工、运行的人员需求大大增加，有大量人员急需掌握这方面的知识和技能，这就更加需要高质量的教材。

本教材是在2005年出版的第1版得到广泛使用的基础上，经过教育部组织的两次专家评审，分别被评为“十一五”国家规划教材、高等教育精品教材和“十二五”国家规划教材。本次修订时充分征求相关教师和专家的意见，结合最新的职业教育教学改革要求和国家示范建设项目成果，对原有内容进行了重新整合与增减。在教材的修订编写过程中，以消防行业特点和就业岗位需求导向为出发点，注重课程内容与岗位技能之间的关系，将“工厂”和“课程”两个不同环境的事物有机融合在一起，以满足岗位工作所需要的知识和技能为原则，培养能够胜任火灾报警及消防联动系统的安装施工、方案设计岗位的应用型技术人才。

全书分为6个项目单元：项目1建筑消防相关知识；项目2火灾自动报警系统；项目3消防设备的联动控制系统；项目4火灾报警及联动控制设备的安装与调试；项目5火灾报警及联动系统的方案设计；项目6气体灭火系统。全书通过对火灾报警及消防联动系统在施工工程中实际案例的讲解，力求同实际工程相结合，突出职业技能的培养。本书内容新颖，通俗易懂，实用性强，设有“职业导航”，说明本课程培养能力的应用岗位；在各项目正文前配有“教学导航”，为项目的教与学过程提供指导；正文中的“知识分布网络”，便于学生掌握本节的重点；项目单元结尾有“知识梳理与总结”，便于学生对本项目内容的提炼和归纳。

本书为高等职业本专科院校消防工程、楼宇智能化、建筑电气工程、物业管理等专业的教材，以及开放大学、成人教育、自学考试、中职学校相关课程的教材，同时也是消防工程技术人员的一本好参考书。

本书由深圳职业技术学院杨连武教授主编并负责统一定稿，沈瑞珠教授任副主编。全书内容由深圳市泛海三江公司总经理、高级工程师袁青青进行主审并提供相关的案例资料，在此特表示感谢。

本书在编写过程中，参考了大量的书刊资料，吸收了众多火灾报警设备各方面的新技术、新成果，并且运用了一些随着我国城市化发展制定的新国家规范或标准，在此一并表示由衷的感谢。

由于编者水平有限，加之时间仓促，书中不妥和错误之处在所难免，恳请读者批评指正。

为了方便教师教学及学生学习，本书配有免费的电子教学课件、习题参考答案，请有需要的教师及学生登录华信教育资源网（www. hxedu. com. cn）免费注册后再进行下载，有问题时请在网站留言板留言或与电子工业出版社联系（E-mail：gaozhi@ phei. com. cn）。

编　者

2010 年 6 月

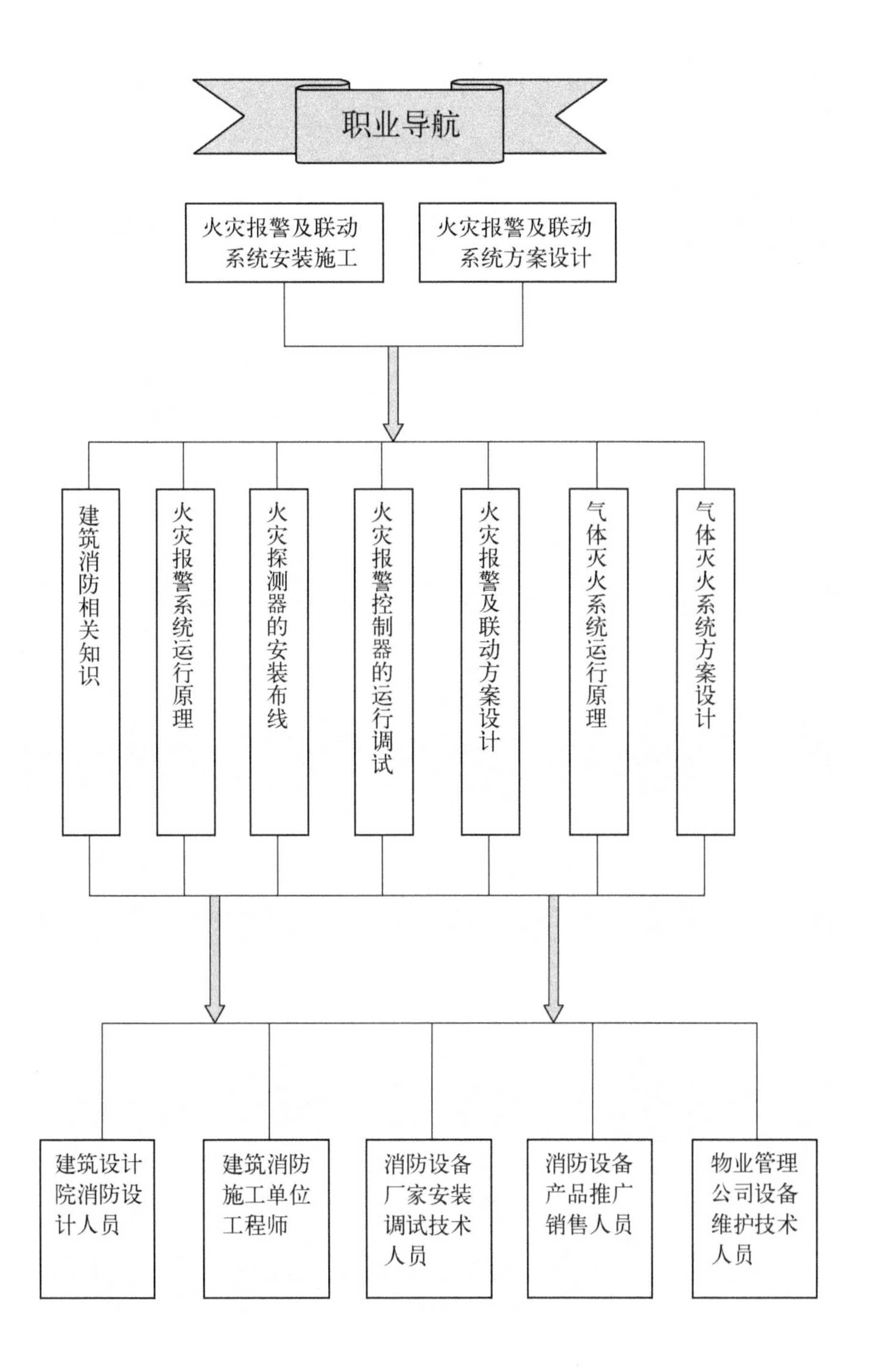
职业导航
火灾报警及联动系统安装施工
火灾报警及联动系统方案设计
建筑消防相关知识
火灾报警系统运行原理
火灾探测器的安装布线
火灾报警控制器的运行调试
火灾报警及联动方案设计
气体灭火系统运行原理
气体灭火系统方案设计
建筑设计院消防设计人员
建筑消防施工单位工程师
消防设备厂家安装调试技术人员
消防设备产品推广销售人员
物业管理公司设备维护技术人员

目录

项目1 建筑消防相关知识

教学导航

教	知识重点	1. 火灾特征及熄灭的方法 2. 建筑消防系统的组成 3. 高层建筑的火灾特点
	知识难点	1. 火灾的形成过程 2. 建筑物的防火分区和防烟分区的划分 3. 建筑物的报警区域和探测区域的划分
	推荐教学方式	1. 首先通过讲解消防学科的发展前景，使学生对消防感兴趣 2. 通过提问，看学生已有哪些消防知识？有何正确或错误的观点 3. 讲解消防基本知识，火灾的概念、燃烧的概念、水的灭火机理等 4. 简单讲解消防系统组成及功能 5. 播放消防灭火和救护的录像（约30分钟） 6. 理论部分讲授采用多媒体教学
	建议学时	4学时
学	推荐学习方法	结合本章内容，通过自我对照，进行总结归纳。除学习课本内容外，可利用网络查找对所学内容进行深入学习，以便加深所学内容，同时拓展知识范围
	必须掌握的理论知识	1. 消防系统的主要组成部分 2. 火灾形成的三个阶段 3. 消防基本知识
	必须掌握的技能	1. 应用消防基本知识制定消防防范和灭火知识的宣传讲座 2. 具有使用消防相关规范的能力

1.1 火灾特征及熄灭方法

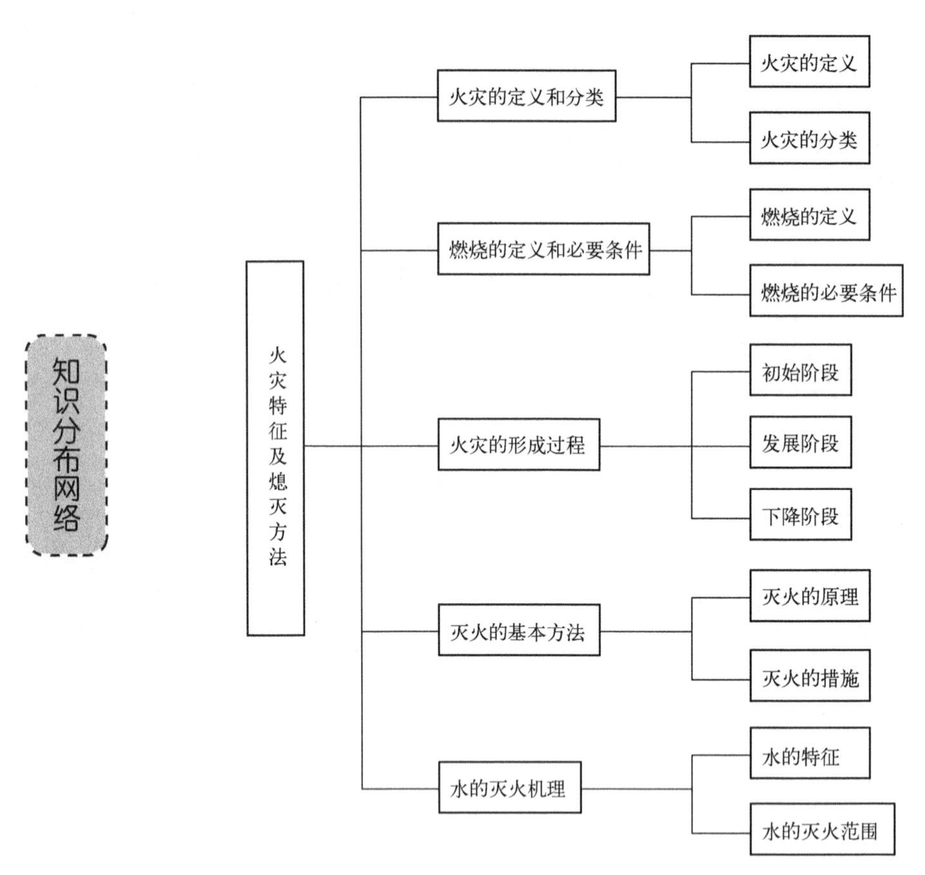

1.1.1 火灾的定义和分类

1. 火灾的定义

火灾，是指在时间或空间上失去控制的燃烧所造成的灾害。

在各种灾害中，火灾是最经常、最普遍地威胁公众安全和社会发展的主要灾害之一。人类能够对火进行利用和控制，是文明进步的一个重要标志。火，给人类带来文明进步、光明和温暖。但是，失去控制的火，就会给人类造成灾难。所以说人类使用火的历史与同火灾作斗争的历史是相伴相生的，人们在用火的同时，不断总结火灾发生的规律，尽可能地减少火灾及其对人类造成的危害。对于火灾，在我国古代，人们就总结出“防为上，救次之，戒为下”的经验。随着社会的不断发展，在社会财富日益增多的同时，导致发生火灾的危险性也在增多，火灾的危害性也越来越大。

据统计，我国20世纪70年代火灾年平均损失不到2.5亿元，80年代火灾年平均损失不到3.2亿元。进入90年代，特别是1993年以来，火灾造成的直接财产损失上升到年均十几亿元，年均死亡2 000多人。实践证明，随着社会和经济的发展，消防工作的重要性越来越突出。“预防火灾和减少火灾的危害”是对消防立法意义的总体概括，包括了两层含义：一是做好预防火灾的各项工作，防止发生火灾；二是火灾绝对不发生是不可能的，而一旦发生

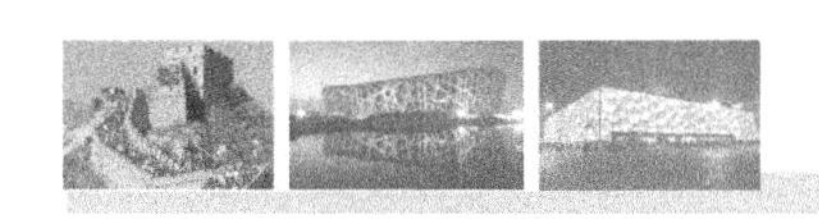

火灾，就应当及时、有效地进行扑救，减少火灾的危害。

2. 火灾的分类

火灾依据物质燃烧特性，可划分为A、B、C、D、E五类。

A类火灾：指固体物质火灾。这种物质往往具有有机物质性质，一般在燃烧时产生灼热的余烬，如木材、煤、棉、毛、麻、纸张等火灾。

B类火灾：指液体火灾和可熔化的固体物质火灾，如汽油、煤油、柴油、原油，甲醇、乙醇、沥青、石蜡等火灾。

C类火灾：指气体火灾，如煤气、天然气、甲烷、乙烷、丙烷、氢气等火灾。

D类火灾：指金属火灾，如钾、钠、镁、铝镁合金等火灾。

E类火灾：指带电物体和精密仪器等物质的火灾。

3. 火灾的等级

根据2007年6月26日，公安部下发的《关于调整火灾等级标准的通知》。新的火灾等级标准由原来的特大火灾、重大火灾、一般火灾三个等级调整为特别重大火灾、重大火灾、较大火灾和一般火灾四个等级。森林大火之后的惨状见图1-1 。

图1-1　森林大火之后的惨状

（1）特别重大火灾，指造成30人以上死亡，或者100人以上重伤，或者1亿元以上直接财产损失的火灾。

（2）重大火灾，指造成10人以上30人以下死亡，或者50人以上100人以下重伤，或者5 000万元以上1亿元以下直接财产损失的火灾。

（3）较大火灾，指造成3人以上10人以下死亡，或者10人以上50人以下重伤，或者1 000万元以上5 000万元以下直接财产损失的火灾。

（4）一般火灾，指造成3人以下死亡，或者10人以下重伤，或者1 000万元以下直接财产损失的火灾。（**注**：“以上”包括本数，“以下”不包括本数。）

4. 火灾的原因

建筑物起火的原因多种多样，主要为由于生活用火不慎引起火灾、生产活动中违规操作引发火灾、化学或生物化学的作用造成的可燃和易燃物自燃，以及人为用电不当造成的电气火灾等。

可归纳如下：

（1）建筑结构不合理；

（2）火源或热源靠近可燃物；

（3）电气设备绝缘不良、接触不牢、超负荷运行、缺少安全装置；电气设备的类型与使用场所不相适应；

（4）化学易燃品生产、储存、运输、包装方法不符合要求与性质相反应的物品混存在一起；

（5）应有避雷设备的场所而没有或避雷设备失效或失灵；

（6）易燃物品堆积过密，缺少防火间距；

（7）动火时易燃物品未清除干净；

（8）从事火灾危险性较大的操作，没有防火制度，操作人员不懂防火和灭火知识；

（9）潮湿易燃物品的库房地面比周围环境地面低；

（10）车辆进入易燃场所没有防火的措施。

1.1.2 燃烧的定义和必要条件

1. 燃烧的定义

燃烧，俗称着火，是物体快速氧化，产生光和热的过程。它是可燃物与氧化剂发生的一种氧化放热反应，通常伴有光、烟或火焰。燃烧示意图见图1–2 。

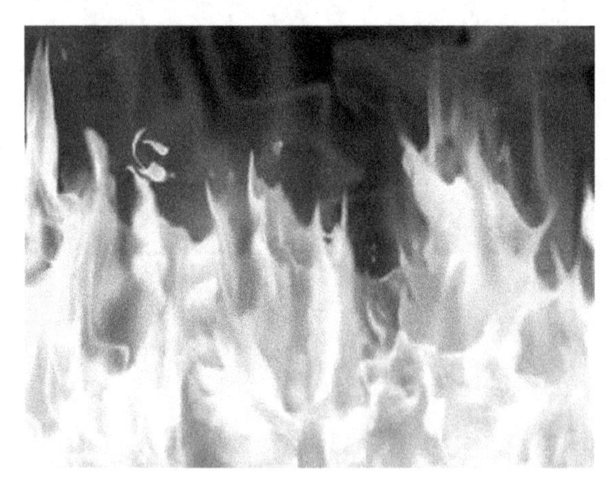

图1–2 燃烧示意图

燃烧具有三个特征，即化学反应、放热和发光。

燃烧标准化定义：燃烧是一种发光发热的剧烈的化学反应。

燃烧的广义定义：燃烧是指任何发光发热的剧烈的化学反应，不一定要有氧气参加，比如金属镁（Mg）和二氧化碳（CO_2）反应生成氧化镁（MgO）和碳（C），该反应没有氧气参加，但是剧烈的发光发热的化学反应，同样属于燃烧范畴。

2. 燃烧的必要条件

物质燃烧过程的发生和发展，必须具备以下三个必要条件，即可燃物、氧化剂和温度

（引火源），也称为燃烧三要素：火三角，见图1–3 。只有这三个条件同时具备，才可能发生燃烧现象，无论缺少哪一个条件，燃烧都不能发生。但是，并不是上述三个条件同时存在，就一定会发生燃烧现象，还必须这三个因素相互作用才能发生燃烧。

图1–3　燃烧三角形

（1）可燃物：凡是能与空气中的氧或其他氧化剂起燃烧化学反应的物质称为可燃物。可燃物按其物理状态分为气体可燃物、液体可燃物和固体可燃物三种。可燃烧物质大多是含碳和氢的化合物，某些金属如镁、铝、钙等在某些条件下也可以燃烧，还有许多物质如肼、臭氧等在高温下可以通过自己的分解而放出光和热。

（2）氧化剂：帮助和支持可燃物燃烧的物质，即能与可燃物发生氧化反应的物质称为氧化剂。燃烧过程中氧化剂主要是空气中游离的氧，另外如氟、氯等也可以作为燃烧反应的氧化剂。

（3）温度（引火源）：指供给可燃物与氧或助燃剂发生燃烧反应的能量来源。常见的是热能，其他还有化学能、电能、机械能等转变的热能。

（4）链式反应：有焰燃烧都存在链式反应。当某种可燃物受热，它不仅会汽化，而且该项可燃物的分子会发生热解作用从而产生自由基。自由基是一种高度活泼的化学形态，能与其他的自由基和分子反应，而使燃烧持续进行下去，这就是燃烧的链式反应。

3. 燃烧的种类

（1）闪燃。闪燃是指易燃或可燃液体挥发出来的蒸气与空气混合后，遇火源发生一闪即灭的燃烧现象。发生闪燃现象的最低温度点称为闪点。在消防管理分类上，把闪点小于28℃的液体划为甲类液体也叫易燃液体，闪点大于28℃小于60℃的称为乙类液体，闪点大于60℃的称为丙类液体，乙、丙两类液体又统称可燃液体。

（2）着火。着火是指可燃物质在空气中受到外界火源直接作用，开始起火持续燃烧的现象。这个物质开始起火持续燃烧的最低温度点称为燃点。

（3）自燃。自燃是指可燃物质在空气中没有外来明火源的作用，靠热量的积聚达到一定的温度时而发生的燃烧现象。自燃的热能来源：

① 外部热能的逐步积累，多是物理性的。

② 物质自身产生热量，多是化学性和生物性的。

（4）爆炸。爆炸是指物质在瞬间急剧氧化或分解反应产生大量的热和气体，并以巨大压力急剧向四周扩散和冲击而发生巨大响声的现象。可燃气体、蒸气或粉末与空气组成的混合物遇火源能发生爆炸的浓度称爆炸极限，其最低浓度称为爆炸下限，最高浓度称为爆炸上

限。低于下限的遇明火既不爆炸也不燃烧，高于上限的，虽不爆炸，但可燃烧。

（5）核聚变。在核聚变的时候会产生发光发热的现象，如太阳表面。

4. 燃烧形式

（1）扩散燃烧：可燃气体和空气分子互相扩散、混合，其混合浓度在爆炸范围以外，遇火源即能着火燃烧。

（2）蒸发燃烧：可燃性液体，如汽油、酒精等，蒸发产生了蒸气被点燃起火，它放出热量进一步加热液体表面，从而促使液体持续蒸发，使燃烧继续下去。萘、硫黄等在常温下虽为固体，但在受热后会升华产生蒸气或熔融后产生蒸气，同样是蒸发燃烧。

（3）分解燃烧：指在燃烧过程中可燃物首先遇热分解，分解产物和氧反应产生燃烧，如木材、煤、纸等固体可燃物的燃烧。

（4）表面燃烧：燃烧在空气和固体表面接触部位进行。例如，木材燃烧，最后分解不出可燃气体，只剩下固体炭，燃烧在空气和固体炭表面接触部分进行，它能产生红热的表面，不产生火焰。

（5）混合燃烧：可燃气体与助燃气体在容器内或空间中充分扩散混合，其浓度在爆炸范围内，此时遇火源即会发生燃烧，这种燃烧在混合气所分布的空间中快速进行，所以称为混合燃烧。

（6）阴燃：一些固体可燃物在空气不流通、加热温度低或可燃物含水多等条件下发生的只冒烟无火焰的燃烧。

5. 燃烧过程

1）不同状态物质的燃烧

自然界里的一切物质，在一定温度和压力下，都以一定状态（固态、液态、气态）存在。固体、液体、气体就是物质的三种状态。这三种状态的物质燃烧过程是不同的。固体和液体发生燃烧，需要经过分解和蒸发，生成气体，然后由这些气体成分与氧化剂作用发生燃烧。气体物质不需要经过蒸发，可以直接燃烧。

（1）固体物质的燃烧

固体是有一定形状的物质。它的化学结构比较紧凑，在常温下以固态存在。固体物质的化学组成是不一样的，有的比较简单，如硫、磷、钾等都是由同种元素构成的物质；有的比较复杂，如木材、纸张和煤炭等，是由多种元素构成的化合物。由于固体物质的化学组成不同，燃烧时情况也不一样。有的固体物质可以直接受热分解蒸发，生成气体，进而燃烧。有的固体物质受热后先熔化为液体，然后气化燃烧，如硫、磷、蜡等。

此外，各种固体物质的熔点和受热分解的温度也不一样，有的低，有的高。熔点和分解温度低的物质，容易发生燃烧。例如，赛璐珞（硝化纤维素）在80～90℃时就会软化，在100℃时就开始分解，150～180℃时自燃。但是大多数固体物质的分解温度和熔点是比较高的，如木材先是受热蒸发掉水分，析出二氧化碳等不燃气体，然后外层开始分解出可燃的气态产物，同时放出热量，开始剧烈氧化，直到出现火焰。

另外，固体物质燃烧的速度与其体积和颗粒的大小有关，小则快，大则慢。例如，散放的木条要比垛成堆的圆木燃烧快，其原因就是木条与氧的接触面大，燃烧较充分，因此燃烧速度就快。

（2）液体物质的燃烧

液体是一种流动性物质，没有一定形状。燃烧时，挥发性强，不少液体在常温下，表面上就漂浮着一定浓度的蒸汽，遇到着火源即可燃烧。

液体的种类繁多，各自的化学成分不同，燃烧的过程也就不同，如汽油、酒精等易燃液体的化学成分就比较简单，沸点较低，在一般情况下就能挥发，燃烧时，可直接蒸发生成与液体成分相同的气体，与氧化剂作用而燃烧。而有些化学组成比较复杂的液体燃烧时，其过程就比较复杂。例如，原油（石油）是一种多组分的混合物，燃烧时，原油首先逐一蒸发为各种气体组分，而后再燃烧。原油的燃烧与其他成分单一的液体燃烧不一样，它首先蒸发出沸点较低的组分并燃烧，而后才是沸点较高的组分。

（3）气体的燃烧

易燃与可燃气体的燃烧不需要像固体、液体物质那样经过熔化、蒸发等准备过程，所以气体在燃烧时所需要的热量仅用于氧化或分解气体和将气体加热到燃点，容易燃烧，而且燃烧速度快。

气体燃烧有两种形式，一是扩散燃烧；二是动力燃烧。如果可燃气体与空气边混合边燃烧，这种燃烧就叫扩散燃烧（或称稳定燃烧）。如使用石油液化气罐做饭就是扩散燃烧。如果可燃气体与空气在燃烧之前就已混合，遇到着火源立即爆炸，形成燃烧，这种燃烧就叫动力燃烧。如石油液化气罐气阀漏气时，漏出的气体与空气形成爆炸混合物，一遇到着火源，就会以爆炸的形式燃烧，并在漏气处转变为扩散燃烧。

2）完全燃烧和不完全燃烧

物质燃烧可分为完全燃烧和不完全燃烧。凡是物质燃烧后产生不能继续燃烧的新物质，就叫做完全燃烧；凡是物质燃烧后，产生还能继续燃烧的新物质，就叫做不完全燃烧。

物质为什么会出现两种不同形式的燃烧呢？主要是因为燃烧物质所处的条件不同。物质燃烧时，如果空气（或其他氧化剂）充足，就会发生完全燃烧，反之就发生不完全燃烧。

物质燃烧后产生的新物质称为燃烧产物。其中，散布于空气中能被人们看到的云雾状燃烧产物，叫做烟雾。物质完全燃烧后的产物叫做完全燃烧产物。物质不完全燃烧所生成的新物质叫做不完全燃烧产物。

燃烧产物对火灾扑救工作有很大影响。有利的影响是如下。

第一，大量生成完全燃烧产物，可以阻止燃烧的进行。如完全燃烧后生成的水蒸气和二氧化碳能够稀释燃烧区的含氧量，从而中断一般物质的燃烧。

第二，可以根据烟雾的特征和流动方向，来识别燃烧物质，判断火源位置和火势蔓延方向。

相关词为：

燃烧弹：也叫做烧夷弹，一种能使目标引起燃烧的枪弹或炸弹，一般用铝热剂、黄磷、凝固汽油等作为燃烧剂。

火焰喷射器、定向地雷、炮弹、火箭、手榴弹、地雷（水雷）、炸弹和其他装有燃烧物质的容器。

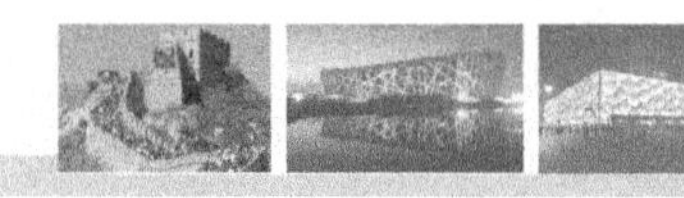

1.1.3 火灾的形成过程

火灾发展的三个阶段，即物体燃烧的阴燃、充分燃烧和衰减熄灭阶段，每段持续的时间以及达到某阶段的温度值，都是由燃烧的当时条件决定的。为了科学地制定防火措施，世界各国都相继做了建筑火灾实验，并概括地制定了一个能代表一般火灾温度发展规律的标准"温度－时间曲线"。我国制定的标准火灾"温度－时间"曲线为制定防火措施以及设计消防系统提供了参考依据。室内火灾温度－时间曲线的形状见图1–4。

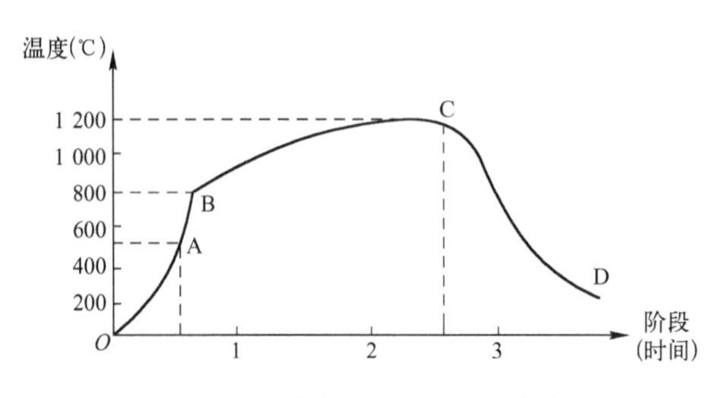

图1–4　室内火灾温度－时间曲线

火灾初始阶段（OA段）：即阴燃阶段，主要是预热温度升高，并生成大量可燃气体的烟雾。由于是局部燃烧，室内温度不高，此阶段火势发展的快慢，随火源与可燃物的特点不同而不同。此时动用灭火手段，易于扑灭火灾。

火灾发展阶段（ABC段）：即充分燃烧阶段，除产生烟以外，还伴有光、热辐射等，火势猛且蔓延迅速，室内温度急速升高，达到700℃以上，最高可达1200℃左右，此时动用灭火手段，扑灭火灾困难很大。且随着辐射热急剧增加，可能出现轰燃。

火灾下降阶段（CD段）：即衰减熄灭阶段，氧气耗净，可燃物呈阴燃状态，温度500℃以下。不合理通风，新鲜空气突然进入，有发生暴燃的危险。

1.1.4 灭火的基本方法

1. 灭火的基本原理

物质燃烧必须同时具备三个必要条件，即可燃物、助燃物和着火源。根据这些基本条件，一切灭火措施，都是为了破坏已经形成的燃烧条件，或终止燃烧的连锁反应而使火熄灭以及把火势控制在一定范围内，最大限度地减小火灾损失。这就是灭火的基本原理。

（1）冷却法：如用水扑灭一般固体物质的火灾，通过水来大量吸收热量，使燃烧物的温度迅速降低，最后使燃烧终止。

（2）窒息法：如用二氧化碳、氮气、水蒸气等来降低氧浓度，使燃烧不能持续。

（3）隔离法：如用泡沫灭火剂灭火，通过产生的泡沫覆盖于燃烧体表面，在冷却作用的同时，把可燃物同火焰和空气隔离开来，达到灭火的目的。

（4）化学抑制法：如用干粉灭火剂通过化学作用，破坏燃烧的链式反应，使燃烧终止。

2. 灭火的基本措施

（1）扑救A类火灾：一般可采用水冷却法，但对于忌水的物质，如布、纸等应尽量减小水渍所造成的损失。对珍贵图书、档案应使用二氧化碳、卤代烷、干粉灭火剂灭火。

（2）扑救B类火灾：首先应切断可燃液体的来源，同时将燃烧区容器内可燃液体排至安全地区，并用水冷却燃烧区可燃液体的容器壁，减慢蒸发速度；及时使用大剂量泡沫灭火剂、干粉灭火剂将液体火灾扑灭。

（3）扑救C类火灾：首先应关闭可燃气阀门，防止可燃气发生爆炸，然后选用干粉、卤代烷、二氧化碳灭火器灭火。

（4）扑救D类火灾：如镁、铝燃烧时温度非常高，水及其他普通灭火剂无效。钠和钾的火灾切忌用水扑救，水与钠、钾起反应放出大量热和氢，会促进火灾猛烈发展。应用特殊的灭火剂，如干砂等。

（5）扑救E火灾：用“1211”或干粉灭火器、二氧化碳灭火器效果好，因为这三种灭火器的灭火药剂绝缘性能好，不会发生触电伤人的事故。

1.1.5　水的灭火机理

1. 水的特性

水能灭火，是因水具有以下几种特性。

（1）冷却作用。水的热容量和汽化热都比较大，水能从燃烧物质夺取大量热，降低燃烧物质温度。

水遇到燃烧物质温度升高，转化为水蒸气。每1kg水全部汽化成水蒸气，需要吸收539千卡的热量。因为水汽化时能吸收这样大的热量，所以水喷射到燃烧物质的表面上，就能使燃烧物质表面的温度迅速下降，起到冷却降温的作用，有利于灭火。

（2）窒息作用。水被汽化后形成水蒸气，水蒸气能阻止空气进入燃烧区，并减少燃烧区空气中氧的含量，使其推动助燃作用而熄灭。

水与火焰接触后，水滴转化为水蒸气，体积急剧增大（1L水可变成1 700L水蒸气）。而水蒸气能稀释可燃气体和助燃的空气在燃烧区内的浓度。在一般情况下，空气中含有30%（体积）以上的水蒸气，燃烧就会停止。

（3）乳化作用。水滴与重质油品（如重油等）相遇，在油的表面形成一层乳化层。可降低油气蒸发速度，促使燃烧停止。

（4）稀释作用。水能稀释某些液体，冲淡燃烧区可燃气体浓度，降低燃烧强度，能够浸湿未燃烧的物质，使之难以燃烧。

（5）冲击作用。水在机械作用下具有冲击力。水流强烈地冲击火焰，使火焰中断而熄灭。

2. 水的灭火范围

水能灭火，但也不是万能的。用水灭火也有一定的范围，以下几种物质的火灾不能用水扑救。

（1）比水轻的易燃液体火灾，如汽油、煤油等火灾，不能用水扑灭。因为水比油的比重大，油浮于水面仍能继续燃烧。

（2）容易被破坏的物质，如图书、档案和精密仪器等不能用水扑救。

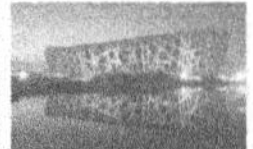

（3）对于高压电气火灾是不能用直流水扑救的，因为水具有一定的导电性。

（4）与水起化学反应，分解出可燃气体和产生大量热能的物质，如钾、钠、钙、镁等轻金属和电石等物质的火灾，禁止使用水扑救。

1.2 建筑消防系统的功能及重要性

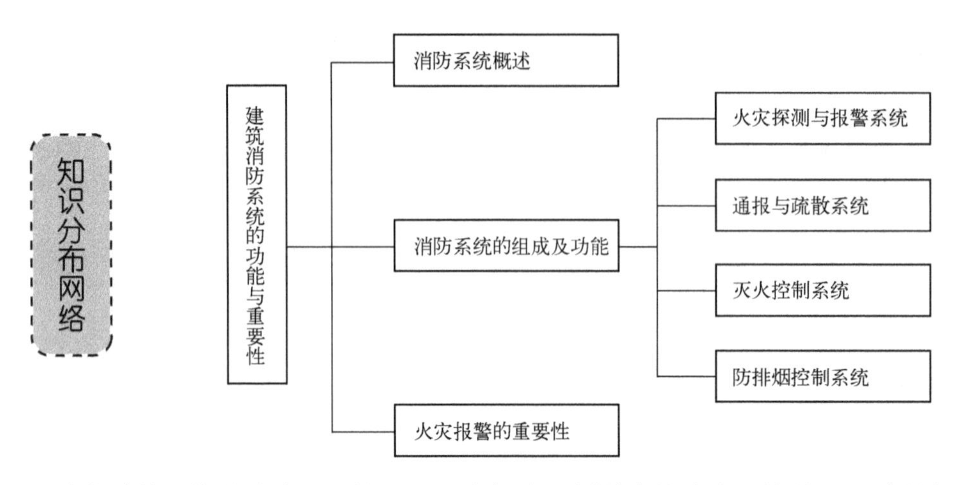

现代化建筑系统是消防工程的重要组成部分。所谓建筑消防系统就是在建筑物内或高层建筑物内建立的自动监控、自动灭火的自动化消防系统。众所周知，一旦建筑物发生火灾，该系统就是主要灭火者。它的工作可靠、技术先进则是扑灭火灾的关键。

现代化建筑消防系统，尤其是服务于高层建筑的建筑消防系统是一个功能齐全的具有先进控制技术的自动化系统。对于不同形式、不同结构、不同功能的建筑物来说，建筑消防系统的模式不一定完全一样。高层民用建筑可根据其使用性质、火灾危险性、疏散和扑救难度等进行分类。

建筑消防系统，以建筑物或高层建筑物为被控对象，通过自动化手段实现火灾的自动报警及自动扑灭。

1.2.1 建筑消防系统的组成及功能

1. 智能楼宇对消防系统的要求

随着高层建筑及其群体的出现，尤其是智能楼宇的大量涌现，“消防系统”作为现代化多功能楼厦中的重要成员，显得尤为重要。办公大楼、财贸金融中心、电信大楼、广播电视大楼及高级宾馆等建筑物一旦发生火灾，后果将不堪设想。由于这类高层建筑的起火因素复杂，火势蔓延途径多，消防人员扑救难度大，人员疏散困难。如果没有一个先进的自动监测、自动灭火的消防系统，单靠人工实现火灾的预防与扑救，是无法想象的。因此，建立先进的、行之有效的自动化消防系统，是智能楼宇建设中的重要组成部分，也是现代科技发展的高度结晶。

2. 消防系统的组成

一个完整的消防体系基本上可划分为火灾自动报警系统、灭火系统及避难诱导系统。根

据国家有关建筑物防火规范的要求，一个完整的消防体系由以下几部分组成，见图1–5。

(1) 火灾探测与报警系统：主要由火灾探测器和火灾自动报警控制装置等组成。

(2) 通报与疏散系统：由紧急广播系统（平时为背景音乐系统）、事故照明系统及避难诱导灯等组成。

(3) 灭火控制系统：由自动喷洒装置、气体灭火控制装置、液体灭火控制装置等构成。

(4) 防排烟控制系统：主要实现对防火门、防火阀、排烟口、防火卷帘、排烟风机、防烟垂壁等设备的控制。

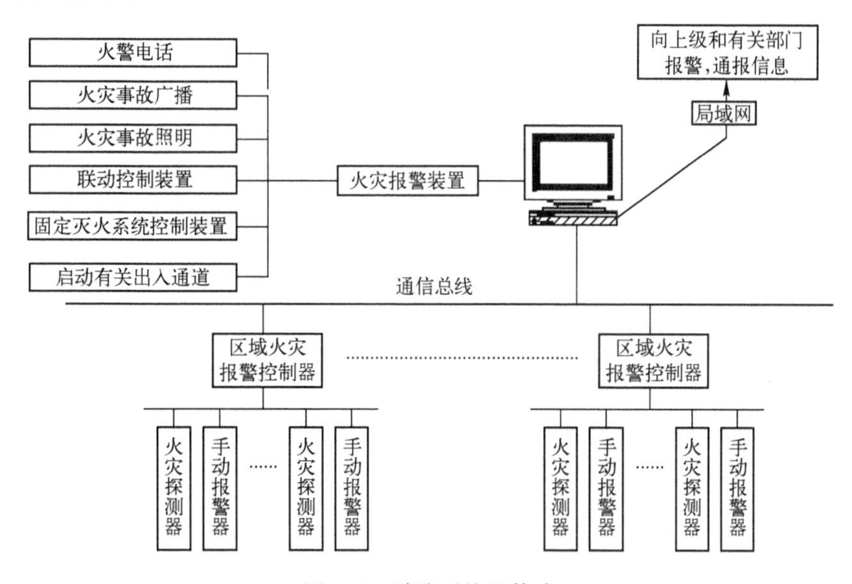

图1–5　消防系统的构成

3. 消防系统控制功能

1) 火灾自动报警系统控制功能

火灾自动报警系统作为消防系统的核心部分，对灭火起着至关重要的作用。其两个基本组成部分是火灾探测器和报警控制器，其中，火灾探测器是火灾自动报警装置最关键的部件，它好比火灾自动报警及控制系统的“眼睛”，火灾自动报警信号都是由它发出的。报警控制器是火灾信息处理和报警控制的核心，最终通过联动控制装置实施消防控制和灭火操作，见图1–6。

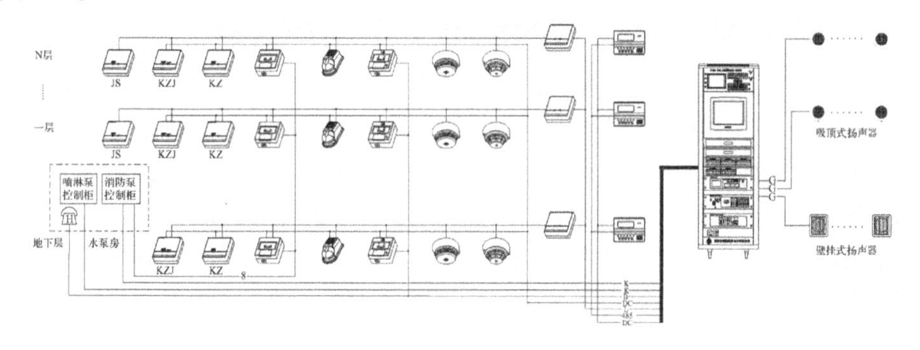

图1–6　火灾自动报警系统的示意图

传统火灾自动报警系统与现代火灾自动报警系统之间的区别，第一在于探测器本身的性能。由开关量探测器改为模拟量传感器是一个质的飞跃，将烟浓度、上升速率或其他感受参数以模拟值传给控制器，使系统确定火灾的数据处理能力和智能化程度大为增加，减小了误报警的概率。第二在于信号处理方法做了彻底改进，即把探测器中模拟信号不断送到控制器评估或判断，控制器用适当算法辨别虚假或真实火警，判断其发展程度和探测受污染的状态。这一信号处理技术，意味着系统具有较高“智能”。

现代火灾自动报警系统迅速发展的另一方面是复合探测器和多种新型探测器不断涌现，探测性能越来越完善。多传感器/多判据探测器技术发展，多个传感器从不同火灾现象获得信号，并从这些信号寻出多样的报警和诊断判据。高灵敏吸气式激光粒子计数型火灾报警系统、分布式光纤温度探测报警系统、计算机火灾探测与防盗保安实时监控系统、电力线传输火灾自动报警系统等新技术获得应用。近年来，红外光束感烟探测器、缆式线型定温火灾探测器、可燃气体探测器等在消防工程中日渐增多，并已有相应的产品标准和设计规范。

2）消防联动系统控制功能

消防控制中心报警系统是一个完整的火灾自动报警系统，由火灾探测、报警控制和联动控制三部分组成。无联动的报警方式，是单纯的报警系统。实际上，不具有任何联动控制能力的单纯报警控制器产品不多，这些报警控制器或多或少都具有一定的联动控制功能，但这远不能满足现代建筑物消防监控的需要。

现场消防设备种类繁多，它们从功能上可分为三大类：第一类是灭火系统，包括各种介质如液体、气体、干粉的喷洒装置，是直接用于扑灭火灾的；第二类是灭火辅助系统，是用于限制火势、防止灾害扩大的各种设备；第三类是信号指示系统，是用于报警并通过灯光与声响来指挥现场人员的各种设备。对应于这些现场消防设备需要有关的消防联动控制装置：室内消火栓系统的控制装置，自动喷水灭火系统的控制装置，卤代烷、二氧化碳等气体灭火系统的控制装置，电动防火门、防火卷帘等防火分割设备的控制装置，通风、空调、防烟、排烟设备及电动防火阀的控制装置，电梯的控制装置，断电控制装置，备用发电控制装置，火灾事故广播系统及其设备的控制装置，消防通信系统，火警电铃、火警灯等现场声光报警控制装置，事故照明装置等。在建筑物防火工程中，消防联动控制系统可由上述部分或全部控制装置组成。

1.2.2 火灾自动报警系统在建筑消防设施中的重要性

建筑消防设施，就是设置在建筑内部，用于在火灾发生时能够及时发现、确认、补救火灾的设施，也包括用于传递火灾信息，为人员疏散创造便利条件和对建筑进行防火分隔的装置等。建筑消防设施包括以下几部分：建筑防火；火灾自动报警系统；火灾事故广播与疏散指示系统；建筑灭火系统；防排烟系统；消防控制室。

在消防设施中，火灾自动报警系统是最重要的消防设施，因火灾早期报警至关重要，现代建筑安装了火灾自动报警系统。它是建筑物的神经系统，感受、接收着发生火灾的信号并及时报警，发出警报。它是一个称职的更夫，给居住、工作在建筑中的人们以极大的安全感。

1.3 高层建筑的火灾特点及相关区域的划分

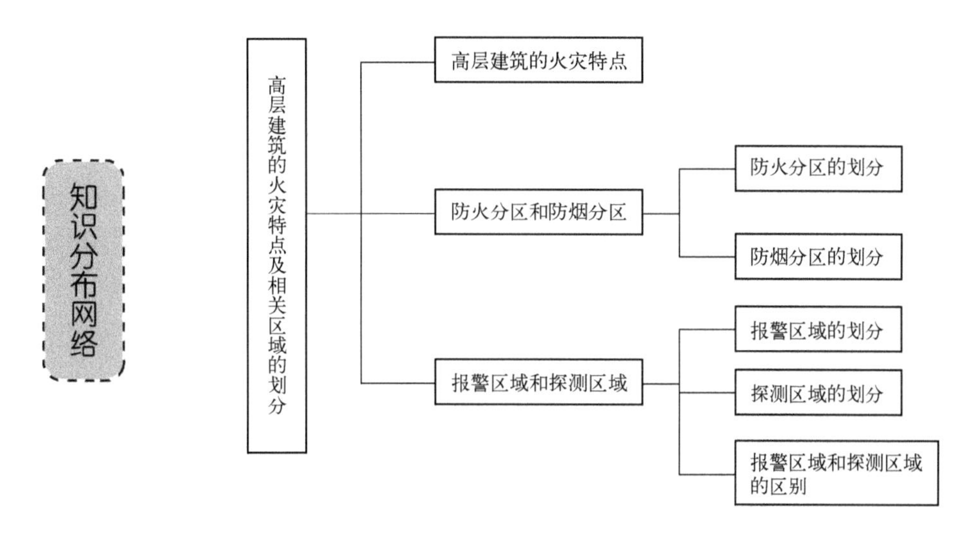

1.3.1 高层建筑的概念及火灾特点

1. 高层建筑

中国自1982年起规定超过10层的住宅建筑和超过24 m高的其他民用建筑为高层建筑。1972年国际高层建筑会议将高层建筑分为4类：第一类为9~16层（最高50 m），第二类为17~25层（最高75 m），第三类为26~40层（最高100 m），第四类为40层以上（高于100 m）。公元前280年古埃及人建造了高100多米的亚历山大港灯塔。523年在中国河南登封县建成高40 m的嵩岳寺塔。现代高层建筑兴起于美国，1883年在芝加哥建起第一幢高11层的保险公司大楼，1931年在纽约建成高101层的帝国大厦。第二次世界大战以后，出现了世界范围的高层建筑繁荣时期。1970年—1974年建成的美国芝加哥西尔斯大厦，约443 m高。高层建筑可节约城市用地，缩短公用设施和市政管网的开发周期，从而减少市政投资，加快城市建设。

10层及10层以上的居住建筑（包括首层设置商业服务网点的住宅），或建筑高度超过24 m（不包含单层主体建筑超过24 m的体育馆、会堂、剧院等）的公共建筑。

国家标准《民用建筑设计通则》（GB 50352—2005）将住宅建筑依层数划分为：1~3层为低层；4~6层为多层；7~9层为中高层；10层及以上为高层建筑。公共建筑及综合性建筑总高度超过24 m为高层，但是高度超过24 m的单层建筑不算高层建筑。超过100 m的民用建筑为超高层建筑。

高层建筑的起点高度或层数，各国规定不一，且多无绝对、严格的标准。

在我国，旧规范规定8层以上的建筑都被称为高层建筑，而目前，接近20层的称为中高层，30层左右接近100 m的称为高层建筑，而50层左右200 m以上的称为超高层。在新《高规》即《高层建筑混凝土结构技术规程》（JGJ3—2002）里规定：10层及10层以上或高度超过28 m的钢筋混凝土结构称为高层建筑结构。当建筑高度超过100 m时，称为超高层建筑。

我国的房屋一般8层以上就需要设置电梯，对10层以上的房屋就有提出特殊防火要求

的防火规范，因此我国的《民用建筑设计通则》（GB 50352—2005）、《高层民用建筑设计防火规范》（GB 50045—2005）将10层及10层以上的住宅建筑和高度超过24 m的公共建筑和综合性建筑划称为高层建筑。

在美国，24.6 m或7层以上视为高层建筑；在日本，31 m或8层及以上视为高层建筑；在英国，把等于或大于24.3 m的建筑视为高层建筑。

2. 高层建筑的火灾特点

随着城市经济的发展，城市人口密集，土地昂贵，城镇的高层建筑和超高层建筑越来越多。目前，我国高层建筑正朝着现代化、大型化、多功能化的方向发展，由于高层建筑楼层高，功能复杂，设备繁多，因此高层建筑的建筑特点既有一般高层建筑的共性，又有其特殊性。

高层建筑的火灾特点：

（1）火势蔓延途径多，容易形成立体火灾。在建高层建筑一旦发生火灾，大部分呈敞开式燃烧，建筑物本身的消防设施未建成，无防火、防烟分隔，火灾极易蔓延。

（2）内部情况复杂，疏散困难。在建高层楼梯无扶手，楼面孔洞多，电梯井道口无护栏，楼面穿管预排的凸出物多，物品堆放杂乱无章，易造成坠落跌倒伤害。

（3）外围脚手架和防护物易垮塌。脚手架和防护物多为可燃物，一旦发生火灾，在一定时间内，会失去承重能力易造成垮塌。

（4）扑救难度大。高层建筑内部的消防设施还不完善，尤其是二类高层建筑仍以消火栓系统扑救为主，因此，扑救高层建筑火灾往往遇到较大困难。在建高层建筑施工现场通道狭窄，由于受到场地的制约，房屋或棚屋之间、建筑材料垛与垛之间缺乏必要的防火间距，甚至有些材料堆垛堵塞了消防通道，消防车难于接近起火点；内部情况复杂，战斗展开困难。例如，热辐射强，烟雾浓，火势向上蔓延的速度快、途径多，消防人员难以堵截火势蔓延；在建高层下方地形复杂，导致举高车无法靠近作业。当形成大面积火灾时，其消防用水量显然不足，需要利用消防车向高楼供水，建筑物内如果没有安装消防电梯，消防队员因攀登高楼体力不够，不能及时到达起火层进行扑救，消防器材也不能随时补充，均会影响扑救。

（5）火势蔓延快，高层建筑风速大，据测定，风速随高度的上升而逐渐加大。例如，如果建筑物在10 m高处的风速为5 m/s，到30 m高处的风速为8.7 m/s。而到90 m高处时的风速已达15 m/s左右。

如风速在9 m/s时，飞火星可达785 m的距离，风速在13 m/s时，飞火星可达2 750 m的距离。

据测定，在对烟火无阻挡时，烟火水平蔓延速度为（0.3 ~0.8）m/s，而垂直速度为（2 ~4）m/s。这样，100 m高的建筑物，烟火可以在不到1 min的时间内从一层迅速扩散蔓延到楼顶。

1.3.2 建筑物的防火分区和防烟分区

1. 建筑物的防火分区

1）防火分区的概念

所谓防火分区是指用耐火建筑物构件（如防火墙）将建筑物分隔开的、能在一定时间内将火灾限制于起火区而不向同一建筑的其余部分蔓延的局部区域（空间单元）。

在建筑物内采用划分防火分区这一措施，可以在建筑物发生火灾时，有效地把火势控制在一定的范围内，减小火灾损失，同时可以为人员安全疏散、消防扑救提供有利条件。

防火分区，按照防止火灾向防火分区以外扩大蔓延的功能可分为两类：一是竖向防火分区，用以防止多层或高层建筑物层与层之间竖向发生火灾蔓延；二是水平防火分区，用以防止火灾在水平方向扩大蔓延。

竖向防火分区是指用耐火性能较好的楼板及窗间墙（含窗下墙），在建筑物的垂直方向对每个楼层进行的防火分隔。

水平防火分区是指用防火墙或防火门、防火卷帘等防火分隔物将各楼层在水平方向分隔出的防火区域。它可以阻止火灾在楼层的水平方向蔓延。防火分区应用防火墙分隔。如确有困难时，可采用防火卷帘加冷却水幕或闭式喷水系统，或采用防火分隔水幕分隔。

2）防火分区的划分

从防火的角度看，防火分区划分得越小越有利于保证建筑物的防火安全。但如果划分得过小，则势必会影响建筑物的使用功能，这样做显然是行不通的。防火分区面积大小的确定应考虑建筑物的使用性质、重要性、火灾危险性、建筑物高度、消防扑救能力及火灾蔓延的速度等因素。

我国现行的《建筑设计防火规范》、《人民防空工程设计防火规范》、《高层民用建筑设计防火规范》等均对建筑的防火分区面积进行了规定，在设计、审核和检查时，必须结合工程实际，严格执行。

高层建筑内应采用防火墙等划分防火分区，每个防火分区的允许最大建筑面积不应超过表1-1的规定。

表1-1 每个防火分区的允许最大建筑面积

建筑类别	每个防火分区的允许最大建筑面积（m^2）	建筑类别	每个防火分区的允许最大建筑面积（m^2）
一类建筑	1 000	地下室	500
二类建筑	1 500		

注：1. 设有自动灭火系统的防火分区，其允许最大建筑面积可按本表增加1倍；当局部设置自动灭火系统时，增加面积可按该局部面积的1倍计算。

2. 一类建筑的电信楼，其防火分区的允许最大建筑面积可按本表增加50%。

高层建筑内的商业营业厅、展览厅等，当设有火灾自动报警系统和自动灭火系统，且采用不燃烧或难燃烧材料装修时：地上部分防火分区的允许最大建筑面积为4 000 m^2；地下部分防火分区的允许最大建筑面积为2 000 m^2。

当高层建筑与其裙房之间设有防火墙等防火分隔设施时，其裙房的防火分区的允许最大建筑面积不应大于2 500 m^2；当设有自动喷水灭火系统时，防火分区的允许最大建筑面积可增加1倍。

高层建筑内设有上下层相连通的走廊、敞开楼梯、自动扶梯、传送带等开口部位时，应按上下连通层作为一个防火分区，其允许最大建筑面积之和不应超过建筑防火规范的规定。当上下开口部位设有耐火极限大于3 h的防火卷帘或水幕等分隔设施时，其面积可不叠加计算。

高层建筑中庭防火分区面积应按上、下连通的面积叠加计算，当超过一个防火分区的允许最大建筑面积时，应符合下列规定。

（1）房间与中庭回廊相通的门、窗，应设自行关闭的乙级防火门、窗。

（2）与中庭相通的过厅、通道等，应设乙级防火门或耐火极限大于3 h的防火卷帘分隔。

（3）中庭每层回廊应设有自动喷水灭火系统。

（4）中庭每层回廊应设火灾自动报警系统。

2. 建筑物的防烟分区

1）防烟分区的概念

所谓防烟分区是指用挡烟垂壁、挡烟梁、挡烟隔墙等划分的可把烟气限制在一定范围的空间区域。

防烟分区是为有利于建筑物内人员安全疏散与有组织排烟而采取的技术措施。防烟分区使烟气集于设定空间，通过排烟设施将烟气排至室外。防烟分区范围是指以屋顶挡烟隔板、挡烟垂壁或从顶棚向下突出不小于500 mm的梁为界，从地板到屋顶或吊顶之间的规定空间。

屋顶挡烟隔板是指设在屋顶内，能对烟和热气的横向流动造成障碍的垂直分隔体。

挡烟垂壁是指用不燃烧材料制成的，从顶棚下垂不小于500 mm的固定或活动的挡烟设施。活动挡烟垂壁是指火灾时因感温、感烟或其他控制设备的作用，自动下垂的挡烟垂壁。

2）防烟分区的作用

大量资料表明，火灾现场人员伤亡的主要原因是烟害所致。发生火灾时首要任务是把火场上产生的高温烟气控制在一定的区域之内，并迅速排出室外。为此，在设定条件下必须划分防烟分区。设置防烟分区主要是保证在一定时间内，使火场上产生的高温烟气不致随意扩散，并进而加以排除，从而达到有利人员安全疏散，控制火势蔓延和减小火灾损失的目的。

3）防烟分区的设置原则

设置防烟分区时，如果面积过大，会使烟气波及面积扩大，增加受灾面，不利安全疏散和扑救；如面积过小，不仅影响使用，还会提高工程造价。

（1）不设排烟设施的房间（包括地下室）和走道，不划分防烟分区。

（2）防烟分区不应跨越防火分区。

（3）对有特殊用途的场所，如地下室、防烟楼梯间、消防电梯、避难层间等，应单独划分防烟分区。

（4）防烟分区一般不跨越楼层，某些情况下，如1层面积过小，允许包括1个以上的楼层，但以不超过3层为宜。

（5）每个防烟分区的面积，对于高层民用建筑和其他建筑（含地下建筑和人防工程），其建筑面积不宜大于500 m^2；当顶棚（或顶板）高度在6 m以上时，可不受此限。此外，需设排烟设施的走道、净高不超过6 m的房间应采用挡烟垂壁、隔墙或从顶棚突出不小于0.5 m的梁划分防烟分区，梁或垂壁至室内地面的高度不应小于1.8 m。

4）防烟分区的划分方法

防烟分区一般根据建筑物的种类和要求不同，可按其用途、面积、楼层划分。

（1）按用途划分。对于建筑物的各个部分，按其不同的用途，如厨房、卫生间、起居室、客房及办公室等，来划分防烟分区比较合适，也较方便。国外常把高层建筑的各部分划分为居住或办公用房、疏散通道、楼梯、电梯及其前室、停车库等防烟分区。但按此种方法划分防烟分区时，应注意对通风空调管道 、电气配管、给排水管道等穿墙和楼板处，应用不燃烧材料填塞密实。

（2）按面积划分。在建筑物内按面积将其划分为若干个基准防烟分区，这些防烟分区在各个楼层一般形状相同、尺寸相同、用途相同。不同形状和用途的防烟分区，其面积也宜一致。每个楼层的防烟分区可采用同一套防排烟设施。如所有防烟分区共用一套排烟设备时，排烟风机的容量应按最大防烟分区的面积计算。

（3）按楼层划分。在高层建筑中，底层部分和上层部分的用途往往不太相同，如高层旅馆建筑，底层布置餐厅、接待室、商店、会计室、多功能厅等，上层部分多为客房。火灾统计资料表明，底层发生火灾的机会较多，火灾概率大，上部主体发生火灾的机会较小。因此，应尽可能根据房间的不同用途沿垂直方向按楼层划分防烟分区。

1.3.3　报警区域和探测区域的划分

1. 报警区域

报警区域是指人们在设计中将火灾自动报警系统的警戒范围按防火分区或楼层划分的部分空间，是设置区域火灾报警控制器的基本单元。

一个报警区域可以由一个防火分区或同楼层相邻几个防火分区组成；但同一个防火分区不能在两个不同的报警区域内；同一报警区域也不能保护不同楼层的几个不同的防火分区。

报警区域应根据防火分区或楼层划分。一个报警区域应由一个或同层相邻几个防火分区组成。

2. 探测区域

探测区域就是将报警区域按照探测火灾的部位划分的单元，是火灾探测部位编号的基本单元。一般一个探测区域对应系统中一个独立的部位编号。

探测区域的划分应符合下列规定：

（1）探测区域应按独立房（套）间划分。一个探测区域的面积不宜超过 500 m^2；从主要入口能看清其内部，且面积不超过 1 000 m^2 的房间，也可划为一个探测区域。

（2）符合下列条件之一的二级保护对象，可将几个房间划为一个探测区域。

① 相邻房间不超过 5 间，总面积不超过 400 m^2，并在门口设有灯光显示装置。

② 相邻房间不超过 10 间，总面积不超过 100 m^2，在每个房间门口均能看清其内部，并在门口设有灯光显示装置。

（3）下列场所应分别单独划分探测区域：

① 敞开或封闭楼梯间；

② 防烟楼梯间前室、消防电梯前室、消防电梯与防烟楼梯间合用的前室；

③ 走道、坡道、管道井、电缆隧道；

④ 建筑物闷顶、夹层。

3. 报警区域和探测区域的区别

报警区域：将火灾自动报警系统的警戒范围按照防火区域或者楼层划分的单元。

探测区域：将报警区域按探测火灾的部位划分的单元。

报警区域和探测区域划分的实际意义在于便于系统的设计和管理。一个报警区域内设置一台区域火灾报警控制器（或者火灾报警控制器）。一个探测区域的火灾探测器组成一个报警回路，对应于火灾报警控制器上的一个部位号。

知识梳理与总结

1. 本单元作为本书的先导部分，首先介绍了消防的基本知识，对火灾、燃烧的特征及灭火的方法都进行了阐述，使学生对消防有一个全面的了解。

2. 对建筑消防系统的形成、发展及组成进行了概括，一个完整的消防体系基本上可划分为火灾自动报警系统、灭火系统及避难诱导系统，强调了无论从技术含量还是从发挥的重要作用方面来讲，火灾自动报警系统在建筑消防系统中都具有重要性。

3. 讲述了高层建筑的火灾特点，对建筑物的防火分区和防烟分区，报警区域和探测区域的划分进行概念上的界定，以便后续课程的学习。

复习思考题1

1. 火灾的分类、等级和发生的原因。
2. 燃烧的三个必要条件。
3. 火灾形成过程的三个阶段。各阶段有何特征？
4. 常见灭火的基本措施有哪些？水的灭火机理是什么？
5. 初期的消防系统、发达的消防系统、现代的消防系统。
6. 建筑消防系统有哪些主要内容？
7. 火灾自动报警系统在建筑消防系统中的重要性。
8. 高层建筑火灾的主要特点。
9. 防火分区和防烟分区划分的原则。
10. 报警区域和探测区域是如何划分的？哪些场所需单独划分探测区域？
11. 报警回路和报警区域的关系是怎样的？
12. 如何正确报火警逃生？
13. 灭火器的使用方法。
14. 民用建筑保护等级同防火等级的关系。

项目2 火灾自动报警系统

教学导航

教	知识重点	1. 火灾自动报警系统的基本组成、工作原理和基本形式 2. 火灾报警控制器的技术性能 3. 传统型和智能型火灾报警系统
	知识难点	1. 二线制和总线制火灾报警系统的理解和应用 2. 火灾探测器的原理、分类、选择与布置 3. 火灾自动报警系统的适用场所与选择
	推荐教学方式	1. 以框图及典型设备图片为基础，详细讲解火灾自动报警系统组成及功能 2. 通过图片和实物详细讲解火灾探测器的工作原理及主要技术性能 3. 结合实物完成对火灾报警控制器的工作原理及主要技术性能的讲解 4. 结合典型的工程实例，讲解火灾自动报警系统的系统图和平面图 5. 布置参观要求，让学生带着问题参观火灾自动报警系统的实际工程，在选择与布置上加深对探测器及模块等器件的实际了解
	建议学时	10 学时
学	推荐学习方法	本单元是本课程的核心内容，以火灾自动报警系统的组成和工作原理为出发点，抓住火灾探测技术这个核心，掌握火灾探测器和火灾报警控制器的性能和应用
	必须掌握的理论知识	1. 火灾自动报警系统的组成、工作原理和基本形式 2. 火灾探测器的原理、分类、选择 3. 火灾报警控制器的功能及选型
	必须掌握的技能	1. 各类火灾探测器和火灾报警控制器的选取和应用 2. 简单的火灾自动报警系统的系统图的识读

2.1 火灾自动报警系统的发展与构成

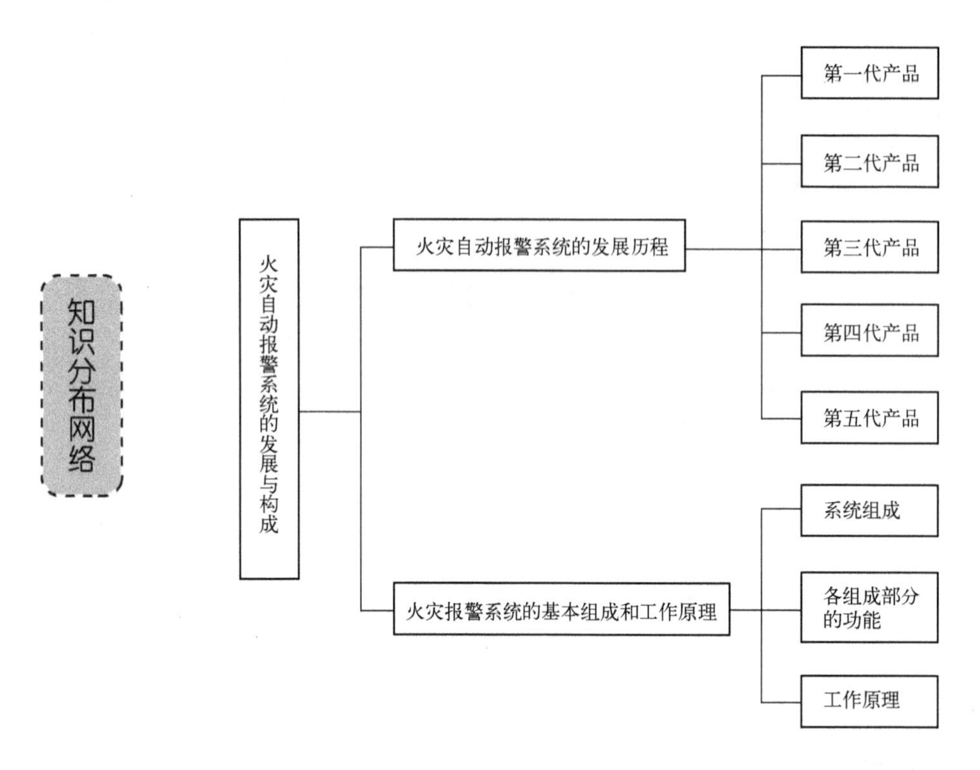

火灾自动报警系统是人们为了及早发现和通报火灾，并及时采取有效的措施控制和扑灭火灾，而设置在建筑物中或其他场所的一种自动消防设施，是人们同火灾作斗争的有利工具。

2.1.1 火灾自动报警系统的发展

1. 火灾自动报警系统的发展历程

在人类与火灾搏斗的漫长岁月中，人们主要是依靠感觉器官（如耳、眼等）来发现火灾的。根据史料记载，世界上的古老城镇，大多建有瞭望塔，由瞭望员站在瞭望塔上观察烟雾及火焰，发现火灾，向人们报警并通知人们灭火，此种方式一直沿用到20世纪中叶。

1847年，美国牙科医生Charmning和缅甸大学教授Farmer研究出世界上第一台城镇火灾报警发送装置，人类从此进入了开发火灾自动报警系统的时代。在此后的一个多世纪中，火灾自动报警系统的发展共经历了五代产品。

（1）传统的（多线制开关量式）火灾自动报警系统，这是第一代产品（19世纪40年代到20世纪70年代期间）。其主要特点是简单、成本低。但有明显的不足：一是因为火灾判断依据仅仅是根据所探测的某个火灾现象参数是否超过其自身设定值（阈值）来确定是否报警，因此无法排除环境和其他因素的干扰。它是以一个不变的灵敏度来面对不同的使用场所、不同的使用环境，这是不科学的。灵敏度选低了，会使报警不及时或漏报；灵敏度选高了，又会形成误报。另外，由于探测器的内部元器件失效或漂移现象等因素，也会发生误

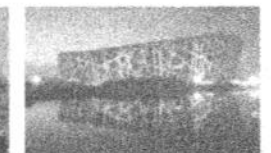

报。根据国外统计数据表明：误报与真实火灾报警之比达20∶1之多。二是性能差、功能少，无法满足发展需要。例如，多线制系统费钱、费工；不具备现场编程能力；不能识别报警的个别探测器（地址编码）及探测器类型；无法自动探测系统重要组件的真实状态；不能自动补偿探测器灵敏度的漂移；当线路短路或开路时，不能切断故障点，缺乏故障自诊断、自排除能力；电源功耗大，等等。

（2）总线制可寻址开关量式火灾探测报警系统（在20世纪80年代初形成），这是第二代产品。其中，二总线制系统被广泛使用。其优点是：省钱、省工；所有的探测器均并联到总线上；每只探测器均设置地址编码；使用多路传输的数据传输法，还可连接带地址码模块的手动报警按钮、水流指示器及其他中继器等；增设了可现场编程的键盘；系统自检和复位功能；火灾地址和时钟记忆与显示功能；故障显示功能；探测点开路、短路时隔离功能；准确地确定火情部位，增强了火灾探测或判断火灾发生的能力等。但对探测器的工况几乎无大改进，对火灾的判断和报警信号的发送仍由探测器决定。

（3）模拟量传输式智能火灾报警系统（20世纪80年代后期出现），这是第三代产品。其特点是：在探测处理方法上做了改进，即把探测器的模拟信号不断地送到控制器去评估或判断，控制器用适当的算法辨别火灾发生的真实性及其发展程度，或探测器受污染的状态。可以把模拟量探测器看做一个传感器，通过一个串联发讯装置，不仅能提供找出装置的位置信号，还能将火灾敏感现象参数（如烟雾浓度、温度等）以模拟值（一个真实的模拟信号或者等效的数字编码信号）传送给控制器，对火灾的判断和报警信号的发送由控制器决定，报警方式有多火灾参数复合式、分级报警式和响应阈值自动浮动式等。这能降低误报，提高系统的可靠性。在这种集中智能系统中，探测器无智能，属于初级智能系统。

（4）分布智能火灾报警系统（多功能智能火灾自动报警系统），这是第四代产品。探测器具有智能，相当于人的感觉器官，可对火灾信号进行分析和智能处理，做出恰当的判断，然后将这些判断信息传给控制器。控制器相当于人的大脑，既能接收探测器送来的信息，也能对探测器的运行状态进行监视和控制。由于探测部分和控制部分的双重智能处理，使系统运行能力大大提高。此类系统分三种，即：智能侧重于探测部分型，智能侧重于控制部分型和双重智能型。

（5）无线火灾自动报警系统和空气样本分析系统（同时出现在20世纪90年代），这是第五代产品。无线火灾自动报警系统由传感发射机，中继器以及控制中心三大部分组成，并以无线电波为传播媒体。探测部分与发射机合成一体，由高能电池供电，每个中继器只接收自己组内的传感发射机信号。当中继器接到组内某传感器的信号时，进行地址对照，一致时判读接收数据并由中继器将信息传给控制中心，中心显示信号。此系统具有节省布线费及工时、安装开通容易的优点。适用于不宜布线的楼宇、工厂、仓库等，也适用于改造工程。在空气样本分析系统中，采用高灵敏吸气式感烟探测器（HSSD探测器），主要抽取空气样本并进行烟粒子探测，还采用了特殊设计的检测室，高强度的光源和高灵敏度的光接收器件，使感烟灵敏度增加了几百倍。这一阶段还相继产生了光纤温度探测报警系统和载波系统等。

纵观火灾自动报警系统的发展史，第一代用了100年，第二代用了30年，第三代有近20年时间，而第三代尚未结束即出现了第四代，第四代只有不到10年的历史，相继出现了

第五代产品。火灾产品不断更新换代，使火灾报警系统发生了一次次变革。其发展速度越来越快，未来火灾探测及报警技术的发展将呈现误报率不断降低、探测性能越来越完善的趋势。

2. 智能火灾报警系统联网技术的出现

在一些大型场所，需要将不同地点的火灾报警控制器之间进行联网，进行统一监控，即将多台控制器联网，这就促使了火灾报警系统联网技术的出现。

智能火灾报警系统的联网一般分为两类：一类是同一厂家火灾报警主机之间内部的联网；另一类是不同厂家火灾报警主机之间进行统一联网。第一类因为是同一厂家内部的产品，主机与主机之间的接口形式和协议等都彼此兼容，所以实现起来相对要简单，联网后可实现火情的统一管理。第二类因为是在不同厂家火灾报警主机之间联网，主机与主机之间的接口形式和协议等都不兼容，所以实现起来非常困难。但是，在实际应用中，需要在不同厂家报警主机之间进行联网的情况又非常多。比如建立城市火灾报警网络时，因为在不同建筑物中所用的报警主机种类繁多，自然其联网的技术难度就非常大。下面以深圳三江公司2100A系列智能报警系统网络构成方案为例进行讲解，其系统组网构成如图2-1所示。它采用了CAN总线组网，系统最多可连接20台控制器、一台CRT和中文打印机。其中CRT和控制器可以适时显示每一台控制器的报警信息，并按现场编程的逻辑关系发出联动控制信息。另外，系统通过RS—485接口连接总线火灾显示盘。一个网络中最多可连接20个2100A系列智能火灾报警系统，任意一个报警控制系统均可作为主机；每个2100A智能报警系统的最大报警地址点不超过15 840个，组成最大网络系统时的报警地址点为20×15 840 = 316 800个。

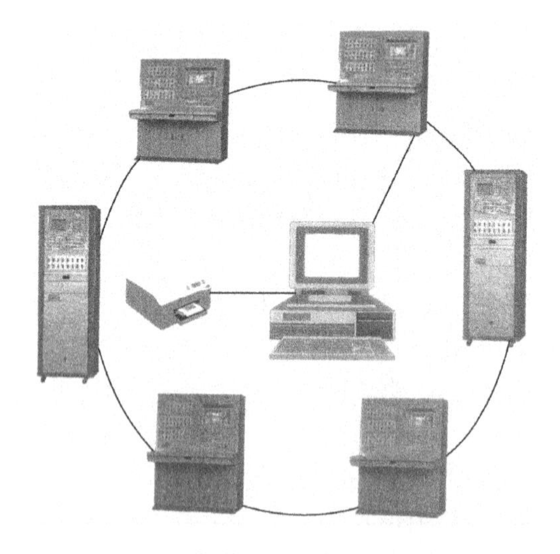

图2-1　智能报警系统组网的构成

2.1.2　火灾自动报警系统的基本组成和工作原理

1. 火灾自动报警系统的基本组成

火灾自动报警系统的组成形式有多种多样，具体组成部分的名称也有所不同。但无论怎

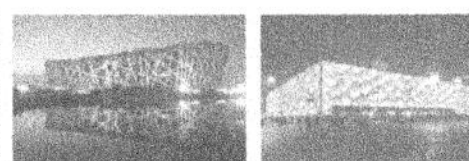

样划分，火灾自动报警系统基本可概括为由触发器件、火灾报警装置、火灾警报装置、电源和控制装置五大部分组成，对于复杂系统还包括消防控制设备，如图2-2所示。

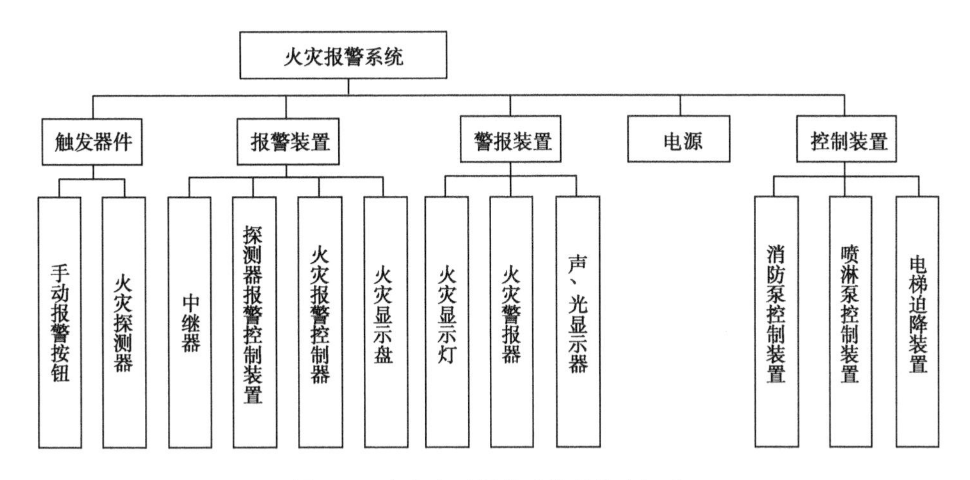

图2-2　火灾自动报警系统的基本组成

1）触发器件

在火灾自动报警系统中，自动或手动产生火灾报警信号的器件称为触发器件，主要包括火灾探测器和手动火灾报警按钮。火灾探测器是能对火灾参数（如烟、温、光、火焰辐射、气体浓度等）响应，并自动产生火灾报警信号的器件。按响应火灾参数的不同，火灾探测器分成感温火灾探测器、感烟火灾探测器、感光火灾探测器、可燃气体探测器和复合火灾探测器五种基本类型。不同类型的火灾探测器适用于不同类型的火灾和不同的场所。手动报警按钮是手动方式产生火灾报警信号、启动火灾自动报警系统的器件，也是火灾自动报警系统中不可缺少的组成部分之一。

现代消防设施中的重要部件，如自动喷水灭火系统中的压力开关、水流指示器、供水阀门等其所处的状态直接反映出系统的当前状态，关系到灭火行动的成败。因此，在很多工程实践中已将此类与火灾有关的信号通过转换装置传送至火灾报警控制器。

2）火灾报警装置

在火灾自动报警系统中，用以接收、显示和传递火灾报警信号，并能发出控制信号和具有其他辅助功能的控制指示设备称为火灾报警装置。火灾报警控制器就是其中最基本的一种。火灾报警控制器担负着为火灾探测器提供稳定的工作电源，监视探测器及系统自身的工作状态，接收、转换、处理火灾探测器输出的报警信号，进行声光报警，指示报警的具体部位及时间，同时执行相应的辅助控制等诸多任务，是火灾报警系统中的核心组成部分。

在火灾报警装置中，还有一些如中断器、区域显示器、火灾显示盘等功能能不完整的报警装置，它们可视为火灾报警控制器的演变或补充。它们在特定条件下应用，与火灾报警控制器同属于火灾报警装置。

火灾报警控制器的基本功能主要有：主电源、备用电源自动转换；备用电源充电；电源故障监测；电源工作状态指示；为探测器回路供电；控制器或系统故障声、光报警；火灾

声、光报警；火灾报警记忆；时钟单元；火灾报警优先故障报警；声报警、音响消音及再次声响报警。

3）火灾警报装置

在火灾自动报警系统中，用以发出区别于环境声、光的火灾警报信号的装置称为火灾警报装置。声光报警器就是一种最基本的火灾警报装置，它以声、光方式向报警区域发出火灾警报信号，以提醒人们展开安全疏散、灭火救灾措施。

警铃、讯响器也是一种火灾警报装置。火灾时，它们接收由火灾报警装置通过控制模块、中间继电器发出的控制信号，发出有别于环境声音的音响，它们大多安装于建筑物的公共空间部分，如走廊、大厅。

4）电源

火灾自动报警系统属于消防用电设备，其主电源应当采用消防电源，备用电源一般采用蓄电池组。系统电源除为火灾报警控制器供电外，还为与系统相关的消防控制设备等供电。

5）控制装置（联动设备）

在火灾自动报警系统中，当接收到火灾报警后，能自动或手动启动相关消防设备并显示其工作状态的装置，称为控制装置。主要包括：火灾报警控制器，自动灭火系统的控制装置，室内消火栓系统的控制装置，防烟排烟系统及空调通风系统的控制装置，常开防火门、防火卷帘的控制装置，电梯迫降控制装置，以及火灾应急广播、火灾警报装置、消防通信设备、火灾应急照明与疏散指示标志的控制装置等控制装置中的部分或全部。控制装置一般设置在消防控制中心，以便于实行集中统一控制。如果控制装置位于被控消防设备所在现场，其动作信号则必须返回消防控制室，以便实行集中与分散相结合的控制方式。

也可将火灾报警系统的组成形式按火灾报警控制器、火灾探测器、按钮、模块、警报器、联动控制盘、楼层火灾显示盘等设备进行划分。其中火灾报警系统核心为火灾报警控制器，其主要外部设备为火灾探测器及模块。

2. 火灾自动报警系统的工作原理

火灾自动报警系统是为了尽早探测到火灾的发生并发出火灾警报，启动有关防火、灭火装置而在建筑物中设置的一种自动消防设施。通过设置在建筑物中的自动火灾探测装置和手动报警装置，火灾自动报警系统可以在火灾发生的初期自动探测到火灾，并通过警报装置发出火灾警报，组织人员撤离，同时启动防烟、排烟及防火、灭火设施，以便于人员撤离，防止火灾发展和蔓延，控制和扑灭火灾。

火灾自动报警系统（如图2-3所示）的工作原理：在火灾发生的初期，系统通过设置在现场的感烟、感温和感光火灾探测器等火灾触发器件自动接收火灾燃烧所产生的烟雾、温度变化和热辐射等物理量信号，并将其变换成电信号输入火灾报警控制器，也可以通过手动报警按钮以手动的方式向火灾报警控制器通报火警。火灾报警控制器对输入的报警信号进行处理、分析，经判断为火灾时，立即以声、光信号等火灾警报装置向人发出火灾警报，并记录、显示火灾发生的时间和位置，同时向防烟排烟系统、自动喷水灭火系统、室内消火栓系统、管网气体灭火系统、泡沫灭火系统、干粉灭火系统，以及防火门、防火卷帘、挡烟垂壁等防烟、防火设施发出控制指令，启动各种消防装置，指挥人员疏散，控制火灾蔓延、发展。

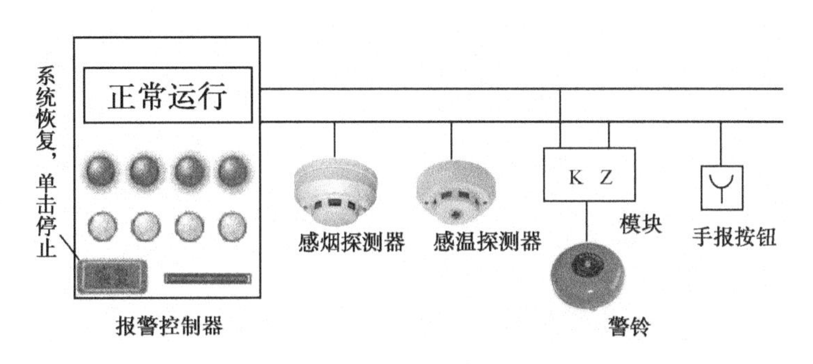

图2-3 火灾自动报警系统的工作原理示意图

2.2 火灾自动报警系统的基本形式及选择

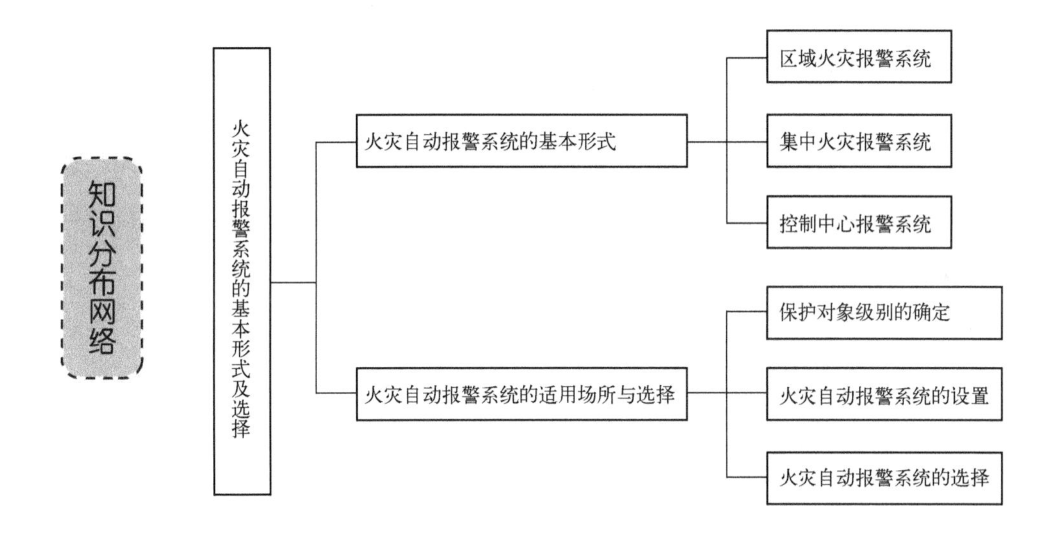

2.2.1 火灾自动报警系统的基本形式

随着电子技术的迅速发展和计算机软件技术在现代消防技术中的大量应用，火灾自动报警系统的结构、形式越来越灵活多样，很难精确划分成几种固定的模式。火灾自动报警技术的发展趋向于智能化系统，这种系统可组合成任何形式的火灾自动报警网络结构。它既可以是区域报警系统，也可以是集中报警系统和控制中心报警系统形式。它们无绝对明显的区别，设计人员可任意组合设计成自己需要的系统形式。根据火灾自动报警系统联动功能的复杂程度及报警系统保护范围的大小，将火灾自动报警系统分为区域报警系统、集中报警系统和控制中心报警系统三种基本形式。

1. 区域火灾报警系统

区域火灾报警系统通常由区域火灾报警控制器、火灾探测器、手动火灾报警按钮、火灾警报装置及电源等组成，其系统结构、形式如图2-4所示。该系统功能简单，适用于较小范围的保护。

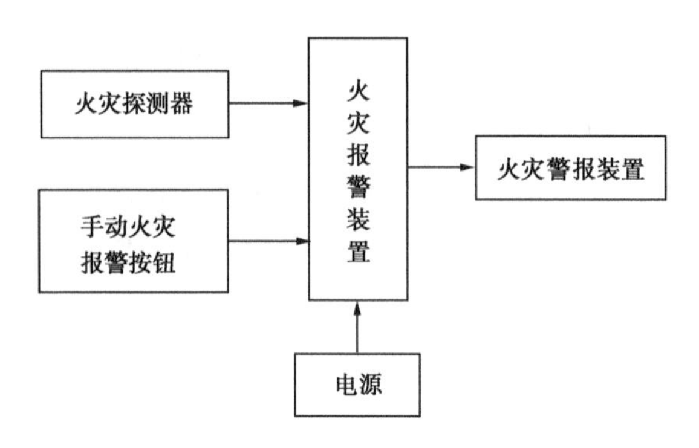

图2-4　区域火灾报警系统

采用区域报警系统时，其区域报警控制器不应超过三台，因为未设集中报警控制器，当火灾报警区域过多而又分散时就不便于集中监控与管理。

2. 集中火灾报警系统

集中火灾报警系统通常由集中火灾报警控制器、至少两台区域火灾报警控制器（或区域显示器）、火灾探测器、手动火灾报警按钮、火灾警报装置及电源等组成，其系统结构、形式如图2-5所示。该系统功能较复杂，适用于较大范围内多个区域的保护。

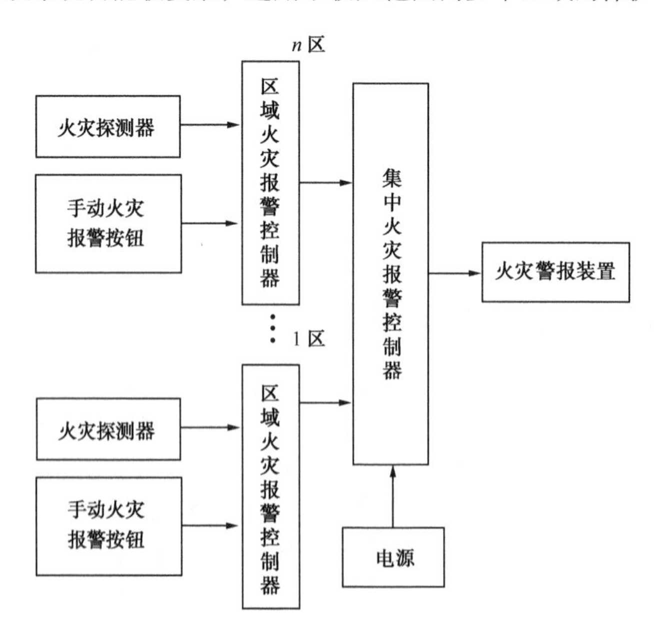

图2-5　集中火灾报警系统

集中火灾报警系统应设置在由专人值班的房间或消防值班室内，若集中报警不设在消防控制室内，则应将它的输出信号引至消防控制室，这有助于建筑物内整体火灾自动报警系统的集中监控和统一管理。

3. 控制中心报警系统

控制中心报警系统通常由至少一台集中火灾报警控制器、一台消防联动控制设备、至少两台区域火灾报警控制器（或区域显示器）、火灾探测器、手动火灾报警按钮、火灾报警装置、火警电话、火灾应急照明、火灾应急广播、联动装置及电源等组成，其系统结构、形式如图2-6所示。该系统的容量较大，消防设施控制功能较全，适用于大型建筑的保护。

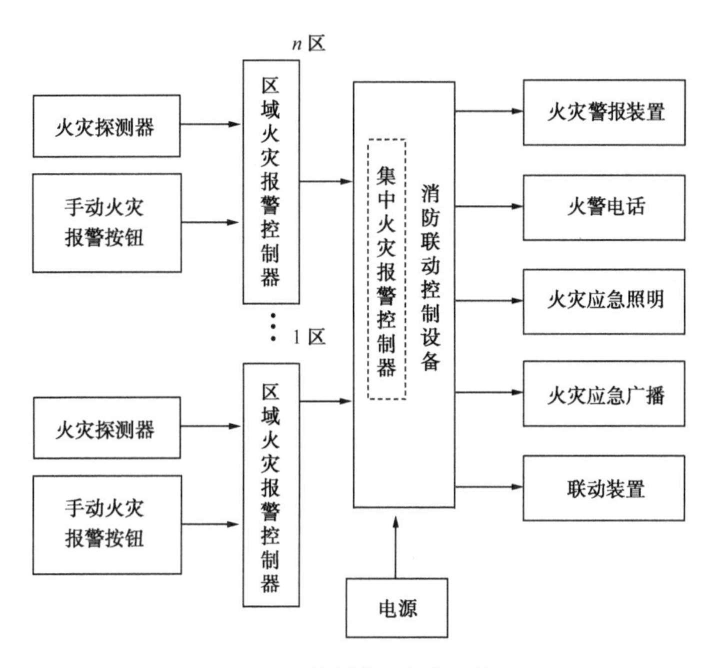

图2-6 控制中心报警系统

集中火灾报警控制器设在消防控制室内，其他消防设备及联动控制设备，可采用分散控制和集中遥控两种方式。各消防设备工作状态的反馈信号，必须集中显示在消防控制室的监视或总控制台上，以便对建筑物内的防火安全设施进行全面控制与管理。控制中心报警系统探测区域可多达数百甚至上千个。

2.2.2 火灾自动报警系统的适用场所与选择

1. 火灾自动报警系统保护对象级别的确定

火灾自动报警系统保护对象的分级要根据不同情况和火灾自动报警系统设计的特点，结合保护对象的实际需要，有针对性地划分。《火灾自动报警系统设计规范》（GB 50116—2008）明确规定：“火灾自动报警系统的保护对象应根据其使用性质、火灾危险性、疏散和扑救难度等分为特级、一级和二级”，具体划分如表2-1所示。

表2-1　火灾自动报警系统保护对象的分级

<table>
<tr><th>等级</th><th colspan="2">保护对象</th></tr>
<tr><td>特级</td><td colspan="2">建筑高度超过100 m的高层民用建筑</td></tr>
<tr><td rowspan="5">一级</td><td>建筑高度不超过100 m的高层民用建筑</td><td>一类建筑</td></tr>
<tr><td>建筑高度超过24 m的民用建筑及建筑高度超过24 m的单层公共建筑</td><td>1. 200床及以上的病房类，每层建筑面积1 000 m^{2}及以上的门诊楼；
2. 每层建筑面积超过3 000 m^{2}的百货楼、商场、展览楼、高级旅馆、财贸金融楼、电信楼、高级办公楼；
3. 藏书超过100万册的图书馆、书库；
4. 超过3 000座位的体育馆；
5. 重要的科研楼、资料档案楼；
6. 省级（含计划单列市）的邮政楼、广播电视楼、电力调度楼、防灾指挥调度楼；
7. 重要文物保护场所；
8. 大型以上的影剧院、会堂、礼堂</td></tr>
<tr><td>工业建筑</td><td>1. 甲、乙类生产厂房；
2. 甲、乙类物品库房；
3. 占地面积或总建筑面积超过1 000 m^{2}的丙类物品库房；
4. 总建筑面积超过1 000 m^{2}的地下丙、丁类生产车间及物品库房</td></tr>
<tr><td>地下民用建筑</td><td>1. 地下铁道、车站；
2. 地下电影院、礼堂；
3. 使用面积超过1 000 m^{2}的地下商场、医院、旅馆、展览厅及其他商业或公共活动场所；
4. 重要的实验室，图书、资料、档案库</td></tr>
<tr style="display:none"></tr>
<tr><td rowspan="3">二级</td><td>建筑高度不超过24 m的民用建筑</td><td>1. 设有空气调节系统的或每层建筑面积超过2 000 m^2、但不超过3 000 m^{2}的商业楼、财贸金融楼、电信楼、展览楼、旅馆、办公楼、车站、海河客运站、航空港的公共建筑及其他商业或公共活动场所；
2. 市、县级的邮政楼、广播电视楼、电力调度楼、防灾指挥调度楼；
3. 中型以下的影剧院；
4. 高级住宅；
5. 图书馆、书库、档案楼</td></tr>
<tr><td>工业建筑</td><td>1. 丙类生产厂房；
2. 建筑面积大于50 m^2，但不超过1 000 m^{2}的丙类物品库房；
3. 建筑面积大于50 m^2，但不超过1 000 m^{2}的地下丙、丁类生产车间及地下物品库房</td></tr>
<tr><td>地下民用建筑</td><td>1. 长度超过500 m的城市隧道；
2. 使用面积不超过1 000 m^{2}的地下商场、医院、旅馆、展示厅及其他商业或公共活动场所</td></tr>
</table>

注：1. 一类建筑、二类建筑的划分，应符合现行国家标准《高层民用建筑设计防火规范》（GB 50045）的规定；工业厂房、仓库的火灾危险性分类，应符合现行《建筑设计防火规范》（GB 50016）的规定；
2. 本表未列出的建筑的等级可按同类建筑的类比原则确定。

2. 火灾自动报警系统的设置场所

国家标准《火灾自动报警系统设计规范》明确规定：“本规范适用于工业与民用建筑和场所内设置的火灾自动报警系统，不适用于生产和储存火药、炸药、弹药、火工品等场所设置的火灾自动报警系统”。因此，除上述规范明确的特殊场所（如生产和储存火药、弹药、火工品等场所）外，其他工业与民用建筑，是火灾自动报警系统的基本保护对象，是火灾自动报警系统的设置场所。火灾自动报警系统的设计，除执行上述规范外，还应符合国家现行的有关标准、规范的规定。

1)《高层民用建筑设计防火规范》的要求

（1）建筑高度超过 100 m 的高层建筑，除面积小于 5 m^2 的厕所、卫生间外，均应设置火灾自动报警系统。

（2）除普通住宅外，建筑高度不超过 100 m 的一类高层建筑的下列部位应设置火灾自动报警系统：

① 医院病房楼的病房、贵重医疗设备室、病历档案室、药品库；

② 高级旅馆的客房和公共活动用房；

③ 商业楼、商住楼的营业厅，展览楼的展览厅；

④ 电信楼、邮政楼的重要机房和重要房间；

⑤ 财贸金融楼的办公室、营业厅、票证库；

⑥ 广播电视楼的演播室、播音室、录音室、节目播出技术用房、道具布景；

⑦ 电力调度楼、防灾指挥调度楼等的微波机房、计算机房、控制机房、动力机房；

⑧ 图书馆的阅览室、办公室、书库；

⑨ 档案楼的档案库、阅览室、办公室；

⑩ 办公楼的办公室、会议室、档案室。

除上面的几种情况之外，走道、门厅、可燃物品库房、空调机房、配电房、自备发电动机房；净高超过 2.6 m 且可燃物较多的技术夹层；贵重设备间和火灾危险性较大的房间；经常有人停留或可燃物较多的地下室；电子计算机房的主机房、控制室、纸库、磁带库等场所也应设置火灾自动报警系统。

（3）二类高层建筑的下列部位应设火灾自动报警系统：

① 财贸金融楼的办公室、营业厅、票证厅；

② 电子计算机房的主机房、控制室、纸库、磁带库；

③ 面积大于 50 m^2 的可燃物品库房；

④ 面积大于 500 m^2 的营业厅；

⑤ 经常有人停留或可燃物较多的地下室；

⑥ 性质重要或有贵重物品的房间。

2)《建筑设计防火规范》的要求

（1）建筑物的下列部位应设火灾自动报警装置：

① 大、中型电子计算机房，特殊贵重的机器、仪表、仪器设备室，贵重物品库房，占地面积超过 1 000 m^2 的棉、毛、丝、麻、化纤及其织物库房，设有卤代烷、二氧化碳等固定灭火装置的其他房间，广播、电信楼的重要机房，火灾危险性大的重要实验室；

② 图书、文物珍藏库，每座藏书超过 100 万册的书库，重要的档案、资料库，占地面积超过 500 m^2 或总建筑面积超过 1 000 m^2 的卷烟厂库房；

③ 超过 3 000 个座位的体育馆观众厅，有可燃物的吊顶内及其电信设备室，每层建筑面

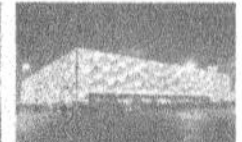

积超过3 000 m^2 的百货楼、展览楼和高级旅馆等。

（2）散发可燃气体、可燃蒸气的甲类厂房和场所，应设置可燃气体浓度检漏报警装置。

3)《人民防空工程设计防火规范》的要求

（1）下列人防工程或房间应设置火灾自动报警装置：

① 使用面积超过1 000 m^2 的商场、医院、旅馆、展览厅等；

② 使用面积超过1 000 m^2 的丙、丁类生产车间和丙、丁类物品库房；

③ 电影院和礼堂的舞台、放映室、观众厅、休息室等火灾危险性较大的部位；

④ 大、中型计算机房、通信机房、变压器室、柴油发电机室及重要的实验室、图书、资料室、档案库等。

（2）火灾探测器的安装高度低于2.4 m时，应选用半埋入式探测器或外加保护网。

4)《汽车库、修车库、停车场设计防火规范》的要求

除敞开式汽车库以外，Ⅰ类汽车库、Ⅱ类地下汽车库和高层汽车库以及机械式立体汽车库、复式汽车库、采用升降梯做汽车疏散出口的汽车库，应设置火灾自动报警系统。

3. 火灾自动报警系统的选择

火灾报警与消防联动控制系统设计应根据保护对象的分级规定、功能要求和消防管理体制等因素综合考虑确定。

火灾自动报警系统的基本形式有如下三种：

（1）区域报警系统，一般适用于二级保护对象；

（2）集中报警系统，一般适用于一、二级保护对象；

（3）控制中心报警系统，一般适用于特级、一级保护对象。

为了规范设计，又不限制技术发展，国家规范对系统的基本形式制定了一些基本的原则。设计人员可在符合这些基本原则的条件下，根据工程大、中、小的规模和对联动控制的复杂程度，选用比较好的产品，组成可靠的火灾自动报警系统。

1) 区域报警系统

区域报警系统比较简单，但使用面很广，既可单独用在工矿企业的计算机机房等重要部位和民用建筑的塔楼公寓、写字楼等处，也可作为集中报警系统和控制中心系统中最基本的组成设备。

区域报警系统设计时，应符合下列几点规定：

（1）在一个区域系统中，宜选用一台通用报警控制器，最多不超过两台；

（2）区域报警控制器应设在有人值班的房间；

（3）该系统比较小，只能设置一些功能简单的联动控制设备；

（4）当用该系统警戒多个楼层时，应在每个楼层的楼梯口和消防电梯前室等明显部位设置识别报警楼层的灯光显示装置；

（5）当区域报警控制器安装在墙上时，其底边距地面或楼板的高度为1.3～1.5 m，靠近门轴的侧面距离不小于0.5 m，正面操作距离不小于1.2 m。

2）集中报警系统

传统的集中报警控制系统是由集中报警控制器、区域报警控制器和火灾探测器等组成报警系统。近几年来，火灾报警采用总线制编码传输技术，现代集中报警系统成为与传统集中报警完全不同的新型系统。这种新型的集中报警系统是由火灾报警控制器、区域显示器（又称楼层显示器或复示盘）、声光警报装置及火灾探测器（带地址模块）、控制模块（控制消防联控设备）等组成总线制编码传输的集中报警系统。这两种系统在国内的实施工程中同时并存，各有其特点，设计者可根据工程的投资情况及控制要求进行选择。

按照《火灾报警系统设计规范》规定，集中报警控制系统应设有一台集中报警控制器（通用报警控制器）和两台以上的区域报警控制器（或楼层显示器、声光报警器）。

集中报警控制系统在一级中档宾馆、饭店用得比较多。根据宾馆、饭店的管理情况，集中报警控制器设在消防控制室；区域报警控制器（或楼层显示器）设在各楼层服务台，这样管理比较方便。

集中报警控制系统在设计时，应注意以下几点：

（1）集中报警控制系统中，应设置必要的消防联动控制输入接点和输出接点（输入、输出模块），可控制有关消防设备，并接收其反馈信号；

（2）在控制器上应能准确显示火灾报警具体部位，并能实现简单的联动控制；

（3）集中报警控制器的信号传输线（输入、输出信号线）应通过端子连接，且应有明显的标记编号；

（4）报警控制器应设在消防控制室或有人值班的专门房间；

（5）控制盘前后应按消防控制室的要求，留出便于操作、维修的空间；

（6）集中报警控制器所连接的区域报警控制器（或楼层显示器）应符合区域报警控制系统的技术要求。

3）控制中心报警系统

控制中心报警系统是由设置在消防控制室的消防控制设备、集中报警控制器、区域报警控制器和火灾探测器组成的火灾报警系统。由于技术的发展，该系统也可能是由设在消防控制室的消防控制设备、火灾报警控制器、区域显示器（或灯光显示装置）和火灾探测器等组成的功能复杂的火灾报警系统。这里所指的消防控制设备主要是：火灾报警器的控制装置、火警电话、空调通风及防排烟、消防电梯等联动控制装置、火灾事故广播及固定灭火系统控制装置等。简而言之，集中报警系统加联动消防控制设备就构成了控制中心系统。

控制中心报警系统主要用于大型宾馆、饭店、商场、办公室等。此外，它还多用在大型建筑群和大型综合楼工程。

在确定系统的构成方式时，还要结合所选用厂家的具体设备的性能和特点进行考虑。例如，有的厂家火灾报警控制器的一个回路允许 64 个编址单元，有的厂家一个回路可带 127 个编址单元，这就要求在进行回路分配时要考虑回路容量。再如，有的厂家报警控制器允许一定数量的控制模块进入报警总线回路，不用单独设置联动控制器，有的厂家则必须单设联动控制器。

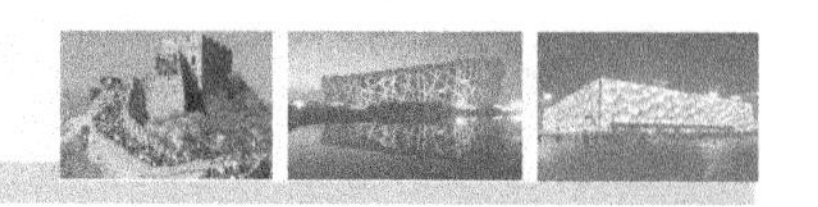

2.3 火灾报警控制器

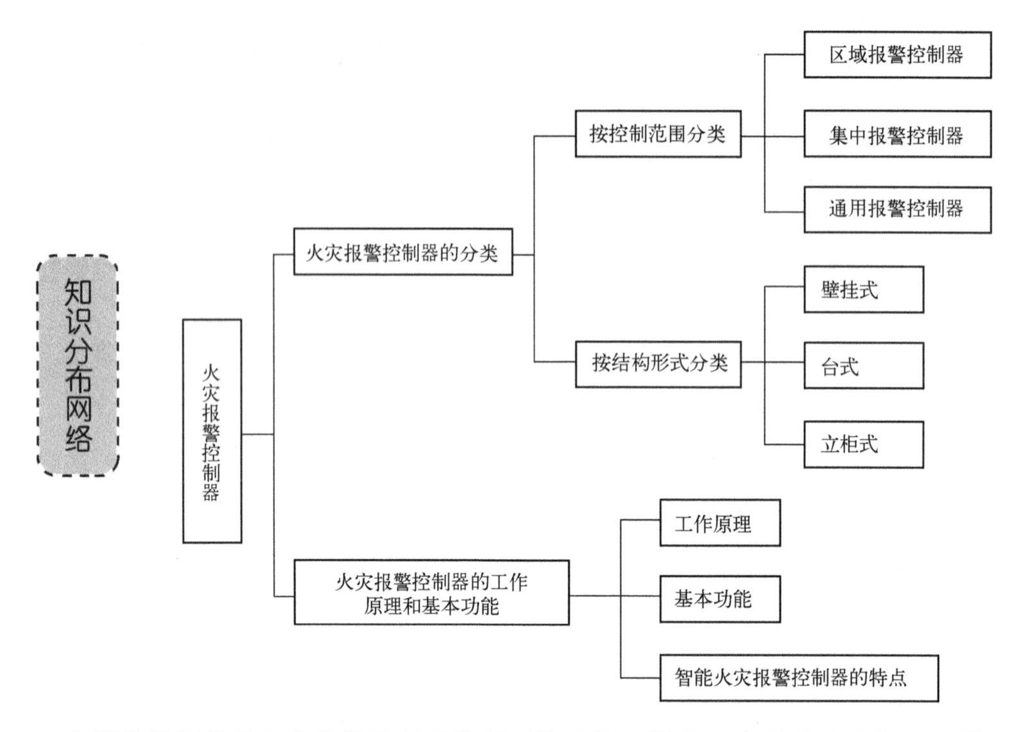

火灾报警控制器是火灾报警及联动控制系统的核心设备，它是给火灾探测器供电，接收、显示及传递火灾报警等信号，并能输出控制指令的一种自动报警装置。火灾报警控制器可单独用于火灾自动报警，也可与自动防灾及灭火系统联动，组成自动报警联动控制系统。

2.3.1 火灾报警控制器的种类及区别

1. 火灾报警控制器的种类

火灾自动报警控制器种类繁多，从不同角度有不同分类。

1）按控制范围分类

（1）区域火灾报警控制器：直接连接火灾探测器，处理各种报警信息。区域报警控制器种类日益增多，而且功能不断完善和齐全。区域报警控制器一般都是由火警部位记忆显示单元、自检单元、总火警和故障报警单元、电子钟、电源、充电电源及与集中报警控制器相配合时需要的巡检单元等组成。区域报警控制器有总线制区域报警器和多线制区域报警器之分。外形有壁挂式、立柜式和台式三种。区域报警控制器可以在一定区域内组成独立的火灾报警系统，也可以与集中报警控制器连接起来，组成大型火灾报警系统，并作为集中报警控制器的一个子系统。总之，能直接接收保护空间的火灾探测器或中继器发来的报警信号的单路或多路火灾报警控制器称为区域报警器。

（2）集中火灾报警控制器：一般不与火灾探测器相连，而与区域火灾报警控制器相连，

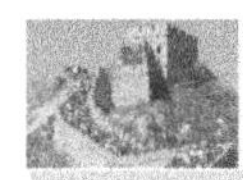
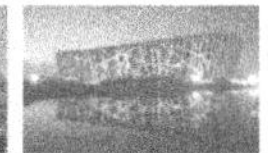
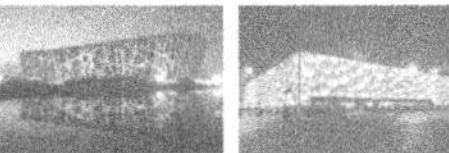

处理区域级火灾报警控制器送来的报警信号，常使用在较大型的系统中。集中报警控制器能接收区域报警控制器（包括相当于区域报警控制器的其他装置）或火灾探测器发来的报警信号，并能发出某些控制信号使区域报警控制器工作。集中报警控制器的接线形式根据不同的产品有不同的线制，如三线制、四线制、两线制、全总线制及二总线制等。

（3）通用火灾报警控制器：兼有区域、集中两级火灾报警控制器的双重特点。通过设置或修改某些参数（可以是硬件或者是软件方面），既可用于区域级使用，连接控制器；又可用于集中级，连接区域火灾报警控制器。

2）按结构形式分类

（1）壁挂式火灾报警控制器：连接探测器回路相应少一些，控制功能较简单，区域报警器多采用这种形式。

（2）台式火灾报警控制器：连接探测器回路数较多，联动控制较复杂，使用操作方便，集中报警器常采用这种形式。

（3）立柜式火灾报警控制器：可实现多回路连接，具有复杂的联动控制，集中报警控制器属此类型。

壁挂式、立柜式、台式报警控制器的外形如图2-7所示。

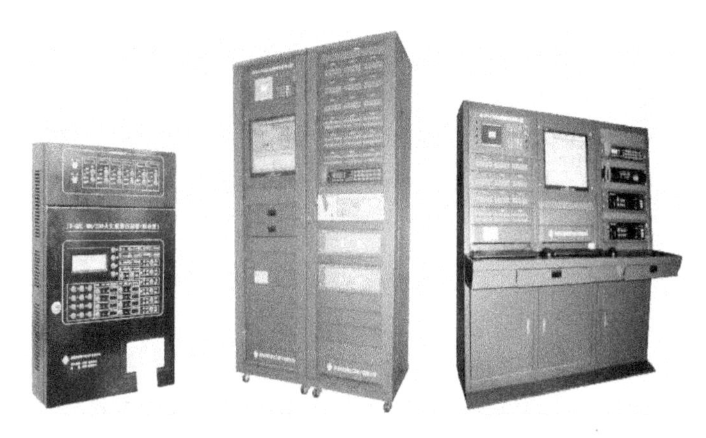

图2-7　壁挂式、立柜式、台式报警控制器

3）按内部电路设计分类

（1）普通型火灾报警控制器：其内部电路设计采用逻辑组合形式，具有成本低廉、使用简单等特点。虽然其功能较简单，但可采用以标准单元的插板组合方式进行功能扩展。

（2）微机型火灾报警控制器：其内部电路设计采用微机结构，对软件及硬件程序均有相应的要求，具有功能扩展方便、技术要求复杂、硬件可靠性高等特点，是火灾报警控制器的首选形式。

4）按系统布线方式分类

（1）多线制火灾报警控制器：其探测器与控制器的连接采用一一对应的方式。每个探测器至少有一根线与控制器连接，有五线制、四线制、三线制、两线制等形式，但连线较多，仅适用于小型火灾自动报警系统。

（2）总线制火灾报警控制器：控制器与探测器采用总线方式连接，所有探测器均并联或串联在总线上，一般总线有二总线、三总线、四总线。其连接导线大大减少，给安装、使用及调试带来较大方便，适于大、中型火灾报警系统。

5）按信号处理方式分类

（1）有阈值火灾报警控制器：该类探测器处理的探测信号为阶跃开关量信号，对火灾探测器发出的报警信号不能进一步处理，火灾报警取决于探测器。

（2）无阈值模拟量火灾报警控制器：该类探测器处理的探测信号为连续的模拟量信号，其报警主动权掌握在控制器方面，可具有智能结构，是现代化报警的发展方向。

6）按防爆性能分类

（1）防爆型火灾报警控制器：有防爆性能，常用于有防爆要求的场所，其性能指标应同时满足《火灾报警控制器通用技术条件》及《防爆产品技术性能要求》两个国家标准的要求。

（2）非防爆型火灾报警控制器：无防爆性能，民用建筑中使用的绝大多数控制器为非防爆型。

7）按容量分类

（1）单路火灾报警控制器：控制器仅处理一个回路中探测器的火灾信号，一般仅用在某些特殊的联动控制系统。

（2）多回路火灾报警控制器：能同时处理多个回路中探测器的火灾信号，并显示具体的着火部位。

8）按使用环境分类

（1）陆用型火灾报警控制器：在建筑物内或其附近安装，消防系统中通用的火灾报警控制器。

（2）船用型火灾报警控制器：用于船舶、海上作业，其技术性能指标相应提高，如工作环境温度、湿度、耐腐蚀、抗颠簸等要求高于陆用型火灾报警控制器。

2. 区域报警控制器和集中报警控制器的区别

区域报警控制器和集中报警控制器在其组成和工作原理上基本相似，但选择上有以下几点区别。

（1）区域报警控制器控制范围小，可单独使用；而集中报警控制器负责整个系统，不能单独使用。

（2）区域报警控制器的信号来自各种各样的探测器，而集中报警控制器的输入一般来自区域报警探测器。

（3）区域报警探测器必须具备自检功能，而集中报警控制器应有自检及巡检两种功能。

由于上述区别，故使用时，两者不能混同。当监测区域较小时可单独使用一台区域报警控制器组成火灾自动报警控制系统，而集中报警控制器不能代替区域报警控制器而单独使用。

2.3.2　火灾报警控制器的工作原理和基本功能

1. 火灾报警控制器的工作原理

火灾报警控制器主要包括主机和电源，其工作原理分别如下。

1）主机部分

主机部分承担着将火灾探测源传来的信号进行处理、报警并中继的作用。从原理上讲，无论是区域报警控制器，还是集中报警控制器，都遵循同一工作模式，即收集探测源信号→输入单元→自动监控单元→输出单元。同时，为了使用方便、增加功能，主机部分增加了辅助人机接口——键盘、显示部分、输出联动控制部分、计算机通信部分、打印机部分等。火灾报警控制器主机部分的工作原理如图2-8所示。

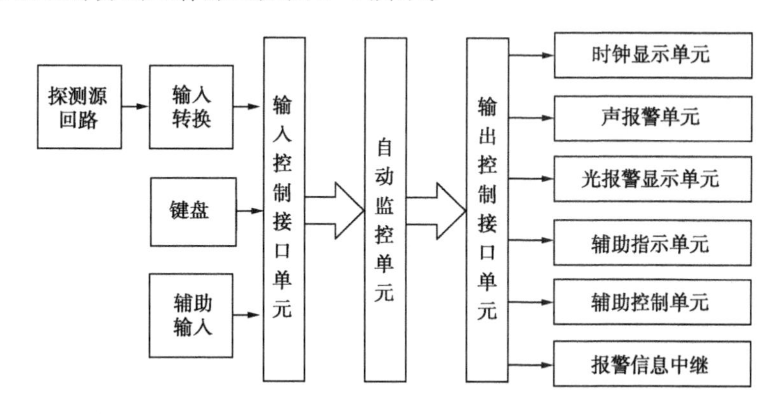

图2-8　火灾报警控制器主机部分的工作原理

主机的核心部件如下。

（1）主板：主机主板是火灾报警控制器的核心，因不同产品、不同型号而有所不同。它决定了控制器的最大容量和性能。选用时要先了解本工程是否还有后期工程需要共用本主机，如有要事先留好下期的容量；没有则直接计算本次工程的所有设备地址点数，同时根据回路卡的数量选用主机主板即可。

（2）回路卡：目前市场上一般都是双回路卡，单回路卡一般只用于点数很少的工程。回路卡因生产商的不同有较大差异，选用时一定要先了解该产品的具体情况。如NOTIFIER的AFP-400系列和AM2020系列的回路卡，可带智能探测器99只和可编码监视/控制模块99只，而NFS-640系列和NFS-3030系列的回路卡可带159只和编址码模块159只。同一种品牌不同系列的回路卡可带设备数量都不相同，而海湾的回路卡则可将智能探测器和编址模块混带，可带点数为242点。因此，选择回路卡，首先要根据所选产品的容量和防火分区及楼层，计算出总的回路点数，然后再确定回路卡的需要数量。一般每个回路还应预留15%～20%的余量扩展用。

2）电源部分

电源部分承担主机和探测器供电的任务，是整个控制器的供电保证环节。输出功率要求较大，大多采用线性调节稳压电路，在输出部分增加相应的过压、过流保护。线性调节稳压电路具有稳压精度高、输出稳定的特点，但存在电源转换效率相对较低、电源部分热损耗较

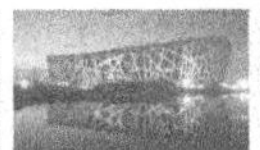

大、影响整机的热稳定性的缺点。目前，使用的开关型稳压电源，利用大规模微电子技术，将各种分立元器件进行集成及小型化处理，使得整个电源部分的体积大大缩小。同时，输出保护环节也日趋完善，电源部分除具有一般的过压、过流保护外，还增加了过热、欠压保护及软启动等功能。开关型稳压电源因主输出功率工作在高频开关状态，整个电源部分转换效率也大大提高，可达80% ~90%，并大大改善了电源部分的热稳定性，提高了整个控制器的技术性能。

直流不间断电源在火灾自动报警及消防联动控制系统中是为联动控制模块及被控设备供电的。它在整个火灾自动报警及消防联动控制系统是重中之重，一旦出现问题，联动系统将面临瘫痪。直流不间断电源主要由智能电源盘和蓄电池组成，以交流220 V作为主电源，DC24 V密封铅电池作为备用电源。备用电源应能断开主电源后保证设备工作至少8小时。选用的电源盘应具有输出过流自动保护、主备电自动切换和备电自动充电及备电过放电保护功能。电源盘的选用主要考虑如下因数：

（1）确保输出电流的大小能满足自动状态下需启动的最多设备时所需的电流即可。需要电源盘供电的设备有输出模块、输入模块、声光报警器、警铃模块、广播模块等。如果消防设备只是纯阻性负载，配置时只需考虑稳态电流；若还有容性负载，则要考虑冲击电流即动作电流。这些模块巡检的电流一般为5 mA左右，启动时电流为巡检电流的7 ~10倍。

（2）确保线路满载时末端设备电压足够驱动设备。导线是有电阻的，当导线很长，线路上的电流较大时，导线上的压降就会比较明显。这样就有可能导致末端设备电压低于设备的工作电压而无法正常动作。

（3）当采用了楼层显示时，因其工作电流和报警电流都远远大于其他设备，所以需另外配置专供其使用的电源盘，并布楼层显示电源专线。

（4）每块电源盘都要配备一组蓄电池作为备用电源，主机主板也要配备一组蓄电池作为备用电源。

2. 火灾报警控制器的基本功能

1）提供主、备电源

在控制器中备有充电池，在控制器投入使用时，应将电源盒上方的主、备电开关全打开。当主电网有电时，控制器自动利用主电网供电，同时对电池充电；当主电网断电时，控制器会自动切换改用电池供电，以保证系统的正常运行。在主电供电时，面板主电指示灯亮，时钟口正常显示时分值。备电供电时，备电指示灯亮，时钟口只有秒点闪烁，无时分显示。这是为了节省用电，其内部仍在正常走时；当有故障或火警时，时钟口重新显示时分值，且锁定首次报警时间。在备电供电期间，控制器报类型号为26和主电故障。此外，当电池电压下降到一定数值时，控制器还要报类型号为24的故障。当备电低于20 V时关机，以防止电池过放而损坏（这里以JB－TB/2A6351型微机通风火灾报警控制器为例）。

2）火灾报警

当接收到探测器、手动报警开关、消火栓报警开关及输入模块所配接的设备发来的火警信号时，均可在报警器中报警。火灾指示灯亮并发出火灾变调音响，同时显示首次报警地址号及总数。

3）故障报警

系统在正常运行时，主控单元能对现场所有的设备（如探测器、手动报警开关、消火栓报

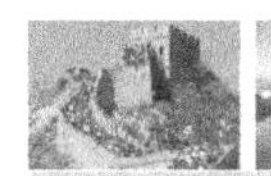

警开关等)、控制器内部的关键电路及电源进行监视，一有异常，立即报警。报警时，故障灯亮并发出长音故障音响，同时显示报警地址号及类型号（不同型号的产品报警地址编号不同)。

4）时钟显示锁定

系统中时钟的走时是通过软件编程实现的，并显示年、月、日、时、分值。每次开机时，时分值从“00：00”开始，月日值从“01：01”开始，所以需要调校。当有火警或故障时，时钟显示锁定，但内部能正常走时；火警或故障一旦恢复，时钟将显示实际时间。

5）火警优先

在系统存在故障的情况下出现火警，则报警器能由报故障自动转变为报火警，而当火警被清除后又自动恢复报原有故障。当系统存在某些故障而又未被修复时，会影响火警优先功能。电源故障、当本部位探测器损坏时本部位出现火警、总线部分故障（如信号线对地短路、总线开路与短路等）等情况均会影响火警优先。

6）调显火警

当火灾报警时，数码管显示首次火警地址，通过键盘操作可以调显其他的火警地址。

7）自动巡检

报警系统长期处于监控状态，为提高报警的可靠性，控制器设置了检查键，供用户定期或不定期进行电模拟火警检查。处于检查状态时，凡是运行正常的部位均能向控制器发回火警信号。只要控制器能收到现场发回来的信号并有反应而报警，则说明系统处于正常的运行状态。

8）自动打印

当有火警、部位故障或有联动时，打印机将自动打印记录火警、故障或联动的地址号。此地址号同显示地址号一致，并打印出故障、火警、联动的时间（月、日、时、分值)。当对系统进行手动检查时，如果控制正常，则打印机自动打印正常（OK)。

9）测试

控制器可以对现场设备信号电压、总线电压、内部电源电压进行测试。通过测量电压值，判断现场部件、总线、电源等的正常与否。

10）部位的开放及关闭

部位的开放及关闭有以下几种情况。

(1）子系统中空置不用的部位（不装现场部件)，在控制器软件制作中即被永久关闭，如需开放新部位应与制造厂联系。

(2）系统中暂时空置不用的部位，在控制器第一次开机时需要手动关闭。

(3）系统运行过程中，已被开放的部位其部件发生损坏后，在更新部件之前应暂时关闭，在更新部件之后将其开放。部位的暂时关闭及开放有以下几种方法。

① 逐点关闭及逐点开放。在控制器正常运行中，将要关闭（或开放）的部位的报警地址显示号用操作键输入控制器，逐个地将其关闭或开放。被关闭的部位如果安装了现场部件则该部件不起作用，被开放的部位如果未安装现场部件则将报出该部位故障。对于多部件部位（指编码不同的部件具有相同的显示号)，进行逐点关闭（或开放)，是将该部位中的全

部部件实现了关闭（或开放）。

② 统一关闭及统一开放。统一关闭是在控制器报警（火警或故障）的情况下，通过操作键将当时存在的全部非正常部位进行关闭；统一开放是在控制器运行中，通过操作键将所有在运行中曾被关闭的部位进行开放。当部位是多部件部位时，统一关闭也只是关闭了该部位中的不正常部件。系统中只要有部位被关闭了，面板上的“隔离”灯就被点亮。

11）显示被关闭的部位

在系统运行过程中，已开放的部位在其部件出现故障后，为了维持整个系统的正常运行，应将该部位关闭。但应能显示出被关闭的部位，以便人工监视该部位的火情并及时更换部件。操作相应的功能键，控制器便顺序显示所有在运行中被关闭的部位。当部位是多部件部位时，这些部件中只要有一个是关闭的，它的部位号就能被显示出来。

12）输出

（1）控制器中有V端子，VG端子间输出DC24 V、2A。向本控制器所监视的某些现场部件和控制接口提供24 V电源。

（2）控制器有端子L1、L2，可用双绞线将多台控制器连通以组成多区域集中报警系统，系统中有一台作为集中报警控制器，其他作为区域报警控制器。

（3）控制器有GTRC端子，用来同CRT联机，其输出信号是标准RS—232信号。

13）联动控制

联动控制可分自动联动和手动启动两种方式，但都是总线联动控制方式。在自动联功方式时，先按“E”键与“自动”键，“自动”灯亮，使系统处于自动联动状态。当现场主动型设备（包括探测器）发生动作时，满足既定逻辑关系的被动型设备将自动被联动。联动逻辑因工程而异，出厂时已存储于控制器中。手动启动在“手动允许”时才能实施，手动启动操作应按操作顺序进行。

无论是自动联动还是手动启动，应该动作的设备编号均应在控制面板上显示，同时“启动”灯亮。已经发生动作的设备的编号也在此显示、同时“回答”灯亮。启动与回答能交替显示。

14）阈值设定

报警阈值（即提前设定的报警动作值）对于不同类型的探测器其大小不一，目前报警阈值是在控制器的软件中设定。这样，控制器不仅具有智能化，提供高可靠的火灾报警，而且可以按各探测部位所在应用场所的实际情况，灵活方便地设定其报警阈值，以便更加可靠地报警。

3. 智能火灾报警控制器

上述介绍的是火灾报警控制器的基本性能和原理，随着技术的不断革新，新一代的火灾报警控制器层出不穷，其功能更加强大、操作更加简便。

（1）火灾报警控制器的智能化。火灾报警控制器采用大屏幕汉字液晶显示，清晰直观。除可显示各种报警信息外，还可显示各类图形。报警控制器可直接接收火灾探测器传送的各类状态信号，通过控制器可将现场火灾探测器设置成信号传感器，并将传感器采集到的现场环境参数信号进行数据及曲线分析，为更准确地判断现场是否发生火灾提供了有利的工具。

（2）报警及联动控制一体化。控制器采用内部并行总线设计、积木式结构，容量扩充简单方便。系统可采用报警和联动共线式布线，也可采用报警和联动分线式布线，适用于目前各种报警系统的布线方式，彻底解决了变更产品设计带来的原设计图纸改动的问题。

(3) 数字化总线技术。探测器与控制器采用无极性信号二总线技术，通过数字化总线通信，控制器可方便地设置探测器的灵敏度等工作参数，查阅探测器的运行状态。由于采用二总线，整个报警系统的布线极大简化，便于工程安装、线路维修，降低了工程造价。系统还设有总线故障报警功能，随时监测总线工作状态，保证系统可靠工作。

2.4　火灾探测器

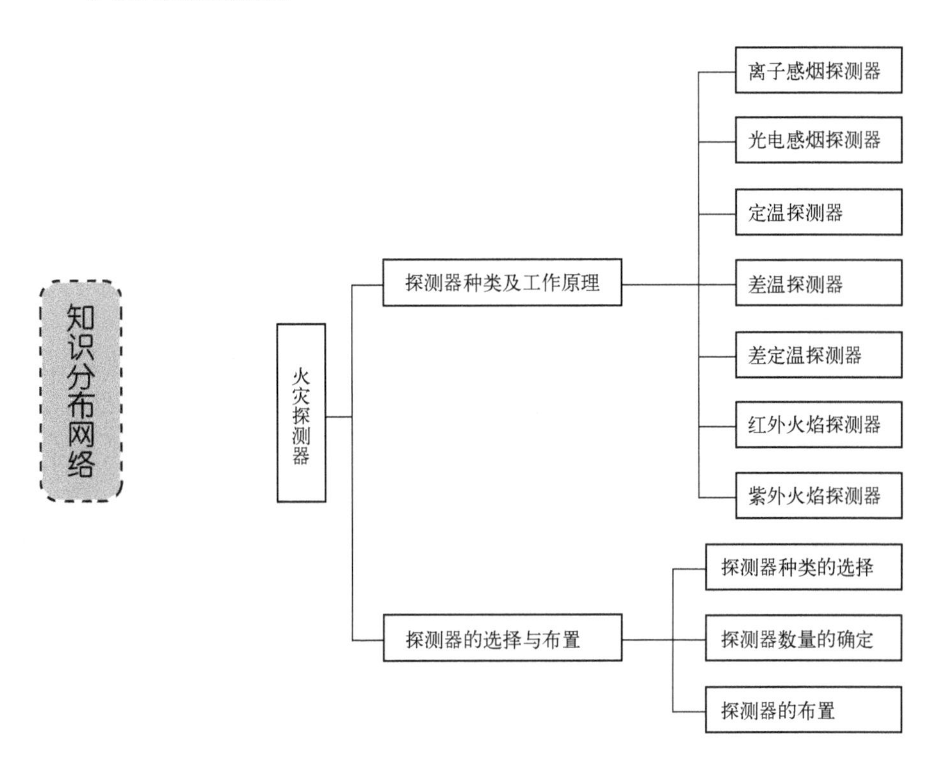

2.4.1　火灾探测器的定义及工作原理

1. 火灾探测器的种类

所谓火灾探测器，是指用来响应其附近区域由火灾产生的物理和（或）化学现象的探测器件。它是火灾自动报警系统的重要组成部分，也叫探头或敏感头。

火灾探测器的作用：它是火灾报警系统的传感部分，能在现场发出火灾报警信号或向控制和指示设备发出现场火灾状态信号的装置。

任务：探测火灾的发生，向报警系统发送火灾信号，向人们报警。

火灾探测器发明至今的一个半世纪以来，人们认真分析研究了物质燃烧过程中所伴随的燃烧气体、烟雾、热、光等物理及化学变化的情况，研制了不同类型的探测器，并不断提高火灾探测器技术，使火灾探测器的灵敏度不断提高，预报早期火灾的能力不断增强。根据火灾探测器对不同火灾参量的响应，以及不同响应方式，可分为感温、感烟、感光、复合和可燃气体五种探测器。同时，根据探测器警戒范围不同，可分为点型和线型两种形式。按使用

环境的不同可分为陆用型、船用型、耐寒型、耐酸型、耐碱型、防爆型等。

随着电子技术和计算机通信技术的快速发展，火灾自动报警系统也发生了巨大的变化。目前火灾自动报警系统已经处于第三代产品阶段，即模拟量传输式智能火灾报警系统；火灾探测器的探测技术也相应得到提升，出现了各种高性能的新型火灾探测器，即智能型探测器。由此，市场上出现了智能型产品和普通型产品。

智能型探测器包括：智能离子感烟探测器，智能光电感烟探测器，智能定温感温探测器，智能差定温感温探测器，严酷环境中使用的智能感烟探测器。普通型探测器包括：普通光电感烟探测器，普通离子感烟探测器，普通定温感温探测器。

图2-9为感烟探测器分类示意图，图2-10为感温探测器分类示意图，图2-11为感光探测器分类示意图，图2-12为复合型和可燃气体探测器分类示意图。

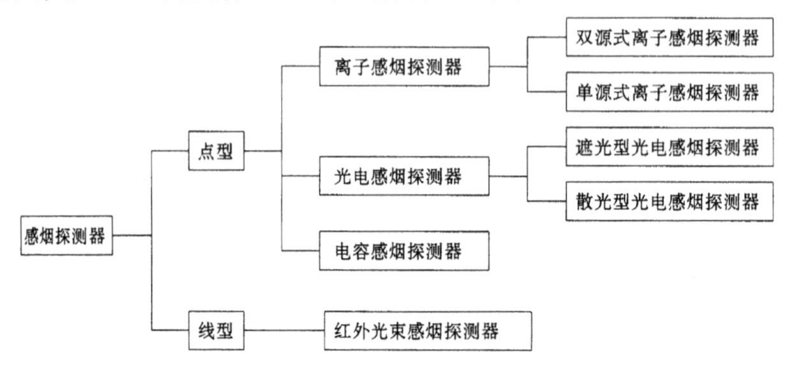

图2-9 感烟探测器分类

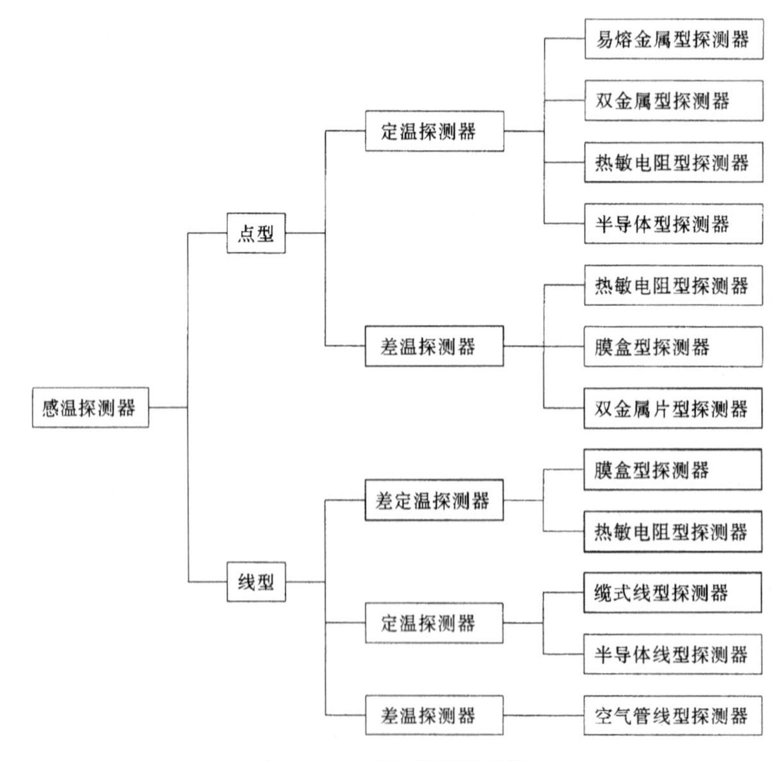

图2-10 感温探测器分类

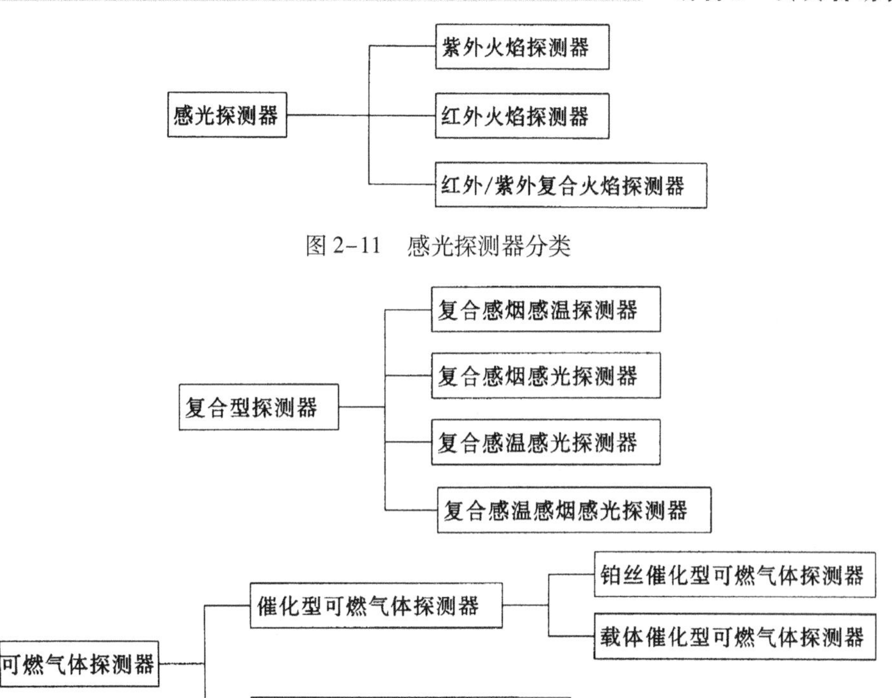

图 2–11　感光探测器分类

图 2–12　复合型和可燃气体探测器分类

2. 探测器的工作原理及主要技术性能

各种火灾探测器均对火灾发生时的至少一个适宜的物理或化学特征进行监测，并将信号传送至火灾自动探测器。由于所响应的火灾信号参量不同，其工作原理也各不相同。

1）点型火灾探测器

这是一种响应某一点周围的火灾参数的探测器。

（1）感烟火灾探测器。感烟火灾探测器是响应环境烟雾浓度的探测器，根据探测烟范围的不同，感烟探测器可分为点型感烟探测器和线型感烟探测器。其中点型感烟探测器可分为离子感烟探测器、光电感烟探测器，光电感烟探测器又可分为散光型光电感烟探测器和遮光型光电感烟探测器；线型感烟探测器可分为红外光束、激光等火灾探测器。点型感烟探测器外形如图 2–13 所示。

图 2–13　点型感烟探测器外形示意图

① 离子感烟火灾探测器。离子感烟火灾探测器是利用电离室离子流的变化基本正比于进入电离室的烟雾浓度来探测火灾的。电离室内的放射源（放射性元素“镅 241”）将室内的

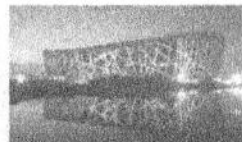

纯净空气电离，形成正、负离子。当两个收集极板间加一电压后，在极板间形成电场，在电场的作用下，离子分别向正、负极板运动形成离子流。当烟雾粒子进入电离室后，由于烟雾粒子的直径大大超过被电离的空气粒子的直径。因此，烟雾粒子在电离室内对离子产生阻挡和俘获的双重作用，从而减少了离子流。

如图2-14所示，离子感烟火灾探测器有两个电离室，一个为烟雾粒子可以自由进入的外电离室（测量电离室），另一个为烟雾不能进入的内电离室（平衡电离室），两个电离室串联并在两端外加电压，正常状态下 $V=V_1+V_2$。当烟雾粒子进入外电离室时离子流减少使两个电离室电压重新分配，V_1 变成 V_{11}，V_2 变成 V_{22}，当 $V_{11}<V_1$，$V_{22}>V_2$ 时，即第2节点的电位发生变化从而输出火灾报警信号。

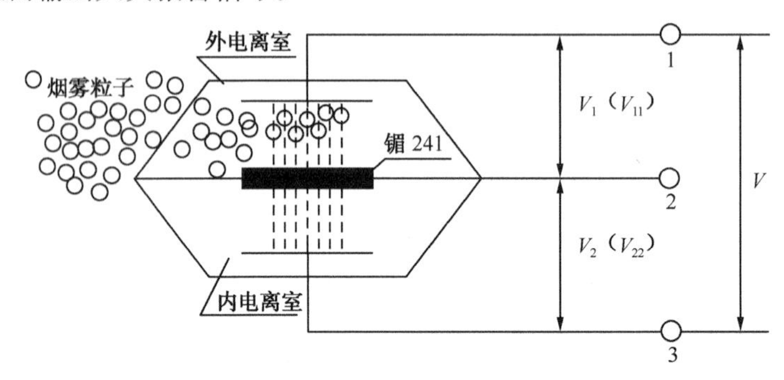

图2-14　离子感烟火灾探测器的工作原理

② 光电感烟火灾探测器。光电感烟火灾探测器是利用烟雾能够改变光的传播特性这一基本性质而研制的。根据烟雾粒子对光线的吸收和散射作用，光电感烟火灾探测器又分为散光型和遮光型两种。

散光型光电感烟火灾探测器的工作原理如图2-15所示，当烟雾粒子进入光电感烟探测器的烟雾室时，探测器内的光源发出的光线被烟雾粒子散射，其散射光被处于光路一侧的光敏元件感应。光敏元件的响应与散射光的大小有关，且由烟雾粒子的浓度所决定。如果探测器感受到的烟雾浓度超过一定限量时，光敏元件接收到的散射光的能量足以激发探测器动作，从而发出火灾报警信号。

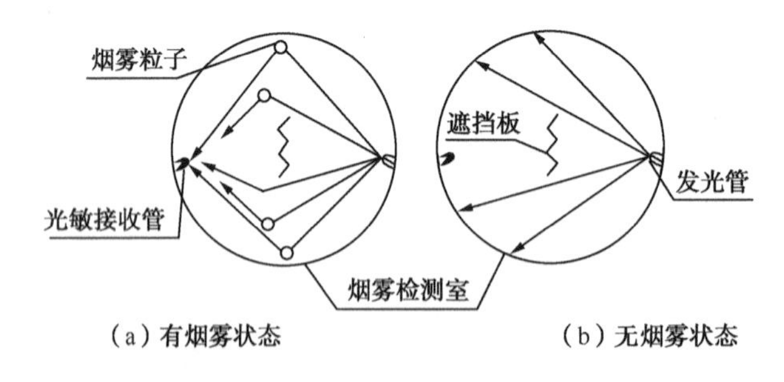

图2-15　光电感烟火灾探测器的工作原理

遮光型感烟探测器的工作原理是：火灾探测器的烟雾检测室内装有发光元件和受光元件。在正常情况下，受光元件接收到发光元件发出的一定光量。火灾时，探测器的检测室进入大量烟雾，由于烟雾粒子对光源发出的光产生散射和吸收作用，使受光元件接收到的光亮减少，光电流降低；当烟雾粒子浓度上升到某一预定值时，探测器就发出火灾报警信号。

传统的光电感烟探测器采用前向散射光采集技术，但其存在一个很大的缺陷就是对黑烟灵敏度较低，对白烟灵敏度较高。由于大部分火灾在早期发出的烟都是黑烟，所以大大地限制了这种探测器的使用范围。

（2）感温火灾探测器。感温火灾探测器是对警戒范围中的温度进行监测的一种探测器。物质在燃烧过程中释放出大量热，使环境温度升高，致使探测器中热敏元件发生物理变化，从而将温度转变为电信号，传输给控制器，由其发出火灾信号。感温火灾探测器，根据其结构造型的不同分为点型感温探测器和线型感温探测器两类；根据监测温度参数的特性不同，可分为定温式、差温式及差定温组合式三类。定温式火灾探测器用于响应环境的异常高温；差温式火灾探测器响应环境温度异常变化的升温速率；差定温组合式火灾探测器则是以上两种火灾探测器的组合。点型感温探测器外形如图 2–16 所示。

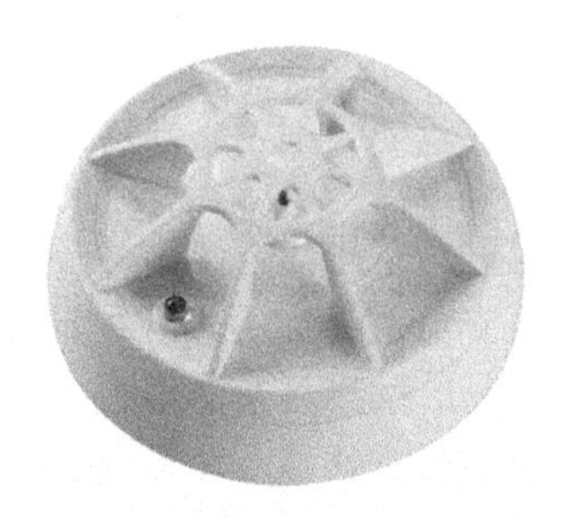

图 2–16　点型感温探测器外形示意图

① 定温火灾探测器。点型定温火灾探测器的工作原理是：当它的感温元件被加热到预定温度值时发出报警信号。它一般用于环境温度变化较大或环境温度较高的场所，用来监测火灾发生时温度的异常升高，常用的有双金属型、易熔合金型、水银接点型、热敏电阻型及半导体型几种。

双金属定温火灾探测器是以具有不同热膨胀系数的双金属片为敏感元件的一种定温火灾探测器。常用的结构形式有圆筒状和圆盘状两种，圆筒状的结构如图 2–17（a）、（b）所示，由不锈钢管、铜合金片及调节螺栓等组成。两个铜合金片上各装有一个电接点，其两端通过固定块分别固定在不锈钢管上和调节螺栓上。由于不锈钢管的膨胀系数大于铜合金片，当环境温度升高时，不锈钢外筒的伸长大于铜合金片，因此铜合金片被拉直。在图 2–17（a）中两接点闭合时发出火灾报警信号；在图 2–17（b）中两接点打开时发出火灾报警信号。双金属圆盘状定温火灾探测器的结构如图 2–17（c）所示。

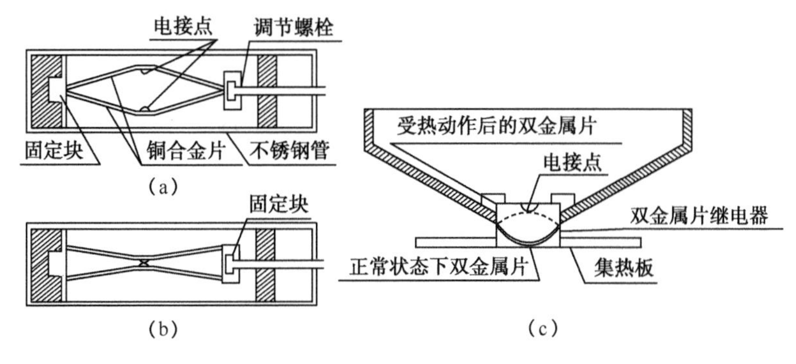

图 2–17　定温火灾探测器的结构

热敏电阻及半导体PN结定温火灾探测器是分别以热敏电阻及半导体为敏感元件的一种定温火灾探测器。两者的原理大致相同，区别仅仅是火灾探测器所用的敏感元件不同。热敏电阻火灾探测器的工作原理如图2-18所示，当环境温度升高时，热敏电阻 R_T 随着环境温度的升高电阻值变小，A点电位升高；当环境温度达到或超过某一规定值时，A点电位高于B点电位，电压比较器输出高电平，信号经处理后输出火灾报警信号。

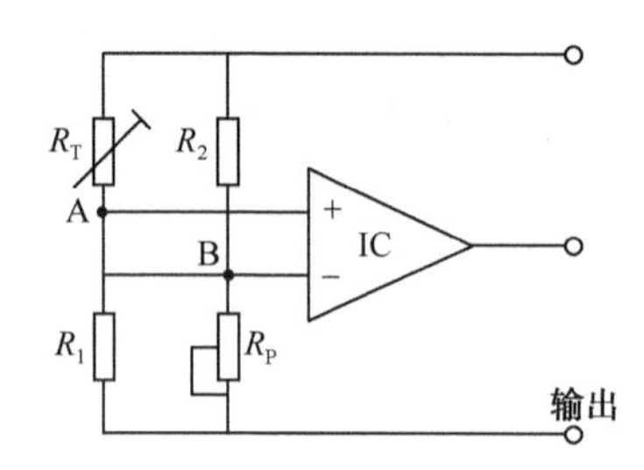

图2-18　热敏电阻定温火灾探测器的电路原理

② 差温火灾探测器。当火灾发生时，室内局部温度将以超过常温数倍的异常速率升高。差温火灾探测器就是利用对这种异常速率产生感应而研制的一种火灾探测器。当环境温度以不大于1℃/min的温升速率缓慢上升时，差温火灾探测器将不发出火灾报警信号，较为适用于发生火灾时温度快速变化的场所。点型差温火灾探测器主要有膜盒差温、双金属片差温、热敏电阻差温火灾探测器等几种类型。常见的膜盒差温火灾探测器，它由感温外壳、波纹片、漏气孔及定触点等几部分构成，其结构如图2-19所示。

③ 差定温火灾探测器。差定温火灾探测器是将差温式、定温式两种感温探测器结合在一起，同时兼有两种火灾探测功能的一种火灾探测器。其中某一种功能失效，则另一种功能仍起作用，因而大大提高了可靠性，使用相当广泛。点型差定温火灾探测器主要有膜盒差定温火灾探测器、双金属差定温火灾探测器和热敏电阻差定温火灾探测器三种。

膜盒差定温火灾探测器的结构如图2-20所示。它的差温部分的工作原理同膜盒差温火灾探测器。它的定温部分的工作原理是：弹簧片的一端用低熔点合金焊在外壳内侧，当环境温度达到标定温度时，易熔合金熔化，弹簧片弹回，压迫固定在波纹片上的动触点，从而发出火灾报警信号。

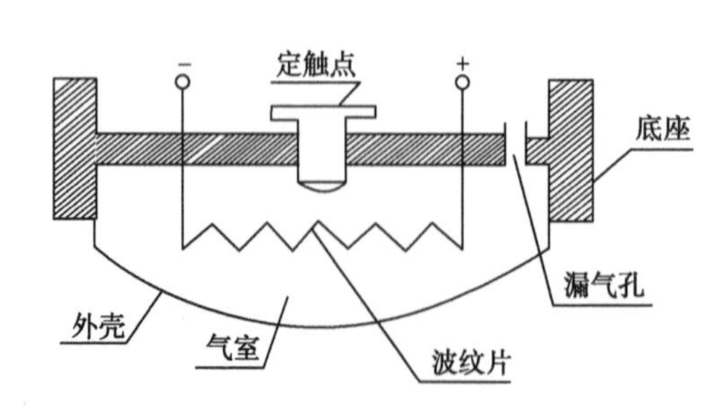

图2-19　膜盒差温火灾探测器的结构

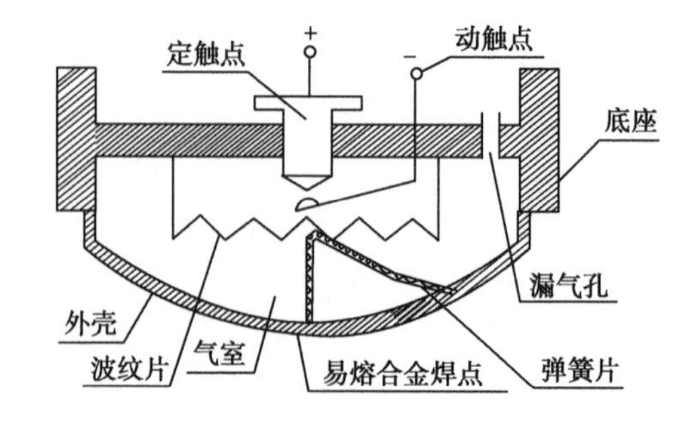

图2-20　膜盒差定温火灾探测器的结构

（3）感光火灾探测器。物质在燃烧时除了产生大量的烟和热外，也产生波长为400 nm以下的紫外光、波长为400～700 nm的可见光和波长为700 nm以上的红外光。由于火焰辐射的紫外光和红外光具有特定的峰值波长范围，因此，感光火灾探测器可以用来探测火焰辐射的

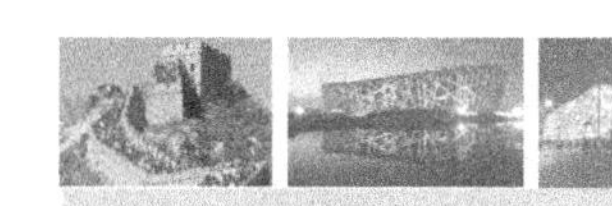

红外光和紫外光。感光火灾探测器又称火焰探测器，它能响应火灾的光学特性即辐射光的波长和火焰的闪烁频率，可分为红外火焰探测器和紫外火焰探测器两种。感光火灾探测器对火灾的响应速度比感烟、感温火灾探测器快，其传感元件在接收辐射光后几毫秒，甚至几微秒内就能发出信号，特别适用于突然起火而无烟雾的易燃易爆场所。由于它不受气流扰动的影响，是唯一能在室外使用的火灾探测器。

① 红外火焰探测器。红外火焰探测器是对火焰辐射光中红外光敏感的一种探测器。在大多数火灾燃烧中，火焰的辐射光谱主要偏向红外波段，同时火焰本身具有一定的闪烁性，其闪烁频率为 3 ~ 30 Hz。红外火焰探测器内部电路的工作流程如图 2-21 所示。用于红外火焰探测器的敏感元件有硫化铝、热敏电阻、硅光电池等。

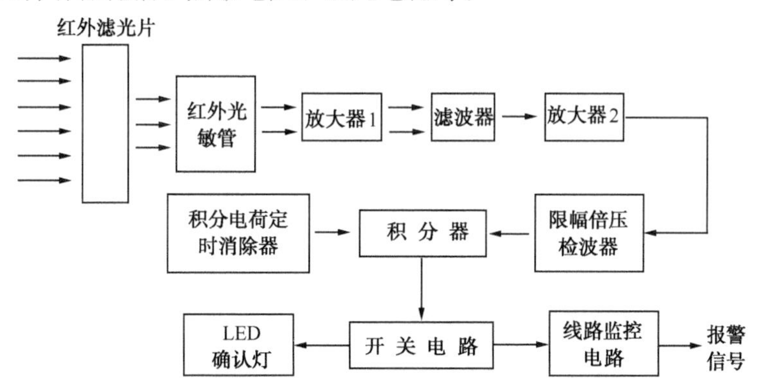

图 2-21 红外火焰探测器的工作流程

燃烧产生的辐射光经红外滤光片的过滤，只有红外光进入探测器内部，红外光经凸透镜聚焦在红外光敏元件上，将光信号转换成电信号，其放大电路根据火焰闪烁频率鉴别出火焰燃烧信号并进行放大。为防止现场其他红外光辐射源偶然波动可能引起的误动作，红外探测器还有一个延时电路，它给探测器一个相应的响应时间，用来排除其他红外源的偶然变化对探测器的干扰。延时时间的长短根据光场特性和设计要求选定，通常有 3 s、5 s、10 s 和 30 s 等几挡。当连续鉴别所出现信号的时间超过给定要求后便触发报警装置，发出火灾报警信号。

② 紫外火焰探测器。紫外火焰探测器是对火焰辐射光中的紫外光敏感的一种探测器。其灵敏度高、响应速度快，对于爆燃火灾和无烟燃烧（如酒精）火灾尤为适用。

火灾发生时，大量的紫外光通过透紫玻璃片射入光敏管，光电子受到电场的作用而加速；由于管内充有一定的惰性气体，当光电子与气体分子碰撞时，惰性气体分子被电离成正离子和负离子（电子），而电离后产生的正、负离子又在强电场的作用下被加速，从而使更多的气体分子电离。于是在极短的时间内，造成“雪崩”式放电过程，使紫外光敏管导通，产生报警信号，其结构如图 2-22 所示。

2）线型火灾探测器

这是一种响应某一连续线路周围的火灾参数的探测器，其连续线路可以是“光路”，也可以是实际的线路或管路。

（1）红外光束感烟探测器。红外光束感烟探测器为线型火灾探测器，其工作原理和遮光型光电感烟探测器相同。它由发射器和接收器两个独立部分组成（如图 2-23 所示），作为测

量用的光路暴露在被保护的空间，且加长了许多倍。如果有烟雾扩散到测量区，烟雾粒子对红外光束起到吸收和散射的作用，使到达受光元件的光信号减弱。当光信号减弱到一定程度时，探测器就发出火灾报警信号。

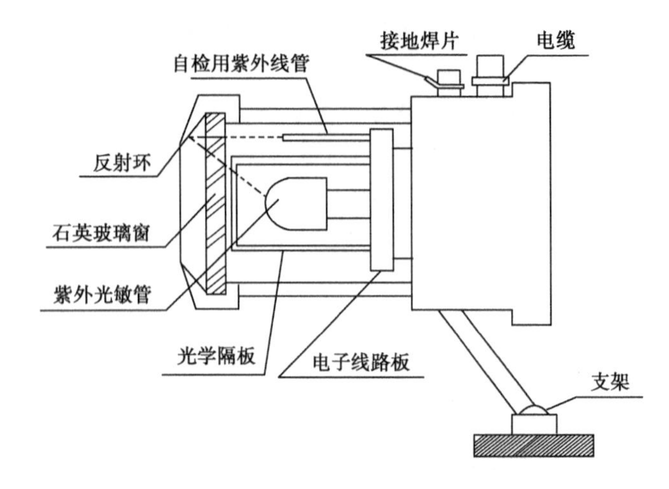

图 2-22　紫外火焰探测器的结构

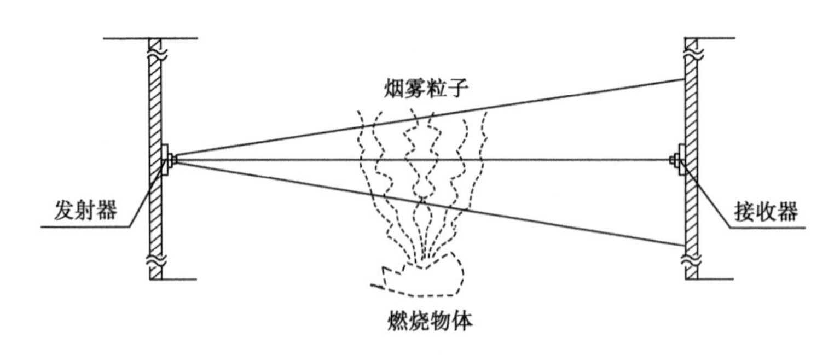

图 2-23　红外光束感烟探测器的工作原理

对射式红外光束感烟探测器最大的一个缺点是安装调试较为困难和复杂。现在有一种新型红外光束感烟探测器有效地解决了这一问题，其工作原理如图 2-24 所示。它将发光元件与接收元件安装在同一墙面上，在其相对的一面安装反射装置。正常情况下，红外光束射向反射装置，由反射装置反射回来的光射到接收元件上；当火灾发生时，射向反射装置和由其反射回来的光就减少，于是产生报警信号。反射装置的大小视保护范围内发射器至反射装置的距离而定：距离远时，反射面积大；反之则小。

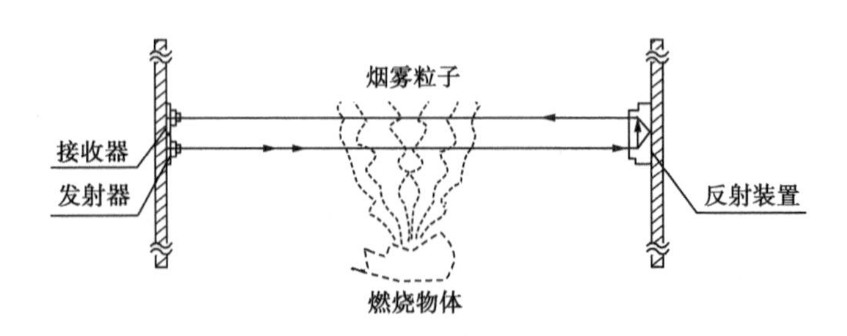

图 2-24　新型红外光束感烟探测器的工作原理

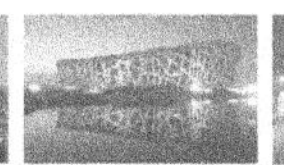

（2）线型感温火灾探测器。线型感温火灾探测器的热敏元件是沿一条线路连续分布的，只要在线段上的任何一点上出现温度异常，就能感应报警。

缆式线型定温火灾探测器是对警戒范围中某一线路周围温度升高而发生响应的火灾探测器。这种探测器的结构一般用两根涂有热敏绝缘材料的载流导线铰接在一起，或者是用同芯电缆中的两根载流芯线用热敏绝缘材料隔离起来。在正常工作状态下，两根载流导线间呈高阻状态；当环境温度升高到或超过规定值时，热敏绝缘材料熔化，造成导线短路，或使热敏材料阻抗发生变化，呈低阻状态，从而发出火灾报警信号。其结构原理详见本书项目4中火灾探测器的安装内容。

2.4.2 探测器的选择与布置

在火灾自动报警系统中，探测器的选择是否合理，关系到系统能否正常运行。另外，选好后的火灾探测器的合理布置也是保证探测质量的关键环节。为此，在选择及布置火灾探测器时应符合国家规范。

1. 探测器种类的选择

探测器种类的选择应根据探测区域内的环境条件、火灾特点、房间高度、安装场所的气流状况等，选用与其相适宜的探测器或几种探测器的组合。

1）根据火灾特点、环境条件及安装场所选择探测器

火灾受可燃物质的类别、着火的性质、可燃物质的分布、着火场所的条件、火载荷载、新鲜空气的供给程度及环境温度等因素的影响，一般把火灾的发生与发展分为下列四个阶段。

（1）前期。火灾尚未形成，只出现一定量的烟，基本上未造成物质损失。

（2）早期。火灾开始形成，烟量大增，温度上升，已开始出现火，造成较小的损失。

（3）中期。火灾已经形成，温度很高，燃烧加速，造成了较大的物质损失。

（4）晚期。火灾已经扩散。

根据以上对火灾特点的分析，对探测器选择方法如下。

感烟探测器作为前期、早期报警是非常有效的，凡是要求火灾损失小的重要地点，对火灾初期有阴燃阶段，即产生大量的烟和小量的热，很少或没有火焰辐射的火灾，如棉、麻织物的阴燃等，都适于选用。不适于选用感烟探测器的场所有：正常情况下有烟的场所，经常有粉尘及水蒸气等固体；液体微粒出现的场所，火灾发生迅速、生烟极少及爆炸性场合。

离子感烟与光电感烟探测器的适用场合基本相同，但应注意它们各有不同的特点。离子感烟探测器对人眼看不到的微小颗粒同样敏感，如人能嗅到的油漆味、烤焦味等都能引起探测器动作，甚至一些分子量大的气体分子，也会使探测器发生动作。在风速过大的场合（如风速大于6 m/s）将引起探测器不稳定，且其敏感元件的寿命较光电感烟探测器短。

对于有强烈的火焰辐射而仅有少量烟和热产生的火灾，如轻金属及它们的化合物的火灾，应选用感光探测器。但不宜在火焰出现前有浓烟扩散的场所和探测器的镜头易被污染、遮挡及存在电焊、X射线等影响的场所中使用。

感温型探测器在火灾形成早期（初期、中期）报警非常有效，其工作稳定，不受非火灾性烟雾汽尘等干扰。凡无法应用感烟探测器、允许产生一定的物质损失、非爆炸性的场所都可采用感温型探测器。它特别适用于经常存在大量粉尘、烟雾、水蒸气的场所及相对湿度经

常高于95%的房间，但不宜用于有可能产生阴燃的场所。

定温感温型探测器允许温度有较大的变化，其工作比较稳定，但火灾造成的损失较大，在0℃以下的场所不宜选用。差温感温型探测器适用于火灾早期报警，火灾造成损失较小，但如果火灾温度升高过慢则无反应而漏报。差定温感温型探测器具有差温型的优点而又比差温型更可靠，所以最好选用差定温探测器。

各种探测器都可配合使用，如感烟与感温探测器的组合，宜用于大、中型计算机房、洁净厂房及防火卷帘设施的部位等。对于蔓延迅速、有大量的烟和热产生、有火焰辐射的火灾，如油品燃烧等，宜选用三种探测器的组合。

总之，离子感烟探测器具有稳定性好、误报率低、寿命长、结构紧凑等优点，因而得到广泛应用。其他类型的探测器，只在某些特殊场合作为补充才用到。例如，在厨房、发电动机房、地下车库及具有气体自动灭火装置时，需要提高灭火报警可靠性而与感烟探测器联合使用的地方才考虑用感温探测器。

点型探测器的适用场所如表2-2所示。

表2-2　点型探测器的适用场所

序号	探测器类型 场所或情形	感烟		感温			感光		说明
		离子	光电	定温	差温	差定温	红外	紫外	
1	饭店、宾馆、教学楼、办公楼的厅堂、卧室、办公室楼	○	○						厅堂、办公室、会议室、值班室、娱乐室、接待室等，灵敏度档次为中、低、可延时；卧室
2	电子计算机房、通信机房、通信机房、电影电视放映室等	○	○						这些场所灵敏度要高或高、中档次联合使用
3	楼梯、走道、电梯、机房等	○	○						灵敏度档次为高、中
4	书库、档案库	○	○						灵敏度档次为高
5	有电器火灾危险	○	○						早期热解产物，气溶胶微粒小，可用离子型；气溶胶微粒大，可用光电型
6	气流速度大于5 m/s	×	○						
7	相对湿度经常高于95%以上	×				○			根据不同要求也可选用定温或差温型
8	有大量粉尘、水雾滞留	×	×	○	○	○			根据具体要求选用
9	有可能发生无烟火灾	×	×	○	○	○			
10	在正常情况下有烟和蒸汽滞留	×	×	○	○	○			
11	有可能产生蒸汽和油雾		×						
12	厨房、锅炉房、发电动机房、茶炉房、烘干车间等			○		○			在正常高温环境下，感温探测器的额定动作温度值可定得高些，或选用高温感温探测器
13	吸烟室、小会议室等				○	○			若选用感烟探测器则应选低灵敏档次
14	汽车库				○	○			
15	其他不宜安装感烟探测器的厅堂和公共场所	×	×	○	○	○			

续表

序号	探测器类型 场所或情形	感　烟		感　温			感　光		说　明
		离子	光电	定温	差温	差定温	红外	紫外	
16	可能产生阴燃或者如发生火灾不及早报警将造成重大损失的场所	○	○	×	×	×			
17	温度在0℃以下			×					
18	正常情况下，温度变化较大的场所	×							
19	可能产生腐蚀性气体	×							
20	产生醇类、醚类、酮类等有机物质		×						
21	可能产生黑烟		×						
22	存在高频电磁干扰		×						
23	银行、百货店、商场、仓库	○	○						
24	火灾时有强烈的火焰辐射						○	○	如：含有易燃材料的房间、飞机库、油库、海上石油钻井和开采平台；炼油裂化厂
25	需要对火焰做出快速反应						○	○	如：镁和金属粉末的生产，大型仓库、码头
26	无阴燃阶段的火灾						○	○	
27	博物馆、美术馆、图书馆	○	○				○	○	
28	电站、变压器间、配电室	○	○				○	○	
29	可能发生无焰火灾						×	×	
30	在火焰出现前有浓烟扩散						×	×	
31	探测器的镜头易被污染						×	×	
32	探测器的“视线”易被遮挡						×	×	
33	探测器易受阳光或其他光源直接或间接照射						×	×	
34	在正常情况下有明火作业及X射线、弧光等影响						×	×	
35	电缆隧道、电缆竖井、电缆夹层							○	发电厂、发电站、化工厂、钢铁厂
36	原料堆垛							○	纸浆厂、造纸厂、卷烟厂及工业易燃堆垛
37	仓库堆垛							○	粮食、棉花仓库及易燃仓库堆垛
38	配电装置、开关设备、变压器、电控中心						○		
39	地铁、名胜古迹、市政设施					○			
40	耐碱、防潮、耐低温等恶劣环境					○			

续表

序号	探测器类型 场所或情形	感烟		感温			感光		说明
		离子	光电	定温	差温	差定温	红外	紫外	
41	皮带运输机生产流水线和滑道的易燃部位					○			
42	控制室、计算机室的吊顶内、地板下及重要设施隐蔽处等					○			
43	其他环境恶劣不适合点型感烟探测器安装的场所					○			

注：1. 符号说明：在表中，“○”表示适合的探测器，应优先选用；“×”表示不适合的探测器，不应选用；空白（无符号），表示需谨慎使用。

2. 在散发可燃气的场所宜选用可燃气体探测器，实现早期报警。

3. 对可靠性要求高，需要有自动联动装置或安装自动灭火系统时，采用感烟、感温、火焰探测器（同类型或不同类型）的组合。这些场所通常都是很重要，且火灾危险性很大的。

4. 在实际使用时，如果在所列项目中找不到，可以参照类似场所，如果没有把握或很难判定是否合适，最好做燃烧模拟试验最终确定。

5. 下列场所不设火灾探测器：

（1）厕所、浴室等；

（2）不能有效探测火灾者；

（3）不便维修、使用（重点部位除外）的场所。

在工程实际中，危险性大又很重要的场所（即需设置自动灭火系统或联动装置的场所），均应采用感烟、感温、火焰探测器的组合。

线型探测器的适用场所如下。

（1）下列场所宜选用缆式线型定温探测器：

① 计算机室，控制室的吊顶内、地板下及重要设施隐蔽处等；

② 开关设备、发电厂、变电站及配电装置等；

③ 各种皮带运输装置；

④ 电缆夹层、电缆竖井、电缆隧道等；

⑤ 其他环境恶劣不适合点型探测器安装的危险场所。

（2）下列场所宜选用空气管线型差温探测器：

① 不宜安装点型探测器的夹层、吊顶；

② 公路隧道工程；

③ 古建筑；

④ 可能产生油类火灾且环境恶劣的场所；

⑤ 大型室内停车场。

（3）下列场所宜选用红外光束感烟探测器：

① 隧道工程；

② 古建筑、文物保护的厅堂馆所等；

③ 档案馆、博物馆、飞机库、无遮挡大空间的库房等；

④ 发电厂、变电站等。

 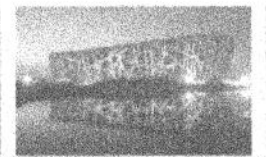 

(4) 下列场所宜选用可燃气体探测器：

①煤气表房、燃气站及大量存储液化石油气罐的场所；

②使用管道煤气或燃气的房屋；

③其他散发或积聚可燃气体和可燃液体蒸气的场所；

④有可能产生大量一氧化碳气体的场所，宜选用一氧化碳气体探测器。

2）根据房间高度选择探测器

由于各种探测器的特点各异，其适于的房间高度也不一致，为了使选择的探测器能更有效地达到保护的目的，表2-3列举了几种常用的探测器对房间高度的要求，供学习及设计参考。

表2-3　根据房间高度选择探测器

房间高度 h(m)	感烟探测器	感温探测器			火焰探测器
		一级	二级	三级	适合
$1 < h \leqslant 20$	不适合	不适合	不适合	不适合	适合
$8 < h \leqslant 12$	适合	不适合	不适合	不适合	适合
$6 < h \leqslant 8$	适合	适合	不适合	不适合	适合
$4 < h \leqslant 6$	适合	适合	适合	不适合	适合
$h \leqslant 4$	适合	适合	适合	适合	适合

如果高出顶棚的面积小于整个顶棚面积的10%，只要这一顶棚部分的面积不大于1只探测器的保护面积，则该较高的顶棚部分同整个顶棚面积一样看待；否则，较高的顶棚部分应如同分隔开的房间处理。

在按房间高度选用探测器时，应注意这仅仅是按房间高度对探测器选用的大致划分，具体选用时还需结合火灾的危险度和探测器本身的灵敏度档次来进行。如判断不准时，需做模拟试验后确定。

2. 探测器数量的确定

在实际工程中，房间大小及探测区大小不一，房间高度、棚顶坡度也各异，那么怎样确定探测器的数量呢？国家规范规定：探测区域内每个房间应至少设置一只火灾探测器。一个探测区域内所设置探测器的数量应按下式计算：

$$N \geqslant \frac{S}{K \cdot A}$$

式中　N——一个探测区域内所设置的探测器的数量，单位用“只”表示，N应取整数。

S——一个探测区域的地面面积（m^2）。

A——探测器的保护面积（m^2），指一只探测器能有效探测的地面面积。由于建筑物房间的地面通常为矩形，因此，所谓“有效”探测的地面面积实际上是指探测器能探测到的矩形地面面积。探测器的保护半径R(m)是指一只探测器能有效探测的单向最大水平距离。

K——称为安全修正系数。特级保护对象K取0.7～0.8，一级保护对象K取0.8～0.9，二级保护对象K取0.9～1.0。选取时根据设计者的实际经验，并考虑火灾可能对人身

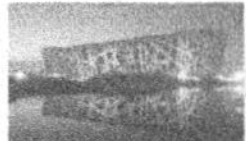
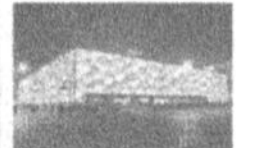

和财产的损失程度、火灾危险性的大小、疏散及扑救火灾的难易程度及对社会的影响大小等多种因素。

对于一个探测器而言，其保护面积和保护半径的大小与其探测器的类型、探测区域的面积、房间高度及屋顶坡度都有一定的联系。表2-4以两种常用的探测器反映了保护面积、保护半径与其他参量的相互关系。

表2-4　感烟、感温探测器的保护面积和保护半径

<table>
<tr><th rowspan="4">火灾探测器的种类</th><th rowspan="4">地面面积 S(m²)</th><th rowspan="4">房间高度 h(m)</th><th colspan="6">探测器的保护面积 A 和保护半径 R</th></tr>
<tr><th colspan="6">房顶坡度 θ</th></tr>
<tr><th colspan="2">θ≤15°</th><th colspan="2">15°<θ≤30°</th><th colspan="2">θ>30°</th></tr>
<tr><th>A(m²)</th><th>R(m)</th><th>A(m²)</th><th>R(m)</th><th>A(m²)</th><th>R(m)</th></tr>
<tr><td rowspan="3">感烟探测器</td><td>S≤80</td><td>h≤12</td><td>80</td><td>6.7</td><td>80</td><td>7.2</td><td>80</td><td>8.0</td></tr>
<tr><td rowspan="2">S>80</td><td>6<h≤12</td><td>80</td><td>6.7</td><td>100</td><td>8.0</td><td>120</td><td>9.9</td></tr>
<tr><td>h≤6</td><td>60</td><td>5.8</td><td>80</td><td>7.2</td><td>100</td><td>9.0</td></tr>
<tr><td rowspan="2">感温探测器</td><td>S≤30</td><td>h≤8</td><td>30</td><td>4.4</td><td>30</td><td>4.9</td><td>30</td><td>5.5</td></tr>
<tr><td>S>30</td><td>h≤8</td><td>20</td><td>3.6</td><td>30</td><td>4.9</td><td>40</td><td>6.3</td></tr>
</table>

另外，确定探测器的数量还要考虑通风换气对感烟探测器的保护面积的影响，在通风换气房间，烟的自然蔓延方式受到破坏。换气越频，燃烧产物（烟气体）的浓度越低，部分烟被空气带走，导致探测器接受的烟减少，或者说探测器感烟灵敏度相对降低。常用的补偿方法有两种：一是压缩每只探测器的保护面积；二是增大探测器的灵敏度，但要注意防误报。

3. 探测器的布置

探测器布置及安装得合理与否，直接影响其保护效果。一般火灾探测器应安装在屋内吊顶棚表面或顶棚内部（没有吊顶棚的场合，安装在室内顶棚表面上）。考虑到维护管理的方便，其安装面的高度不宜超过20 m。

在布置探测器时，首先要考虑安装间距如何确定，同时考虑梁的影响及特殊场合探测器的安装要求。

1）探测器安装间距的确定

（1）相关规范

① 探测器周围0.5 m之内，不应有遮挡物（以确保探测安全）。

② 探测器至墙（梁边）的水平距离，不应小于0.5 m，如图2-25所示。

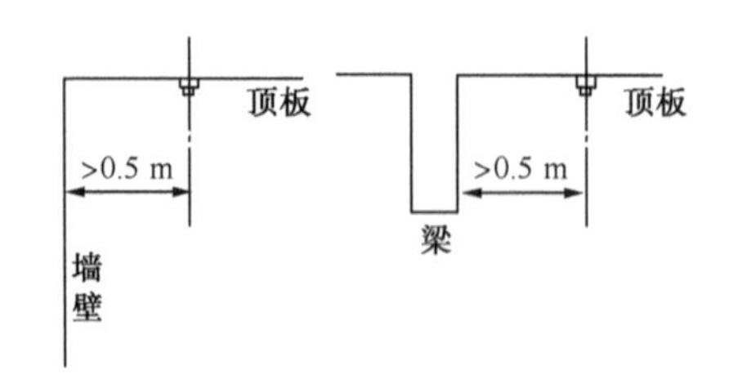

图2-25　探测器在顶棚上安装时与墙或梁的距离

（2）安装间距的确定

探测器在房间中布置时，如果是多只探测器，那么两探测器的水平距离及垂直距离称为安装间距，分别用 a 和 b 表示。

安装间距 a、b 的确定方法如下。

① 计算法：根据从表 2-4 中查得的保护面积 A 和保护半径 R，计算 D 值（$D=2R$）；根据所算 D 值的大小及对应的保护面积 A 在图 2-26 曲线中的粗实线上（即由 D 值所包围部分）取一点，此点所对应的数即为安装间距 a、b 值。注意实际布置距离应不大于查得的 a、b 值。具体布置后，应检验探测器到最远点的水平距离是否超过了探测器的保护半径，如超过则应重新布置或增加探测器的数量。

图 2-26 曲线中的安装间距是以二维坐标的极限曲线的形式给出的。即：给出感温探测器的三种保护面积（20 m²、30 m² 和 40 m²）及其五种保护半径（3.6 m、4.4 m、4.9 m、5.5 m 和 6.3 m）所适宜的安装间距的极限曲线 $D_1 \sim D_5$；给出感烟探测器的四种保护面积（60 m²、80 m²、100 m² 和 120 m²）及其六种保护半径（5.8 m、6.7 m、7.2 m、8.0 m、9.0 m 和 9.9 m）所适宜的安装间距的极限曲线 $D_6 \sim D_{11}$（含 D_9）。

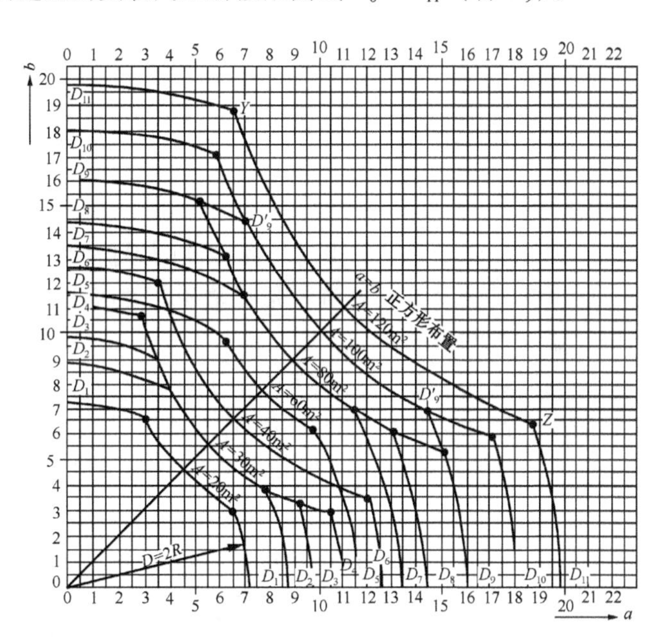

图 2-26　探测器安装间距的极限曲线

② 经验法：因为对于一般点型探测器的布置为均匀布置法，因此，可以根据工程实际经验总结探测器安装距离的计算方法。具体公式如下：

$$横向间距\ a=\frac{该房间（探测区域）的长度}{横向安装间距个数+1}=\frac{该房间的长度}{横向探测器个数}$$

$$纵向间距\ b=\frac{该房间（探测区域）的宽度}{纵向安装间距个数+1}=\frac{该房间的宽度}{纵向探测器个数}$$

由此可见，这种方法不需查表即可非常方便地求出 a、b 值，然后与前布置相同就可以了。

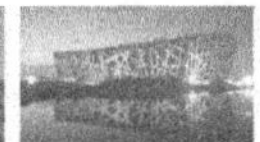
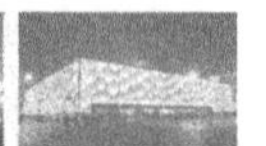

另外根据人们的实际工作经验，这里给出由保护面积和保护半径决定最佳安装间距的选择表（如表2-5所示），供设计使用。

表2-5　由保护面积和保护半径决定最佳安装间距

探测器种类	保护面积 $A(m^2)$	保护半径 R 的极限值 (m)	参照的极限曲线	最佳安装间距 a、b 及其保护半径 R 值（m）									
				$a_1 \times b_1$	R_1	$a_2 \times b_2$	R_2	$a_3 \times b_3$	R_3	$a_4 \times b_4$	R_4	$a_5 \times b_5$	R_5
感温探测器	30	3.6	D_1	4.5×4.5	3.2	5.0×4.0	3.2	5.5×3.6	3.3	6.0×3.3	3.4	6.5×3.1	3.6
	30	4.4	D_2	5.5×5.5	3.9	6.1×4.9	3.9	6.7×4.8	4.1	7.3×4.1	4.2	7.9×3.8	4.4
	30	4.9	D_3	5.5×5.5	3.9	6.5×4.6	4.0	7.4×4.1	4.2	8.4×3.6	4.6	9.2×3.2	4.9
	30	5.5	D_4	5.5×5.5	3.9	6.8×4.4	4.0	8.1×3.7	4.5	9.4×3.2	5.0	10.6×2.8	5.5
	40	6.3	D_6	6.5×6.5	4.6	8.0×5.0	4.7	9.4×4.3	5.2	10.9×3.7	5.8	12.2×3.3	6.3
感烟探测器	60	5.8	D_5	7.7×7.7	5.4	8.3×7.2	5.5	8.8×6.8	5.6	9.4×6.4	5.7	9.9×6.1	5.8
	80	6.7	D_7	9.0×9.0	6.4	9.6×8.3	6.3	10.2×7.8	6.4	10.8×7.4	6.5	11.4×7.0	6.7
	80	7.2	D_8	9.0×9.0	6.4	10.0×8.0	6.4	11.0×7.3	6.6	12.0×6.7	6.9	13.0×6.1	7.2
	80	8.0	D_9	9.0×9.0	6.4	10.6×7.5	6.5	12.1×6.6	6.9	13.7×5.8	7.4	15.4×5.3	8.0
	100	8.0	D_9	10.0×10.0	7.1	11.1×9.0	7.1	12.2×8.2	7.3	13.3×7.5	7.6	14.4×6.9	8.0
	100	9.0	D_{10}	10.0×10.0	7.1	11.8×8.5	7.3	13.5×7.4	7.7	15.3×6.5	8.3	17.0×5.9	9.0
	120	9.9	D_{11}	11.0×11.0	7.8	13.0×9.2	8.0	14.9×8.1	8.5	16.9×7.1	9.2	18.7×6.4	9.9

2）梁对探测器的影响

在顶棚有梁时，由于烟的蔓延受到梁的阻碍，探测器的保护面积会受梁的影响。如果梁间区域的面积较小，梁对热气流（或烟气流）形成障碍，并吸收一部分热量，因而探测器的保护面积必然下降。梁对探测器的影响如图2-27及表2-6所示。查表2-6可以决定一只探测器能够保护的梁间区域的个数，这样就减少了计算工作。按图2-27的规定，房间高度在5 m以下，感烟探测器在梁高小于200 mm时无须考虑梁的影响；房间高度在5 m以上，梁高大于200 mm时，探测器的保护面积受房高的影响，可按房间高度与梁高之间的线性关系考虑。

表2-6　按梁间区域确定一只探测器能够保护的梁间区域的个数

探测器的保护面积 $A(m^2)$		梁隔断的梁间区域面积 $Q(m^2)$	一只探测器保护的梁间区域的个数
感温探测器	20	$Q>12$	1
		$8<Q\leqslant 12$	2
		$6<Q\leqslant 8$	3
		$4<Q\leqslant 6$	4
		$Q\leqslant 4$	5

由图2-27可查得，三级感温探测器房间高度的极限值为4 m，梁高限度为200 mm；二级感温探测器房间高度的极限值为6 m，梁高限度为225 mm；一级感温探测器房间高度的极限值为8 m，梁高限度为275 mm；感烟探测器房间高度的极限值为12 m，梁高限度为375 mm。在线性曲线的左边部分均无须考虑梁的影响。

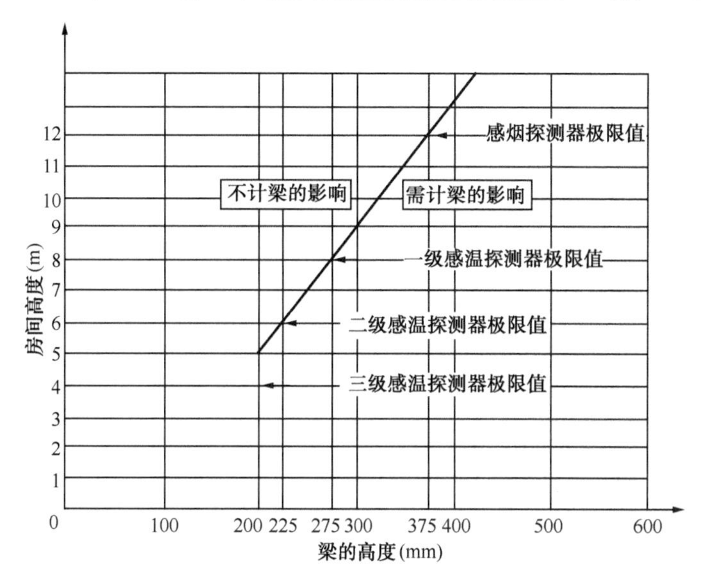

图 2-27　不同高度的房间梁对探测器设置的影响

可见当梁突出顶棚的高度在 200～600 mm 时，应按图 2-27 和表 2-6 确定梁的影响和一只探测器能够保护的梁间区域的数目；当梁突出顶棚的高度超过 600 mm 时，被梁阻断的部分需单独划为一个探测区域，即每个梁间区域应至少设置一只探测器。

当被梁阻断的区域面积超过一只探测器的保护面积时，则应将被阻断的区域视为一个探测区域，并应按规范的有关规定计算探测器的设置数量。探测区域的划分如图 2-28 所示。

当梁间净距小于 1 m 时，可视为平顶棚。

如果探测区域内有过梁，定温型感温探测器安装在梁上时，其探测器下端到安装面必须在 0.3 m 以内；感烟型探测器安装在梁上时，其探测器下端到安装面必须在 0.6 m 以内，如图 2-29 所示。

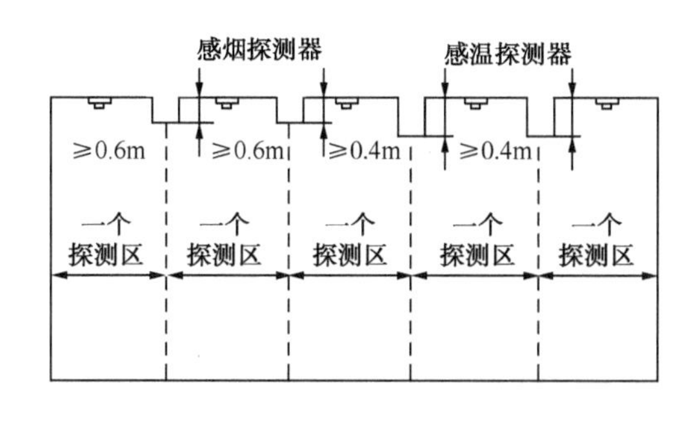

图 2-28　探测区域的划分

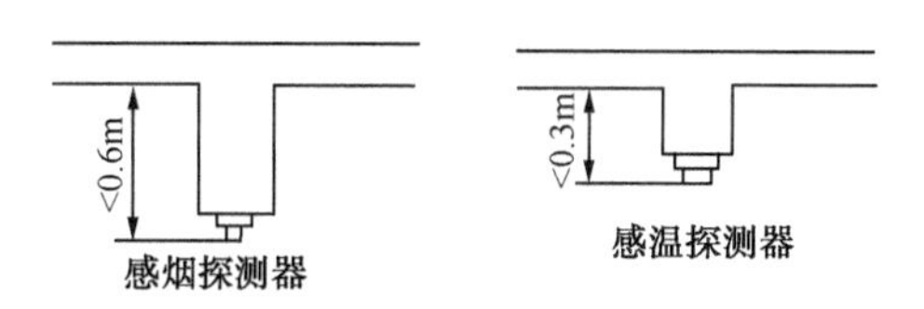

图 2-29　在梁下端安装时探测器至顶棚的尺寸

3）探测器在一些特殊场合安装时的注意事项

(1) 在宽度小于 3 m 的内走道的顶棚设置探测器时应居中布置。感温探测器的安装间距不应超过 10 m，感烟探测器的安装间距不应超过 15 m。探测器至端墙的距离，不应大于探测

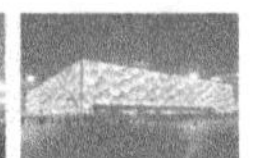

器安装间距的一半。建议在走道的交叉和会合区域上，必须安装1只探测器，如图2-30所示。

（2）房间被书架、储藏架或设备等阻断分隔，当其顶部至顶棚或梁的距离小于房间净高的5%时，则每个被隔开的部分至少应安装一只探测器，如图2-31所示。

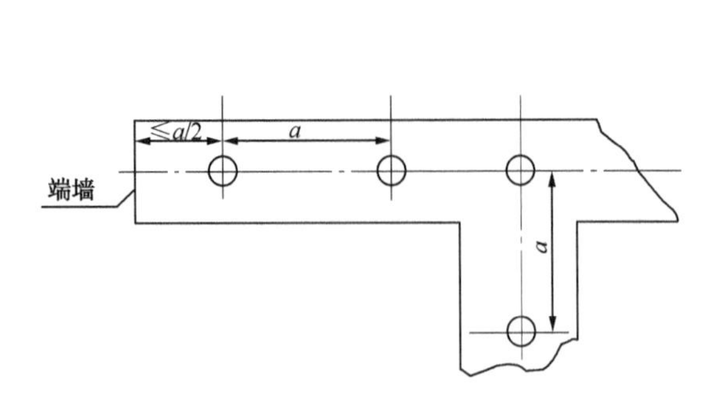

图2-30　探测器布置在内走道的顶棚上

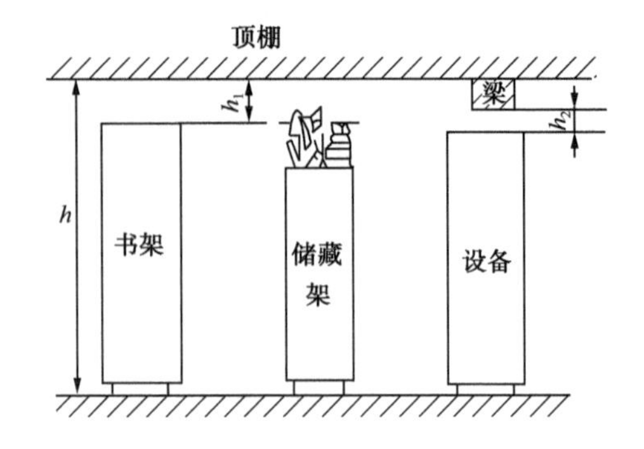

图2-31　房间有书架、储藏架、设备等分隔时探测器的设置

【例2-1】 某书库地面面积为40 m²，房间高度为3 m，内有两书架分别安在房中间，书架高度为2.9 m，问：应选用感烟探测器几只？

房间高度减去书架高度等于0.1 m，为净高的3.3%，可见书架顶部至顶棚的距离小于房间净高的5%，所以应选用3只探测器（即每个被隔开的部分均应放一只探测器）。

（3）在空调机房内，探测器应安装在离送风口1.5 m以上的地方，离多孔送风顶棚孔口的距离不应小于0.5 m，如图2-32所示。

（4）楼梯或斜坡道垂直距离每15 m（Ⅲ级灵敏度的火灾探测器为10 m）至少应安装一只探测器。

（5）探测器宜水平安装，如需倾斜安装时，倾斜角不应大于45°；当屋顶倾斜角大于45°时，应加木台或类似方法安装探测器，如图2-33所示。

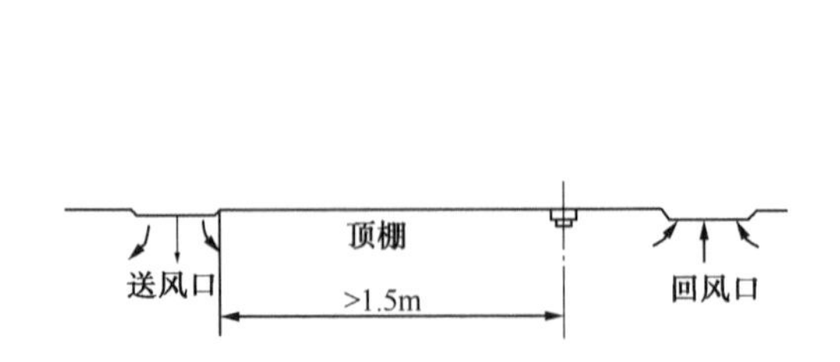

图2-32　探测器装于有空调机房间时的位置

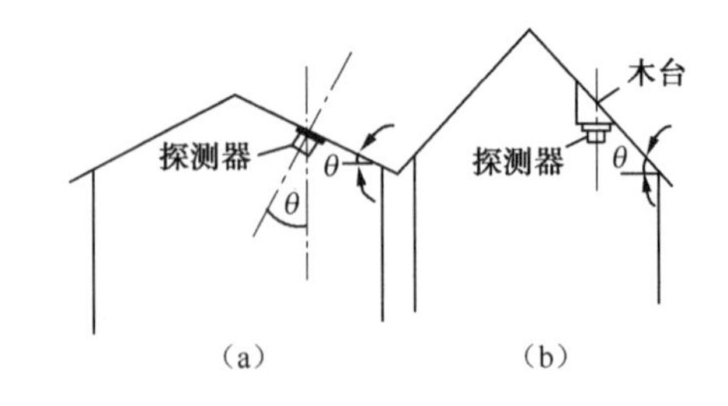

图2-33　探测器的安装角度

（6）在电梯井、升降机井设置探测器时，未按每层封闭的管道井（竖井）等当屋顶坡度不大于45°时，其位置宜在井道上方的机房顶棚上，如图2-34所示。这种设置既有利于井道中火灾的探测，又便于日常检验维修。因为在电梯井、升降机井的提升井绳索的井道盖上通常有一定的开口，烟会顺着井绳冲到机房内部，为尽早探测火灾，规定用感烟探测器保护，且在顶棚上安装。

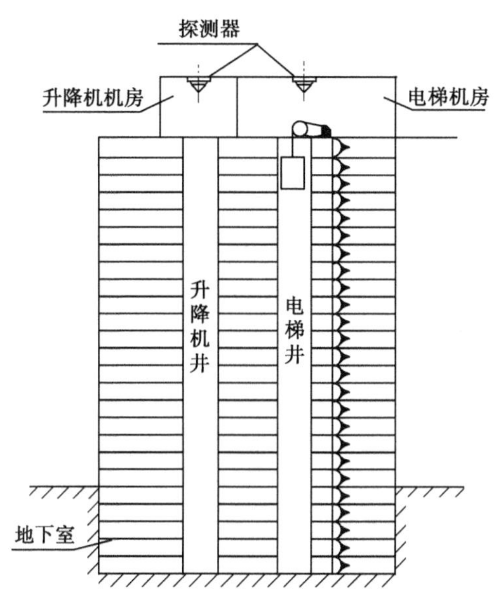

图 2-34 探测器在井道上方的机房顶棚上的设置

（7）当房屋顶部有热屏障时，感烟探测器下表面距顶棚距离应符合表 2-7 的规定。

表 2-7 感烟探测器下表面至顶棚或屋顶的距离

探测器的安装高度 h(m)	感烟探测器下表面至顶棚或屋顶的距离 d(mm)					
	顶棚或屋顶坡度 θ					
	$\theta \leqslant 15°$		$15° < \theta \leqslant 30°$		$\theta > 30°$	
	最小	最大	最小	最大	最小	最大
$h \leqslant 6$	30	200	200	300	300	500
$6 < h \leqslant 6$	70	250	250	400	400	600
$6 < h \leqslant 10$	100	300	300	500	500	700
$10 < h \leqslant 12$	150	350	350	600	600	800

（8）顶棚较低（小于 2.2 m）、面积较小（不大于 10 m^2）的房间，安装感烟探测器时，宜设置在入口附近。

（9）在楼梯间、走廊等处安装感烟探测器时，宜安装在不直接受外部风吹入的位置处。安装光电感烟探测器时，应避开日光或强光直射的位置。

（10）在浴室、厨房、开水房等房间连接的走廊安装探测器时，应避开其入口边缘 1.5 m。

（11）安装在顶棚上的探测器边缘与下列设施边缘的水平间距：与电风扇不小于1.5 m；与自动喷水灭火喷头不小于 0.3 m；与防火卷帘、防火门，一般在 1 ~ 2 m 的适当位置；与多孔送风顶棚孔口不小于 0.5 m；与不突出的扬声器不小于 0.1 m；与照明灯具不小于 0.2；与高温光源灯具（如碘钨灯、容量大于 100 W 的白炽灯等）不小于 0.5 m。

（12）对于煤气探测器，在墙上安装时，应距煤气灶 4 m 以上，距地面 0.3 m；在顶棚

上安装时，应距煤气灶8 m以上；当屋内有排气口时，允许装在排气口附近，但应距煤气灶8 m以上，当梁高大于0.8 m时，应装在煤气灶一侧；在梁上安装时，与顶棚的距离应小于0.3 m。

（13）探测器在厨房中的设置：饭店的厨房常有大的煮锅、油炸锅等，具有很大的火灾危险性，如果过热或遇到高的火灾荷载更易引起火灾。定温式探测器适宜在厨房内使用，但是应预防煮锅喷出的一团团蒸汽，比如在顶棚上使用隔板可防止热气流冲击探测器，以减少或消除误报；而发生火灾时的热量足以克服隔板使探测器发生报警信号，如图2-35所示。

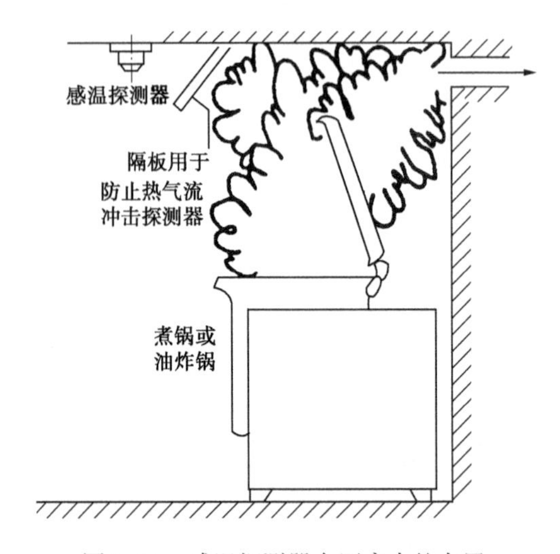

图2-35　感温探测器在厨房中的布置

（14）探测器在带有网格结构的吊装顶棚场所下的设置。在宾馆等较大的空间场所，设有带网格或格条结构的轻质吊装顶棚，起到装饰或屏蔽作用。这种吊装顶棚允许烟进入其内部，并影响烟的蔓延，在此情况下设置探测器应谨慎处理。

① 如果至少有一半以上的网格面积是通风的，可把烟的进入看成是开放式的。如果烟可以充分地进入顶棚内部，则只在吊装顶棚内部设置感烟探测器，探测器的保护面积除考虑火灾危险性外，仍按保护面与房间高度的关系考虑，如图2-36所示。

② 如果网格结构的吊装顶棚开孔面积相当小（一半以上顶棚面积被覆盖），则可看成是封闭式顶棚，在顶棚上方和下方空间须单独监视。尤其是当阴燃火发生时，产生热量极少，不能提供充足的热气流推动烟的蔓延，烟达不到顶棚中的探测器，此时可采取二级探测方式，如图2-37所示。在吊装顶棚下方，采用光电感烟探测器，对阴燃火响应较好；在吊装顶棚上方，采用离子感烟探测器，对明火响应较好。每只探测器的保护面积仍按火灾危险度及地板和顶棚之间的距离确定。

（15）下列场所可不设置探测器：厕所、浴室及其类似场所；不能有效探测火灾的场所；不便维修、使用（重点部位除外）的场所。

关于线型红外光束感烟探测器、热敏电缆线型探测器、空气管线型差温探测器的布置与上述不同，具体情况在安装中阐述。

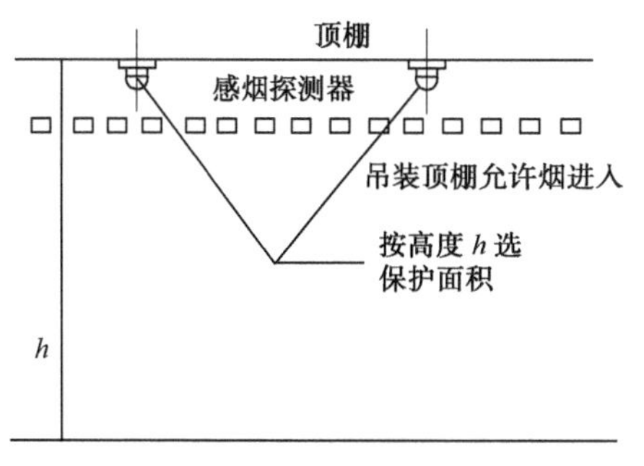

图 2-36　探测器在吊装顶棚中的定位

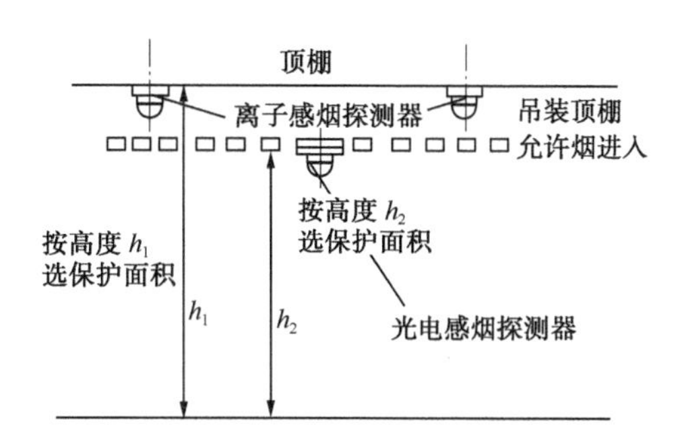

图 2-37　吊装顶棚探测阴燃火的改进方法

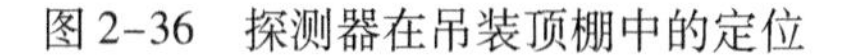

2.5　传统型和智能型火灾报警系统

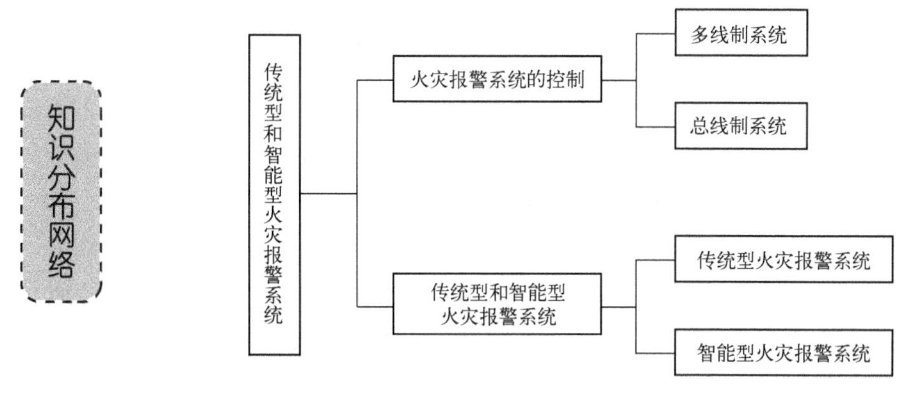

2.5.1　火灾报警系统的线制

无论对火灾自动报警系统，还是探测器与报警控制器的连接方式，常常碰到的一个问题，就是它们的线制如何，因此有必要对其进行阐述。

在火灾自动报警系统安装布线中，探测部位之间的距离可以从几米至几十米。控制器到探测部位间可以从几十米到几百米、上千米。一台区域报警控制器可带几十或上百只探测器，有的通用控制器做到了带 500 个探测点，甚至上千个。这样，控制器到探测器之间的接线数量和方式便出现了问题。

随着火灾自动报警系统的发展，探测器与报警控制器的接线形式变化很快，即从多线向少线至总线发展，给施工、调试和维护带来了极大的方便。我国采用的线制有四线、三线、两线制及四总线、二总线制等几种。对于不同厂家生产的不同型号的探测器其接线形式也不一样，从探测器到区域报警器的线数也有很大差别。

这里说的线制是指探测器和控制器间的连线数量。更确切地说，线制是火灾自动报警系统运行机制的体现。按线制分，火灾自动报警系统有多线制和总线制之分。多线制目前基本不用，但已运行的工程中有部分仍为多线制系统，因此以下分别叙述。

1. 多线制系统

多线制系统结构形式与早期的火灾探测器设计、火灾探测器与火灾报警控制器的连接等

有关。一般要求每个火灾探测器采用两条或更多条导线与火灾报警控制器相连接，以确保从每个火灾探测点发出火灾报警信号。简而言之，多线制结构的火灾报警系统采用简单的模拟或数字电路构成火灾探测器并通过电平翻转输出火警信号，火灾报警控制器依靠直流信号巡检和向火灾探测器供电，火灾探测器与火灾报警控制器采用硬线一一对应连接，有一个火灾探测点便需要一组硬线与之对应。

2. 总线制系统

总线制系统采用地址编码技术，整个系统只用几根总线，建筑物内布线极其简单，给设计、施工及维护带来了极大的方便，因此被广泛采用。值得注意的是，一旦总线回路中出现短路问题，则整个回路失效，甚至损坏部分控制器和探测器，因此为了保证系统正常运行和免受损失，必须采取短路隔离措施，如分段加装短路隔离器。

2.5.2 传统型（多线制）和智能型（总线制）火灾报警系统

1. 传统型火灾报警系统

传统型火灾报警系统即多线制开关量式火灾探测报警系统，现已很少使用，但在高层建筑及建筑群体的消防工程中，传统型火灾自动报警系统仍不失为一种实用、有效的重要消防监控系统。其主要缺点：每个探测器都有一根接线，造成线路复杂、连接线数多、安装与维护费用高、故障率和误报率高。在此不过多讲述。

2. 智能型火灾报警系统

随着新消防产品的不断出现，火灾自动报警系统也由传统火灾自动报警系统向现代火灾报警系统发展。虽然生产厂家较多，其所能监控的范围随不同报警设备各异，但设备的基本功能日趋统一，并逐渐向总线制、智能化方向发展，使得系统误报率降低，且由于采用总线制，系统的施工和维护非常方便。

所谓智能火灾报警系统应当是使用探测器件将发生火灾期间所产生的烟、温、光等以模拟量形式连向外界相关的环境参量一起传送给报警器；报警器再根据获取的数据及内部存储的大量数据，利用火灾判据来判断火灾是否存在的系统。由于该系统为解决火灾报警系统存在的两大难题（误报、漏报）提供了新的方法和手段，并在处理火灾真伪方面表现了明显的有效性乃至创造性，这是火灾报警系统在技术上的飞跃，从传统型走向智能型是国内外火灾报警系统技术发展的必然趋势。

由于智能型火灾报警及联动灭火系统是用二总线（或三总线）来实现系统信息传输的，给工程的设计、安装和维护带来极大方便。

随着人们对火灾规律认识的进一步加深及微处理器、计算机、传感器技术的飞速发展，使传统的开关量火灾报警系统逐渐被智能火灾报警系统所取代，这标志着火灾报警已进入一个全新的发展时期。同时，智能系统还突破了火灾探测报警的范畴，与建筑物内的空调、供电、供水、照明、防盗系统等公共设施，以及其他公共安全和管理系统合并成一个整体，组成楼宇自动化管理系统，提供中央监控和智能分散管理，发挥更大的作用。

智能火灾报警系统普遍使用集成电路及微型计算机，昔日由硬件电路完成的功能已由软件功能所代替。在线路构成上通常采用了模块式结构方式，通过插入式更换不同的模块来改变控制器的功能或进行维护。在连接部件形式上通过调整软件或插入（更换）、控制模块，使模拟量传输式、地址编码式及普通式探测器在同一控制器上兼容。在控制方式上，为确保及时、准确地发出报警信号，完成各种操作功能，常采用双或三 CPU 结构，分别负责控制数据采集、处理及外设控制、打印等功能。

智能型火灾报警系统分为两类；主机智能系统和分布式智能系统。

1）主机智能系统

该系统是将探测器阈值比较电路取消，使探测器成为火灾传感器。无论烟雾大小，探测器本身不报警，而是将烟雾影响产生的电流、电压变化信号通过编码电路和总线传给主机。由主机内置软件将探测器传回的信号与火警典型信号比较，根据其速率变化等因素判断出是火灾信号还是干扰信号，并增加速率变化、连续变化量、时间、阈值幅度等一系列参考量的修正，只有信号特征与计算机内置的典型火灾信号特征相符时才会报警，这样就极大减少了误报的次数。

主机智能系统的主要优点有：灵敏度信号特征模型可根据探测器所在环境的特点来设定；可补偿各类环境中的干扰和灰尘积累对探测器灵敏度的影响，并能实现报警功能；主机采用微处理机技术，可实现时钟、存储、密码自检联动、联网等多种管理功能；可通过软件编程实现图形显示、键盘控制、翻译等高级扩展功能。

尽管主机智能系统比非智能系统优点多，但由于整个系统的监测、判断功能不仅全部要控制器完成，而且还要一刻不停地处理上千个探测器发回的信息，因而系统软件程序复杂，并且探测器巡检周期长，导致探测点大部分时间失去监控，系统可靠性降低和使用维护不便等。

2）分布式智能系统

该系统是在保留智能模拟探测系统的优点的基础上形成的，它将主机智能系统中对探测信号的处理、判断功能由主机返回到每个探测器，使探测器真正有智能功能。而主机由于免去了大量的现场信号处理负担，可以从容不迫地实现多种管理功能，从根本上提高了系统的稳定性和可靠性。

智能防火系统可按其主机线路方式分为多总线制和二总线制等。智能防火系统的特点是软件和硬件具有相同的重要性，并在早期报警功能、可靠性和总成本费用方面显示出明显的优势。

3）智能火灾报警系统的组成及特点

（1）智能火灾报警系统的组成

智能火灾报警系统由智能探测器、智能手动按钮、智能模块、探测器并联接口、总线隔离器、可编程继电器卡等组成。以下简单介绍智能探测器的作用及特点。

智能探测器将所在环境收集的烟雾浓度或温度随时间变化的数据，送回报警控制器，报警控制器根据内置的智能资料库中有关火警状态资料收集回来的数据进行分析比较，决定收集回来的资料是否显示有火灾发生，从而做出报警决定。报警资料库内存有火灾实验数据，智能报警系统的火警状态曲线如图 2-38 所示。智能报警系统将现场收集回来的数据变化曲线与图 2-38 所示的曲线比较，若相符，系统则发出火灾报警信号。如果从现场收集回如图 2-39 所示的非火灾信号（因昆虫进入探测器或探测器内落入粉尘），则不发火灾报警信号。

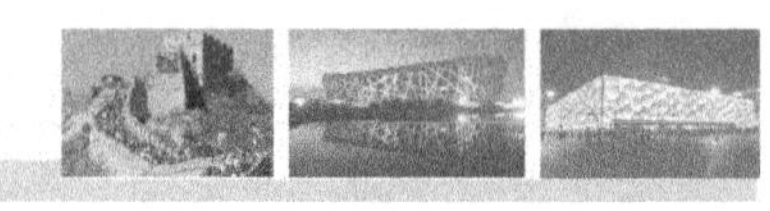

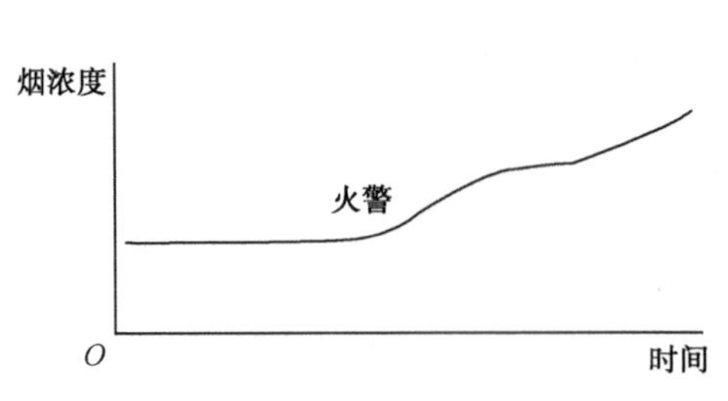

图2-38　火警状态曲线

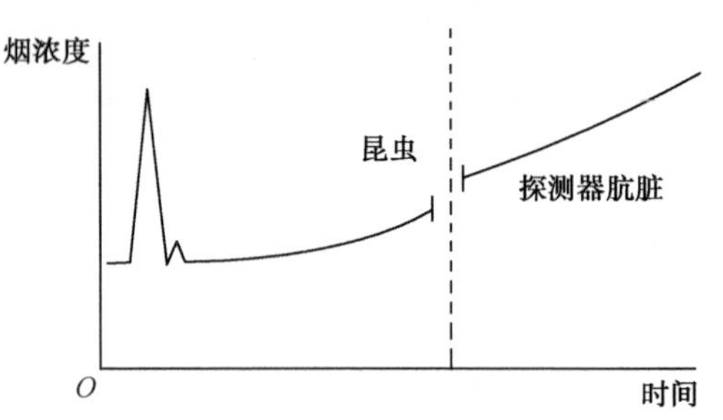

图2-39　非火警状态曲线

通过图2-38和图2-39的比较可以看出，由于昆虫和粉尘引起的烟雾浓度均超过火灾发生时的烟雾浓度，如果是非智能报警系统必然发出误报信号，可见智能系统判断火警的方法使误报率大大降低，减少了由于误报启动各种灭火设备所造成的损失。

智能探测器的种类随着不同厂家的不断开发而越来越多，目前比较常用的有智能离子感烟探测器、智能感温探测器、智能感光探测器等。其他智能型设备其作用同非智能型相似，这里不再叙述。

（2）智能火灾报警系统的特点

① 为全面有效地反映被监视环境的各种细微变化，智能系统采用了设有专用芯片的模拟量探测器。对温度和灰尘等影响实施自动补偿，对电干扰及线路分布参数的影响进行自动处理，从而为实现各种智能特性，避免火灾误报和准确报警奠定了技术基础。

② 系统采用了大容量的控制矩阵和交叉查寻软件包，以软件编程替代了硬件组合，提高了消防联动的灵活性和可修改性。

③ 系统采用主—从式网络结构，解决了对不同工程的适应性，又提高了系统运行的可靠性。

④ 利用全总线计算机通信技术，既完成了总线报警，又实现了总线联动控制，彻底避免了控制输出与执行机构之间的长距离穿管布线，大大方便了系统布线设计和现场施工。

⑤ 具有丰富的自诊断功能，为系统维护及正常运行提供了有利条件。

知识梳理与总结

1. 火灾探测技术的发展同电子、通信技术的发展是同步的，随着技术的更新火灾探测技术不断有新技术、新产品的产生，如已出现的无线火灾报警系统和智能火灾报警系统的联网技术。

2. 针对不同的建筑规模和要求，火灾自动报警系统的基本形式分为区域报警系统、集中报警系统、控制中心报警系统，它们的核心报警原理是相同的，但在应用场合和功能的复杂程度上有所不同。哪些建筑场所、选择何种形式的报警系统，可根据国家消防规范进行报警系统装置的选取。由于二总线火灾自动报警系统在安装布线和信号采集方面比多线制具有无可比拟的优越性，因此，目前市场上全部采用二总线智能型的火灾报警系统，多线式传统型火灾报警系统已被淘汰。

3. 火灾探测器作为火灾自动报警系统的“眼睛”，根据火灾燃烧产生的烟、颗粒、光、

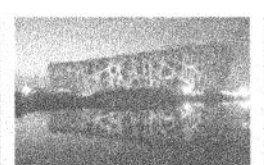

热等特征，分为感烟、感温、感光探测器，感烟探测器又分为离子、光电感烟探测器；感温探测器分为定温、差温感温探测器；感光探测器分为红外感光探测器和紫外感光探测器。在火灾探测器的选择与布置方面，在各类建筑物中选择何种火灾探测器、如何布置应遵循相关的消防规范。

4. 火灾报警控制器作为火灾自动报警系统的核心设备，选取的基本依据是满足火灾报警基本技术指标和功能的要求。设备容量大小和回路数的多少是根据用户的实际需要来确定的，用户可根据现场需要选取台式、立柜式、壁挂式等不同的外形设备，同时应考虑设备的兼容性，即报警控制器的选取同火灾报警系统和火灾探测器保持一致。

5. 本单元作为火灾自动报警系统的基础部分，是极为重要的内容，重点介绍了火灾自动报警系统的发展、组成、原理、线制、分类及其适用场所。同时对其关键核心部分——火灾报警控制器和探测器，尤其对探测器的原理、分类、选择与布置进行了详细的阐述。这为后续项目4的安装部分打下了基础。

复习思考题2

1. 简述火灾自动报警系统的发展历程。
2. 火灾自动报警系统由哪几部分组成？各部分的作用是什么？
3. 简述区域报警系统、集中报警系统、控制中心报警系统的区别和联系。
4. 什么是全面监视、局部监视和目标监视？
5. 探测器分为几种？感烟、感温、火焰探测器的适用场所有哪些？
6. 选择探测器主要应考虑哪些因素？
7. 什么叫灵敏度？感烟（温）探测器的灵敏度？
8. 布置探测器时应考虑哪些方面的问题？
9. 智能探测器的特点是什么？智能系统有何优点？
10. 一个探测区域内探测器的数量如何确定？受哪些因素影响？
11. 火灾探测器的保护面积和保护范围是如何确定的？
12. 哪些场合适合选用火焰探测器？
13. 离子感烟探测器的工作原理是什么？其主要技术指标如何？
14. 电子定温、差温、差定温三种类型探测器的工作原理有何异同？定温和差温探测器的区别是什么？
15. 感温、感烟探测器适用场所的房间最大高度为多少？
16. 在一个探测区域内，例如，地面面积为30 m×40 m的生产车间，房顶坡度为15°，房间高度为8 m。应设多少只感烟探测器？如何布置？
17. 火灾报警控制器有哪些种类？
18. 火灾报警器的功能是什么？
19. 区域报警器与楼层显示器的区别是什么？
20. 台式报警器和壁挂式报警器与探测器连接时有何不同？
21. 多线制系统和总线制系统的探测器接线各有何特点？

项目3 消防设备的联动控制系统

教学导航

教	知识重点	1. 消防联动控制系统的概念 2. 自动报警系统和灭火系统之间的联动关系 3. 自动报警系统和疏散诱导系统之间的联动关系
	知识难点	1. 消防各系统和自动报警系统之间的联动控制电气部分 2. 火灾报警系统施工图中消防联动控制在发生火灾中所起的作用
	推荐教学方式	1. 理论部分讲授采用多媒体教学 2. 结合实物讲授联动控制柜接线 3. 结合典型的工程实例，讲授火灾自动报警系统的系统图和平面图中消防联动控制器件的功能
	建议学时	8 学时
学	推荐学习方法	首先学习消防联动控制的概念，掌握自动喷水系统、消火栓系统、防排烟系统、消防通信系统和自动报警系统之间的联动关系及各相关的联动器件，在火灾报警系统施工图中区别出各联动器件并清楚各自的作用
	必须掌握的理论知识	1. 灭火和疏散诱导各系统的工作原理及同自动报警系统联动控制关系 2. 消防联动控制器的作用及应用
	必须掌握的技能	1. 各类消防联动控制设备的选取和应用 2. 常见的消防联动控制系统图的识读

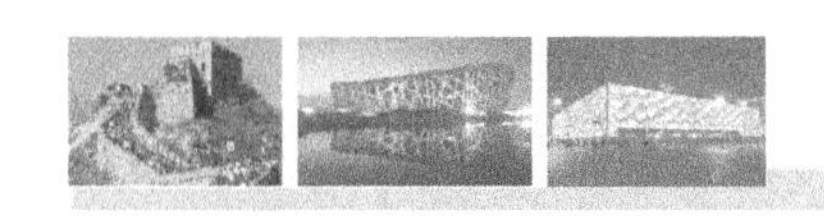

3.1 消防联动控制系统

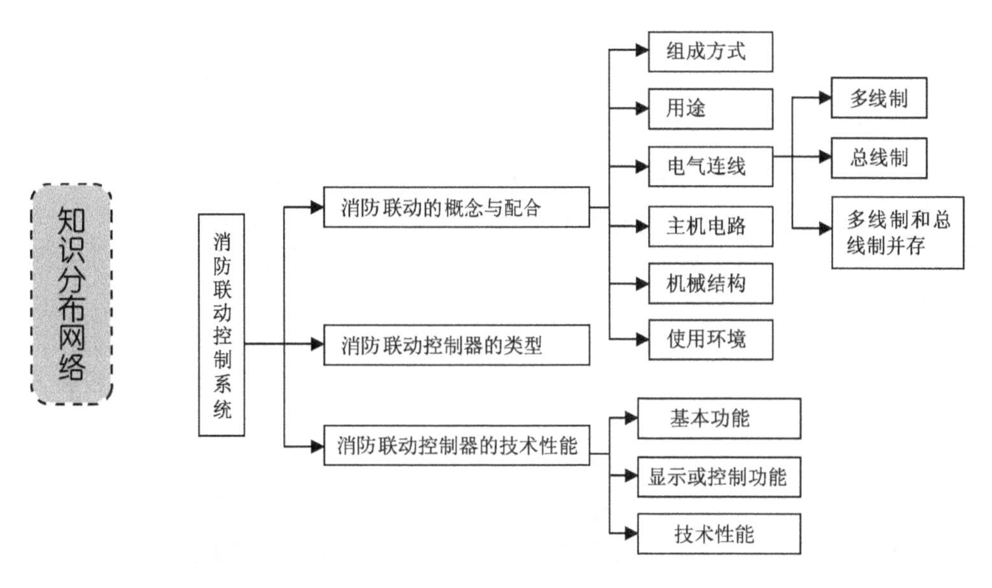

3.1.1 消防联动的概念与配合

1. 消防联动的概念

所谓消防联动，是指当发生火灾后，报警设备（烟感、温感等）首先探知火灾信号，然后传递给主机，主机接收到信号，按照设定的程序，启动警铃、消防广播、排烟风机等设备，并切断非消防电源。所有这些动作，是在报警主机接收到信号后，才开始动作的，这些动作就称为消防联动。

消防联动控制系统用于完成对消防系统中重要设备的可靠控制，如消防泵、喷淋泵、排烟机、送风机、防火卷帘门、电梯等。

一个完整的火灾报警系统应由三部分组成，即火灾探测、报警控制和联动控制，从而实现从火灾探测、报警至现场消防设备控制，实施防火灭火、防烟排烟和组织人员疏散、避难等完整的系统控制功能。同时还要求火灾报警控制器与现场消防控制设备能进行有效的联动控制。一般情况下，火灾报警控制器产品都具有一定的联动功能，但这远不能满足现代建筑物联动控制点数量和类型的需要，所以必须配置相应的联动控制器。

联动控制器与火灾报警控制器相配合，通过数据通信，接受并处理来自火灾报警控制器的报警点数据，然后对其配套执行器件发出控制信号，实现对各类消防设备的控制。联动控制器及其配套执行器件相当于整个火灾自动报警控制系统的“躯干和四肢”。

另外，联动控制系统中的火灾事故照明及疏散指示标志、消防专用通信系统及防排烟设施等，均是为了火灾现场人员较好的疏散、减少伤亡所设。联动控制系统作为火灾报警控制器的重要配套设备，是用来弥补火灾报警控制器监视和操作不够直观简便的缺点。其接线形式有总线式和多线式两大类：总线联动控制盘是通过总线控制输出模块来控制现场设备的，属于间接控制；多线联动控制盘是通过硬线直接控制现场设备的，属于直接控制。两种方式

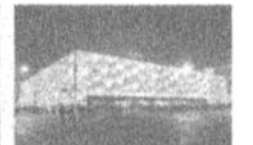

结合火灾报警控制器综合使用，有助于增加系统的可靠性。

2. 报警系统与消防联动系统的配合形式

（1）区域—集中报警、横向联动控制系统。此系统每层有一个复合区域报警控制器，它具有火灾自动报警功能，能接收一些设备的报警信号，如手动报警按钮、水流指示器、防火阀等，联动控制一些消防设备，如防火门、卷帘门、排烟阀等，并向集中报警器发送报警信号及联动设备动作的回授信号。此系统主要适用于高级宾馆建筑，每层或每区有服务人员值班，全楼有一个消防控制中心，有专门消防人员值班。

（2）区域—集中报警、纵向联动控制系统。此系统主要适用于高层“火柴盒”式的宾馆建筑。这类建筑物标准层多，报警区域划分比较规则，每层有服务人员值班，整个建筑物设置一个消防控制中心。

（3）大区域报警、纵向联动控制系统。此系统主要适用于没有标准层的办公大楼，如情报中心、图书馆、档案馆等。这类建筑物的每层没有服务人员值班，不宜设区域报警器，而在消防中心设置大区域报警器，有专门消防人员值班。

（4）区域—集中报警、分散控制系统。此系统在联动设备的现场安装有“控制盒”，以实现设备的就地控制，而设备动作的回授信号送到消防中心。消防中心的值班人员也可以手动操作联动设备。此系统主要适用于中、小型高层建筑及房间面积大的场所。

3.1.2 消防联动控制器的类型

消防联动控制器的品种很多，大致有以下几种分类法及其相应的类型。

1. 按组成方式分类

（1）单独的联动控制器。消防控制中心火灾报警控制系统由两方面构成，即火灾探测器与报警控制器单独构成探测报警系统，再配以单独的联动控制器及其配套执行器件。

（2）带联动控制功能的报警控制器。这类控制器，是通过配套执行器件联系现场消防外控设备，联动关系是在报警控制器内部实现的。

2. 按用途分类

（1）专用的联动控制装置。具有特定专用功能的联动控制装置，其品种较多，如水灭火系统控制装置、防烟排烟设备控制装置、气体灭火控制装置、火灾事故广播通信设备、电动防火门及防火卷帘门等防火分割控制装置、火警现场声光报警及诱导指示控制装置等。在一个建筑物的防火工程中，消防联动控制系统则由部分或全部的专用联动控制装置组成。

（2）通用的联动控制器。这类联动控制器可通过其配套的中继执行器件提供控制节点，可控制各类消防外控设备，还可对探测点与控制点现场编程设置控制逻辑对应关系。因此，消防联动控制系统简单明了，应用面广，可用于各类工程。

3. 按电气原理和系统连线分类

（1）多线制联动控制器。这类联动控制器与其配套的执行器件之间采用一一对应的关系，每只配套执行器件与主机之间分别有各自的控制线、反馈线等。通常情况下，控制点容量比较小。

多线制控制盘是消防联动系统的后备保证，它的作用是当报警主机因某种原因无法正常

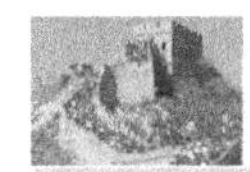

工作而又发生人为确认的火灾，需要启动某些设备时才使用的控制盘。它的控制方式与控制设备一一对应，采用硬接点方式连接，相当于设备的现场启/停按钮。它主要针对排烟机、正压送风机、消防泵等火灾联动控制设备。目前，市场上的多线控制盘都会配合一个模块使用，模块是非编码的，主要作用是实现将火灾报警系统的弱电与控制设备的强电进行隔离。防止设备动作时，强电串入报警系统烧坏报警设备。但一定要注意此处的模块禁止用编码控制模块代替，否则多线控制盘的功用将失去效用，在主机无法工作时不能启动联动设备。多线制控制盘上的控制点数根据排烟机、正压送风机、消防泵、喷淋泵等火灾联动控制设备的数量而定。

（2）总线制联动控制器。这类联动控制器与其配套的执行器件的连接用总线方式，具体有二总线、三总线、四总线等不同形式。此类控制器具有控制点容量大，安装调试及使用方便等特点。

手动控制盘是手动远程控制消防联动设备的操作盘，属于总线控制，主要用于控制正压送风机、排烟风机、电梯、广播、消火栓泵、喷淋泵等联动设备。选择前应计算出所需控制的总点数，然后选用大于总点数并留 10% 的余量即可。

（3）总线制与多线制并存的联动控制器。这类联动控制器同时有总线控制输出和多线控制输出。总线控制输出适用于控制各楼层的消防外控制设备，如各类电磁阀门、声光报警装置、各楼层的空调、风机、防火卷帘、防火门等；多线控制输出用于控制整个建筑中的中央消防外控设备，如消防泵、喷淋泵、中央空调、集中的送风机、排烟机及电梯等。

4. 按主机电路设计分类

（1）普通型联动控制器。其电路设计采用通用的逻辑组合形成，具有成本低廉、电路简单等特点，但其功能简单、控制对象专一，控制逻辑关系无法现场编程。

（2）微机型联动控制器。其电路设计采用微机结构形式，对软、硬件均有较高要求，技术要求较复杂，功能一般较齐全，应用面广，使用方便，且具有现场编程控制逻辑关系的功能。

5. 按机械结构形式分类

（1）壁挂式联动控制器。其联动控制点数量比较少，控制功能比较简单，一般用于小型工程。

（2）柜式联动控制器。其联动控制数量比较多，控制功能较齐全、复杂。它常常与火灾报警控制器组合在一起，操作使用较方便，一般用于大、中型工程。

（3）台式联动控制器。与柜式联动控制器基本相同，仅结构形式不同。消防控制中心等面积较大的工程可采用台式联动控制器。

6. 按使用环境分类

（1）按船用、陆用分类。

① 陆用型联动控制器。其环境指示为：温度 0～40℃，相对湿度≤92%（40℃±2℃）。

② 船用型联动控制器。其工作温度、相对湿度等环境要求均高于陆用型。

（2）按防爆性能分类。

① 非防爆型联动控制器。其无防爆性能，目前，民用建筑中适用的绝大多数联动控制器均属此类型。

② 防爆型联动控制器。其具有防爆性能，常用于石油化工企业、油库、化学品仓库等易爆场合。

3.1.3 消防联动控制器的技术性能

1. 消防联动控制器的基本功能

消防联动控制器最基本的功能可以归纳为以下几点。

（1）能为自身和所连接的配套中继执行器件供电。

（2）能接收并处理来自火灾报警控制器的报警点数据，并对相关的中继执行器件发出控制信号，控制消防外控设备。

（3）能检查并发出系统本身的故障信号。

（4）有自动控制和手动控制及其切换功能。

（5）受控的消防外控设备的工作状态，应能反馈给主机并有显示信号。

2. 消防控制设备必需的显示或控制功能

1）联动灭火设备

（1）室内消火栓设备的启动表示；

（2）自动喷水灭火装置的启动表示；

（3）水喷雾灭火设备的启动表示 L；

（4）泡沫灭火设备的启动表示；

（5）二氧化碳灭火设备的启动表示；

（6）卤代烷灭火设备的启动表示；

（7）干粉灭火设备的启动表示；

（8）室外灭火设备的启动表示。

2）报警设备的动作表示

（1）火灾自动报警设备的动作表示；

（2）漏电报警设备的动作表示；

（3）向消防机关通报设备的操作及动作表示；

（4）火灾警铃、警笛等音响设备的操作；

（5）可燃气漏气报警设备的动作表示；

（6）气体灭火放气设备的操作及动作表示。

3）消防联动设备

（1）排烟口的开启表示及操作；

（2）排烟风机的动作表示及操作；

（3）防火卷帘的动作表示；

（4）防火门的动作表示；

（5）各种空调的停止操作及显示；

（6）消防电梯轿厢的呼回及联动操作；

（7）可燃气体紧急关断设备的动作表示。

3. 消防联动控制器的技术性能

与火灾报警控制器类似，联动控制器主要包括电源部分和主机部分。

联动控制器的直流工作电压应符合国家标准《标准电压》（GB 156）的规定，应优先采用直流24V。联动控制器的电源部分同样由互补的主电源和备用电源组成，其技术要求与火灾报警控制器的电源部分相同。有些工厂的产品，当联动控制器和火灾报警控制器组装在一起时，就直接用一个一体化的电源，同时为火灾报警控制器及其连接器件、联动控制器及其配套器件提供工作电压。

联动控制器的主机部分承担着接收来自火灾报警控制器的火警数据信号、根据所编辑的控制逻辑关系发出的控制驱动信号、显示消防外控设备的状态反馈信号、系统自检和发出声光的故障信号等作用。其数据通信接口与火灾报警控制器相连，驱动电路、发送电路与有关的配套执行器件连接。

同样，衡量联动控制器产品档次和质量高低的技术性能，除了其电气原理、电路设计工艺和能实现的功能外，还包括联动控制器的控制点容量、联动控制器的最长传输距离（从主机至最远端控制点的距离）、联动控制器的功耗（静态功率和额定功率）、联动控制器的结构和工艺水平（造型、表面处理、内部结构和生产工艺等）、联动控制器的可靠性（长期不间断工作时执行其所有功能的能力）、联动控制器的稳定性（在一个周期时间内执行其功能的一致性）及联动控制器的可维修性（对产品可以修复的难易程度）等。此外，还有其主要部件的性能是否合乎要求，整机耐受各种环境条件的能力。这种能力包括：耐受各种规定气候的能力（如高温、低温、湿热、低温储存）；耐受各种机械干扰的能力（如振动、冲击、碰撞等）；耐受各种电磁干扰的能力（如主电供电电压波动、电瞬变干扰、静电放电干扰、辐射电磁场干扰及产品的绝缘能力和耐压能力）。

3.2 消防灭火系统及其联动控制

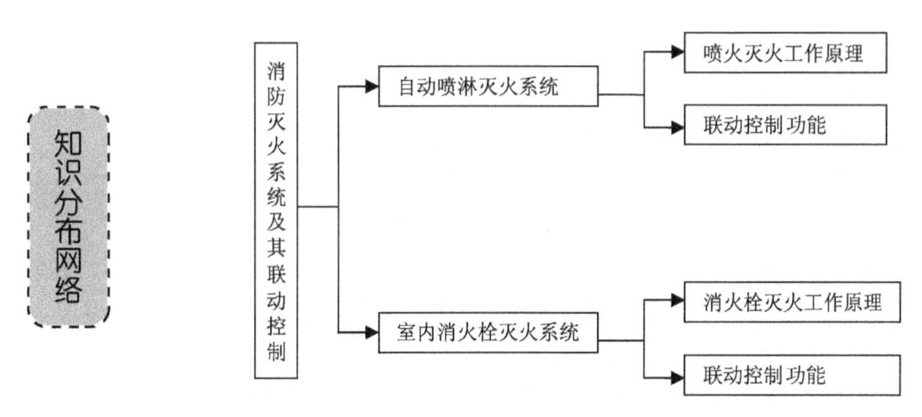

发生火灾后，灭火方式有两种：一种是人工灭火，即动用消防车、云梯车、消火栓、灭火弹、灭火器等器械进行灭火。这种灭火方法具有直观、灵活及工程造价低等优点，缺点是

消防车、云梯车等所能达到的高度十分有限，灭火人员接近火灾现场困难，灭火缓慢，危险性大。另一种是自动灭火，在建筑物内有自动喷水灭火系统和消火栓灭火系统。

下面就主要的自动喷水灭火系统和消火栓灭火系统工作原理及相应的消防联动控制功能进行讲解。

3.2.1 喷淋系统及联动控制

自动喷水灭火系统是目前世界上采用最广泛的一种固定式消防设施，从19世纪中叶开始使用，至今已有100多年的历史。它具有价格低廉、灭火效率高的特点。据统计，自动喷水灭火系统的灭火成功率在96%以上，有的已达99%。在一些发达国家（美、英、日、德等）的消防规范中，几乎所有的建筑都要求具有自动喷水灭火系统。有的国家（如美、日等）已将其应用在住宅中了。我国随着工业民用建筑的飞速发展，消防法规正逐步完善，自动喷水灭火系统在宾馆、公寓、高层建筑、石油化工中得到了广泛的应用。

1. 喷淋系统的功能与工作原理

1）基本功能

（1）能在火灾发生后，自动地进行喷水灭火。

（2）能在喷水灭火的同时发出警报。

2）自动喷水灭火系统的分类

（1）湿式喷水灭火系统；

（2）干式喷水灭火系统；

（3）干湿两用灭火系统；

（4）预作用喷水灭火系统；

（5）雨淋灭火系统；

（6）水幕系统；

（7）水喷雾灭火系统；

（8）轻装简易系统；

（9）泡沫雨淋系统；

（10）大水滴（附加化学品）系统；

（11）自动启动系统。

3）湿式喷水灭火系统的工作原理

湿式喷水灭火系统由喷头、报警止回阀、延迟器、水力警钟、压力开关（安在干管上）、水流指示器、管道系统、供水设施、报警装置及控制盘等组成，如图3-1所示。

在正常情况下，喷头处于封闭状态。火灾时，开启喷水由感温部件（充液玻璃球）控制。当装有热敏液体的玻璃球达到动作温度（57℃、68℃、79℃、93℃、141℃、182℃、227℃、260℃）时，球内液体膨胀，使内压力增大，玻璃球炸裂，密封垫脱开，喷出压力水。喷水后，由于压力降低，压力开关动作，将水压信号变为电信号向喷淋泵控制装置发出启动喷淋泵信号，保证喷头有水喷出。同时，流动的消防水使主管道分支处的水流指示器电接点动作，接通延时电路（延时20~30 s），通过继电器触点，发出声光信号给控制室，以识别火灾区域。

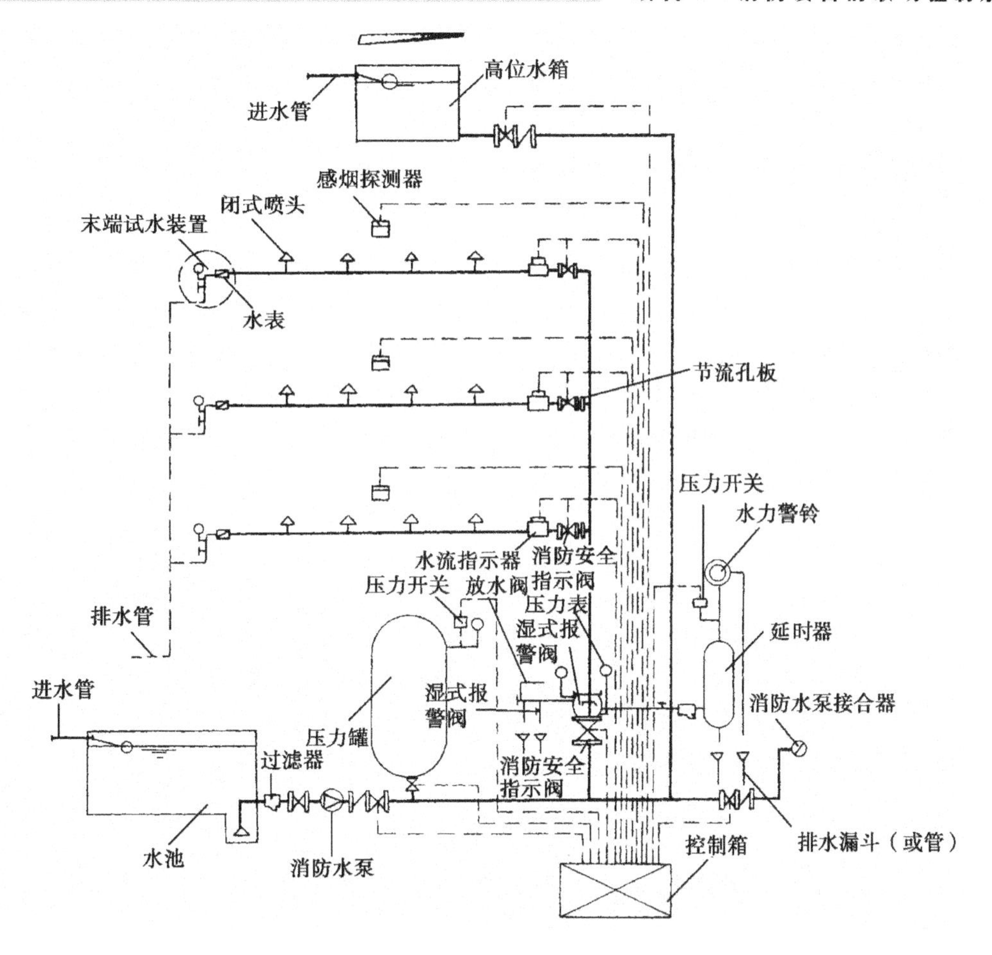

图3-1　湿式自动喷水灭火系统

2. 喷淋泵系统联动控制原理

喷淋泵系统联动控制原理如图3-2所示。当发生火灾时，温度上升，喷头开启喷水，管

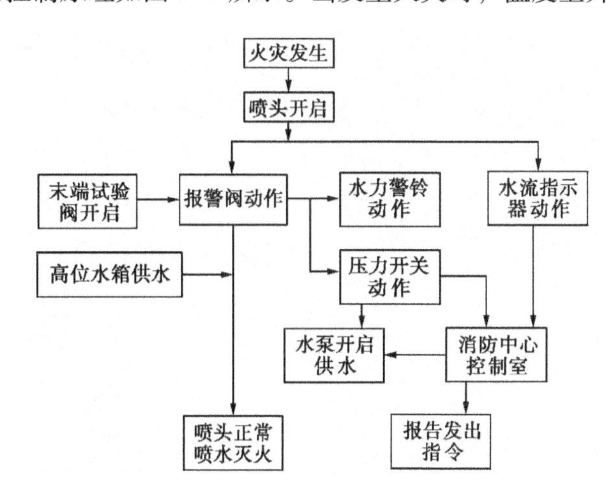

图3-2　喷淋泵系统联动控制

网压力下降，报警后压力下降使阀板开启，接通管网和水源以供水灭火。管网中设置的水流指示器感应到水流动时，发出电信号。管网中压力开关因管网压力下降到一定值时，也发出电信号，启动水泵供水，消防控制室同时接收到信号。

下面介绍一下喷淋泵联动控制系统中的电气控制。

1）电气线路的组成

在高层建筑及建筑群体中，每座楼宇的喷水系统所用的泵一般为 2 ~ 3 台。采用两台泵时，平时管网中的压力水来自高位水池，当喷头喷水，管道里有消防水流动时，水流指示器启动消防泵，向管网补充压力水。两台水泵，平时一台工作，一台备用，当一台因故障停转、接触器触点不动作时，备用泵立即投入运行，两台可互为备用。图 3-3 为两台泵全电压启动的喷淋泵控制电路，图中 B1、B2、B*n* 为区域水流指示器。如果分区较多，可有 *n* 个水流指示器及 *n* 个继电器与之配合。

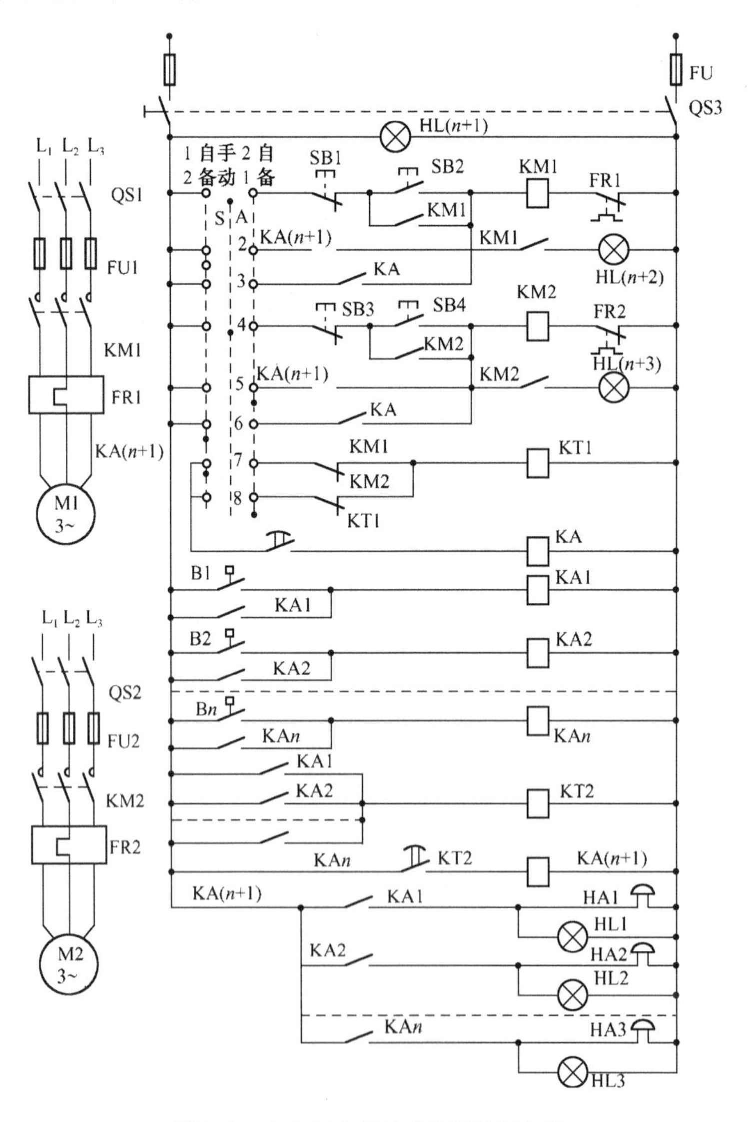

图 3-3　全电压启动的喷淋泵控制电路

采用三台消防泵的自动喷水系统也比较常见，三台泵中，其中两台为压力泵，一台为恒压泵。恒压泵一般功率很小，在5 kW左右，其作用是使消防管网中的水压保持在一定范围之内。

此系统的管网不得与自来水或高位水池相连，管网消防用水来自消防储水池，当管网中的渗漏压力降到某一数值时，恒压泵启动补压。当达到一定压力后，所接压力开关断开恒压泵控制回路，恒压泵停止运行。

2）电路的工作情况分析

（1）正常（即1号泵工作，2号泵备用）工作时：将QSl、QS2、QS3合上，将转换开关SA调至“1自，2备”位置，其SA的2、6、7号触头闭合，电源信号灯HL（$n+1$）亮，做好火灾下的运行准备。

若二层着火，且火势使灾区现场温度达到热敏玻璃球发热的程度时，二层的喷头爆裂并喷出水流。由于喷水后压力降低，压力开关动作，向消防中心发出信号，同时管网里有消防水流动时，水流指示器B2闭合，使中间继电器KA2线圈通电，时间继电器KT2线圈通电；经延时后，中间继电器KA（$n+1$）线圈通电，使接触器KM1线圈通电，1号喷淋消防泵启动运行，向管网补充压力水；信号灯HL（$n+1$）亮，同时警铃HA2响，信号灯HL2亮，即发出声光报警信号。

（2）当1号泵发生故障时，2号泵的自动投入过程（如果KM1机械卡住）：如n层着火，n层喷头因室温达到动作值而爆裂喷水，n层水流指示器Bn闭合，中间继电器KAn线圈通电，使时间继电器KT2线圈通电；延时后，KA（$n+1$）线圈通电，信号灯HLn亮，警铃HLn响并发出声光报警信号；同时KM1线圈通电，但因为机械卡住其触头不动作，于是时间继电器KTl线圈通电，使备用中间继电器KA线圈通电；接触器KM2线圈通电，2号备用泵自动投入运行，向管网补充压力水，同时信号灯HL（$n+3$）亮。

（3）手动强投：如果KM1机械卡住，而且KT1也损坏时，应将SA调至“手动”位置，其SA的1、4号触头闭合；按下按钮SB4，使KM2通电，2号泵启动；停止时按下按钮SB3，KM2线圈失电，2号电动机停止。

那么，如果2号为工作泵，1号为备用泵时，其工作过程请读者自行分析。

在实际工程中，目前喷淋泵控制装置均与集中报警控制器组装为一体，构成控制琴台。

3. 水流指示器和压力开关的联动功能

水流指示器和压力开关是自动喷水灭火系统同火灾报警系统联动的关键部件。

1）水流指示器

水流指示器是自动喷水灭火系统的组成部件，一般安装于系统侧管网的干管或支管的始端。当叶片探测到水流信号时，将水流信号转换成电信号，与电器开关导通启动报警系统或直接启动消防水泵等电气设备。即水流指示器安装在管网中，是用于自喷系统中将水流信号转换成电信号的一种报警装置。

水流指示器分类：按叶片形状分为板式和桨式两种；按安装基座分为管式、法兰连接式和鞍座式三种。

桨式水流指示器的工作原理：当发生火灾时，报警阀自动开启后，流动的消防水使桨片

摆动，带动其电接点动作，通过消防控制室启动水泵供水灭火。

水流指示器的接线：水流指示器在应用时应通过模块与系统总线相连，水流指示器的外形如图3-4所示。

图3-4　水流指示器外形示意图

2）压力开关

压力开关（如图3-5所示）安装在湿式报警阀（如图3-6所示）中，其工作原理是：当湿式报警阀阀瓣开启后，压力开关触点动作，发出电信号至报警控制箱从而启动消防泵。

图3-5　压力开关外形示意图

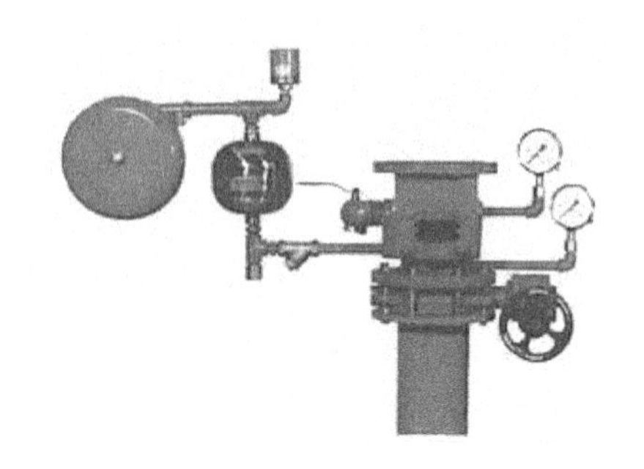

图3-6　湿式报警阀外形示意图

湿式报警阀组由报警阀、压力开关、水力警铃等组成。它主要起两个作用：一是控制管网中的水不倒流；二是在喷头喷水的时候，自动报警及启泵（由水力警铃发出声响报警、压力开关给出启动消防泵指令）。

压力开关的接线：压力开关用在系统中需经模块与报警总线相连。

3.2.2　室内消火栓系统及联动控制

1. 消火栓系统概述

采用消火栓灭火是最常用的灭火方式，它由蓄水池、加压送水装置（水泵）及室内消火栓等主要设备构成，如图3-7所示。这些设备的电气控制包括水池的水位控制、消防用水和加压水泵的启动。水位控制应能显示出水位的变化情况和高/低水位报警及控制水泵的开/停。室内消火栓系统由水枪、水龙带、消火栓、消防管道等组成。为保证水枪在灭火时具有足够的

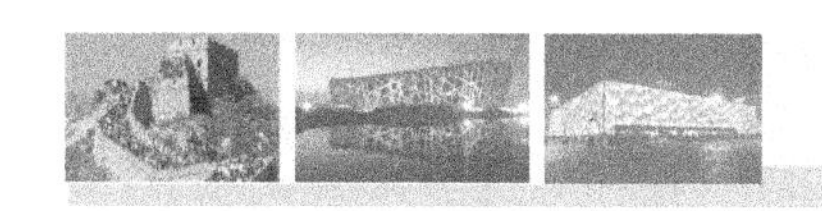

水压，需要采用加压设备。常用的加压设备有两种：消防水泵和气压给水装置。采用消防水泵时，在每个消火栓内设置消防按钮，灭火时用小锤击碎按钮上的玻璃小窗，按钮不受压而复位，从而通过控制电路启动消防水泵；水压增高后，灭火水管有水，用水枪喷水灭火。采用气压给水装置时，由于采用了气压水罐，并以气水分离器来保证供水压力，所以水泵功率较小，可采用电接点压力表，通过测量供水压力来控制水泵的启动。

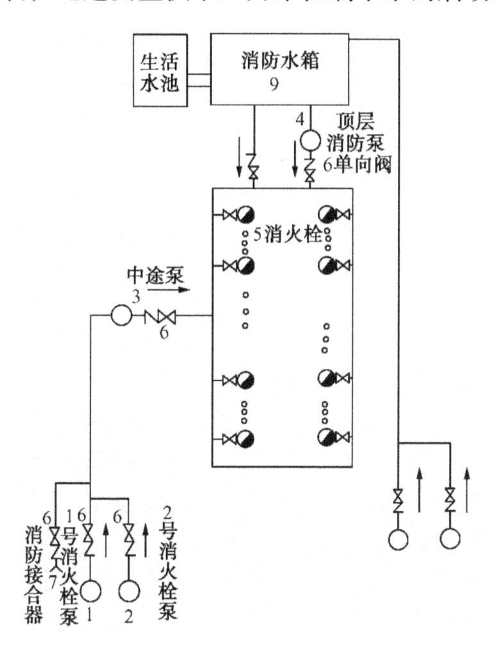

图3-7 室内消火栓系统

2. 消火栓泵系统联动控制原理

在现场，对消防泵的手动控制有两种方式：一是通过消火栓按钮（打破玻璃按钮）直接启动消防泵；二是通过手动报警按钮，将手动报警信号送入控制室的控制器后，由手动或自动信号控制消防泵启动，同时接收返回的水位信号。一般消防泵都是经中控室联动控制的，其联动控制过程如图3-8所示。

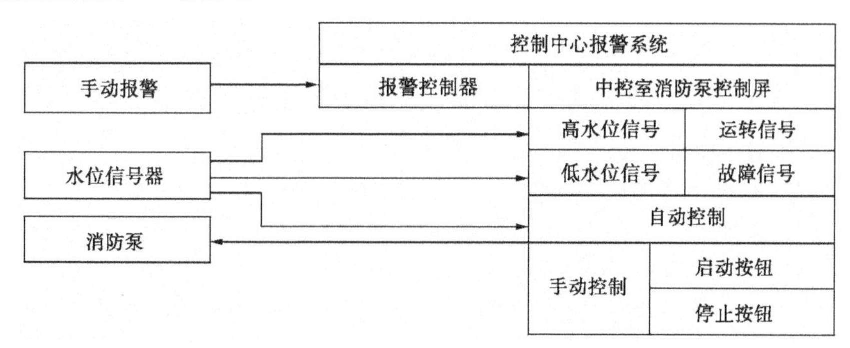

图3-8 消防泵联动控制过程

消火栓箱内打破玻璃按钮直接启动消防泵的控制电路如图3-9所示，主电路如图3-9（a）所示，图中ADC为双电源自动切换箱。消防泵属一级供电负荷，需双电源供电，末端切换，

两台消防泵一用一备。

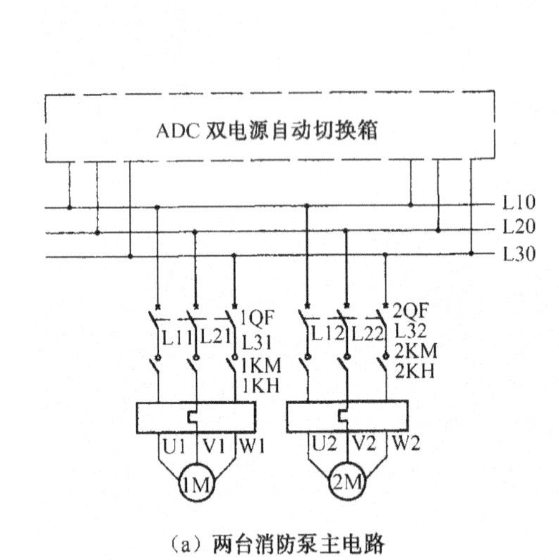

（a）两台消防泵主电路

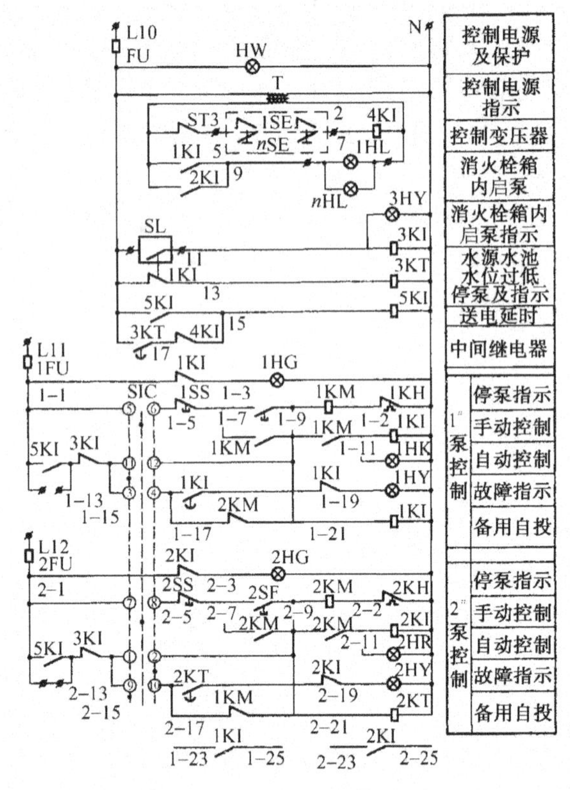

（b）两台消防泵控制电路

图3-9　消防泵的控制电路

图3-9（b）中1SE…*n*SE是设在消火栓箱内的消防泵专用控制按钮，按钮上带有水泵运行指示灯。SE按钮平时由玻璃片压着，其常开触点闭合，使4KI得电；其常闭触点断开，使3 KT不通电，水泵不运转。这也是消防泵在非火灾时的常态。

当发生火灾时，打碎消火栓箱内消防专用按钮SE的玻璃，该SE的常开触点复位到断开位置，使4KI断电，其常闭触点闭合，使3KT通电。经延时后，其延时闭合的常开触点闭合，使5KI通电吸合。此时，假若选择开关SAC置于“1#用2#备”，则1#泵的接触器1KM通电，1#泵启动。如果1#泵发生故障，1KM跳闸，则2KT得电；经延时后，2KT常开触点闭合，接触器2KM通电吸合，作为备用的2#泵启动。如果将SAC置于“2#用1#备”的位置，则2#泵先投入运行，1#泵处于备用状态，其动作过程与前述过程类似。

图3-9（b）中线号1－1与1－13及2－1与2－13之间分别接入消防控制系统控制模块的两个常开触点，则两台消防泵均受消防中心集中控制其启/停。

图3-9（b）中4KI的作用是提高了控制电路的可靠性。如果不设4KI，按一般习惯，用常开按钮控制水泵，未出现火灾时就不会去敲碎玻璃按下启泵按钮。假如按钮回路断线或接触不良，就不易被发现，一旦发生火灾，按下启泵按钮，电路仍不通，消防泵不能启动，影响灭火。而采用4KI后，由于把与4KI线圈串联的消火栓按钮强迫启闭，使4KI通电吸合。一旦线路锈蚀断线或按钮接触不良，4KI断电，消防泵启动。这样，故障被及时发现，提

高了控制电路的可靠性。3KT 的延时作用，主要是避免控制电路初通电时，5KI 误动作，造成水泵误启动。5KI 自保持触点的作用：一旦发生火灾，水泵启动之后，便不再受消火栓箱内按钮及其线路的影响，保持运转，直到火灾被扑灭，人为停泵或水源水池无水停泵。

当水源水池无水时，则液位器触点 SL 闭合，3KI 通电，其常闭触点断开，使两台水泵的接触器均不能通电，当启动的水泵不能启动时，正在运转的水泵也停止运转。

水源水池的液位器可采用浮球式或干簧式，当采用干簧式时，需设下限触头以保证水池无水时可靠停泵。

3. 消火栓按钮的联动功能

消火栓按钮（如图 3-10 所示）是室内消火栓（如图 3-11 所示）系统同火灾报警系统联动的关键部件。

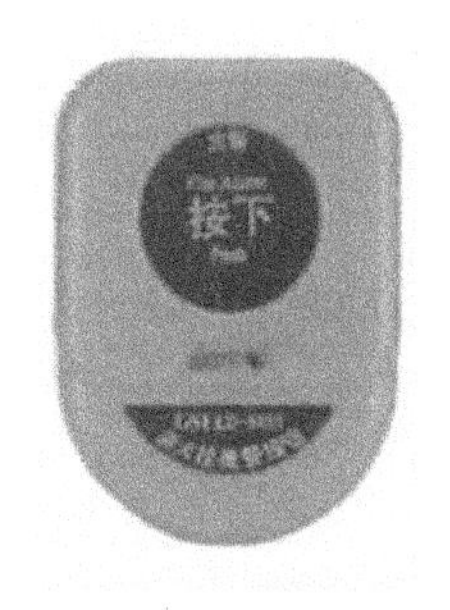

图 3-10　消火栓按钮示意图

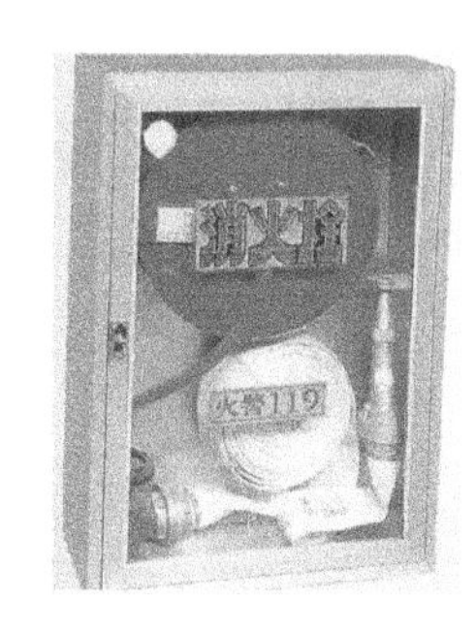

图 3-11　室内消火栓示意图

1）消火栓按钮的种类

为及时启动消防泵，在消火栓内（或附近位置）设置启动消防泵的按钮。

在每个消火栓设备上均设有远距离启动消防泵的按钮和指示灯，并在按钮上配有玻璃壳罩。其按动方式分为玻璃片型和击破玻璃片型两种，其触点方式分为常开触点型和常闭触点型两种。一般按下玻璃片型为常开触点形式，击破玻璃片型为常闭触点形式。

在具有总线制火灾自动报警系统的建筑中，可选用带地址编码的消火栓按钮，按钮既可以动作报警，又可以直接启动消防水泵。

2）相关消防规范规定

（1）临时高压给水系统的每个消火栓处应设直接启动消防水泵的按钮，并应设有保护按钮的设施。

（2）消防水泵的控制设备当采用总线编码模块控制时，还应在消防控制室设置手动直接控制装置。

（3）消防水泵的启、停，除自动控制外，还应能手动直接控制。

（4）消防控制设备对室内消火栓系统应有下列控制、显示功能：

① 控制消防水泵的启、停；

② 显示消防泵的工作、故障状态；

③ 显示启泵按钮的位置。

3.3 防排烟与疏散诱导系统及其联动控制

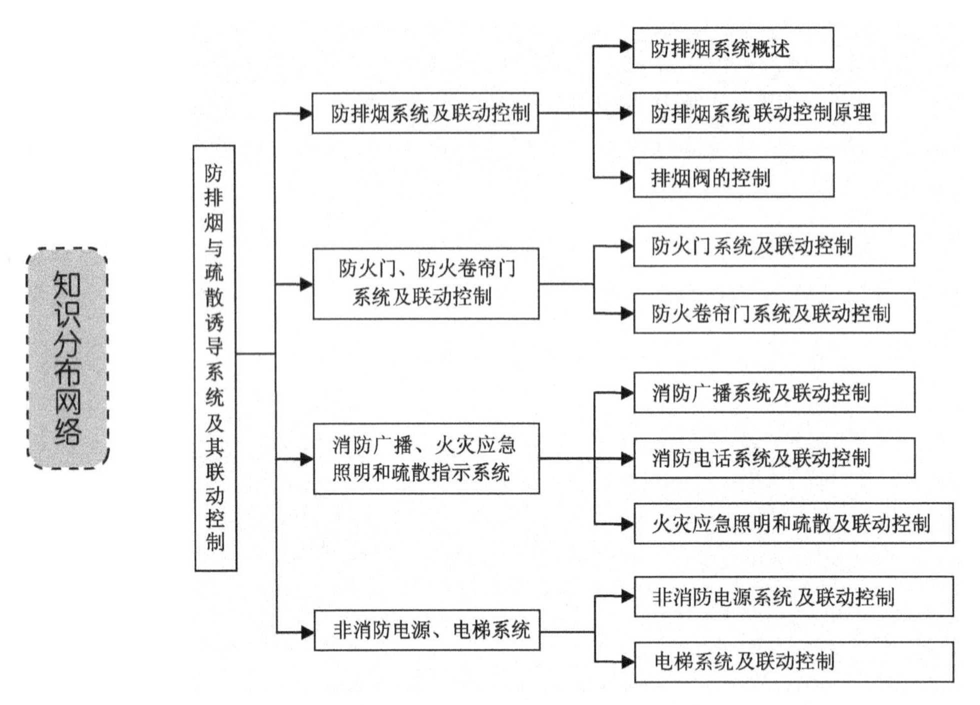

建筑物发生火灾后，烟气在建筑物内不断流动传播，不仅导致火灾蔓延，也引起人员恐慌，影响疏散与扑救。高层建筑的火灾由于火灾蔓延快，疏散困难，扑救难度大，且其火灾隐患多，因而其防火防烟和排烟问题尤其重要。

安全疏散是指人们（或物资）在建筑物发生火灾后能够迅速安全地退出他们所在的场所。在正常情况下，建筑物中的人员疏散可分为零散的（如商场）和集中的（如影剧院）两种，当发生紧急事故时，都变成集中而紧急的疏散。安全疏散设计是确保人员生命财产安全的有效措施，是建筑防火的一项重要内容。

3.3.1 防排烟系统及联动控制

1. 防排烟系统概述

1）设置防排烟系统的必要性

日本、英国对火灾中造成人员伤亡的原因的统计结果表明，由于一氧化碳中毒窒息死亡或被其他有毒烟气熏死者一般占火灾总死亡人数的40%～50%，最高达65%以上，而在被火烧死的人当中，多数是先中毒窒息晕倒后被烧死的。如日本的“千日”百货大楼火灾，死亡的118人中就有93人是被烟熏死的；美国的“米高梅”饭店于1980年11月21日发生火灾，死亡的84人中就有67人是被烟熏死的。

据测定分析，烟气中含有一氧化碳、二氧化碳、氟化氢、氯化氢等多种有毒成分，高温缺氧也会对人体造成危害。同时，烟气有遮光作用，使人的能见距离下降，这给疏散和救援活动造成了很大的障碍。

为了及时排除有害烟气，确保高层建筑和地下建筑内人员的安全疏散和消防扑救，在高层建筑和地下建筑设计中设置防烟、排烟设施是十分必要的。

防火的目的是防止火灾的发生与蔓延，以及有利于扑灭火灾。而防烟、排烟的目的是将火灾产生的大量烟气及时予以排除，阻止烟气向防烟分区以外扩散，以确保建筑物内人员的顺利疏散、安全避难和为消防人员创造有利的扑救条件。因此，防烟、排烟是进行安全疏散的必要手段。

防烟、排烟的设计理论就是对烟气控制的理论。从烟气控制的理论分析而言，对于一幢建筑物，当内部某个房间或部位发生火灾时，应迅速采取必要的防烟、排烟措施，对火灾区域实行排烟控制，使火灾产生的烟气和热量能迅速排除，以利于人员的疏散和扑救；对非火灾区域及疏散通道等应迅速采用机械加压送风防烟措施，使该区域的空气压力高于火灾区域的空气压力，阻止烟气的侵入，控制火势的蔓延。如美国西雅图市的某大楼的防烟、排烟系统采用了计算机控制，当收到烟气或热感应器发出的信号后，计算机立即命令空调系统进入火警状态，火灾区域的风机立即停止运行，空调系统转而进入排烟动作。同时，非火灾区域的空调系统继续送风，并停止回风与排风，使非火灾区处于正压状态，以阻止烟气侵入。这种防烟、排烟系统对减少火灾损失是很有效的。但是这种系统的控制和运行，需要先进的控制设备及技术管理水平，投资比较高，我国目前的经济技术条件较难达到。从当前我国国情出发，《高层民用建筑设计防火规范》（GB 50045—2005）对设置防烟、排烟设施的范围做出了规定。具体地说，是按以下两个部分考虑的：防烟楼梯间及其前室、消防电梯前室和两者合用前室、封闭式避难层按条件设置防烟设施；走廊、房间及室内中庭等按条件设置机械排烟设施或采用可开启外窗的自然排烟措施。

2）高层建筑设置防烟、排烟设施的分类

高层建筑的防烟设施应分为机械加压送风的防烟设施和可开启外窗的自然排烟设施。高层建筑的排烟设施应分为机械排烟设施和可开启外窗的自然排烟设施。

3）高层建筑设置防烟、排烟设施的范围

（1）一类高层建筑和建筑高度超过 32 m 的二类高层建筑的下列部位应设排烟设施：

① 长度超过 20 m 的内走道；

② 面积超过 100 m^2，且经常有人停留或可燃物较多的房间；

③ 高层建筑的中庭和经常有人停留或可燃物较多的地下室。

（2）高层建筑的下列部位应设置独立的机械加压送风设施：

① 不具备自然排烟条件的防烟楼梯间、消防电梯前室或合用前室；

② 采用自然排烟措施的防烟楼梯间，其不具备自然排烟条件的前室；

③ 封闭避难层（间）；

④ 建筑高度超过 50 m 的一类公共建筑和建筑高度超过 100 m 的居住建筑的防烟楼梯间及其前室、消防电梯前室或合用前室。

4）地下人防工程设置防烟、排烟设施的范围

（1）人防工程的下列部位应设置机械加压送风防烟设施：

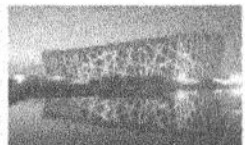

① 防烟楼梯间及其前室或合用前室；

② 避难走道的前室。

（2）人防工程的下列部位应设置机械排烟设施：

① 建筑面积大于 50 m^2，且经常有人停留或可燃物较多的房间、大厅和丙、丁类生产车间；

② 总长度大于 20 m 的疏散走道；

③ 电影放映间、舞台等。

（3）丙、丁、戊类物品库宜采用密闭防烟措施。

（4）自然排烟口的总面积大于该防烟分区面积的 2% 时，宜采用自然排烟的方法排烟。自然排烟口底部距室内地坪不应小于 2 m，并应常开或发生火灾时能自动开启。

2. 防排烟系统联动控制原理

防排烟系统联动控制的设计，是在选定自然排烟、机械排烟、自然与机械排烟并用或机械加压送风方式以后进行。排烟控制一般有中心控制和模块控制两种方式，如图 3–12 所示。其中图 3–12（a）为中心控制方式：消防中心接到火警信号后，直接产生信号控制排烟阀门开启、排烟风机启动，空调、送风机、防火门等关闭，并接收各设备的返回信号和防火阀动作信号，监测各设备的运行状况。图 3–12（b）为模块控制方式：消防中心接收到火警信号后，产生排烟风机和排烟阀门等动作信号，经总线和控制模块驱动各设备动作并接收其返回信号，监测其运行状态。

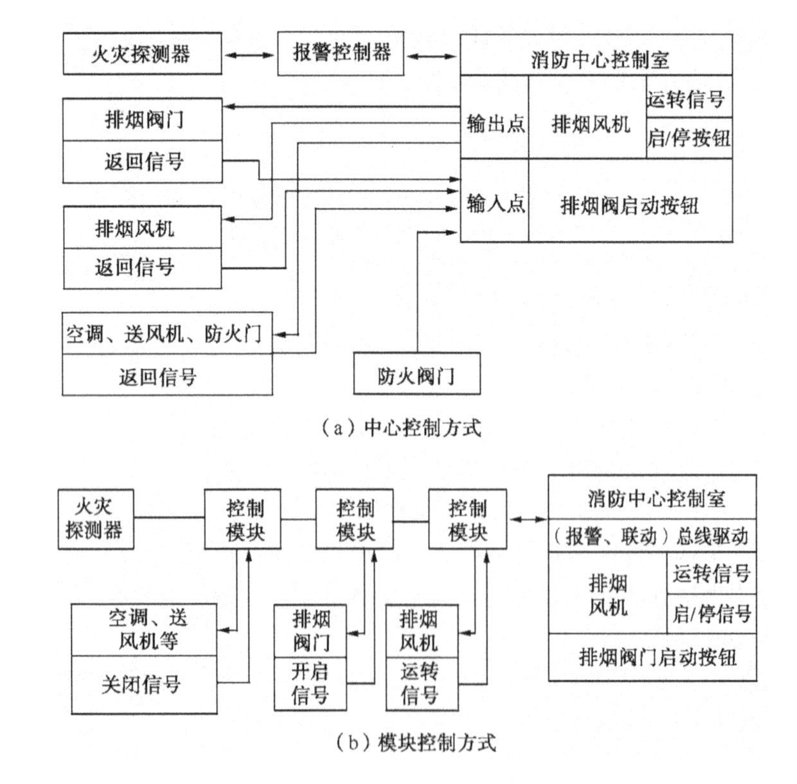

（a）中心控制方式

（b）模块控制方式

图 3–12　排烟控制的方式

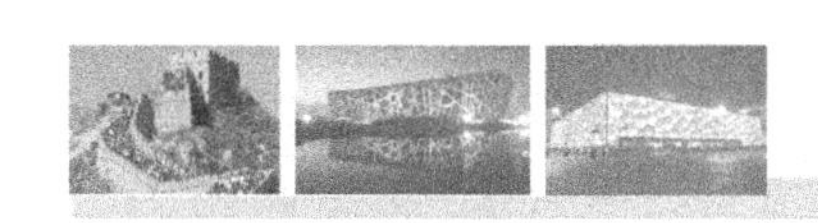

机械加压送风控制的原理及过程与排烟控制相似，只是控制对象变成正压送风机和正压送风阀门，其控制框图类似于图3-12。

3. 排烟阀的控制

（1）排烟阀的控制要求。

① 排烟阀宜由其排烟分区内设置的感烟探测器组成的控制电路在现场控制开启；

② 排烟阀动作后应启动相关的排烟风机和正压送风机，停止相关范围内的空调风机及其他送、排风机；

③ 同一排烟区内的多个排烟阀，若需同时动作时，可采用接力控制方式开启，并由最后动作的排烟阀发送动作信号。

（2）设在排烟风机入口处的防火阀动作后应联动停止排烟风机。排烟风机入口处的防火阀，是指安装在排烟主管道总出口处的防火阀（一般在280℃时动作）。

（3）设于空调通风管道上的防排烟阀，宜采用定温保护装置直接动作阀门关闭；只有必须要求在消防控制室远方关闭时，才采取远方控制。设在风管上的防排烟阀，是堵在各个防火分区之间通过的风管内装设的防火阀（一般在70℃时关闭）。这些阀是为防止火焰经风管串通而设置的。关闭信号要反馈至消防控制室，并停止有关部位风机。

（4）消防控制室应能对防烟、排烟风机（包括正压送风机）进行应急控制，即手动启动应急按钮。

3.3.2　防火门、防火卷帘门系统及联动控制

1. 防火门系统及联动控制

防火门、窗是建筑物防火分隔的措施之一，通常用在防火墙上、楼梯间出入口或管井开口部位，要求能隔烟、火。防火门、窗对防止烟、火的扩散和蔓延及减少火灾损失起重要作用。

防火门按其耐火极限分甲、乙、丙三级，其最低耐火极限为甲级防火门1.2 h、乙级防火门0.9 h、丙级防火门0.6 h。按其燃烧性能分，可分为非燃烧体防火门和难燃烧体防火门两类。

1）防火门的构造及原理

防火门由防火门锁、手动及自动环节组成，如图3-13所示。

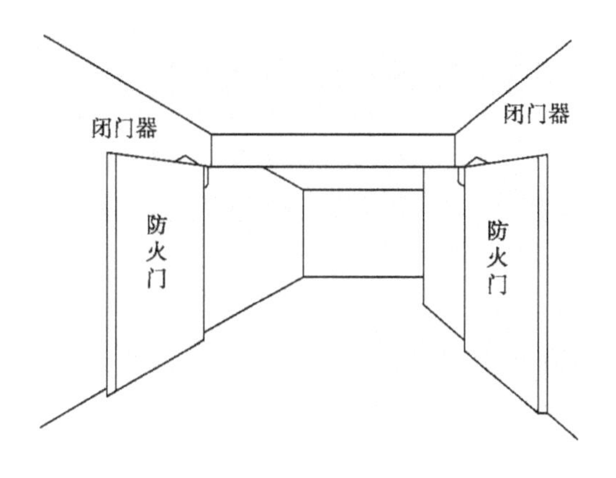

图3-13　防火门

防火门锁按门的固定方式可分为两种。一种是防火门被永久磁铁吸住处于开启状态，当发生火灾时通过自动控制或手动关闭防火门。自动控制是由感烟探测器或联动控制盘发来指令信号，使DC24 V、0.6 A电磁线圈的吸力克服永久磁铁的吸着力，从而靠弹簧将门关闭。手动操作的方法是：只要把防火门或永久磁铁的吸着板拉开，门即关闭。另一种是防火门被电磁锁的固定销扣住呈开启状态。发生火灾时，由感烟探测器或联动控制盘发出指令信号使电磁锁动作，或作用于防火门使固定销掉下，门关闭。

2）电动防火门的控制要求

（1）重点保护建筑中的电动防火门应在现场自动关闭，不宜在消防控制室集中控制（包括手动或自动控制）。

（2）防火门两侧应设专用感烟探测器组成控制电路。

（3）防火门宜选用平时不耗电的释放器，且宜暗设。

（4）防火门关闭后，应有关闭信号反馈到区控盘或消防中心控制室。

防火门设置如图3-14所示，S1～S4为感烟探测器，FM1～FM3为防火门。当S1动作后，FM1应自动关闭；当S2或S3动作后，FM2应自动关闭；当S4动作后，FM3应自动关闭。

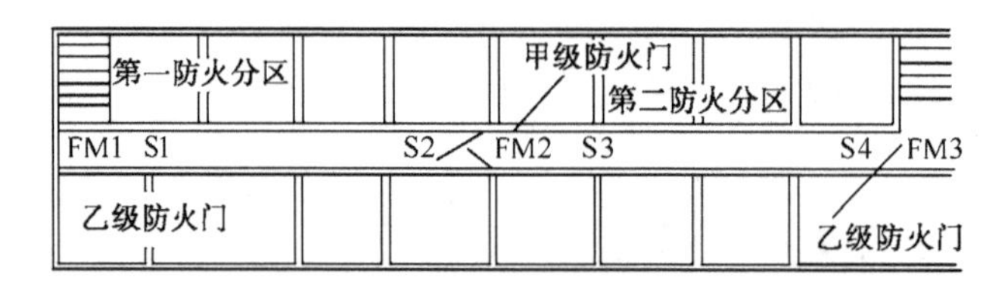

图3-14　防火门的设置

电动防火门的作用在于防烟与防火。防火门在建筑中的状态是：正常（无火灾）时，防火门处于开启状态；火灾时受控关闭，关闭后仍可通行。防火门的控制就是在火灾时控制其关闭，其控制方式可由现场感烟探测器控制，也可由消防控制中心控制，还可以手动控制。防火门的工作方式有两种：平时不通电，火灾时通电关闭；平时通电，火灾时断电关闭。

2. 防火卷帘门系统及联动控制

建筑物的敞开电梯厅及一些公共建筑因面积过大，超过了防火分区最大允许面积的规定（如百货楼的营业厅、展览楼的展览厅等），考虑到使用上的需要，可采取较为灵活的防火处理方法。如设置防火墙或防火门有困难时，可设防火卷帘。

防火卷帘通常设置于建筑物中防火分区的通道口外，以形成门帘式防火分隔。火灾发生时，防火卷帘根据消防控制中心联动信号（或火灾探测器信号）指令，也可就地手动操作控制，使卷帘首先下降至预定点；经一定延时后，卷帘降至地面，从而达到人员紧急疏散、灾区隔烟、隔火、控制火势蔓延的目的。

1）电动防火卷帘门系统的组成

电动防火卷帘门系统的组成如图3-15所示，防火卷帘门系统的控制程序如图3-16所示，防火卷帘门系统的电气控制如图3-17所示。

2）防火卷帘门联动控制原理

正常时，卷帘卷起，且用电锁锁住。当发生火灾时，卷帘门分两步下放，具体过程如下。

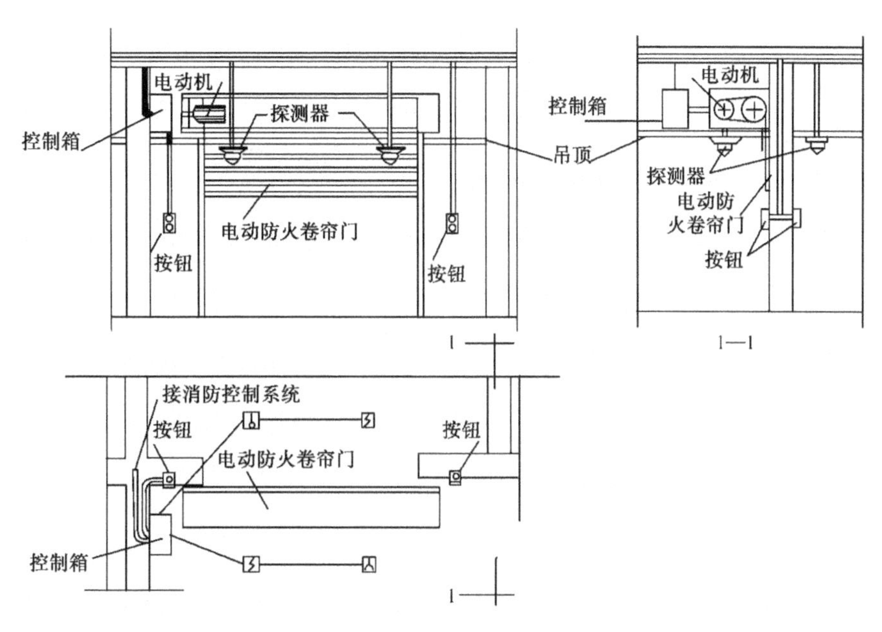

图 3-15　防火卷帘门系统的组成

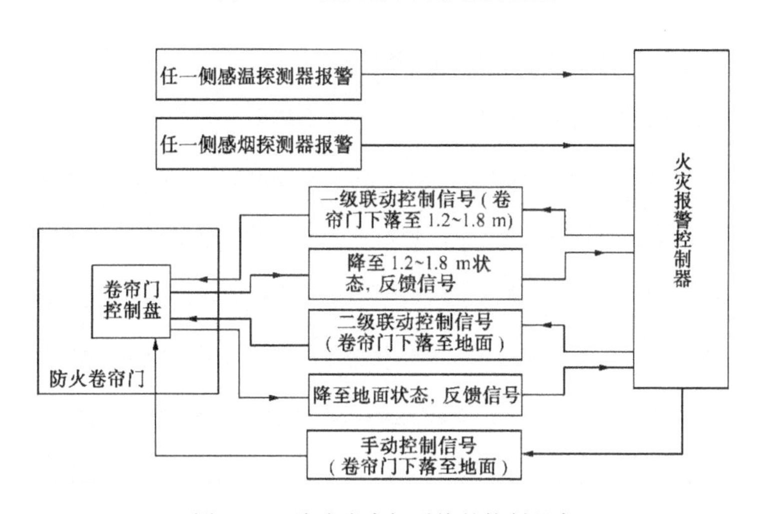

图 3-16　防火卷帘门系统的控制程序

第一步下放：当火灾初期产生烟雾时，来自消防中心的联动信号（感烟探测器报警所致）使触点 1KA（在消防中心控制器上的继电器因感烟报警而动作）闭合；中间继电器 KA1 线圈通电动作；使信号灯燃亮，发出报警信号；电警笛 HA 响，发出声报警信号；$KA1_{11-12}$ 号触头闭合，给消防中心一个卷帘启动的信号（即 $KA1_{11-12}$ 号触头与消防信号灯相接）；将开关 QS1 的常开触头短接，全部电路通以直流电；电磁铁 YA 线圈通电，打开锁头，为卷帘门下降作准备；中间继电器 KM5 线圈通电，将接触器 KM2 线圈接通，KM2 触头动作，门电动机反转卷帘下降；当卷帘下降到距地 1.2 ~ 1.8 m 时，位置开关 SQ2 受碰撞而动作，使 KA5 线圈失电，KM2 线圈失电；门电动机停止，卷帘停止下放（现场中常称中停），这样即可隔断火灾初期的烟，也有利于灭火和人员逃生。

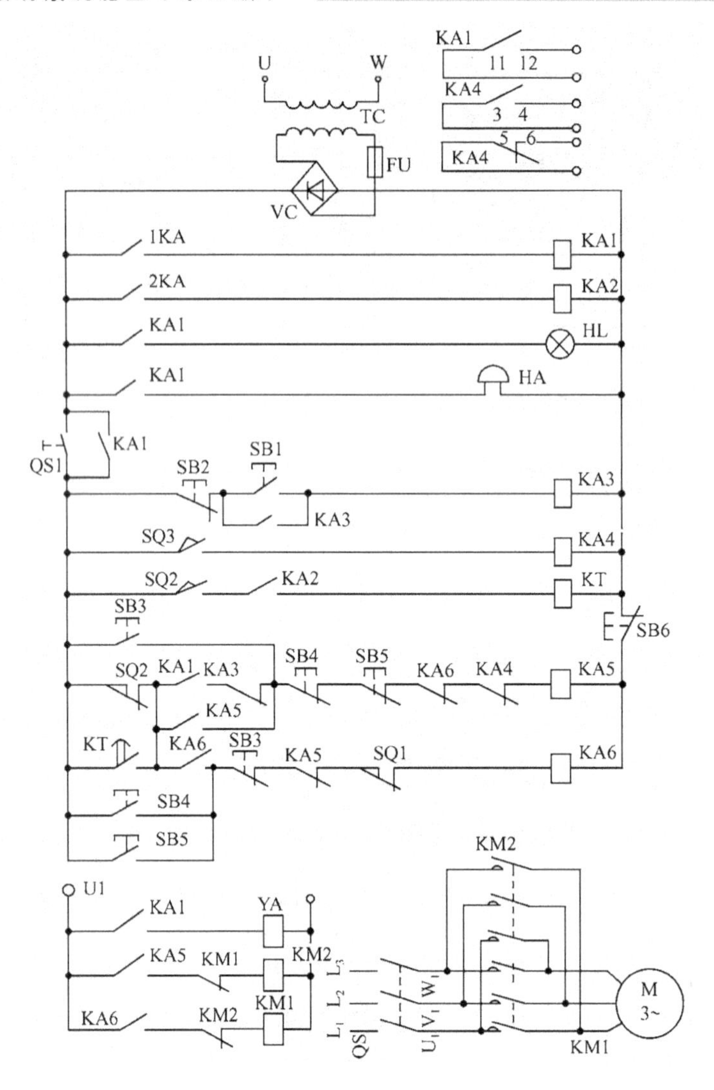

图 3-17　防火卷帘门系统的电气控制

第二步下放：当火势增大，温度上升时，消防中心的联动信号接点 2KA（安在消防中心控制器上且与感温探测器联动）闭合，使中间继电器 KM2 线圈通电，其触头动作，使时间继电器 KT 线圈通电；经延时 30s 后其触点闭合，使 KA5 线圈通电，KM2 又重新通电，门电动机又反转，卷帘继续下放；当卷帘落地时，碰撞位置开关 SQ3 使其触点动作，中间继电器 KA4 线圈通电；其常闭触点断开，使 KA5 失电释放，又使 KM2 线圈失电，门电动机停止；同时 $KA4_{3-2}$号、$KA4_{5-6}$号触头将卷帘门完全关闭信号（或称落地信号）反馈给消防中心。

卷帘上升控制：当火扑灭后，按下消防中心的卷帘卷起按钮 SB4 或现场就地卷起按钮 SB5，均可使中间继电器 KA6 线圈通电，使接触器 KM1 线圈通电，门电动机正转，卷帘上升；当上升到顶端时，碰撞位置开关 SQ1 使之动作，使 KA6 火电释放，KM1 失电，门电动机停止，上升结束。

开关 QS1 用于手动开、关门，而按钮 SB6 则用于手动停止卷帘升、降。

3.3.3 消防广播、火灾应急照明和疏散指示系统及联动控制

1. 消防广播系统

消防应急广播系统是火灾疏散和灭火指挥的重要设备，在整个消防控制管理系统中起着极其主要的作用。火灾发生时，应急广播信号由音源设备发出，给功率放大器放大后，由模块切换到指定区域的音箱实现应急广播。它主要由音源设备、功率放大器、输出模块、音箱等设备构成。在为商场等大型场所选用功率放大器时，应能满足三层所有音箱启动的要求，音源设备应具有放音、录音功能。如果业主要求应急广播平时作为背景音乐的音箱时，功率放大器的功率应选择大于所有广播功率的总和，否则功率放大器将会过载保护导致无法输出背景音乐。

在高层建筑物中，尤其是高层宾馆、饭店、办公楼、综合楼、医院等，一般人员都比较集中，发生火灾时影响面很大。为了便于发生火灾时统一指挥疏散，控制中心报警系统应设置火灾应急广播。在条件许可时，集中报警系统也应设置火灾应急广播。

火灾应急广播扬声器应设置在走道和大厅等公共场所。扬声器的数量应能保证从本楼层的任何部位到最近一个扬声器的步行距离不超过25 m；在环境噪声大于60 dB的场所设置的扬声器，在其播放范围内最远点的播放声压级应高于背景噪声15 dB，每个扬声器的额定功率应不小于3 W。客房内设置专用扬声器时，其功率不宜小于1 W。涉外单位的火灾应急广播应用两种以上的语言。

1）火灾应急广播与广播音响系统合用时应遵循的原则

（1）在发生火灾时，应能在消防控制室将火灾疏散层的扬声器和广播音响扩音机强制转入火灾应急广播状态。强制转入的控制切换方式一般有以下两种。

① 火灾应急广播系统仅利用音响广播系统的扬声器和传输线路，而火灾应急广播系统的扩音机等装置是专用的。在发生火灾时，由消防控制室切换输出线路，使音响广播系统的传输线路和扬声器投入火灾应急广播。

② 火灾应急广播系统完全利用音响广播系统的扩音机、传输线路和扬声器等装置，在消防控制室设置紧急播放盒。紧急播放盒包括话筒放大器和电源、线路输出遥控电键等。在发生火灾时，遥控音响广播系统紧急开启作火灾应急广播。

以上两种强制转入的控制切换方式，应注意使扬声器不管处于关闭或在播放音乐等状态下，都能紧急播放火灾应急广播。特别应注意在设有扬声器开关或音量调节器的系统中的紧急广播方式，应用继电器切换到火灾应急广播线路上。

（2）在床头控制柜、背景音乐等已装有扬声器的高层建筑物内设置火灾应急广播时，要求原有音响广播系统应具有火灾应急广播功能。即要求在发生火灾时，不论扬声器当时是处在开还是关的状态，都应能紧急切换到火灾应急广播线路上，以便进行火灾疏散广播。

（3）当广播扩音机没有设在消防控制室内时，不论采用哪种强制转入的控制切换方式，消防控制室都应能显示火灾应急广播扩音机的工作状态。

（4）应设置火灾应急广播备用扩音机，其容量应不小于发生火灾时需同时广播范围内火灾应急广播扬声器最大容量总和的1.5倍。

未设置火灾应急广播的火灾自动报警系统，应设置火灾警报装置。每个防火分区至少应安装一个火灾警报装置，其安装位置宜设在各楼层走道的靠近楼梯出口处，警报装置宜采用

手动或自动控制方式。在环境噪声大于 60 dB 的场所设置火灾警报装置时，其报警器的声压级应高于背景噪声 15 dB。

2）火灾应急广播、警报装置的控制程序

消防控制室应设置火灾警报装置与应急广播的控制装置，其控制程序应符合下列要求。

（1）2 层及 2 层以上的楼层发生火灾，应先接通着火层及其相邻的上下层。

（2）首层发生火灾，应先接通本层、2 层及底下层。

（3）地下室发生火灾，应先接通地下各层及首层。

（4）含多个防火分区的单层建筑应先接通着火的防火分区及其相邻的防火分区。

2. 消防电话系统

消防电话系统是一种消防专用的通信系统，通过消防电话可及时了解火灾现场的情况，并及时通告消防人员救援。它有总线制和多线制两种主机。总线制消防电话系统由消防电话总机、消防电话接口模块固定消防电话分机、消防电话插孔、手提消防电话分机等设备构成。所有电话插孔和电话分机与主机通话都要经过电话接口模块。而多线制消防电话系统则没有电话接口模块，一路线上的所有电话插孔和电话分机与多线制电话主机面板上的呼叫操作键是一一对应的。一般设置为每个单元一路电话。

3. 火灾应急照明和疏散指示系统

若建筑物发生火灾，在正常电源被切断时，如果没有火灾应急照明和疏散指示标志，受灾的人们往往因找不到安全出口而发生拥挤、碰撞、摔倒等；尤其是高层建筑、影剧院、礼堂、歌舞厅等人员集中的场所，发生火灾后，极易造成较大的伤亡事故；同时，也不利于消防队员进行灭火、抢救伤员和疏散物资等。因此，设置符合规定的火灾应急照明和疏散指示标志是十分重要的。

1）设置部位

（1）单层、多层公共建筑，乙、丙类高层厂房，人防工程，高层民用建筑的下列部位应设火灾应急照明：

① 封闭楼梯间、防烟楼梯间及其前室、消防电梯及其前室、合用前室和避难层（间）；

② 配电室、消防控制室、消防水泵房、防排烟机房、供消防用电的蓄电池室、自备发电动机房、电话总机房及发生火灾时仍需坚持工作的其他房间；

③ 观众厅、展览厅、多功能厅、餐厅、商场营业厅、演播室等人员密集的场所；

④ 人员密集且建筑面积超过 300 m^2 的地下室；

⑤ 公共建筑内的疏散走道和居住建筑内长度超过 20 m 的内走道。

（2）公共建筑、人防工程和高层民用建筑的下列部位应设灯光疏散指示标志：

① 除二类居住建筑外，高层建筑的疏散走道和安全出口处；

② 影剧院、体育馆、多功能礼堂、医院的病房楼等的疏散走道和疏散门；

③ 人防工程的疏散走道及其交叉口、拐弯处、安全出口处。

2）设置要求

（1）疏散用的火灾应急照明，其地面最低照度应不低于 0.5 lx。

（2）消防控制室、消防水泵房、防排烟机房、配电室和自备发电动机房、电话总机房及

发生火灾时仍需坚持工作的其他房间的火灾应急照明，仍应保证正常照明的照度。

(3) 疏散用火灾应急照明灯宜设在墙面或顶棚上。安全出口标志宜设在出口的顶部；疏散走道的指示标志宜设在疏散走道及其转角处距地面 1 m 以下的墙面上。走道疏散标志灯的间距应不大于 20 m，如图 3-18 所示。

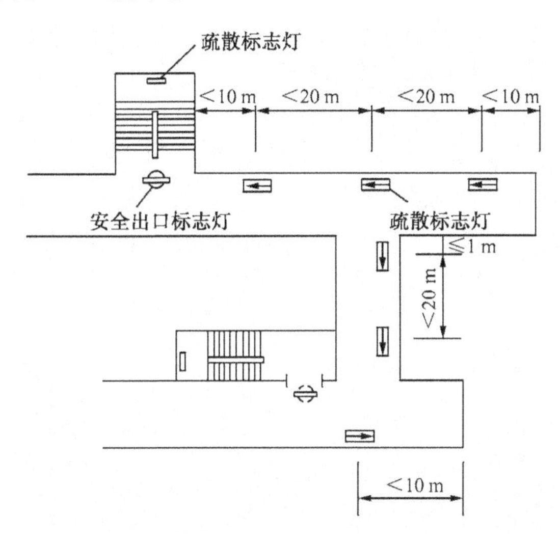

图 3-18 疏散标志灯的设置位置

(4) 火灾应急照明灯和灯光疏散指示标志，应设玻璃或其他不燃烧材料制作的保护罩。

(5) 火灾应急照明和疏散指示标志，可采用蓄电池作备用电源，且连续供电时间应不少于 20 min，高度超过 100 m 的高层建筑连续供电时间应不少于 30 min。

3.3.4 非消防电源、电梯系统及联动控制

1. 消防供电

1) 对消防供电的要求及规定

建筑物中火灾自动报警及消防设备联动控制系统的工作特点是连续、不间断的。为了保证消防系统供电的可靠性及配线的灵活性，根据《建筑设计防火规范》和《高层民用建筑设计防火规范》，消防供电应满足下列要求。

(1) 火灾自动报警系统应设有主电源和直流备用电源。

(2) 火灾自动报警系统的主电源应采用消防电源，直流备用电源宜采用火灾报警控制器专用蓄电池。当直流电源采用消防系统集中设置的蓄电池时，火灾报警控制器应采用单独的供电回路，并能保证消防系统处于最大负荷状态下时不影响报警器的正常工作。

(3) 火灾自动报警系统中的 CRT 显示器、消防通信设备、计算机管理系统、火灾广播等的交流电源应由 UPS 装置供电。其容量应按火灾报警器在监视状态下工作 24 h，再加上同时有两个分路报火警 30 min 用电量之和来计算。

(4) 对于消防控制室、消防水泵、消防电梯、防排烟设施、自动灭火装置、火灾自动报警系统、火灾应急照明和电动防火卷帘、门窗、阀门等消防用电设备，一类建筑应按现行国家电力设计规范规定的一类负荷要求供电；二类建筑的上述消防用电设备，应按二级负荷的两回线要求供电。

（5）消防用电设备的两个电源或两回线路，应在最末一级配电箱处自动切换。

（6）对容量较大或较集中的消防用电设施（如消防电梯、消防水泵等）应自配电室采用放射式供电。

（7）对于火灾应急照明、消防联动控制设备、报警控制器等设施，若采用分散供电设备层（或最多不超过3～4层）应设置专用消防配电箱。

（8）消防联动控制装置的直流操作电压，应采用24 V。

（9）消防用电设备的电源不应装设漏电保护开关。

（10）消防用电的自备应急发电设备，应设有自动启动装置，并能在15 s内供电，当由市电转换到柴油发电动机电源时，自动装置应执行先停后送程序，并应保证一定的时间间隔。

在设有消防控制室的民用建筑工程中，消防用电设备的两个独立电源（或两回线路），宜在下列场所的配电箱处自动切换：

① 消防控制室；

② 消防电梯机房；

③ 防排烟设备机房；

④ 火灾应急照明配电箱；

⑤ 各楼层消防配电箱；

⑥ 消防水泵房。

2）消防设备供电系统

消防设备供电系统应能充分保证设备的工作性能，当发生火灾时能充分发挥消防设备的功能，将火灾损失降到最小。这就要求对电力负荷集中的高层建筑或一、二级电力负荷（消防负荷）一般采用单电源或双电源的双回路供电方式，用两个10 kV的电源进线和两台变压器构成消防主供电电源。

（1）一类建筑消防供电系统。一类建筑（一级消防负荷）的供电系统如图3-19所示。

图3-19（a）中的供电系统采用不同电网构成双电源，两台变压器互为暗备用，单母线分段提供消防设备用电源；图3-19（b）中的供电系统采用同一电网双回路供电，两台变压器互为暗备用，单母线分段，设置柴油发电动机组作为应急电源向消防设备供电，与主供电电源互为备用，满足一级负荷的要求。

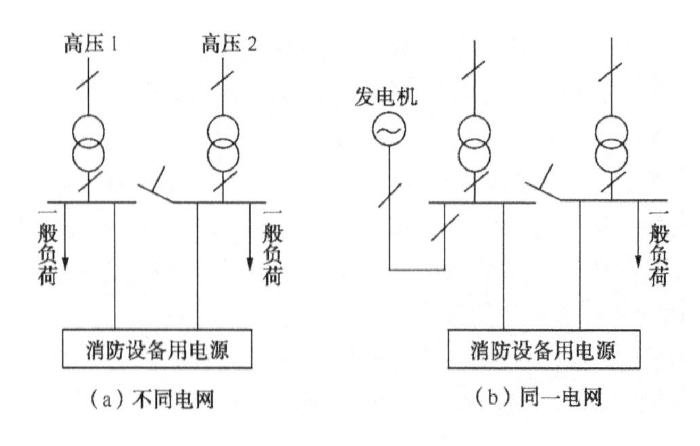

图3-19　一类建筑消防供电系统

（2）二类建筑消防供电系统。对于二类建筑（二级消防负荷）的供电系统如图3-20所示。从图3-20（a）中可知，一路低压电源供电系统由外部引来的一路低压电源与本部门电源（自备柴油发电动机组）互为备用，供给消防设备用电；图3-20（b）是双回路供电系统，可满足二级负荷的要求。

3）备用电源自动投入

备用电源的自动投入装置（BZT）可使两路供电互为备用，也可用于主供电电源与应急电源（如柴油发电动机组）的连接和应急电源自动投入。

（1）备用电源自动投入的线路组成。如图3-21所示，电源自动投入装置由两台变压器，KM1、KM2、KM3三只交流接触器，自动开关QF，手动开关SAl、SA2、SA3组成。

（2）备用电源自动投入的原理。正常情况下，两台变压器分列运行，自动开关QF处于闭合状态，将SA1、SA2先合上后，再合上SA3，接触器KM1、KM2线圈通电闭合，KM3线圈断电触头释放。若Ⅰ段母线失压（或1号回路掉电），KM1失电断开，KM3线圈通电，其常开触头闭合，使Ⅰ段母线通过Ⅱ段母线接受2号回路的电源供电，以实现自动切换。

应当指出：两路电源在消防电梯、消防泵等设备端实现切换（末端切换）常采用备用电源自动投入装置。

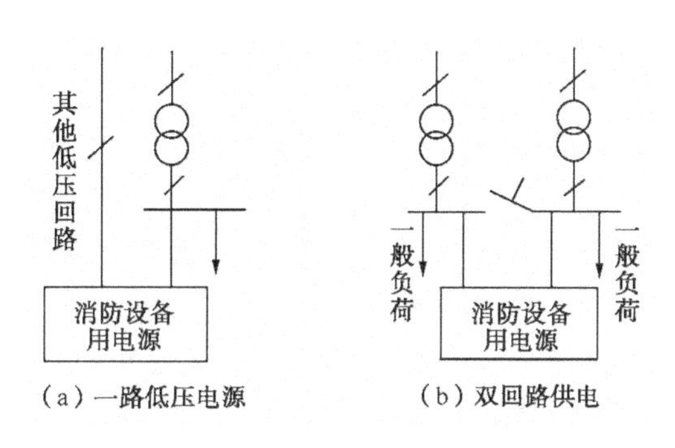

图3-20 二类建筑消防供电系统

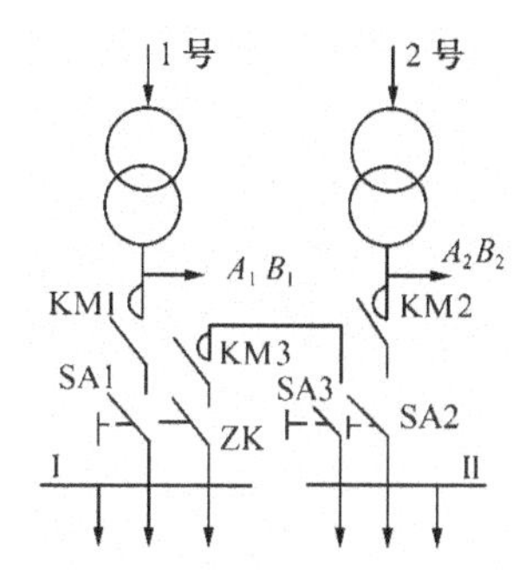

图3-21 电源自动投入装置的接线

2. 消防电梯

消防电梯是高层建筑特有的消防设施。高层建筑的工作电梯在发生火灾时，常常因为断电和不防烟等原因而停止使用，这时楼梯则成为垂直疏散的主要设施。如果不设置消防电梯，一旦高层建筑高处起火，消防队员若靠攀登楼梯进行扑救，会因体力不支和运送困难而贻误战机；且消防队员经楼梯奔向起火部位进行扑救火灾工作，势必和向下疏散的人员产生“对撞”情况，也会延误战机；另外未疏散出来的楼内受伤人员不能利用消防电梯进行及时的抢救，容易造成不应有的伤亡事故。因此，必须设置消防电梯，以控制火势蔓延和为扑救赢得时间。

1）电梯运行盘及其控制

消防控制室在火灾确认后，应能控制电梯全部停于首层，并接收其反馈信号。

电梯是高层建筑纵向交通的工具，消防电梯是火灾时供消防人员扑救火灾和营救人员使用的。火灾时，一般电梯在没有特殊情况下不能作疏散用，因为这时电源没有把握。因此，火灾时对电梯的控制一定要安全可靠。对电梯的控制具体有两种方式：一种是将所有电梯控制显示的副盘设在消防控制室，消防值班人员可随时直接操作；另一种做法是消防控制室自行设计电梯控制装置，火灾时，消防值班人员通过控制装置，向电梯机房发出火灾信号和强制电梯全部停于首层的指令。在一些大型公共建筑里，利用消防电梯前的烟探测器直接联动控制电梯，这也是一种控制方式。但是必须注意烟探测器误报的危险性，最好还是通过消防中心进行控制。

2）消防电梯的设置场所及数量

（1）消防电梯的设置场所

① 一类公共建筑。

② 塔式住宅。

③ 12 层及 12 层以上的单元式住宅、相通廊式住宅。

④ 高度超过 32 m 的其他二类公共建筑。

（2）消防电梯的设置数量

① 当每层建筑面积不大于 1 500 m^2 时，应设 1 台。

② 当大于 1 500 m^2 但小于或等于 4 500 m^2 时，应设 2 台。

③ 当大于 4 500 m^2 时，应设 3 台。

④ 消防电梯可与客梯或工作电梯兼用，但应符合消防电梯的要求。

（3）消防电梯的设置应符合下列规定

① 消防电梯的载重量应不小于 800 kg。

② 消防电梯轿厢内装修时应采用不燃材料。

③ 消防电梯宜分别设在不同的防火分区内。

④ 消防电梯轿厢内应设专用电话，并应在首层设供消防队员专用的操作按钮。

⑤ 消防电梯间应设前室，其面积：居住建筑应不小于 4.5 m^2，公共建筑应不小于 6 m^2。当与防烟楼梯间合用前室时，其面积：居住建筑应不小于 6 m^2；公共建筑应不小于 10 m^2。

⑥ 消防电梯井、机房与相邻其他电梯井、机房之间应采用耐火极限不低于 2 h 的隔墙隔开，当在隔墙上开门时，应设甲级防火门。

⑦ 消防电梯间前室宜靠外墙设置，在首层应设直通外室的出口或经过长度不超过 30 m 的通道通向室外。

⑧ 消防电梯间前室的门，应采用乙级防火门或具有停滞功能的防火卷帘。

⑨ 消防电梯的行驶速度，应按从首层到顶层的运行时间不超过 60 s 计算确定。

⑩ 动力与控制电缆、电线应采取防水措施；消防电梯间前室门口宜设挡水设施。消防电梯的井底应设排水设施，排水井容量应不小于 2.00 m^3，排水泵的排水量应不小于 10 L/s。

4）消防电梯的控制

消防电梯在火灾状态下应能在消防控制室和首层电梯门厅处明显的位置设有控制归底的按钮。在消防联动控制系统设计时，常用总线或多线控制模块来完成此项功能。消防电梯控制系统的结构如图 3-22 所示。

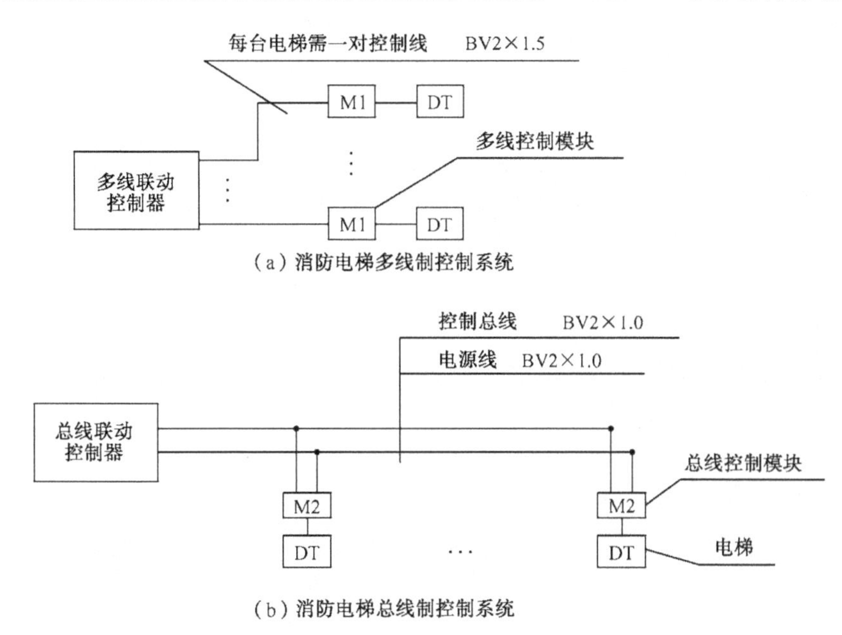

（a）消防电梯多线制控制系统

（b）消防电梯总线制控制系统

图3-22　消防电梯控制系统

知识梳理与总结

1. 消防系统可分为两大部分：一部分为感应机构，即火灾自动报警系统；另一部分为执行机构，即灭火及联动控制系统。本单元作为联动控制的基础部分，主要阐述消火栓泵、喷淋泵系统联动，防火门、防火卷帘门系统联动，防排烟系统联动，消防广播系统联动，声光报警、火灾应急系统联动，空调、非消防电源及电梯联动的构成及其控制原理。

2. 所谓的消防联动控制是指当发生火灾后，启动相关的联动设备，如开启排烟机（排烟阀）、开启广播音响、启动消防水泵、关闭防火门和防火卷帘门等一系列相关设备。

3. 消防系统中除火灾报警系统外，还有灭火系统和疏散诱导系统。灭火系统中有自动喷水系统和消火栓系统，它们是火灾发生后进行灭火的最主要的手段，自动喷水系统同火灾报警系统相互联动的关键器件是压力开关和水流指示器，消火栓系统同火灾报警系统相互联动的关键器件是消火栓按钮。疏散诱导系统是火灾发生后进行排烟、防止火势蔓延及广播音响通知人们逃生的方法，防排烟系统同火灾报警系统相互联动的关键器件是排烟阀、防火阀，广播音响系统同火灾报警系统相互联动的关键器件是广播切换器。

4. 消防联动控制和火灾报警系统是不可分割的，它们共同完成对火灾的预报、扑灭和疏散的任务。现设备厂家生产的火灾报警主机，许多是报警联动一体化主机。

复习思考题3

1. 消防联动控制系统有哪几种基本形式？
2. 消防联动控制对象包括哪些内容？如何正确设置消防联动控制关系？

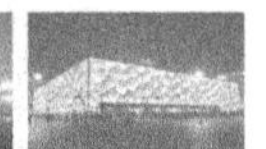

3. 防烟防火阀与排烟防火阀的功能有什么区别？各用在什么场合？
4. 排烟阀的控制应符合哪些要求？试述排烟阀、送风阀、防火阀的区别。
5. 排烟风机控制电路的工作原理是什么？
6. 防火门联动控制电路的工作原理是什么？
7. 试述防火卷帘门控制电路的工作过程。电动防火卷帘控制下落的方式是什么？
8. 水灭火设施有哪两大类？各有何特点？
9. 试述消防水泵控制电路的工作原理。
10. 在湿式喷水灭火系统中，压力开关和水流指示器的作用有何不同？
11. 消防广播系统的特点和要求是什么？
12. 发生火灾后，非消防电源应如何？电梯应如何？
13. 哪些部位须设置火灾事故时的备用照明？
14. 备用照明灯的安装要求有哪些？

项目4 火灾报警及联动控制设备的安装与调试

教学导航

教	知识重点	1. 火灾报警设备的安装 2. 消防联动控制设备的安装 3. 消防控制中心接地装置的安装 4. 火灾报警及联动控制系统的调试与验收
	知识难点	1. 火灾探测器的安装与布线 2. 火灾报警及联动控制系统的安装技能实训 3. 火灾自动报警系统布线与调试
	推荐教学方式	1. 理论部分讲授采用多媒体教学 2. 报警设备的安装与布置在实训室内完成 3. 理论部分讲授后，安排两周安装、调试技能实训课 4. 安排到厂家参观报警探测器件的生产及调试 5. 注重报警系统布置与安装施工图的讲解，强调不同厂家报警设备不同，做到举一反三
	建议学时	8 学时（理论部分）
学	推荐学习方法	将前面章节的理论同本单元的内容结合起来，掌握关键报警设备的安装，如探测器、模块等，接线要严格按消防施工规范进行，同时注意不同厂家的报警设备的相同点和不同点，比较其结构图和安装图的区别
	必须掌握的理论知识	1. 火灾报警与联动控制系统设备的安装与接线 2. 消防布线要求和接地方法 3. 相关的消防安装施工规范
	必须掌握的技能	1. 现场指导火灾报警与联动控制系统设备的安装施工 2. 火灾报警与联动控制系统的安装和接线施工图的识读

4.1 火灾报警设备的安装

知识分布网络

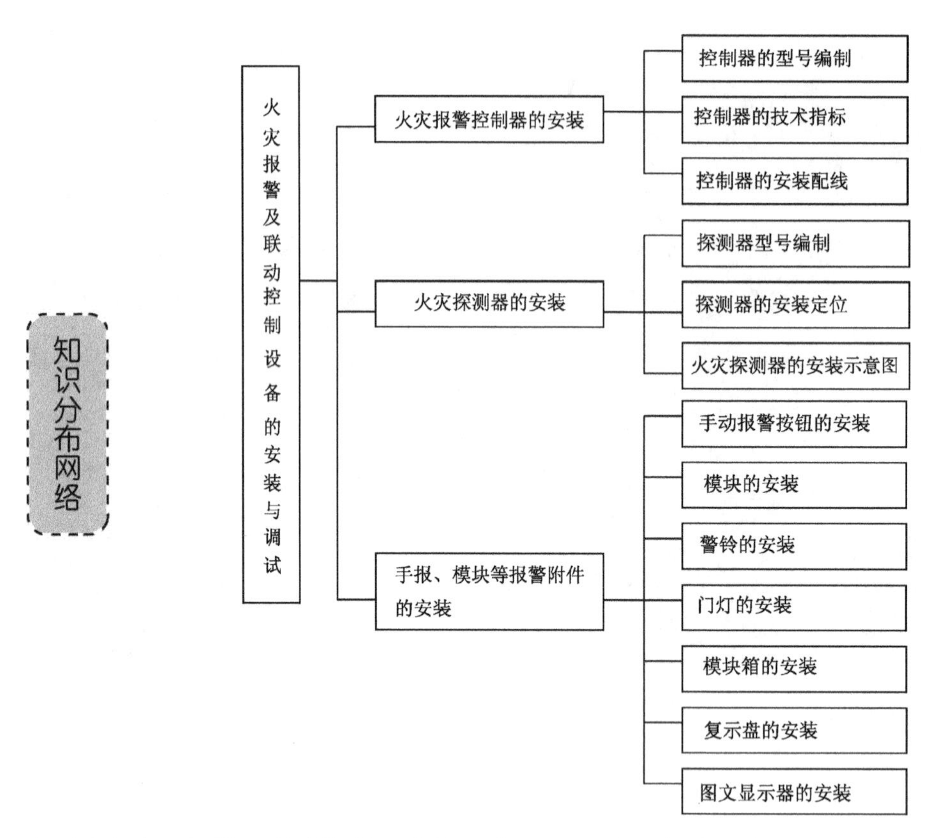

为了确保火灾报警及联动控制系统的正常运行，并提高其可靠性，不仅要合理地设计，还需要正确地安装、操作使用和经常维护。不管设备如何先进、设计如何完善、设备选择如何正确，假若安装不合理、管理不完善或操作不当，仍然会经常发生误报或漏报，容易造成建筑物内管理的混乱或贻误灭火时机。

消防系统施工安装的一般要求如下所示。

（1）火灾报警及联动控制系统施工安装的专业性很强，为了保证施工安装质量，确保安装后能投入正常运行，施工安装必须经有批准权限的公安消防监督机构批准，并由有许可证的安装单位承担。

（2）安装单位应按设计图纸施工，如需修改应征得原设计单位的同意，并有文字批准手续。

（3）火灾自动报警系统的安装应符合《火灾自动报警系统安装使用规范》的规定，并满足设计图纸和设计说明书的要求。

（4）火灾自动报警系统的设备应选用经国家消防电子产品质量监督检验测试中心检测合格的产品。

（5）火灾自动报警系统的探测器、手动报警按钮、控制器及其他所有设备，安装前均应妥善保管，防止受潮、受腐蚀及其他损坏，安装时应避免机械损伤。

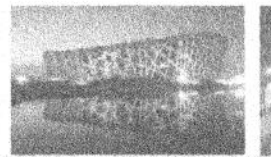

(6) 施工单位在施工前应具有平面图、系统图、安装尺寸图、接线图及一些必要的设备安装技术文件。

(7) 系统安装完毕后，安装单位应提交下列资料和文件：

① 变更设计部分的实际施工图；

② 变更设计的证明文件；

③ 安装技术记录（包括隐蔽工程的检验记录）；

④ 检验记录（包括绝缘电阻、接地电阻的测试记录）；

⑤ 安装竣工报告。

4.1.1　火灾报警控制器的安装

1. 火灾报警控制器的型号编制

火灾报警控制器的基本类型划分为区域火灾报警控制器、集中火灾报警控制器和通用火灾报警控制器三种，按照中华99人民共和国公共安全行业标准《火灾报警控制器产品型号编制方法》(GA/T 228—1999) 的规定，火灾报警控制器产品型号的含义如下：

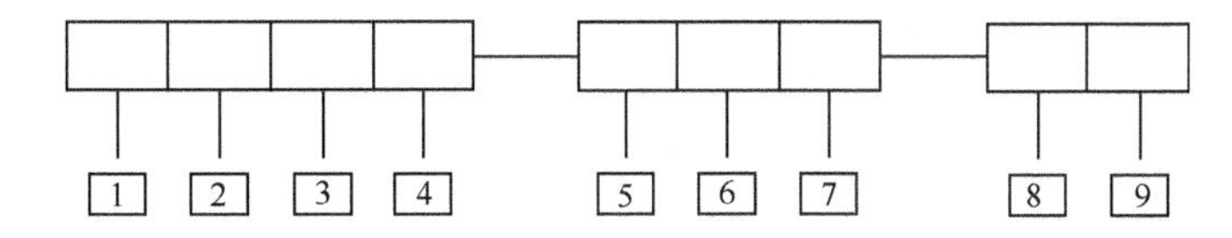

1—消防产品中火灾报警设备分类代号，用“J”表示。

2—火灾报警控制器产品代号，用“B”表示。

3 4—应用范围特征代号，表示火灾报警控制器的适用场所，具体表示方法是：

B—防爆型（位置在前），省略为非防爆型；

C—船用型（位置在后），省略为陆用型。

5—分类特征代号及参照，分类特征代号（在前）用一位字母表示：

Q—区域火灾报警控制器；

J—集中火灾报警控制器；

T—通用火灾报警控制器；

L—火灾报警控制器（联动型）。

分类特征参数用一或两位阿拉伯数字表示：对于分类特征代号为集中、通用、集中（联动型）、通用（联动型）的火灾报警控制器，其分类特征参数是可连接的火灾报警控制器数；对于分类特征代号为区域，区域（联动型）的火灾报警控制器，其分类特征参数可省略。

6—结构特征代号，用字母表示：

G—柜式结构；

T—台式结构；

B—壁挂式结构。

7—传输方式特征代号及参数，传输方式特征代号用一位字母表示：

D—多线制；

Z—总线制；

W—无线制；

H—总线无线混合制或多线无线混合制。

传输方式特征参数用一位阿拉伯数字表示：对于传输方式特征代号为总线制或总线无线混合制的火灾报警控制器，其传输方式特征参数是总线数；对于传输方式特征代号为多线制、无线制、多线无线混合制的火灾报警控制器，其传输方式特征参数可忽略。

⑧—厂家代号，一般为二至三位，用厂家名称中有代表性的汉语拼音字母或英文字母表示。

⑨—主参数代码，用主参数的回路数或每回路的地址数和无线地址数之间用斜线隔开表示。具体方法是：回路数用一或两位阿拉伯数字表示，每回路的地址数用二或三位阿拉伯数字表示，无线地址数用二或三位阿拉伯数字表示。对于集中或集中（联动型）火灾报警控制器，主参数无须反应；对于区域、通用、区域（联动型）、通用（联动型）多线制火灾报警控制器，主参数表示火灾报警控制器的多线回路数；对于区域、通用、区域（联动型）、通用（联动型）无线制火灾报警控制器，主参数表示火灾报警控制器的无线地址数；对于区域、通用、区域（联动型）、通用（联动型）总线制火灾报警控制器，主参数表示火灾报警控制器的总线回路数和每回路的地址数；对于区域、通用、区域（联动型）、通用（联动型）总线无线混合制火灾报警控制器，主参数表示火灾报警控制器的总线回路数、每回路的地址数和无线地址数；对于区域、通用、区域（联动型）、通用（联动型）多线无线混合制火灾报警控制器，主参数表示火灾报警控制器的多线回路数和无线地址数。

型号举例：

JB-TB-8-2700/63B：8路通用火灾报警控制器。

JB-JG-60-2700/065：60路柜式集中报警控制器。

JB-QB-40：40路壁挂式区域报警控制器。

2. 火灾报警控制器的技术指标

火灾报警控制器的主要技术指标如下所示。

（1）容量。容量是指能够接收火灾报警信号的回路数，用“M”表示。一般区域报警器M的数值等于探测器的数量；对于集中报警控制器，容量数值等于M乘以区域报警器的台数N，即$M \cdot N$。

（2）使用环境条件。使用环境条件主要指报警控制器能够正常工作的条件，即温度、湿度、风速、气压等。如陆用型火灾报警控制器的使用环境条件为：温度－10～50℃；相对湿度≤92%（40℃）；风速<5 m/s；气压为85～106 kPa。

（3）工作电压。工作时，电压可采用220 V交流电和24～32 V直流电（备用）。备用电源应优先选用24 V。

（4）满载功耗。满载功耗指当火灾报警控制器容量不超过10路时，所有回路均处于报警状态所消耗的功率；当容量超过10路时，20%的回路（最少按10路计）处于报警状态所消耗的功率。使用时要求在系统工作可靠的前提下，尽可能减小满载功耗；同时要求在报警状态时，每一回路的最大工作电流不超过200 mA。

（5）输出电压及允差。输出电压指供给火灾探测器使用的工作电压，一般为直流24 V。

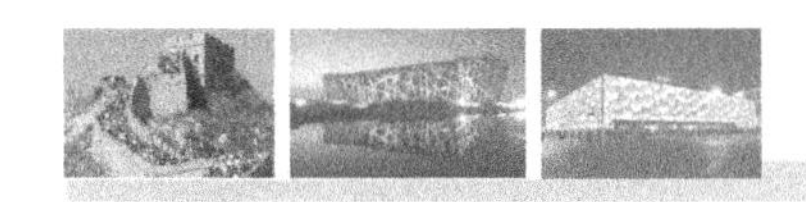

此时输出电压允差不大于0.48 V，输出电流一般应大于0.5 A。

(6) 空载功耗。空载功耗指系统处于工作状态时所消耗的电源功率。空载功耗表明了该系统日常工作费用的高低，因此功耗应是越小越好；同时要求系统处于工作状态时，每一报警回路的最大工作电流不超过20 mA。

3. 火灾报警控制器的安装配线

火灾报警控制器一般安装在建筑物的火警值班室或消防中心。

1) 区域火灾报警控制器的安装

区域火灾报警控制器一般为壁挂式，可以直接安装在墙上，也可以安装在支架上，如图4-1所示。控制器底边距地面的高度应不小于1.5 m，靠近其门轴的侧面距墙应不小于0.5 m，正面操作距离应不小于1.2 m。

控制器安装在墙面上可采用膨胀螺栓固定。如果控制器重量小于30 kg，则使用$\phi 8 \times 120$膨胀螺栓固定；如果控制器重量大于30 kg，应使用$\phi 10 \times 120$膨胀螺栓固定。安装时应首先按施工图确定控制器的具体位置。量好箱体安装孔尺寸，在墙上画好孔眼位置，然后钻孔安装。

如果控制器安装在支架上，应先将支架做好，并进行防腐处理，将支架装在墙上后，再把控制器安装在支架上。

2) 集中火灾报警控制器的安装

集中火灾报警控制器一般为落地式安装，柜下面有进出线地沟，如图4-2所示。如果需要从后面检修，柜后面板距墙应不小于1 m。当有一侧靠墙安装时，另一侧距墙应不小于1 m。集中火灾报警控制器的正面操作距离：当设备单列布置时，应不小于1.5 m；双列布置时，应不小于2 m。在值班人员经常工作的一面，控制盘前距离应不小于3 m。

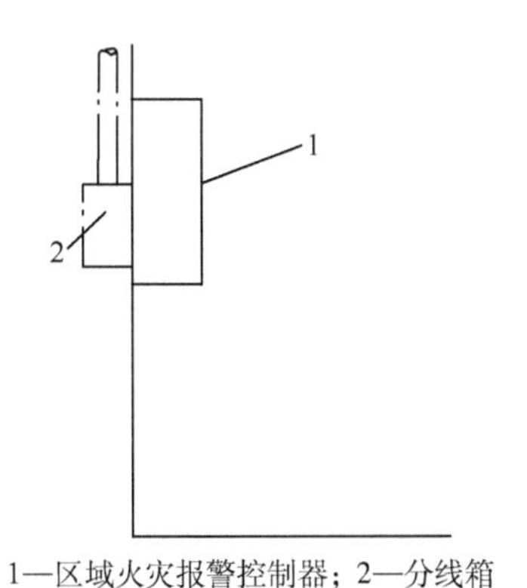

1—区域火灾报警控制器；2—分线箱

图4-1　区域火灾报警控制器的安装

1—集中火灾报警控制器；2—分线箱

图4-2　集中火灾报警控制器的安装

安装集中火灾报警控制器时，应将设备安装在型钢基础底座上，一般采用8～10号槽钢，也可以采用相应的角钢。型钢底座的制作尺寸，应与报警控制器相等。安装报警控制器前应检查内部元件是否完好、清洁整齐，各种技术文件是否齐全、盘面有无损坏。

一般设有集中火灾报警控制器的火灾自动报警系统的规模都较大，竖向的传输线路应采

用竖井敷设。每层竖井分线处应设端子箱，端子箱内最少应有7个分线端子，分别作为电源负极、故障信号线、火警信号线、自检信号线、区域信号线、两条备用线。两条备用线在安装调试时可作通信联络用。

3）火灾报警控制器的配线

（1）引入火灾报警控制器的导线应符合下列要求。

① 配线应整齐，避免交叉，并应用线扎或其他方式固定牢靠。

② 电缆芯线和所配导线的端部，均应标明编号。火灾报警控制器内应将电源线、探测回路线、通信线分别加套并编号；楼层显示器内应将电源线、通信线分别加套管并编号；联动驱动器内应将电源线、通信线、音频信号线、联动信号线、反馈线分别加套管并编号；所有编号都必须与图纸上的编号一致，字迹要清晰；有改动处应在图纸上作明确标注。

③ 电缆芯和导线应留有不小于20 cm的余量。

④ 接线端子上的接线必须用焊片压接在接线端子上，每个接线端子的压接线不得超过两根。

⑤ 导线引入线穿线后，在进线管处应封堵。

⑥ 控制器的交流220 V主电源引入线，应直接与消防电源连接，严禁使用电源插头。主电源应有明显标志。

⑦ 控制器的接地应牢靠并有明显标志。

⑧ 在控制器的安装过程中，严禁随意操作电源开关，以免损坏机器。

（2）火灾报警控制器的线路结构和端子接线图。由于各生产厂家的不同，其火灾报警控制器的线路结构和端子接线图也不同，现以深圳赋安公司AFN100火灾报警控制器为例进行讲解。其中，图4-3为系统构成图，图4-4为外形尺寸和安装尺寸图，图4-5为AFN100接线端子图，表4-1为AFN100接线端子说明。

表4-1　AFN100接线端子说明

S1 -	S1 +	第一回路总线
S2 -	S2 +	第二回路总线
BJK	BJD	直接启/停输出
FJK	FJD	火警继电器（常开或常闭）
BB1	AA1	第一回路485总线
BB2	AA2	第二回路485总线（接显示盘）
DGND	DGND	RS—485通信接口公共地
GND	+24 V	直接24 V电源输出（200 mA）
VGND	V24 V	受控24 V输出（200 mA）
VGND	V24 V	受控24 V输出（200 mA）

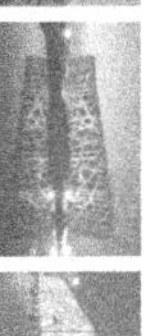

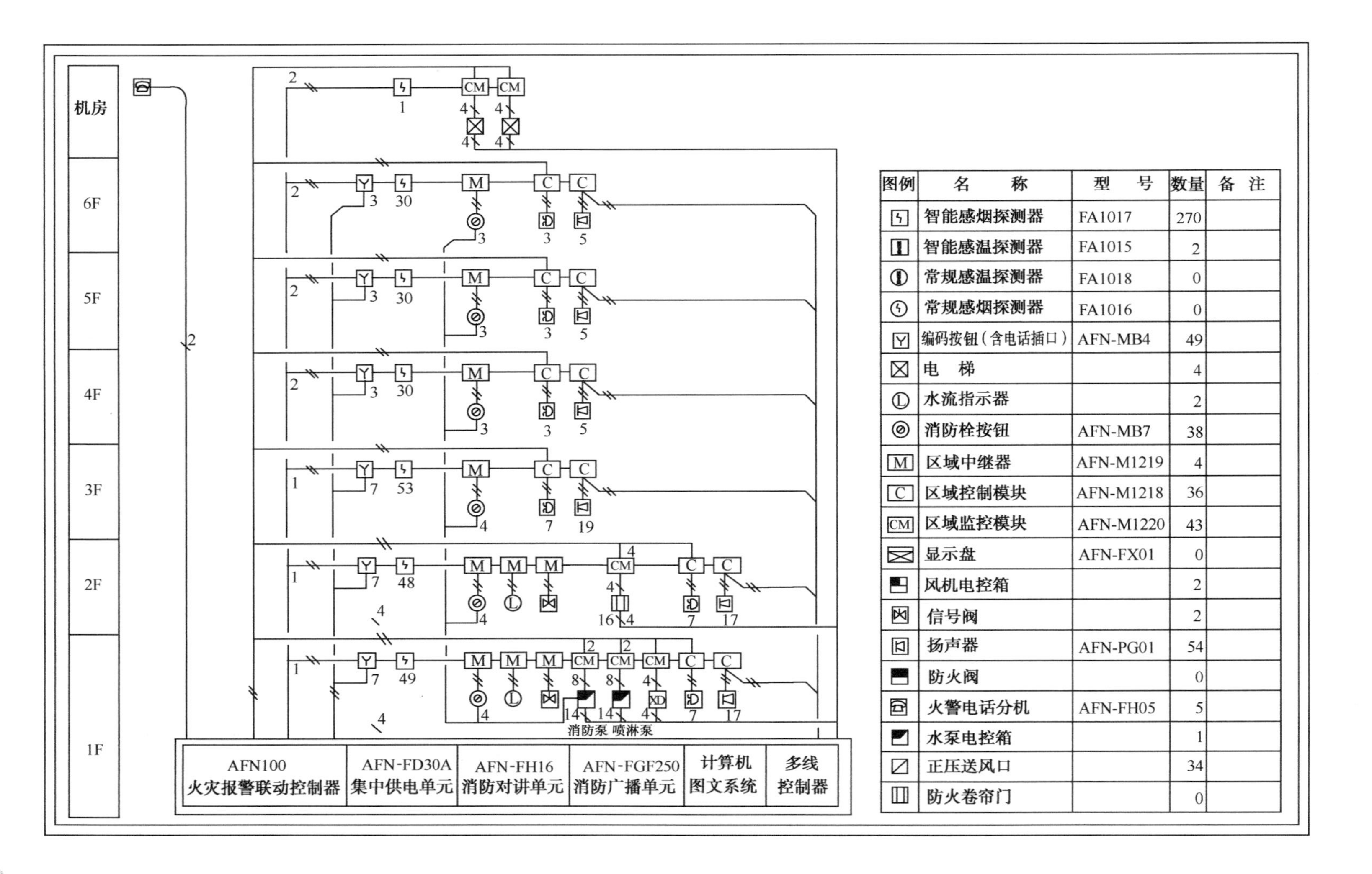

图例	名　　称	型　号	数量	备　注
	智能感烟探测器	FA1017	270	
	智能感温探测器	FA1015	2	
	常规感温探测器	FA1018	0	
	常规感烟探测器	FA1016	0	
Y	编码按钮（含电话插口）	AFN-MB4	49	
	电　梯		4	
	水流指示器		2	
	消防栓按钮	AFN-MB7	38	
M	区域中继器	AFN-M1219	4	
C	区域控制模块	AFN-M1218	36	
CM	区域监控模块	AFN-M1220	43	
	显示盘	AFN-FX01	0	
	风机电控箱		2	
	信号阀		2	
	扬声器	AFN-PG01	54	
	防火阀		0	
	火警电话分机	AFN-FH05	5	
	水泵电控箱		1	
	正压送风口		34	
	防火卷帘门		0	

图 4-3　AFN100火灾报警控制系统构成

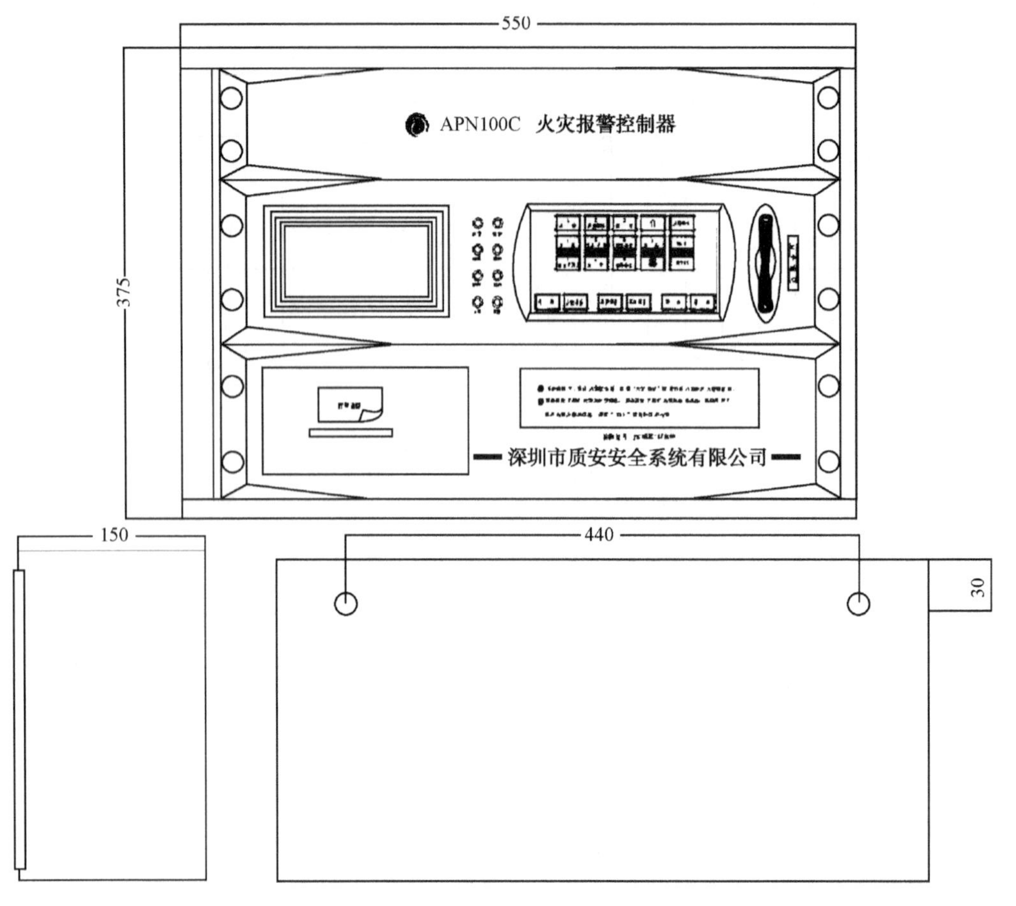

图4-4 外形尺寸和安装尺寸

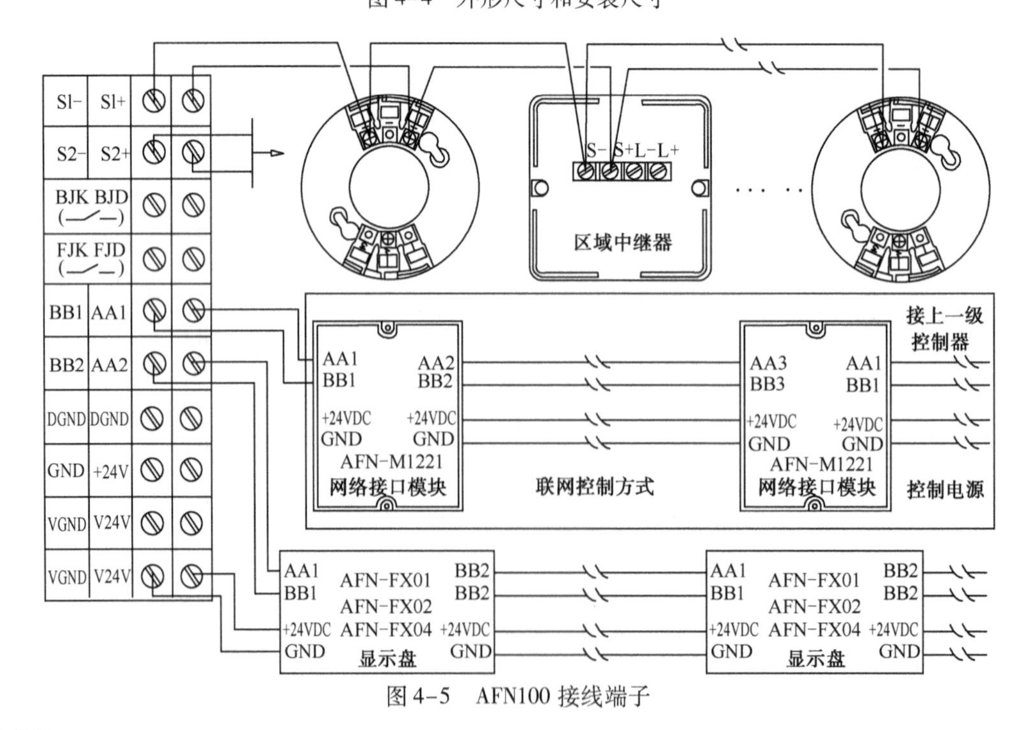

图4-5 AFN100 接线端子

4.1.2　火灾探测器的安装

1. 火灾探测器型号编制

火灾报警产品种类较多，附件更多，但都是按照国家标准编制命名的。国际型号均是按汉语拼音开头的大写字母组成，只要掌握规律，从名称就可以看出产品类型与特征。

关于火灾探测器产品型号的编制方法，先后有两个标准作出了规定：一个是中华人民共和国专业标准《火灾探测器产品型号编制方法》（ZBC81 001—1984），另一个是中华人民共和国公共安全行业标准《火灾探测器产品型号标准方法》（GA/T 227—1999）。在标准 GA/T 227—1999 中，明确规定该标准自实施之日起代替标准 ZBC81 001—1984。考虑到标准衔接及火灾探测器产品类型较多，现将两个标准的规定都给予说明。

按照标准 ZBC81 001—1984 的规定，火灾探测器产品型号的含义如下：

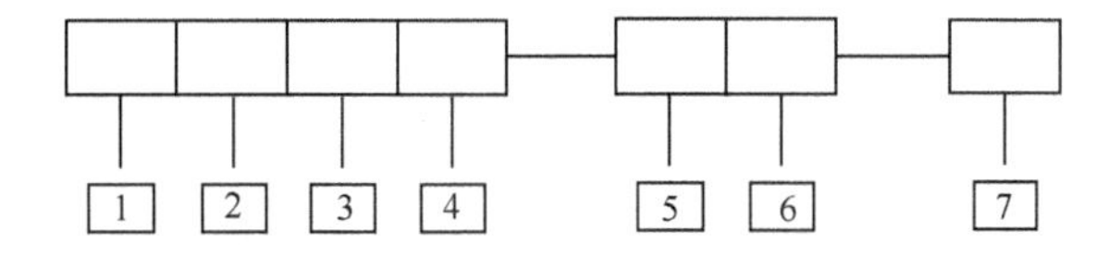

1—表示消防产品中的火灾报警设备分类代号，采用“J”表示；

2—表示火灾报警设备中的分类代号，火灾探测器采用“T”表示；

3—表示火灾探测器分类代号，各种火灾探测器的具体表示方法是：Y—感烟火灾探测器，W—感温火灾探测器，G—感光火灾探测器，Q—可燃气体探测器，F—复合式火灾探测器；

4—火灾探测器应用范围特征代号，表示方法是：B—防爆型，C—船用型，非防爆型或非船用型可省略此项，无须注明；

5 6—火灾探测器中传感器敏感元件和敏感方式特征代号，常用表示方法是：LZ—离子，GD—光电，ML—膜盒定温；MC—膜盒差温；DZ—电子定温；CDZ—电子差定温，GW—光温复合，GY—光烟复合，YW—烟温复合，YW - HS—红外光束烟温复合；

7—火灾探测器主参数，一般由生产厂规定，定温、差定温用灵敏度级别表示。

例如，西安核仪器厂（国营 262 厂）生产的火灾探测器中，JTY-LZ-F732 表示 F732 型离子感烟火灾探测器，JTY-GD-2700/001 表示 2700 系列 001 型光电感烟火灾探测器，JTW-DZ-262/062 表示 262 厂的 062 型电子定温火灾探测器，JTW-CDZ-262/061 表示 262 厂的 061 型电子差定温火灾探测器，JTW-MSCD-2705 表示 2700 系列的膜盒差定温火灾探测器。

按照标准 GA/T 227—1999 的规定，火灾探测器的产品型号含义如下：

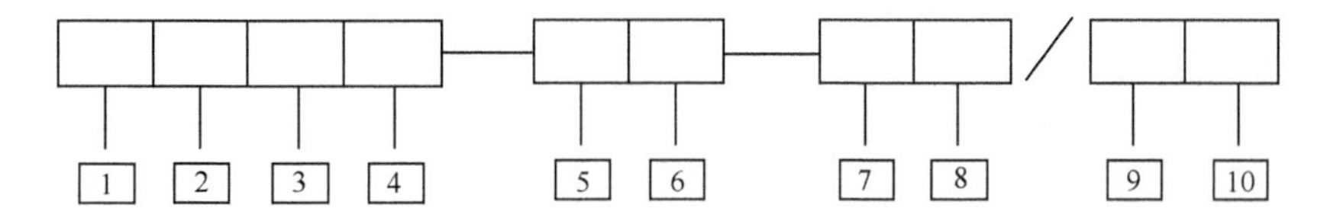

1—表示消防产品中的火灾报警设备分类代号，采用“J”表示。

2—表示火灾探测器类型分组代号，各种火灾探测器的具体表示方法是：

Y—感烟火灾探测器；

W—感温火灾探测器；

G—感光火灾探测器；

Q—气体敏感火灾探测器；

T—图像摄像方式火灾探测器；

S—感声火灾探测器；

F—复合式火灾探测器。

3 4—火灾探测器应用范围特征代号，表示方法是：防爆型用B（在前），普通型省略；船用型用C（在后），普通型省略。

5—火灾探测器中传感器特征代号，常用表示方法叙述如下。

（1）感烟火灾探测器采用如下表示：

L—离子； G—光电；

H—红外光束； LX—吸气型离子；

GX—吸气型光电。

（2）感温火灾探测器采用两个字母表示，其中第一个字母采用如下字符表示：

M—膜盒； S—双金属；

Q—玻璃球； G—空气管；

J—易熔金属； L—热敏电缆；

O—热电偶； B—半导体；

Y—水银接点； Z—热敏电阻；

R—易熔材料； X—光纤。

第二个字母采用如下字符表示：

D—定温； C—差温；

O—差定温。

（3）感光火灾探测器表示方法：Z—紫外，H—红外，D—多波段。

（4）气体敏感火灾探测器表示方法：B—半导体，C—催化。

（5）复合火灾探测器采用上述代号组合，图像摄像方式和感声式火灾探测器特征省略。

6—表示火灾探测器的传输方式代号，表示方法是：

W—无限传输方式；

M—编码方式；

F—非编码方式。

7 8—表示厂家及产品代号，一般是4～6位：前2～3位采用字母表示厂家代号，其后2～3位采用数字表示产品下列号。

9 10—火灾探测器主参数和自带报警声响标志，一般定温、差定温火灾探测器用灵敏度级别表示，差温、感烟火灾探测器无须反应，其他火灾探测器采用能够代表其响应特征的参数表示。

2. 火灾探测器的安装定位

1）探测器的定位

探测器安装时，要按施工图选定的位置现场画线定位。在吊顶上安装时，要注意纵横成排对称。火灾报警系统施工图一般只提供探测器的数量和大致位置，在现场施工时会遇到诸如风管、风口、排风机、工业管道、天车和照明灯具等各种障碍，就需要对探测器的设计位置进行调整。如需取消探测器或调整位置后超出了探测器的保护范围，应和设计单位联系，变更设计。

探测区域内的每个房间至少应设置一只火灾探测器。感温、感光探测器距光源距离应大于1 m。感烟、感温探测器的保护面积和保护半径应按表2-4确定。

探测器一般安装在室内顶棚上。当顶棚上有梁时，如梁的净间距小于1 m，可视为平顶棚。如梁突出顶棚的高度小于200 mm、在顶棚上安装感烟、感温探测器时，可不考虑梁对探测器保护面积的影响。如梁突出顶棚的高度在200 ～ 600 mm时，应按规定图、表确定探测器的安装位置。当梁突出顶棚的高度大于600 mm时，被梁隔断的每个梁间区域应至少设置一只探测器。当被梁隔断的区域面积超过一只探测器的保护面积时，则应将被隔断区域视为一个探测区域，并按有关规定计算探测器的设置数量。

安装在顶棚上的探测器的边缘与下列设施的边缘的水平间距应保持在如下范围内。

（1）与照明灯具的水平净距应大于1 m。

（2）感温式探测器距高温光源灯具（如碘钨灯、容量大于100 W的白炽灯等）的净距应不小于0.5 m。

（3）距电风扇的净距应不小于1.5 m。

（4）距不突出的扬声器净距应不小于0.1 m。

（5）与各种自动喷水灭火喷头的净距应不小于0.3 m。

（6）探测器至空调送风口边的水平距离应不小于1.5 m，如图4-6所示；距多孔送风顶棚孔口的净距应不小于0.5 m。

（7）与防火门、防火卷帘门的间距应为1 ～ 2 m。

在宽度小于3 m的走廊顶棚上设置探测器时，宜居中布置。感温式探测器的安装间距应不超过10 m。感烟式探测器的安装间距应不超过15 m。探测器至端墙的距离，应不大于探测器安装间距的一半，如图4-7所示。探测器至墙壁、梁边的水平距离，应不小于0.5 m，如图4-8所示。探测器周围0.5 m的距离内，应不宜有遮挡物。

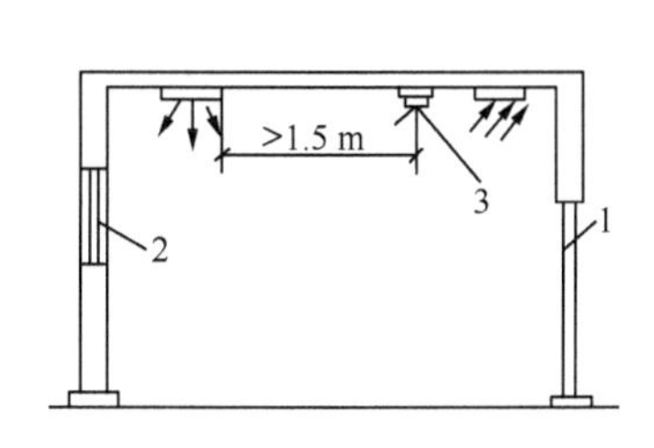

1—门；2—窗；3—探测器

图4-6　探测器在有空调的室内的设置

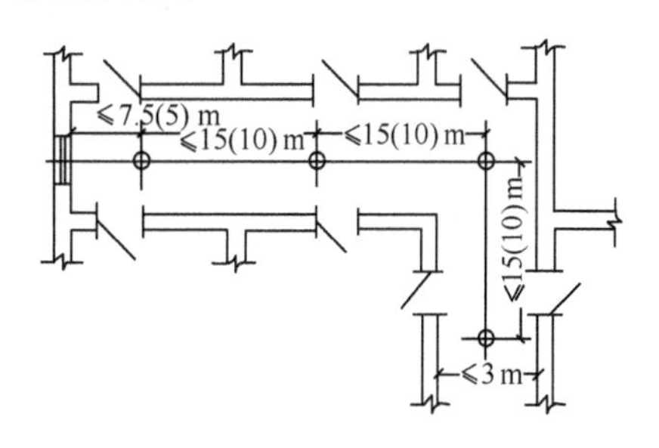

图4-7　探测器在宽度小于3 m的走道内的设置

房间被书架、设备或隔断等分隔时，如其顶部至顶棚或梁的距离小于房间净高的5%，则每个被隔开的部分应至少安装一只探测器，如图4-9所示。

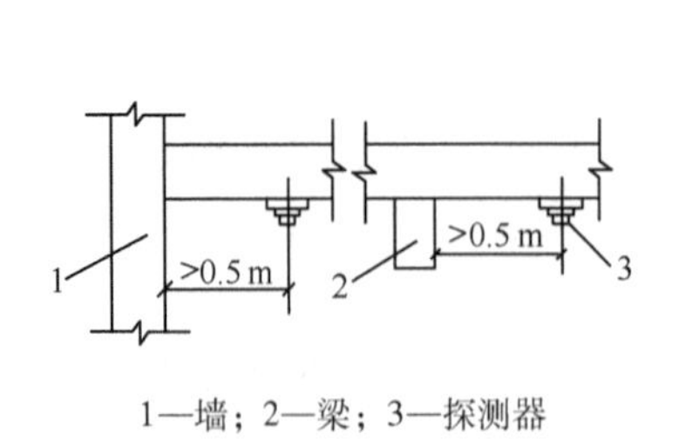

1—墙；2—梁；3—探测器

图4-8　探测器至墙、梁的水平距离

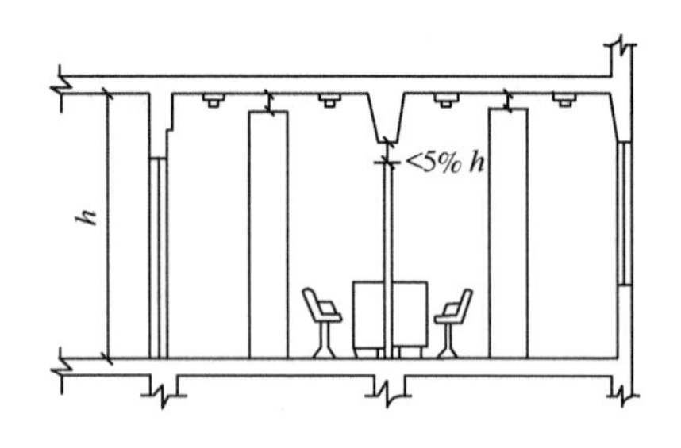

图4-9　房间被分隔时探测器的设置

当房屋顶部有热屏障时，感烟式探测器下表面至顶棚的距离，应符合表2-7的规定。锯齿形屋顶和坡度大于15°的人字形屋顶，应在每个屋脊处设置一排探测器，如图4-10所示。探测器下表面距屋顶最高处的距离，也应符合表2-7的规定。探测器宜水平安装，如必须倾斜安装时，倾斜角度应不大于45°，如图4-11所示。

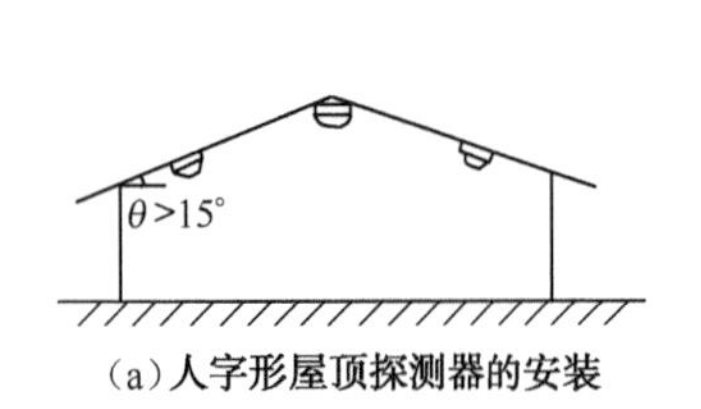

（a）人字形屋顶探测器的安装

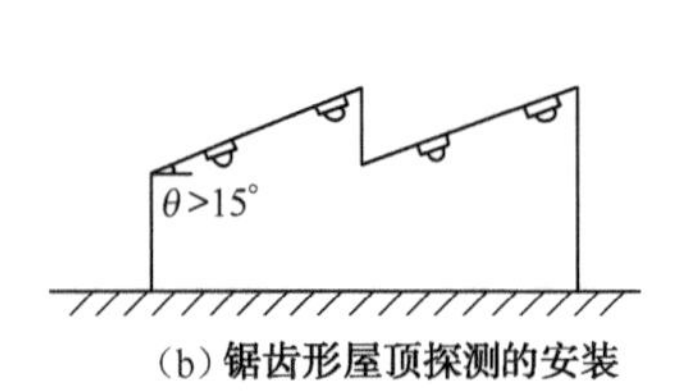

（b）锯齿形屋顶探测的安装

图4-10　锯齿形、人字形屋顶探测器的安装

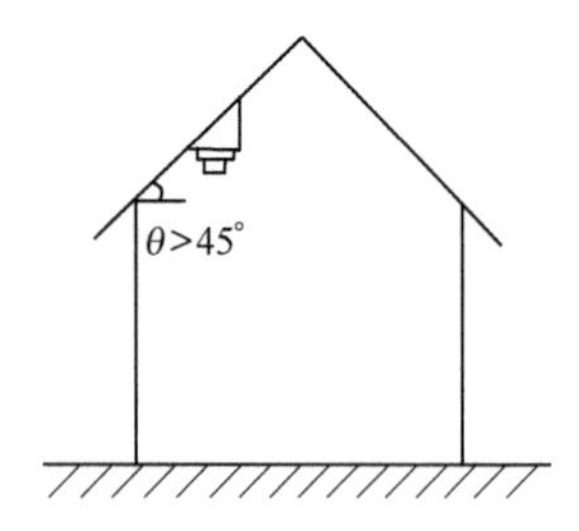

图4-11　坡度大于45°的屋顶上探测器的安装

在与厨房、开水房、浴室等房间连接的走廊安装探测器时，应避开其入口边缘1.5m。在电梯井、升降机井及管道井设置探测器时，其位置应在井道上方的机房顶棚上。未按每层封闭的管道井（竖井）安装火灾报警器时，应在最上层顶部安装。隔层楼板高度在3层以下且完全处于水平警戒范围内的管道井（竖井）可以不安装。

煤气探测器分墙壁式和吸顶式安装。煤气探测器墙壁式安装应在距煤气灶4 m以内，距地面高度为0.3 m，如图4-12（a）所示。探测器吸顶式安装时，应装在距煤气灶8 m以内的屋顶板上。当屋内有排气口时，煤气探测器允许装在排气口附近，但位置应距煤气灶8 m以上，如图4-12（b）所示。如果房间内有梁且高度大于0.6 m时，探测器应装在靠近煤气灶一侧，如图4-12（c）所示。探测器在梁上安装时，距屋顶应不大于0.3 m，如图4-12（d）所示。

2）探测器的固定

探测器由底座和探头两部分组成，属于精密电子仪器，在建筑施工交叉作业时，一定要保护好。在安装探测器时，应先安装探测器底座，待整个火灾报警系统全部安装完毕时，再安装探头并作必要的调整工作。

常用的探测器底座就其结构形式有普通底座、编码型底座、防爆底座、防水底座等专用底座；根据探测器的底座是否明、暗装，又可区分成直接安装和用预埋盒安装的形式。

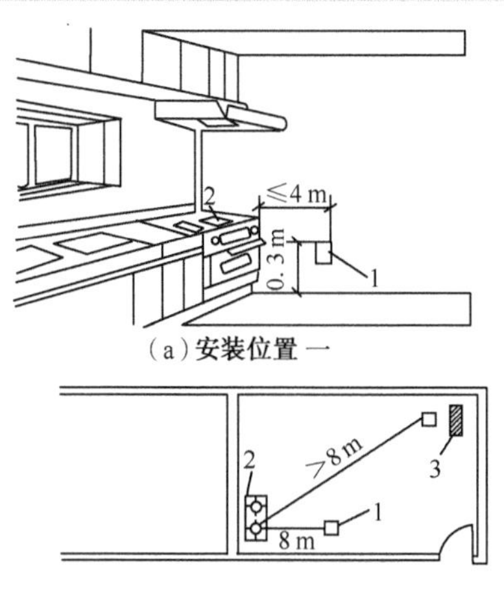

(a)安装位置一

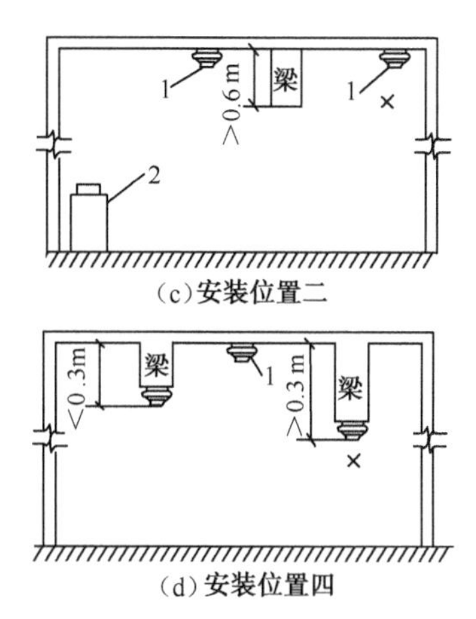

(c)安装位置二

(b)安装位置三

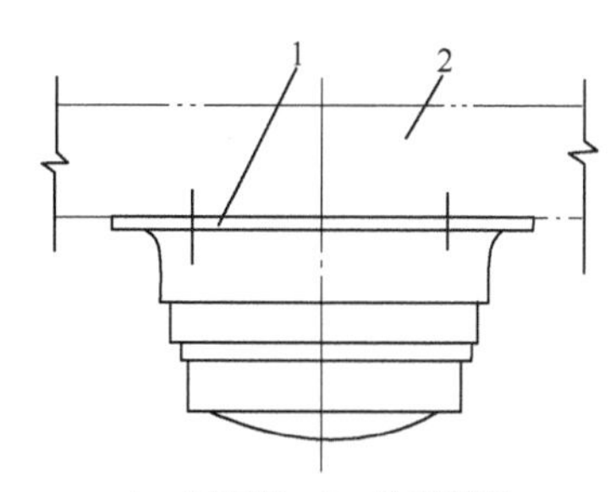

(d)安装位置四

1—瓦斯探测器；2—煤气灶；3—排气口

图 4-12　有煤气灶房间内探测器的安装位置

探测器的明装底座有的可以直接安装在建筑物室内装饰吊顶的顶板上，如图 4-13 所示。需要与专用盒配套安装或用 86 系列灯位盒安装的探测器，盒体要与土建工程配合，预埋施工，底座外露于建筑物表面，如图 4-14 所示。使用防水盒安装的探测器，如图 4-15 所示。探测器若安装在有爆炸危险的场所，应使用防爆底座，做法如图 4-16 所示。编码型底座的安装如图 4-17 所示，带有探测器锁紧装置，可防止探测器脱落。

1—探测器；2—吊顶顶板

图 4-13　探测器在吊顶顶板上的安装

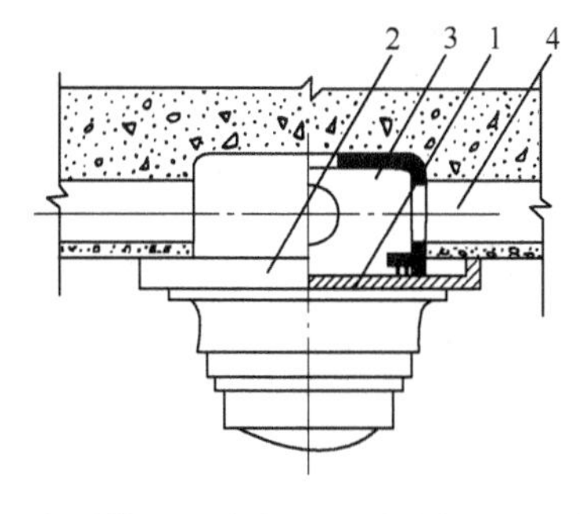

1—探测器；2—底座；3—预埋盒；4—配管

图 4-14　探测器用预埋盒安装

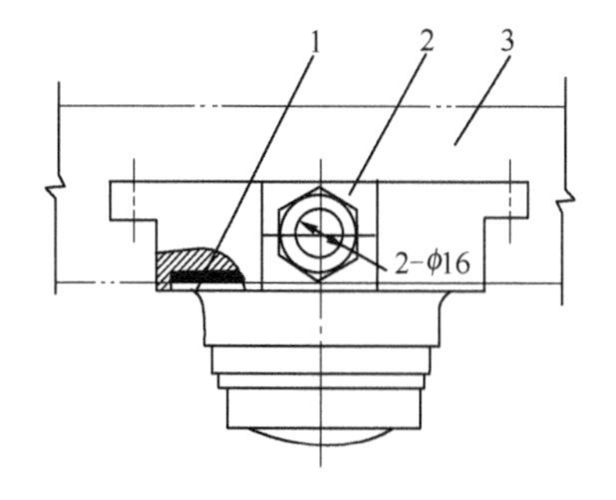

1—探测器；2—防水盒；3—吊顶或天花板

图 4-15　探测器用 FS 型防水盒安装

探测器或底座上的报警确认灯应面向主要入口方向，以便于观察。顶埋暗装盒时，应将配管一并埋入，用钢管时应将管路连接成一导电通路。

在吊顶内安装探测器，专用盒、灯位盒应安装在顶板上面，根据探测器的安装位置，先在顶板上钻个小孔，再根据孔的位置，将灯位盒与配管连接好，配至小孔位置，将保护管固定在吊顶的龙骨上或吊顶内的支、吊架上。灯位盒应紧贴在顶板上面，然后对顶板上的小孔

扩大，扩大面积应不大于盒口面积。

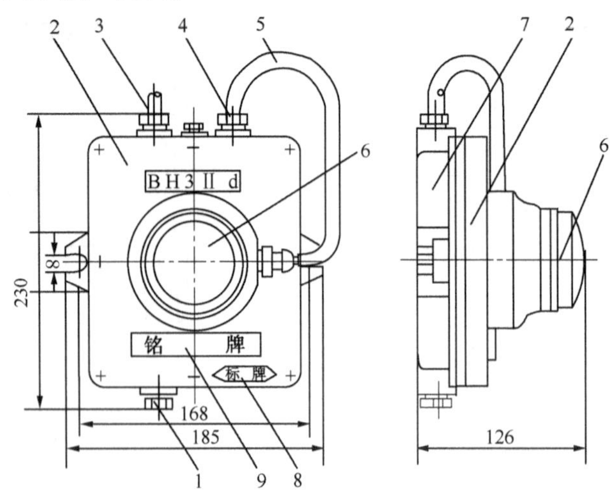

1—备用接线封口螺帽；2—壳盖；3—用户自备线路电缆；4—探测器安全火花电路外接电缆封口螺帽；5—安全火花电路外接电缆；6—二线制感温探测器；7—壳体；8—“断电后方可启盖”标牌；9—铭牌

图4-16 用BHJW—1型防爆底座安装感温式探测器

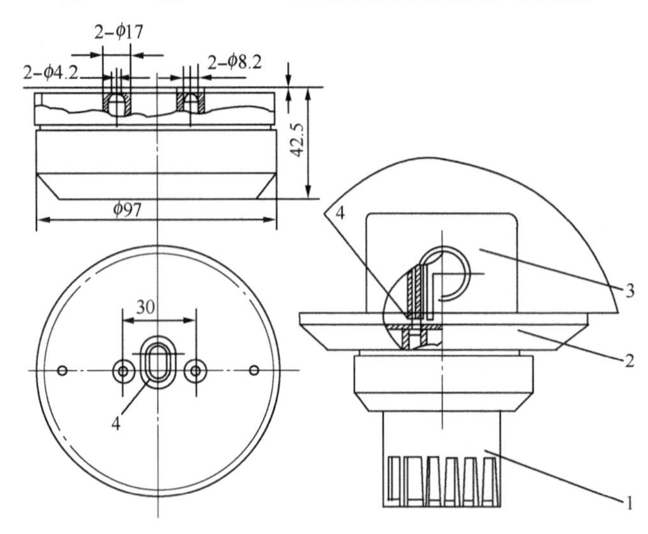

1—探测器；2—装饰圈；3—接线盒；4—穿线孔

图4-17 编码型底座外形及安装

由于探测器的型号、规格繁多，其安装方式各异，故在施工图下发后，应仔细阅读图纸和产品样本，了解产品的技术说明书，做到正确地安装，达到合理使用的目的。

3）探测器的接线与安装

探测器的接线其实就是探测器底座的接线，安装探测器底座时，应先将预留在盒内的导线剥出线芯10～15 mm（注意保留线号）。将剥好的线芯连接在探测器底座各对应的接线端子上，需要焊接连接时，导线剥头应焊接焊片，通过焊片接于探测器底座的接线端子上。

不同规格型号的探测器其接线方法也有所不同，一定要参照产品说明书进行接线。接线完毕后，将底座用配套的螺栓固定在预埋盒上，并上好防潮罩。按设计图检查无误后再拧上

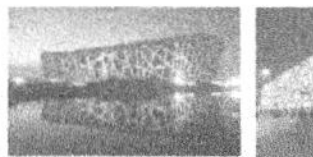

探测器探头，探头通常以接插旋卡式与底座连接。探测器底座上有缺口或凹槽，探头上有凸出部分，安装时，探头对准底座以顺时针方向旋转拧紧。

探测器安装时应注意以下问题：

(1) 有些厂家的探测器有中间型和终端型之分，每分路（一个探测区内的探测器组成的一个报警回路）应有一个终端型探测器，以实现线路故障监控。感温式探测器探头上有红点标记的为终端型，无红色标记的为中间型。感烟式探测器确认灯为白色发光二极管的为终端型，为红色发光二极管的为中间型。

(2) 最后一个探测器加终端电阻 R，其阻值大小应根据产品技术说明书的规定取值。并联探测器 R 值一般取 5.6 Ω。有的产品不需接终端电阻；也有的用一个二极管和一个电阻并联，安装时二极管负极应与 +24 V 端子相连。

(3) 并联探测器一般应少于 5 个，如要装设外接门灯必须用专用底座。

(4) 当采用防水型探测器有预留线时，应采用接线端子过渡分别连接，接好后的端子必须用胶布包缠好，放入盒内后再固定火灾探测器。

(5) 采用总线制并要进行编码的探测器，应在安装前对照厂家技术说明书的规定，按层或区域事先进行编码分类，然后再按照上述工艺要求安装探测器。

3. 具体厂家、型号的火灾探测器的安装

通常来讲，火灾探测器的安装一般主要由预埋盒、底座、探测器三个部分组成。探测器的种类、型号、厂家不同，其安装接线也有很大的不同。下面针对具体厂家、型号的火灾探测器，介绍它们安装的方法、程序。

1) 点型火灾探测器安装

(1) 探测器整体安装组合图

首先安装预埋盒、底座及穿管布线，再将与底座有关的连线接在底座的正确位置。对美观有特殊要求的安装场所，可选用配有装饰圈的底座。图 4-18、图 4-19 是探测器安装的两种组合方式。

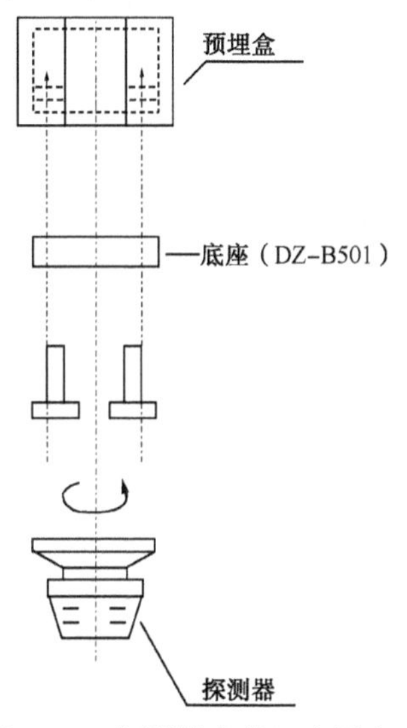

图 4-18　探测器安装组合图之一

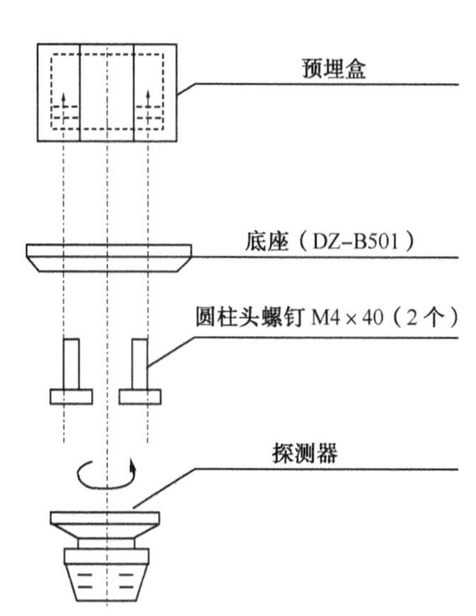

图 4-19　探测器安装组合图之二（带装饰圈）

（2）预埋盒安装示意图

预埋盒的安装尺寸如图4-20所示，不同的底座使用的预埋盒安装孔距也有所不同。

（3）底座安装示意图

底座是和探测器相配套的器件，不同的探测器需要不同的底座。探测器的厂家不同，其底座有很大的区别；同一厂家，底座也有不同的系列。但底座有共同的功能特点：是与探测器配套的器件；通过导线连接控制器和探测器。底座型号很多，不能一一介绍，下面以几个典型产品为例，讲述探测器底座的安装。

【例4-1】 以深圳赋安公司产品为例，其底座产品分为智能探测器底座（FA1104和FAB801系列）和常规探测器底座（FA1103和FAB401系列）。FA1104和FA1103底座端子接线如图4-21、图4-22所示。

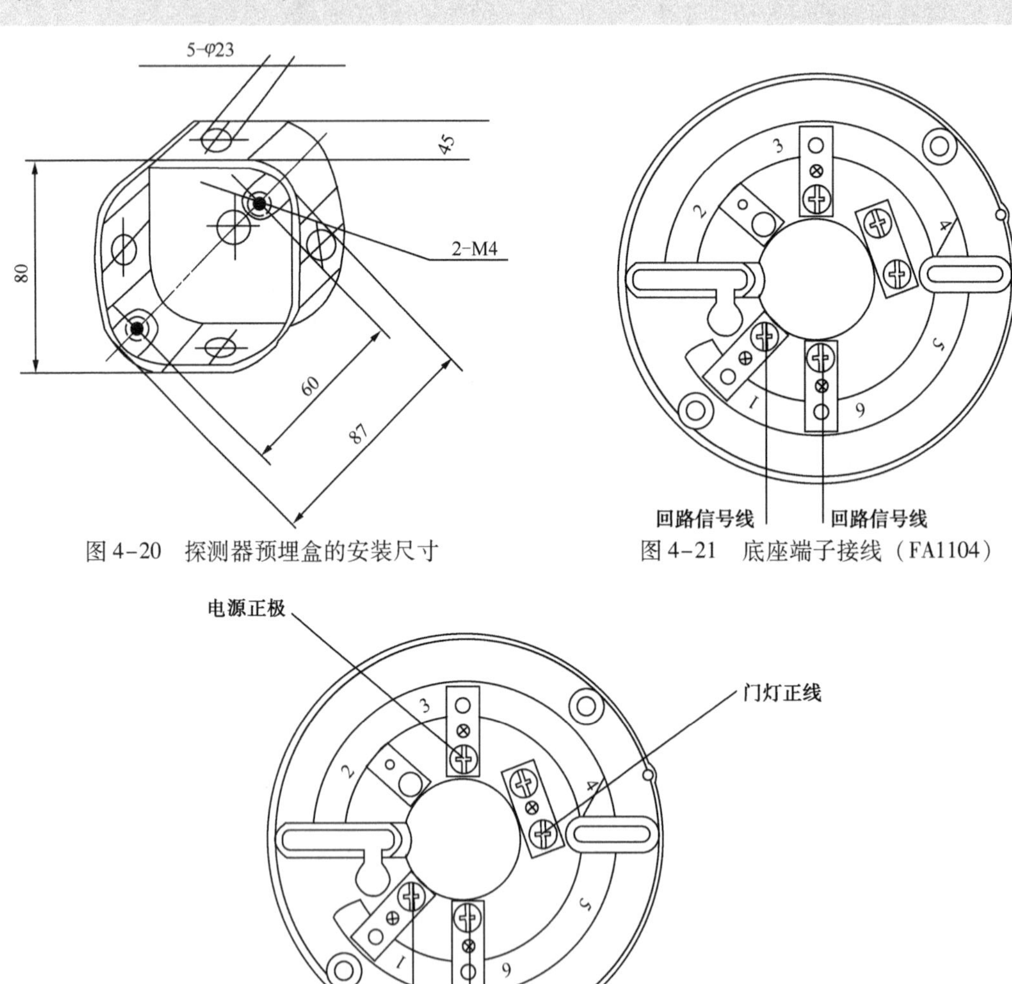

图4-20　探测器预埋盒的安装尺寸

图4-21　底座端子接线（FA1104）

图4-22　底座端子接线（FA1103）

按照所选定的底座的安装说明进行接线，如图4-23、图4-24所示。底座上备有带螺钉的端子，提供各种方式的连接。

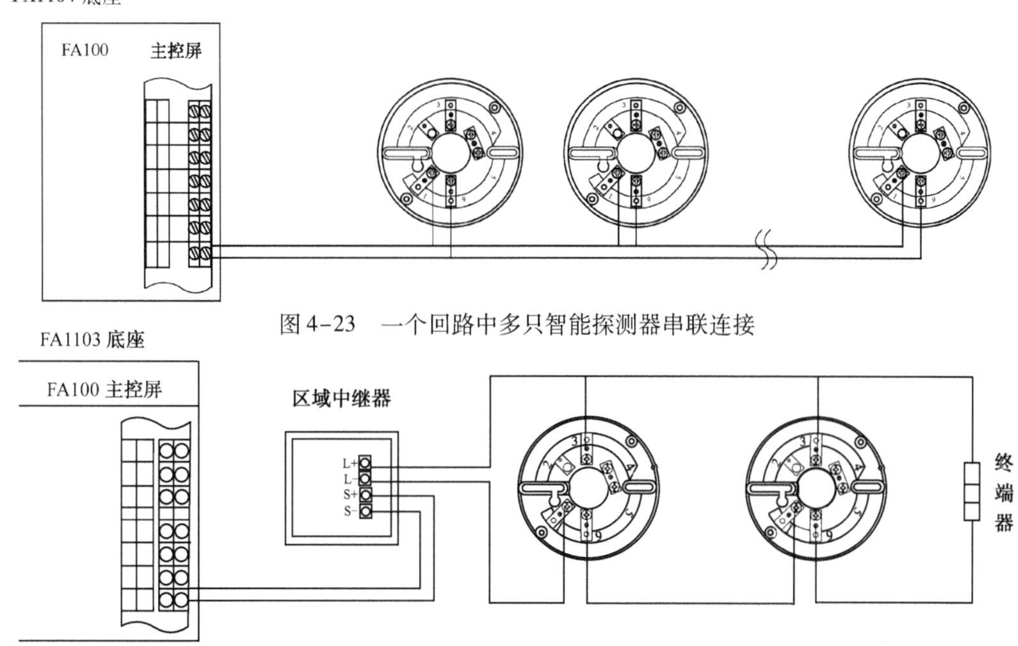

图 4-23　一个回路中多只智能探测器串联连接

图 4-24　一个回路中多只常规探测器并联连接

安装时应注意：确认全部底座已安装好，且每一个底座的连接线极性准确无误。在安装探测器前，应切断回路的电源。

【例 4-2】　以美国诺帝菲尔（NOTIFIER）公司产品为例，其智能探测器底座产品型号为 B501/B501B（带装饰圈），常规探测器底座产品型号为 B401/B401B（带装饰圈）。底座端子接线图，如图 4-25 和图 4-26 所示。B501/B501B 底座有 3 个接线端子，接线时应注意极性，端子 2 接总线“+”，端子 1 接总线“-”。端子 3 为门灯接线端子，可兼容的门灯接在端子 3（门灯“+”）、端子 1（门灯“-”）上做远程复示用。端子 4 一般不用，只在强干扰场合下做屏蔽线连接使用。

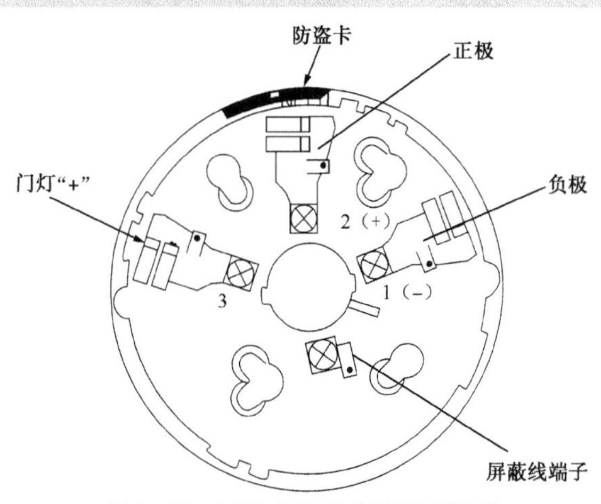

图 4-25　B501/B501B 底座端子接线

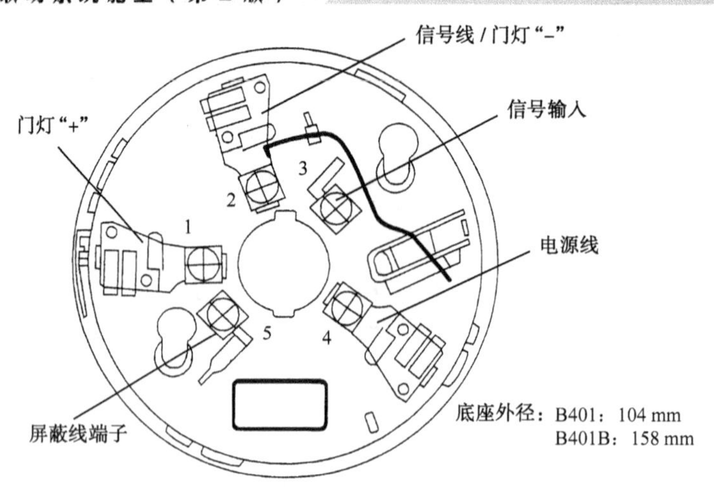

图4-26　B401/B401B底座端子接线

B401/B401B底座可提供5个端子，端子4接电源线“+”，端子3接信号输入，端子2接信号输出兼门灯“-”，端子1接门灯“+”，端子5接屏蔽线连接端子。

按照所选定的底座的安装说明进行接线，如图4-27和图4-28所示。底座上备有带螺钉的端子，提供各种方式的连接。

B501/B501B底座

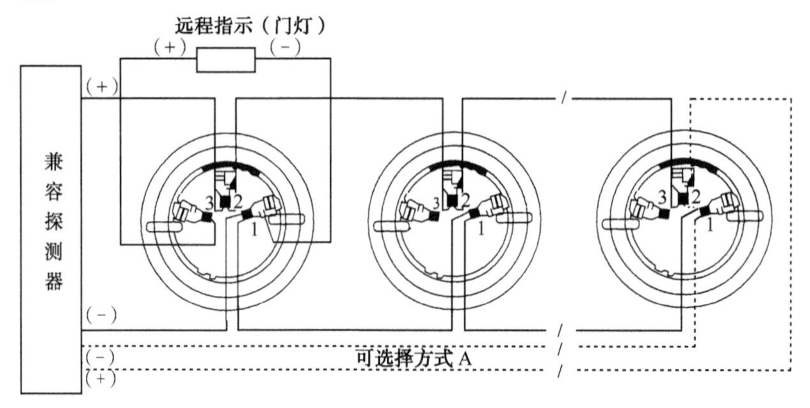

图4-27　一个回路中多只探测器的连接

B401/B401B底座

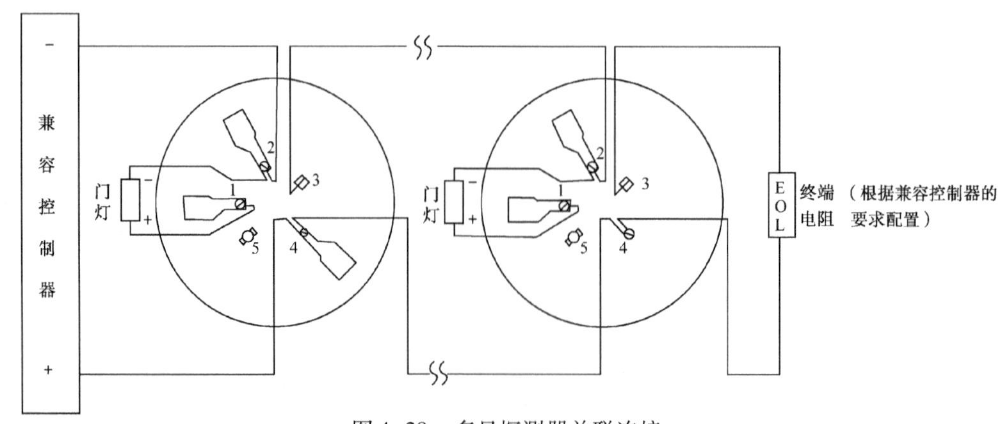

图4-28　多只探测器并联连接

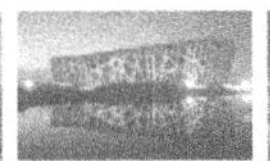

（4）探测器的安装步骤（如图 4-29 所示）

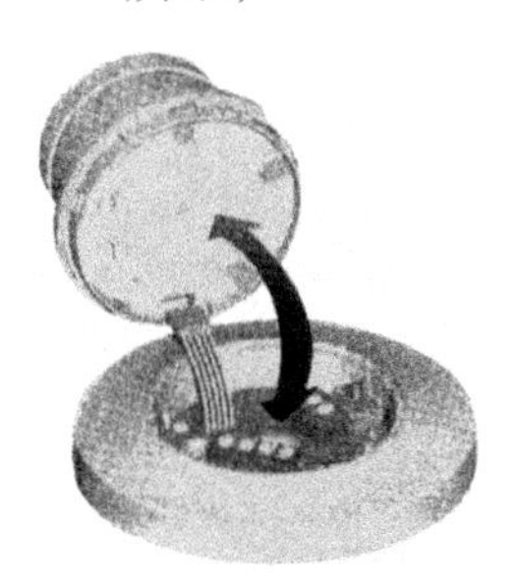

图 4-29 探测器的安装

① 在安装探测器之前，首先切断回路电源。

② 按照各自底座连接端子的要求，将底座接好线。

③ 确定探测器类型与图纸或底座标签上要求的一致。

④ 对于拨码式探测器，将探测器的拨码开关拨至预定的地址号。

⑤ 将探测器插入底座。

⑥ 顺时针方向旋转探测器直至其落入卡槽中。

⑦ 继续顺时针方向旋转探测器直至锁定就位。

2）线型火灾探测器安装

（1）红外光束探测器（如图 4-30 所示）

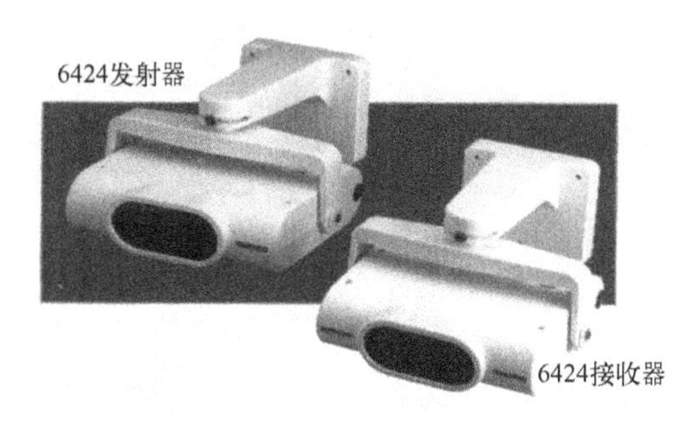

图 4-30 红外光束探测器产品

① 性能特点。对于使用环境温度范围宽（-33 ～ 55℃），点型感温、感烟探测器的安装、维护都较困难的区域，如车库、厂房、货仓等处，可采用红外光束探测器对烟进行探测。

红外光束探测器由一对发射器和接收器组成，对于超出点型感温、感烟探测器的场所，可提供可靠的报警信号。它同时具有对灰尘影响自动补偿的功能。

通常，探测器可工作在两种距离方式下：9 ～ 30 m 为短距离方式，30 ～ 100 m 为长距离方式。它可以在天花板上安装，也可在墙壁上安装。红外光束探测器设有报警、故障、正常三种状态指示灯，并设有 4 只准直用指示灯用于调试。

红外光束探测器可安装于墙壁，也可安装于天花板。两种安装方式的安装支架不同。无论墙壁安装还是天花板安装，所要安装的表面必须没有振动、位移，否则易引起探测器误报故障。外光束探测器在墙壁上的安装，如图 4-31 所示。外光束探测器在天花板上的安装，如图 4-32 所示。

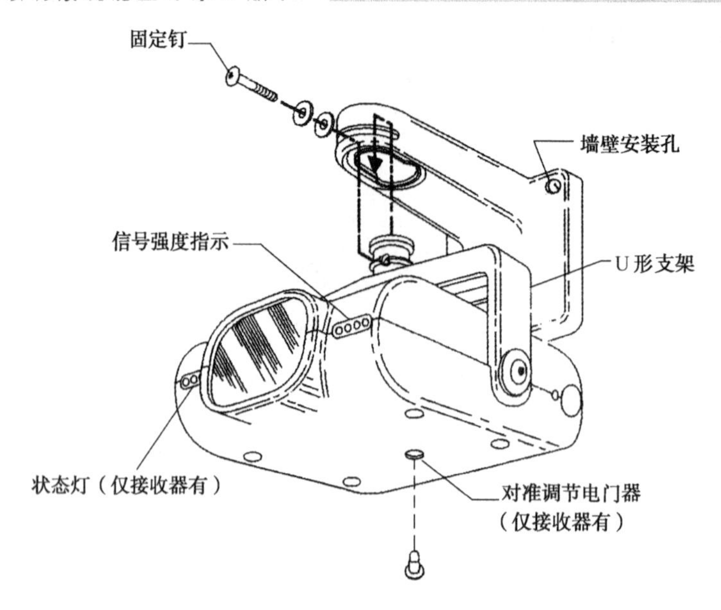

图4-31　探测器在墙壁上的安装

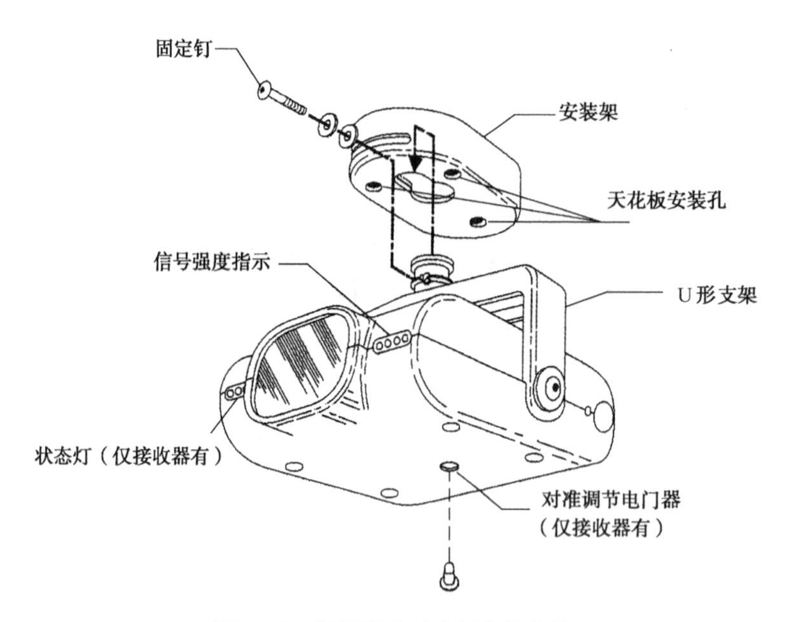

图4-32　探测器在天花板上的安装

② 安装的位置关系。

- 对于平滑天花板区域：两对探测器的水平间距可为9～18 m，假设此距离为S，则靠墙一只探测器距墙壁的最大距离为1/2S，探测器距天花板的距离为0.3 m，如图4-33所示。如果探测器安装于天花板，则探测器距墙壁的最大距离为1/4S，如图4-34所示。图示中，TX表示发射器，RX表示接收器。
- 对于斜面或尖顶房屋：探测器与探测器、墙壁、天花板的位置关系如图4-35、图4-36所示。

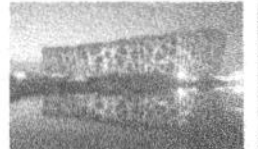

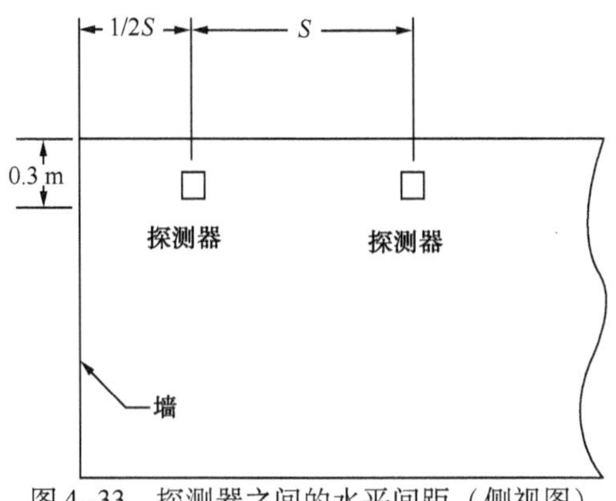

图 4-33　探测器之间的水平间距（侧视图）

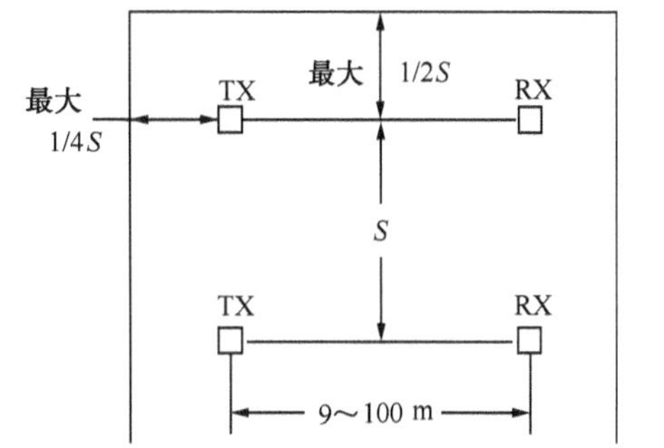

图 4-34　探测器与探测器、墙壁的距离（水平图）

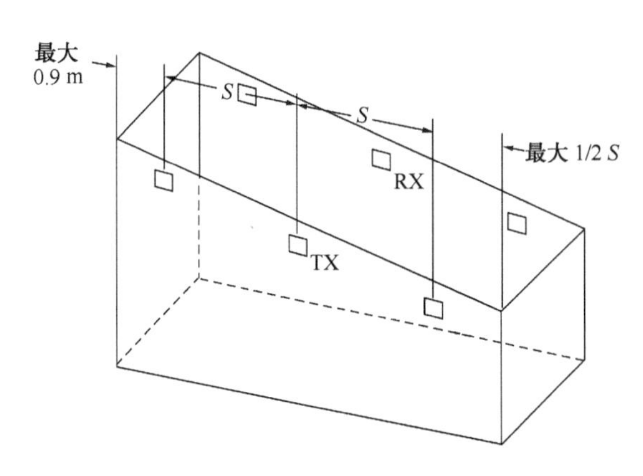

图 4-35　斜顶房屋探测器的安装位置

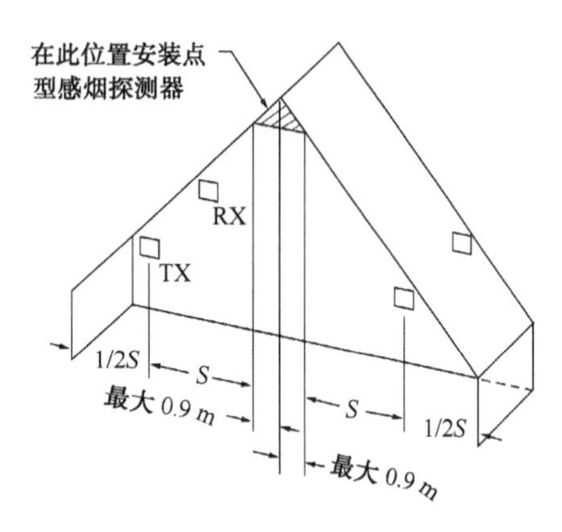

图 4-36　尖顶房屋探测器的安装位置

探测器的前面板如图 4-37 所示。

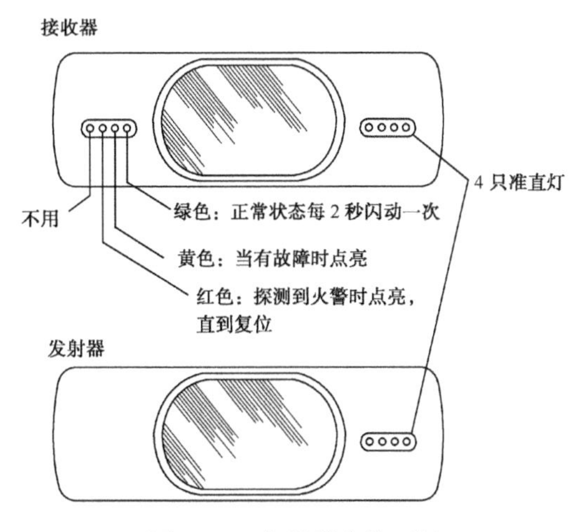

图 4-37　探测器的前面板

发射器有 4 只灯，接收器有 8 只灯，各个指示灯的功能如图 4-37 所示。接收器附加滤光棱镜，如图 4-38 所示。

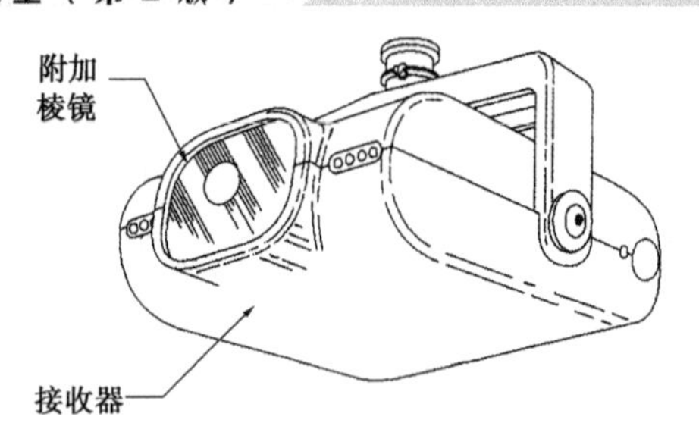

图 4-38　接收器附加滤光棱镜

（2）线型感温电缆探测器（如图 4-39 所示）

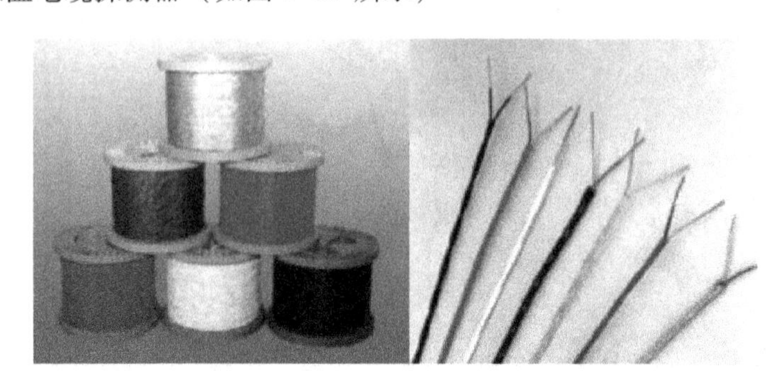

图 4-39　线型感温电缆探测器产品

① 性能特点。缆式探测器由两根弹性钢丝、热敏绝缘材料、塑料包带及塑料外护套组成，如图 4-40 所示。在正常时，两根钢丝间呈绝缘状态。火灾报警控制器通过传输线、接线盒、热敏电缆及终端盒构成一个报警回路。报警控制器和所有的报警回路组成数字式线型感温火灾报警系统，如图 4-41 所示。

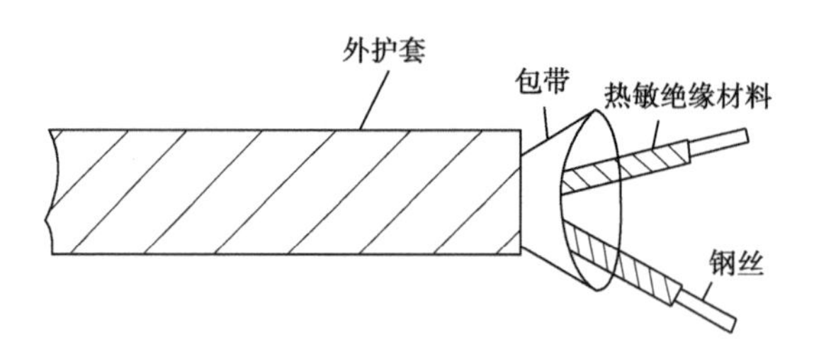

图 4-40　缆式线型定温探测器

正常情况下，在每一根热敏电缆中都有一极小的电流流动。当热敏电缆线路上任何一点的温度（可以是“电缆”周围空气或它所接触物品的表面温度）上升达到额定的动作温度时，其绝缘材料熔化，两根钢丝互相接触。此时，报警回路电流骤然增大，报警控制器发出声、光报警的同时，数码管显示火灾报警的回路号和火警的距离（即热敏电缆动作部分的米数）。报警后，经人工处理的热敏电缆可重复使用。当热敏电缆或传输线任何一处断线时，报警控制器可自动发出故障信号。缆式线型定温探测器的动作温度如表 4-2 所示。

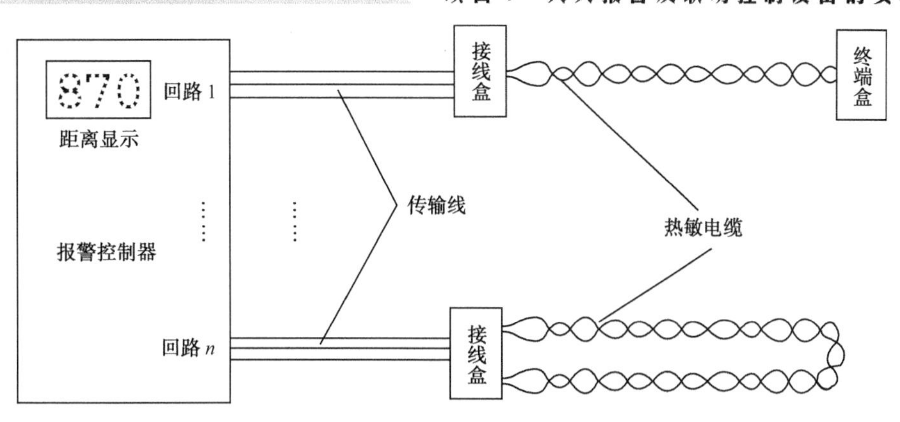

图 4-41　数字式线型感温火灾报警系统

表 4-2　缆式线型定温探测器的动作温度

安装地点允许的温度范围（℃）	额定动作温度（℃）	备　注
-30 ～ 40	68 ×（1 ±10%）	适用于室内、可架空及靠近安装使用
-30 ～ 55	85 ×（1 ±10%）	适用于室内、可架空及靠近安装使用
-40 ～ 75	105 ×（1 ±10%）	适用于室内、外
-40 ～ 100	138 ×（1 ±10%）	适用于室内、外

② 适用场合。

- 控制室、计算机室的吊顶内、地板下、公共重要设施隐蔽处等。
- 配电装置：包括电阻排、电机控制中心、变压器、变电所、开关设备等。
- 灰土收集器、高架仓库、市政设施、冷却塔等。
- 卷烟厂、造纸厂、纸浆厂及其他工业易燃的原料场所等。
- 各种皮带输送装置、生产流水线和滑道的易燃部位等。
- 电缆桥架、电缆夹层、电缆隧道、电缆竖井等。
- 其他环境恶劣不适合点型探测器安装的危险场所。

③ 典型应用。

- 电缆桥架（如图 4-42 所示）。

图 4-42　电缆桥架

如图 4-43 所示为一个线型感温电缆以正弦波的形式安装在电缆桥架上。该感温电缆沿

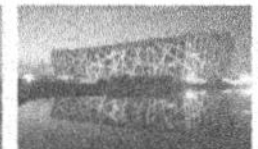

电缆桥架所有电力、控制电缆的上部延续，其间隔如图4-43所示。当在电缆桥架上增设电缆时，它们也被置于感温电缆的下方。

表4-3 不同宽度的电缆桥架对应的倍乘系数

电缆桥架的宽度（m）	倍乘系数
1.2	1.75
0.9	1.50
0.6	1.25
0.2	1.15

感温电缆的长度 = 电缆桥架长度 × 倍乘系数，倍乘系数可按表4-3选定。

安装的线卡数量 = 电缆桥架长度 ÷ 3 + 1

● 自储仓库。

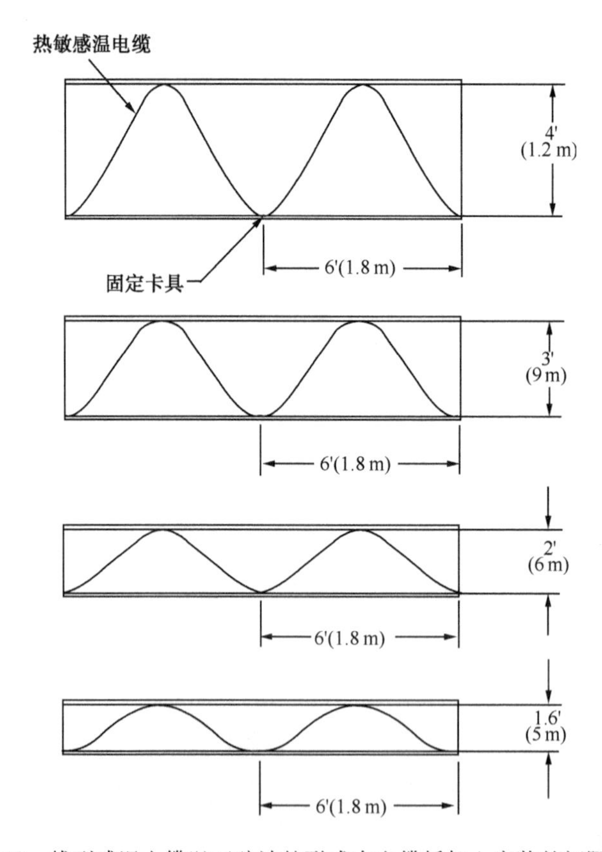

图4-43 线型感温电缆以正弦波的形式在电缆桥架上安装的间隔尺寸

在自储设备中，感温电缆可以很容易地纵向安装在每一建筑中，因而能够覆盖每一独立的存储间隔。为了能确定分隔出的报警位置，可使用一个带有报警点定位仪表的消防系统控制板，在靠近控制板处标明一个设备安装平面图（如图4-44所示）。参照仪表上显示的报警点，根据每一间隔的线性距离，可以很容易地确定出报警发生的位置。

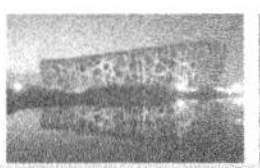

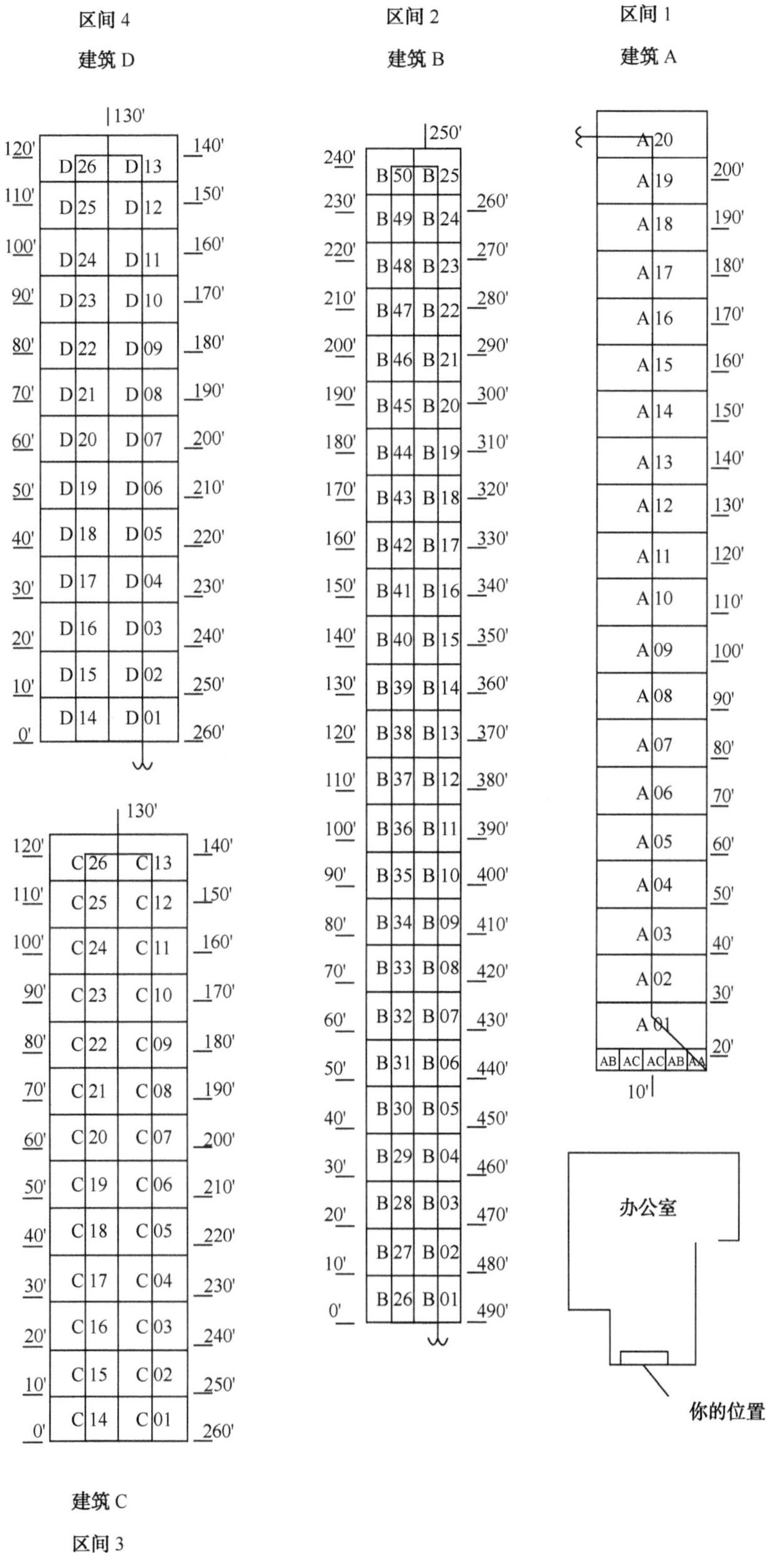

区间 4　　区间 2　　区间 1

建筑 D　　建筑 B　　建筑 A

建筑 D：
130'
120' D26 D13 140'
110' D25 D12 150'
100' D24 D11 160'
90' D23 D10 170'
80' D22 D09 180'
70' D21 D08 190'
60' D20 D07 200'
50' D19 D06 210'
40' D18 D05 220'
30' D17 D04 230'
20' D16 D03 240'
10' D15 D02 250'
0' D14 D01 260'

建筑 C：
130'
120' C26 C13 140'
110' C25 C12 150'
100' C24 C11 160'
90' C23 C10 170'
80' C22 C09 180'
70' C21 C08 190'
60' C20 C07 200'
50' C19 C06 210'
40' C18 C05 220'
30' C17 C04 230'
20' C16 C03 240'
10' C15 C02 250'
0' C14 C01 260'

建筑 B：
250'
240' B50 B25
230' B49 B24 260'
220' B48 B23 270'
210' B47 B22 280'
200' B46 B21 290'
190' B45 B20 300'
180' B44 B19 310'
170' B43 B18 320'
160' B42 B17 330'
150' B41 B16 340'
140' B40 B15 350'
130' B39 B14 360'
120' B38 B13 370'
110' B37 B12 380'
100' B36 B11 390'
90' B35 B10 400'
80' B34 B09 410'
70' B33 B08 420'
60' B32 B07 430'
50' B31 B06 440'
40' B30 B05 450'
30' B29 B04 460'
20' B28 B03 470'
10' B27 B02 480'
0' B26 B01 490'

建筑 A：
A20
A19 200'
A18 190'
A17 180'
A16 170'
A15 160'
A14 150'
A13 140'
A12 130'
A11 120'
A10 110'
A09 100'
A08 90'
A07 80'
A06 70'
A05 60'
A04 50'
A03 40'
A02 30'
A01 20'
AB AC AC AB AA
10'

办公室

你的位置

建筑 C

区间 3

图 4-44　感温电缆在自储仓库中的设备安装平面图

4.1.3 手报、模块等报警附件的安装

随着电子技术的发展，火灾报警产品不断更新，相关配套设备也层出不穷。不同厂家、不同系列其相关产品虽然不同，但其产品性能基本相同。下面就介绍一些常见的火灾报警配套设备。

1. 手动报警按钮的安装

在火灾报警系统中，常见的手动报警按钮有手动火灾报警按钮、消火栓手动报警按钮两大类。

1）手动火灾报警按钮

火灾自动报警系统应有自动和手动两种触发装置。各种类型的火灾探测器是自动触发装置，而手动火灾报警按钮是手动触发装置。它具有在应急情况下人工手动通报火警或确认火警的功能，可以起到确认火情或人工发出火警信号的特殊作用。

手动报警按钮是人工发送火灾信号、通报火警信息的部件，一般安装在楼梯口、走道、疏散通道或经常有人出入的地方。当人们发现火灾后，可通过手动报警按钮进行人工报警。手动报警按钮的主体部分为装于金属盒内的按键，一般将金属盒嵌入墙内，外露带有红色边框的保护罩。人工确认火灾后，敲破保护罩，将键按下。此时，一方面，就地的报警设备（如火警讯响器、火警电铃）动作；另一方面，手动信号还送到区域报警器，发出火灾警报。当火警信号消除后，该按钮可手工复位，不需借助工具，可多次重复使用。像探测器一样，手动报警开关也在系统中占有一个部位号。有的手动报警开关还具有动作指示、接收返回信号等功能。

手动报警按钮的紧急程度比探测器报警高，一般不需要确认。所以手动按钮要求更可靠、更确切，处理火灾要求更快。

手动报警按钮宜与集中报警器连接，且应单独占用一个部位号。因为集中控制器设在消防室内，能更快采取措施，所以当没有集中报警器时，它才接入区域报警器，但应占用一个部位号。

手动报警按钮的安装，如图4-45所示。

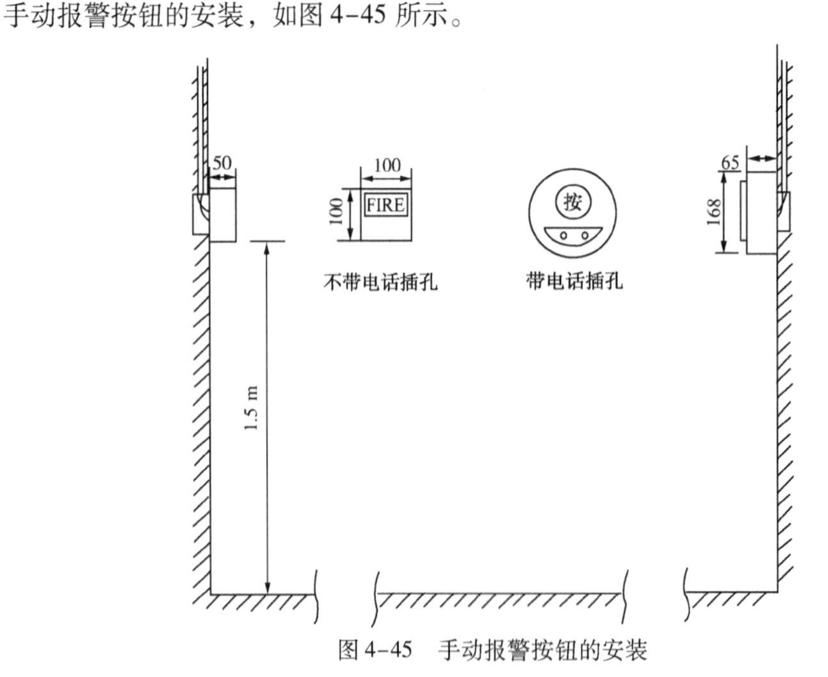

图4-45　手动报警按钮的安装

手动报警按钮的安装要求如下：

（1）手动报警按钮的安装高度距地为1.5 m。

（2）手动报警按钮应安装在明显和便于操作的部位，如楼梯口处、走廊至疏散方向的明显处。

（3）手动报警按钮处宜设电话插孔（一体或分体）。

（4）报警区域内的每个防火分区，应至少设置一个手动火灾报警按钮。为了防止误报警，一般为打破玻璃按钮，有的火警电话插孔也设置在报警按钮上。从一个防火分区内的任何位置到最邻近的一个手动火灾报警按钮的步行距离，应不大于30 m。

（5）手动火灾报警按钮并联安装时，终端按钮内应加装监控电阻，其阻值由生产厂家提供。

总体来说，手动火灾报警按钮的安装基本上与火灾探测器相同，需采用相配套的灯位盒安装。随着火灾自动报警系统的不断更新，手动报警按钮也在不断发展，不同厂家生产的不同型号的报警按钮各有特色，但其主要作用基本是一致的。以下介绍几种手动报警按钮的构造及原理，以了解不同报警按钮的特征。

手动报警按钮通常有普通手动火灾报警按钮和智能（编码）手动火灾报警按钮两大类，有些产品还具有电话插孔功能，可通过话机与消防控制室通话联系。

（1）普通手动火灾报警按钮（简称手报）。它用于火警的确认，属于开关量或输入设备，正常状态下不耗电。它通过智能模块可接入智能火灾自动报警系统中。当发生火灾时，人工按下按钮上的玻璃片，发出火灾确认信号，且指示灯常亮。当火灾信号消除后，打开面板上的活动小面板，然后向下轻拨红色活动块即可使得被压下的玻璃片恢复原状，不需借助工具，可多次重复使用。

普通手动火灾报警按钮（J-SJP-M-Z02产品）的端子及其与智能监视模块配合使用时的接线，如图4-46所示。

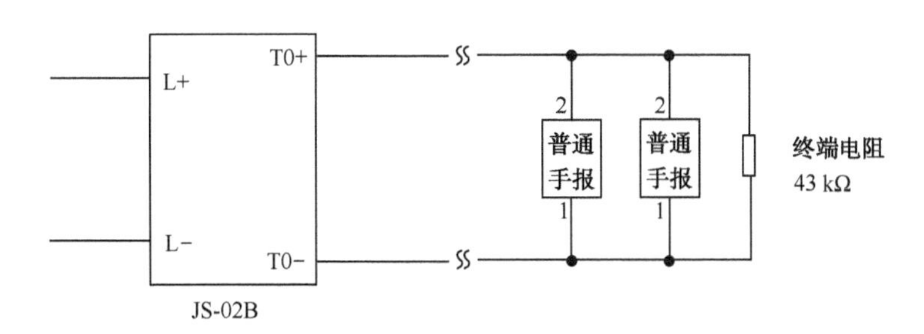

注：JS-02B为智能监视模块

图4-46 普通手动火灾报警按钮与智能监视模块配合使用时的接线

（2）智能（编码）手动火灾报警按钮。某智能手动火灾报警按钮的外形如图4-47所示。它是人工发送火灾信号，通报火警信息的部件。当有人观察到火灾发生时，按下按钮上的有机玻璃，即可向控制器发出报警信号。当火灾信号消除后，打开面板上的活动小面板，然后向下轻拨红色活动块即可使得被压下的玻璃片恢复原状，不需借助工具，可多次重复使用。为方便用户使用，智能手动火灾报警按钮内置电话插孔。打开活动小面板，露出电话插孔，

将电话插头（两线）插入即可。

图4-47　智能（编码）手动火灾报警按钮

智能手动火灾报警按钮可直接接到二总线智能系统中，占用模块类地址。它具有地址编码功能，将编码器的输出插头（耳机插头）插到耳机插座中，把编码器调整为编码功能，并且设置正确的地址，按下编码键，完成地址编码。不同厂家生产的按钮型号不同，功能接线也不同，下面以三江 J-SJP-M-Z02（X）产品为例对其接线进行讲解。

智能手动火灾报警按钮基本使用功能及接线，如图4-48所示。

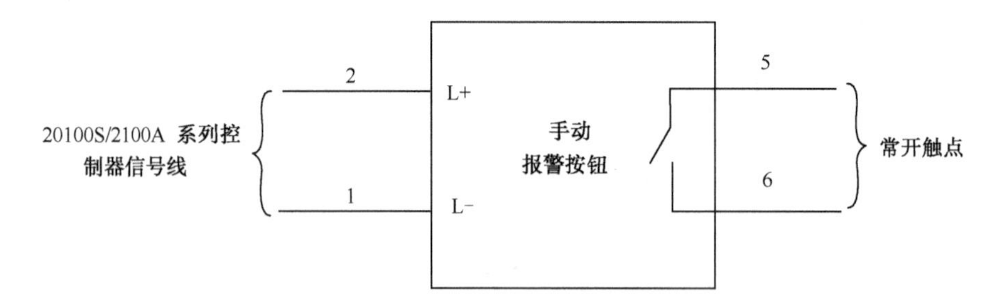

图4-48　基本使用功能及接线

智能手动火灾报警按钮扩展使用功能及接线，如图4-49所示。

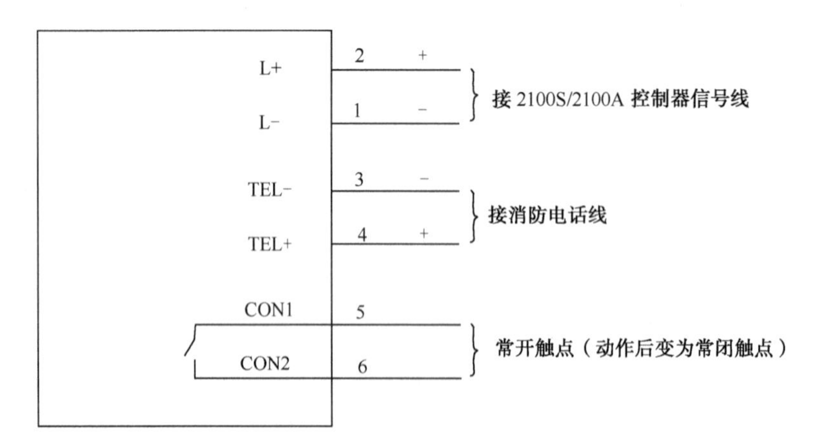

图4-49　扩展使用功能及接线

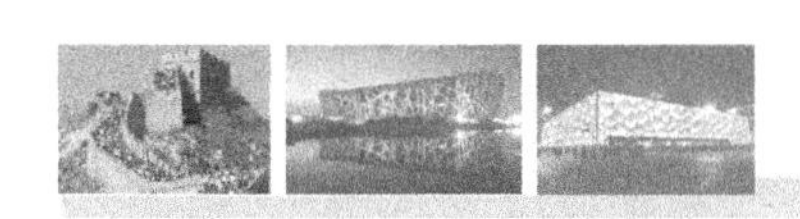
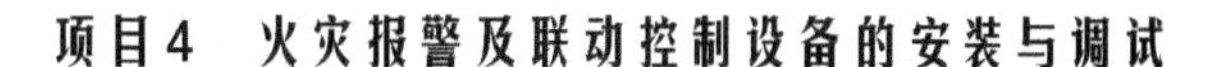

2）消火栓手动报警按钮

消火栓手动报警按钮是人工发送火灾信号、通报火警信息及启动消防水泵的触发部件，一般安装在楼梯口的消火栓箱内。根据市场现有的产品，可分为普通型消火栓报警按钮和智能（编码）型消火栓报警按钮两大类。

（1）普通型消火栓报警按钮。普通型消火栓报警按钮是由外壳、信号灯、小锤及较简单的按钮开关等构成，如图4-50所示。其内部的常开按钮在正常状态时被玻璃窗压合；当发生火灾时，人工用小锤击碎玻璃，常开按钮因不受压而复位，于是即有火灾信号至消防中心（集中报警器）或直接启动消火栓泵电动机进行灭火。由此可见，普通型消火栓报警按钮的作用是：当发生火情时，能向火灾报警器发送火灾信号，并由报警器反馈一个灯光信号至手动报警按钮，表示信号已送出。

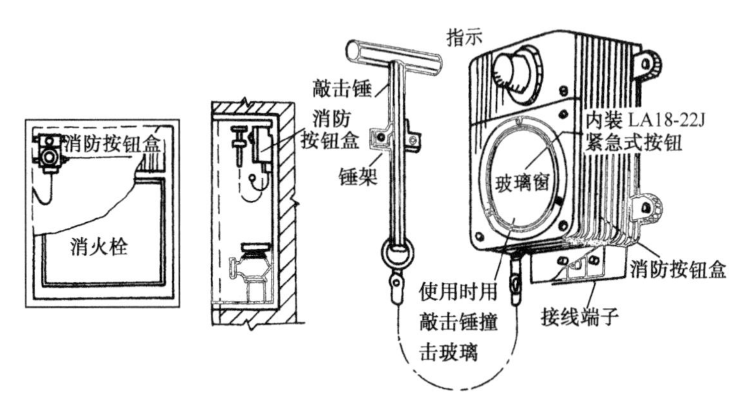

图4-50　普通型消火栓报警按钮

（2）智能（编码）型消火栓报警按钮。某智能型消火栓报警按钮外形如图4-51所示，当人工确认火灾后，按下按钮上的有机玻璃，即可向控制器发出火警信号，且常开触点闭合，启动消火栓泵进行灭火。接收到消防泵的运行反馈信号后，消火栓按钮上的“运行”灯点亮。当火灾信号消除后，打开面板上的活动小面板，然后向下轻拨红色活动块即可使得被压下的玻璃片恢复原状，不需借助工具，可多次重复使用。

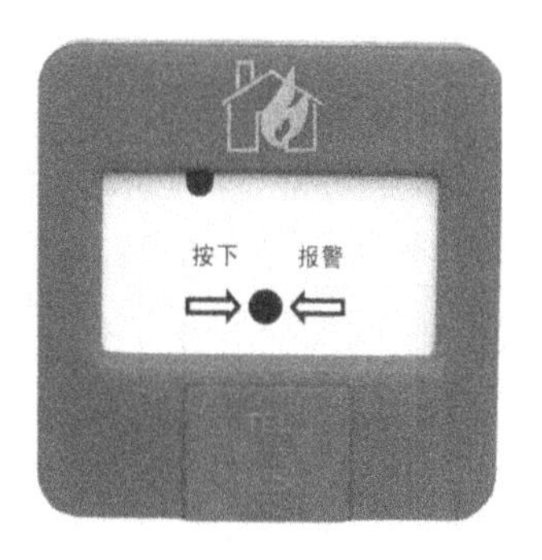

图4-51　智能（编码）型消火栓报警按钮

智能型消火栓报警按钮可直接接到二总线智能系统中，占用模块类地址。它具有地址编码功能，将编码器的输出插头（耳机插头）插到耳机插座中，把编码器调整为编码功能，并

且设置正确的地址，按下编码键，完成地址编码。不同厂家生产的按钮型号不同，功能接线也不同，下面以三江 J-SJP-M-Z02（X）产品为例对其接线进行讲解。

智能型消火栓报警按钮的端子接线，如图 4-52 所示。

注意：图中有“+”、“-”号的端子接线时要分清正、负。

端子	编号	极性	说明
L+	2	+	接报警控制器信号线 L+/L-
L-	1	-	
TEL-	3	-	接反馈信号线
TEL+	4	+	
CON1	5		常开触点（动作后变为常闭触点）
CON2	6		

图 4-52　智能型消火栓报警按钮的端子接线

2. 模块的安装

模块具体包括输入模块、输出模块，输入/输出模块、监视模块、信号模块、控制模块、信号接口、控制接口（即相当于中继器的作用）、单控模块、双控模块等。不同厂家的产品各异，名称也不同，但是其用途基本是一致的。下面以深圳三江公司的产品为例进行讲解。

1）智能输入模块（也叫智能监视模块，以三江 JS-02B 型模块为例）

（1）用途及适用范围

输入模块可将各种消防输入设备的开关信号（报警信号或动作信号）接入探测总线，实现信号向火灾报警控制器的传输，从而实现报警或控制的目的。

输入模块可监视水流指示器、报警阀、压力开关、非编址手动火灾报警按钮、70℃或 280℃防火阀等开关量是否动作。本模块地址采用电编写方式，简单、可靠。

（2）结构、安装与布线

该模块外形尺寸、结构如图 4-53 所示，其端子接线如图 4-54 所示。

图 4-53　JS-02B 型输入模块

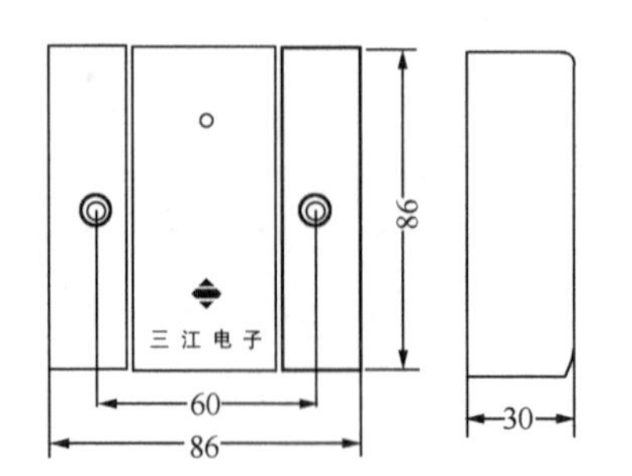

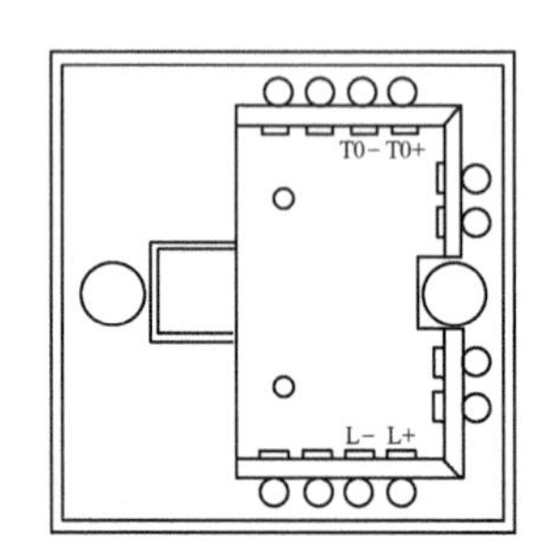

图 4-54　JS-02B 型输入模块的接线端子

图中标号解释：

L+、L-：与控制器信号二总线连接的端子。

T0+、T0-：与设备的无源常开触点（设备动作闭合报警型）连接的端子。

布线要求：信号总线（L+/L-）宜用 ZR-RVS-2×1.5 mm^2 双色双绞多股阻燃塑料软线；穿金属管（线槽）或阻燃 PVC 管敷设；模块采用有极性两总线，接线时最好用双色线区分，以免接错；模块不能外接任何电源线，否则引起模块及系统损坏。

（3）应用示例

该模块接收外部开关量输入信号，并把开关量报警信号传送给火灾报警控制器，设备的接线如图4-55所示。

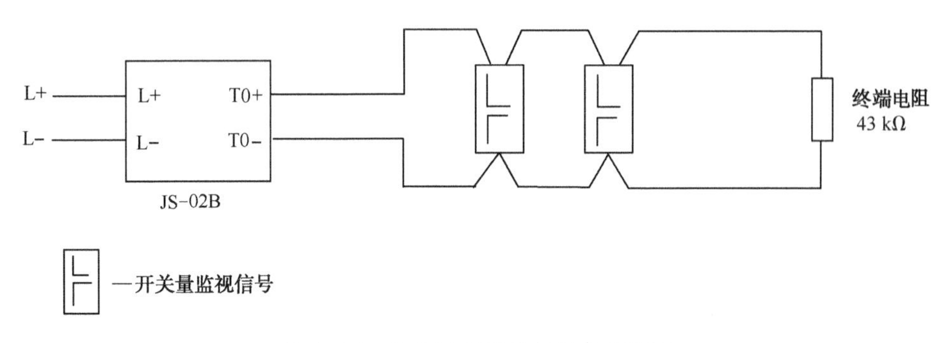

图4-55　JS-02B 型模块与设备的连接

2）智能接口模块（以三江 JK-02B 型模块为例）

（1）用途及适用范围

此模块用于连接普通感温/感烟探测器，并把探测器的报警信号传送给火灾报警控制器。

在智能型总线制报警系统中，探测器的输出为模拟量，它们在总线上均占用一个独立地址。智能探测器不能并联常规探测器，因此对于走廊、大厅等大面积场所，需要并联安装时，可通过接口模块来完成。接口模块在回路总线上占一个地址。一个 JK-02B 型接口模块连接常规探测器的数量不能超过8个。

本模块地址采用电编写方式，简单、可靠；采用数字传输通信接口协议；内置单片微处理器；可在线编码，无须拆卸。

（2）结构、安装与布线

该模块外形如图4-56所示，其端子接线如图4-57所示。

图4-56　JK-02B 型接口模块

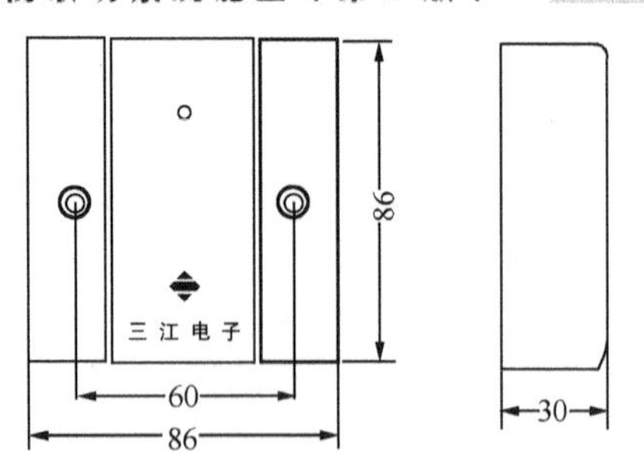

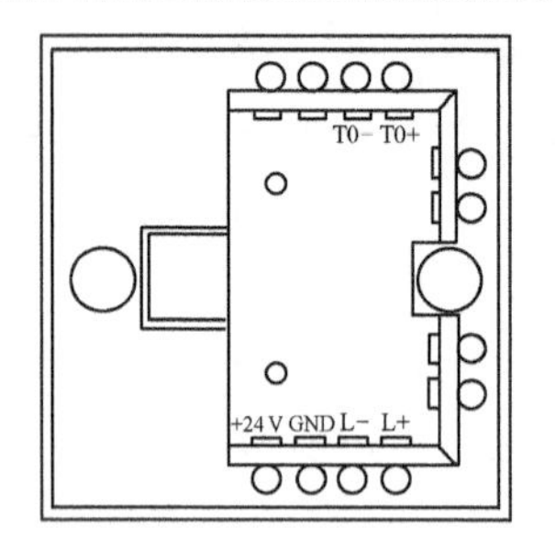

图4-57　JK-02B型接口模块的接线端子

图中标号解释：

L＋、L－：与控制器信号二总线连接的端子，有极性。

T0＋、T0－：与普通感温/感烟探测器连接的端子。

＋24 V、GND：接DC24 V电源端子。

布线要求：信号总线（L＋/L－）宜用ZR-RVS-2×1.5 mm^2 双色双绞多股阻燃塑料软线；采用穿金属管（线槽）或阻燃PVC管敷设；＋24 V/GND电源线宜选用截面积 $S \geqslant 1.5\ mm^2$ 的铜线；因JK-02B型模块信号总线及电源线都有极性，接线时最好用双色线区分，以免接错；因接口模块接有DC24 V电源，应切记总线端子不能与电源信号端子接混或接反，否则易烧毁模块。

（3）应用示例

该接口模块的接线，如图4-58所示。

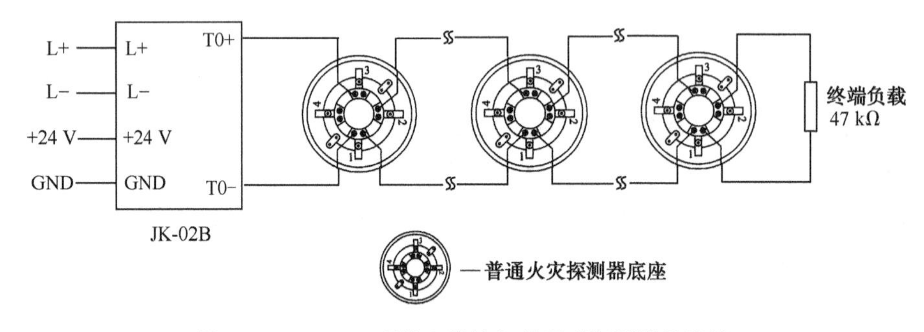

图4-58　JK-02B型接口模块与普通型探测器的接线

3）智能控制模块（以三江KZ-02B型模块为例）

（1）用途及适用范围

该模块用于火灾报警控制器向外部受控设备发出控制信号，驱动受控设备动作。报警器发出的动作指令通过继电器触点来控制现场设备以完成规定的动作；同时将动作完成信息反馈给报警器。它是联动控制柜与被控设备之间的桥梁，适用于排烟阀、送风阀、风机、喷淋泵、消防广播、警铃（笛）等。

本模块地址采用电编写方式，简单、可靠；采用数字传输通信接口协议；内置单片微处理器；可在线编码，无须拆卸。

（2）结构、安装与布线

该模块外形尺寸、结构如图4-59所示，其端子接线如图4-60所示（无源输出方式）。

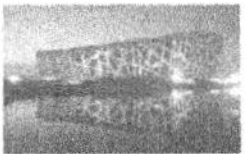

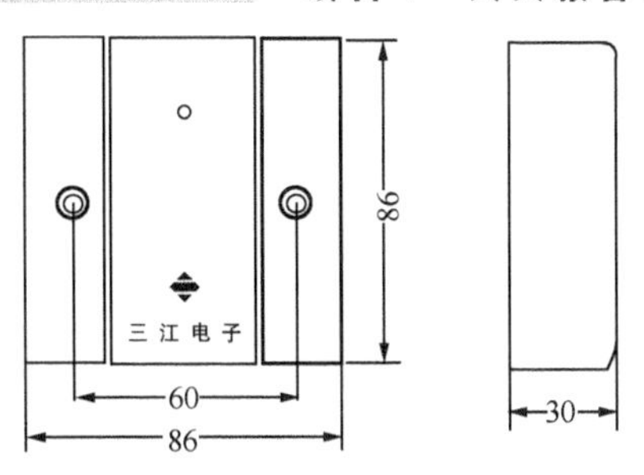

图 4-59 KZ-02B 型控制模块的外形尺寸

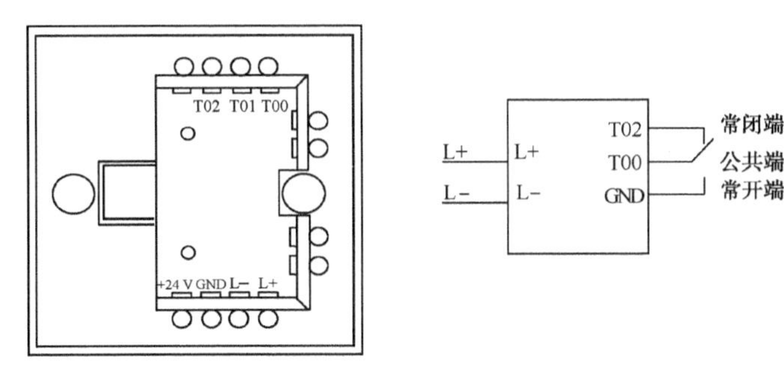

图 4-60 KZ-02B 型控制模块的接线端子

图中标号解释：

L＋、L－：与控制器信号二总线连接的端子，有极性。

＋24 V、GND：接 DC24 V 电源端子。

T00、T02、GND：模块常开、常闭接线端子。

布线要求：信号总线（L＋/L－）宜用 ZR-RVS-2×1.5 mm^2 双色双绞多股阻燃塑料软线；采用穿金属管（线槽）或阻燃 PVC 管敷设；＋24 V、GND 电源线宜选用截面积 $S \geq 1.5\ mm^2$ 的铜线；因 KZ－02B 型模块信号总线及电源线都有极性，接线时最好用双色线区分，以免接错；模块输出节点容量最大为 DC24 V、1 A，接入电压或电流不要超出此参数。

（3）应用示例

该智能控制模块的接线，如图 4-61 所示。

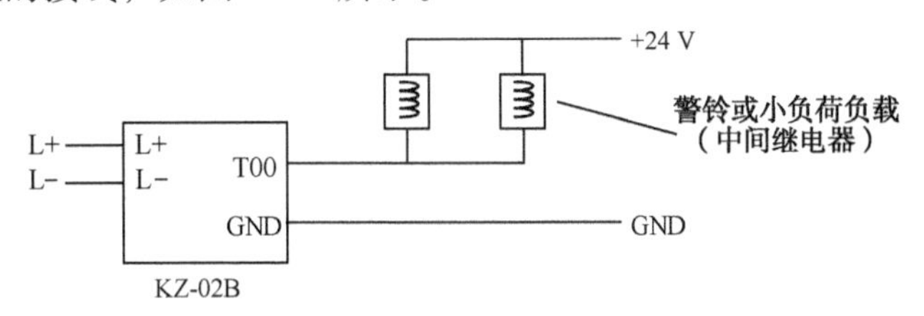

注：此图为无源输出方式时，驱动警铃或小负荷负载（中间继电器）的接线

图 4-61 KZ-02B 型控制模块与被控设备的接线

4）总线隔离模块（也称故障隔离模块，以三江 GL-02B 模块为例）

（1）用途及适用范围

该模块用于报警总线回路，将发生短路故障的线路部分从总线回路中分离。当总线回路中出现短路故障时，故障隔离器可限制受故障影响的探测器数量。故障排除后，被分离部分自动恢复到正常工作状态。总线隔离模块本身不占用模块地址。

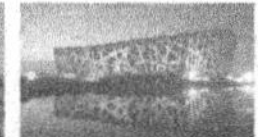

(2) 结构、安装与布线

该模块的外形如图4-62所示，其端子接线如图4-63所示。

图4-62　GL-02B型隔离模块

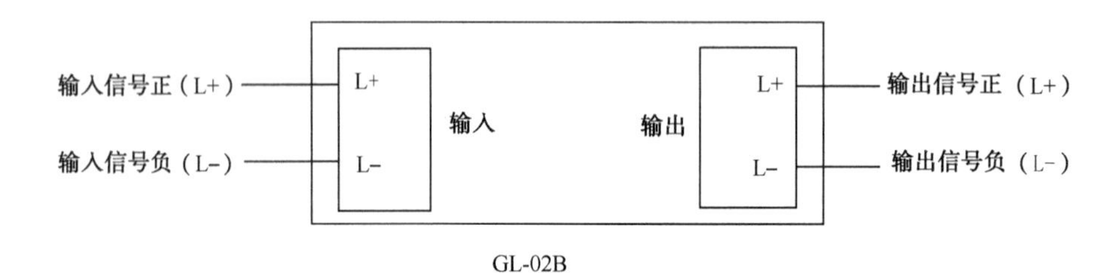

图4-63　GL-02B型隔离模块的接线端子

图中标号解释：

两组接线端子（L+/L-）串接于控制器的总线上，分信号输入和输出端子，有极性。

布线要求：信号总线（L+/L-）宜用ZR-RVS-2×1.5 mm^2 双色双绞多股阻燃塑料软线；采用穿金属管（线槽）或阻燃PVC管敷设。

(3) 应用示例

该总线隔离模块在各分支回路中起到短路保护的作用，如图4-64和图4-65所示。

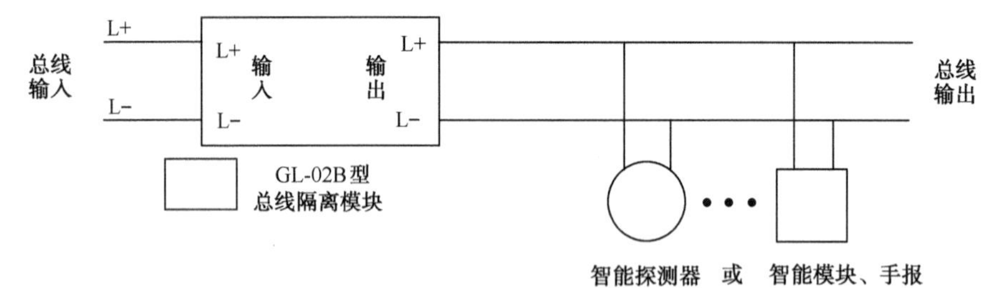

图4-64　GL-02B型隔离模块的接线方法示例

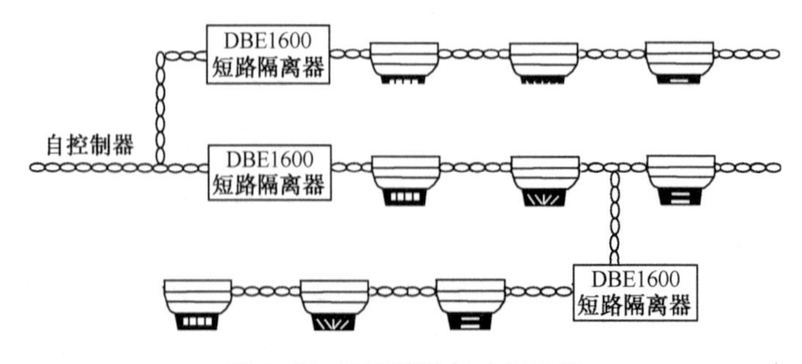

图4-65　隔离模块的应用示例

适用场所：

① 一条总线的各防火分区；

② 一条总线的不同楼层；

③ 总线的其他分支处。

5）转换模块（以三江 ZF-02B 型转换模块为例）

（1）性能特点

该模块用于现场联动设备控制，通过转换模块将控制模块（DC24 V 设备）和被控制设备（AC220 V/AC380 V 用电设备）隔离开，有效保护火灾自动报警控制系统。当控制回路中有 AC220 V 设备需要经过控制模块触点时，由转换模块接收控制模块的触点控制命令，由转换模块的输出触点和控制回路中的 AC220 V 设备相连接，实现控制功能。转换模块本身不占用模块地址。

（2）结构、安装与布线

该模块外形尺寸、结构如图 4-66 所示，其端子接线如图 4-67 所示。

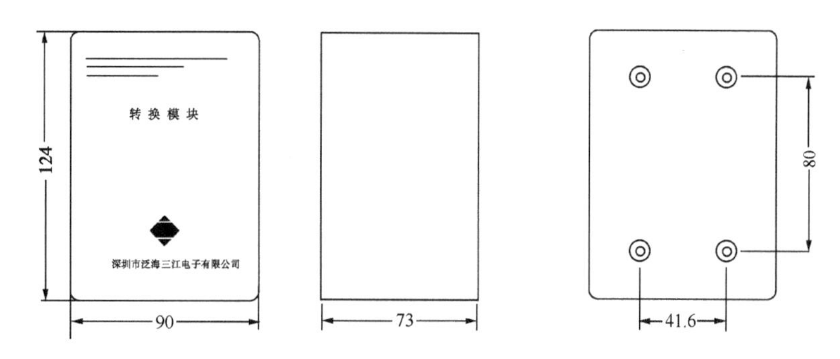

图 4-66 ZF-02B 型转换模块的外形尺寸

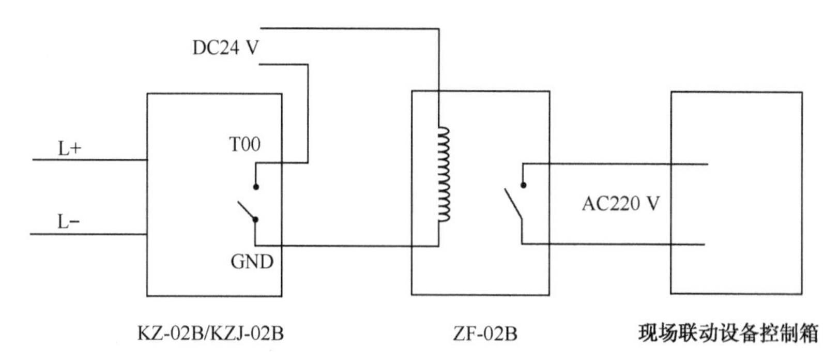

图 4-67 ZF-02B 型转换模块的接线端子

布线要求：信号总线（L+/L-）宜用 ZR-BV-2×1.0 mm^2 阻燃塑料铜线；采用穿金属管（线槽）或阻燃 PVC 管敷设；DC24 V 线和 AC220 V 线接线时一定要用双色线区分，以免接错，造成系统损坏。

6）区域中继器

有些厂家将模块称为中继器，其作用是一样的。下面以深圳赋安 AFN－M1219 型区域中

继器为例进行讲解。

（1）作用及使用注意事项

当一个区域内探测器数量太多（不超过200个）而部位数量又不够时，可将大空间的多个探测器利用中继器占用同一个部位号（其作用可与中间继电器相比）。区域中继器在该系统中起到远距离传输、放大驱动和隔离的作用，使现场消防设备和控制器之间通过总线传输信号，便于控制器掌握每个中继器的工作情况。

中继器所监控的探测器，当任意一个报火警或报故障时，均会在区域报警控制器报警并显示该部位中继器的编号。具体是哪一个探测器报警，则需到现场观察中继器分辨显示灯加以确定。因区域报警器不能显示中继器所监控的探测器的编号，故不应将不同空间的探测器共受一个中继器监控。

（2）接线与安装

区域中继器连接常规探测器的端子接线如图4-68所示，区域中继器连接开关量输入信号的接线如图4-69所示。

图4-68　区域中继器连接常规探测器的接线

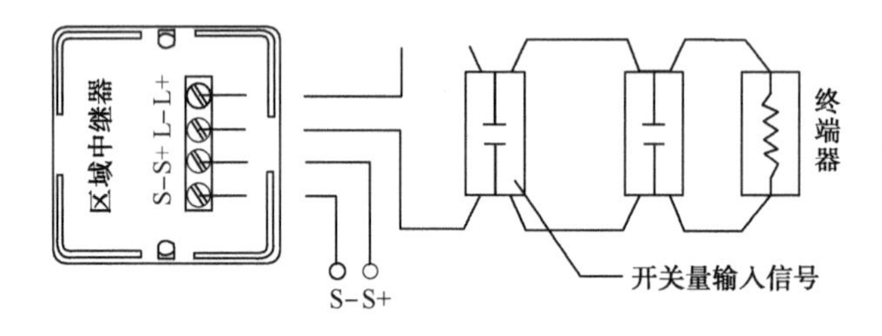

图4-69　区域中继器连接开关量输入信号的接线

图中标号解释：

L+/L-：用于接常规探测器的端子；

S+/S-：用于接开关量输入设备的端子。

3. 警铃的安装

警铃是火灾报警的一种讯响设备，一般应安装在门口、走廊和楼梯等人员众多的场合。每个火灾检测区域内应至少安装一个，并应安装在明显的位置，能在防火分区的任何一处都能听到铃声。警铃应安装在室内墙上距楼（地）面2.5 m以上的位置，由于有很强的振动，其固定螺钉上要加弹簧垫片。警铃的安装如图4-70所示，警铃的接线如图4-71所示。

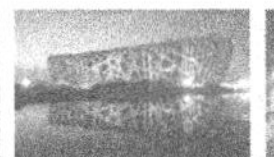

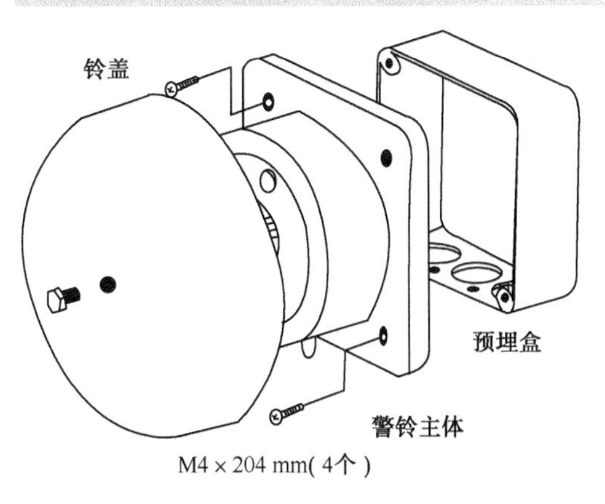

图4-70 警铃的安装

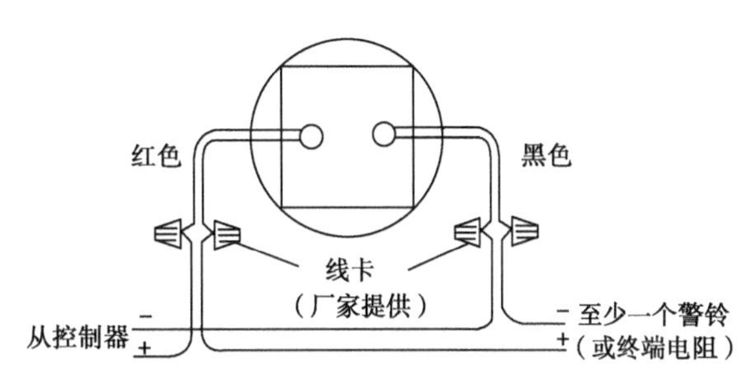

图4-71 警铃的接线

安装步骤如下：

（1）将铃盖螺钉卸掉以卸下铃盖。

（2）将现场导线接至警铃的正、负两根线上，注意红色导线为正，黑色导线为负。

（3）将警铃主体部分用螺钉安装至预埋盒上，安装时注意警铃的撞针应朝下。

（4）用铃盖螺钉将铃盖重新安装至警铃主体上，注意必须旋紧螺钉，警盖上的标签应正面放置。

（5）检查导线正、负极性准确无误后才能给警铃加电，确认警铃声响是否正常。

注意事项如下：

（1）安装之前应确保电源关闭。

（2）警铃的安装高度应符合国家规范。

（3）不可引入强电，否则将损坏警铃。

（4）不可在现场更换警铃部件，如果发现有失效警铃，应与供应商联系进行维修。

4. 门灯的安装

多个探测器并联时，可以在房门上方或建筑物其他的明显部位安装门灯，用于探测器或者探测器报警时的重复显示。在接有门灯的并联回路中，任何一个探测器报警，门灯都可以发出报警指示。门灯安装仍需选用相配套的灯位盒或接线盒，预埋在门上方墙内，且不应凸出墙体装饰面。门灯的接线可根据厂家的接线示意图进行。

5. 模块箱的安装

为了方便线路施工和日后的维护，工程施工中经常将位置较近的模块用模块箱集中安装在一起。模块箱外壳通常采用电解钢板制作，表面用塑粉喷涂。安装模块数量不同，模块箱的尺寸也不同。安装8、6只模块的模块箱的外形尺寸、安装尺寸，如图4-72和图4-73所示。

6. 区域显示器（复示盘）的安装

（1）作用及适用范围

当一个系统中不安装区域报警器时，应在各报警区域安装区域显示器。其作用是显示来自消防中心报警器的火警及故障信息，适用于各防火监视分区或楼层。

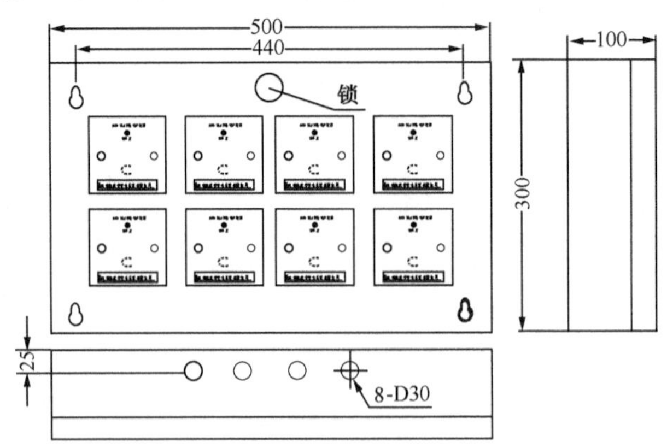

图4-72　安装8只模块的模块箱的外形尺寸、安装尺寸

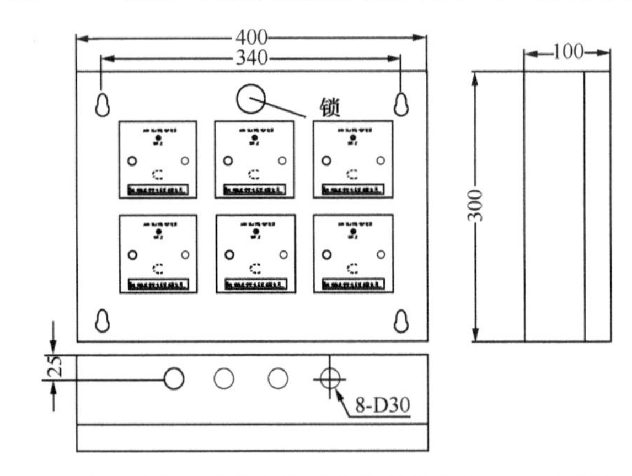

图4-73　安装6只模块的模块箱的外形尺寸、安装尺寸

（2）功能及特点

① 具有声报警功能。当火警或故障送入时，将发出两种不同的声报警（火警为变调音响，故障为长音响）。

② 具有控制输出功能。具备一对无源触点，其在火警信号存在时吸合，可用来控制一些警报器类的设备。

③ 具有计时钟功能。在正常监视状态下，显示当前时间。

④ 采用壁式结构，体积小，安装方便。

（3）接线

区域报警显示器的外形及端子，如图4-74所示。

接线端子中各符号的意义如下：

D、K——继电器常开触点；

GND——DC24 V负极；

24 V——DC24 V正极；

T——通信总线数据发送端；

R——通信总线数据接收端；

G——通信总线逻辑端。

显示器与报警控制器的接线，如图4-75所示。近年来大多厂家的显示器一般为四根线，

即两根电源线，两根信息线，使系统更为简化。

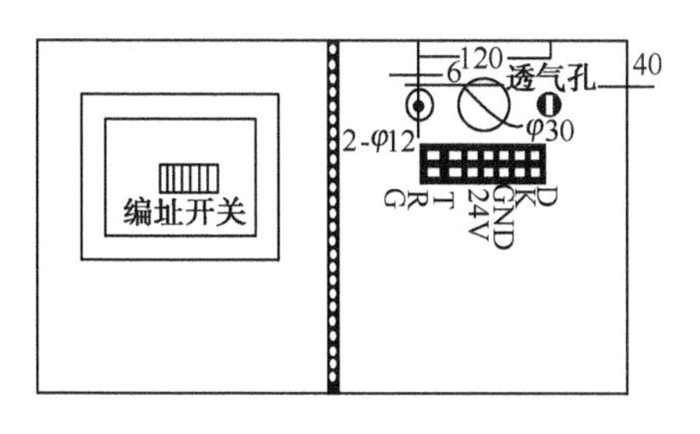

图4-74　区域显示器的外形及端子

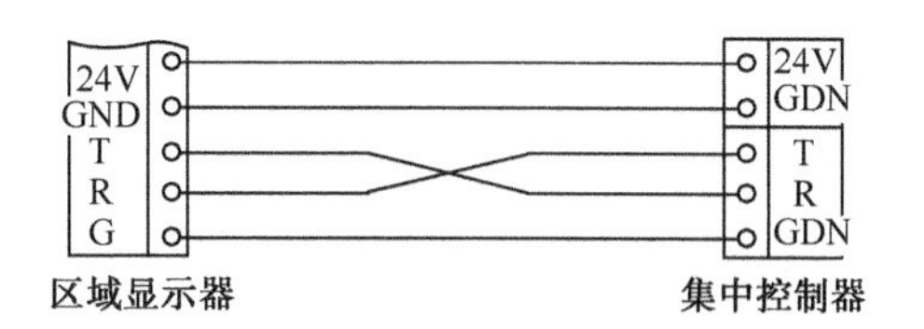

图4-75　区域报警显示器与集中报警显示器的接线

7. CRT彩色图文显示系统的安装

CRT彩色图文显示系统是火灾报警及联动控制系统中的辅助部分，它有助于火灾自动报警及联动控制系统的信息管理、储存和查阅。它一般由个人计算机、打印机和专用图文显示系统软件组成，通过RS—232接口（或现场总线）采集火灾报警控制器传送来的火警、故障和联动信息。根据所采集信息的地址，自动显示该地址的模拟平面图，并以醒目的闪烁图标表示火警、故障和联动，方便直观，一目了然。它通常放在消防控制中心，是一种高智能化的显示系统。该系统采用现代化手段、现代化工具及现代化的科学技术代替以往庞大的模拟显示屏，其先进性对造型复杂的建筑群体更加突出。CRT彩色图文显示系统，如图4-76所示。

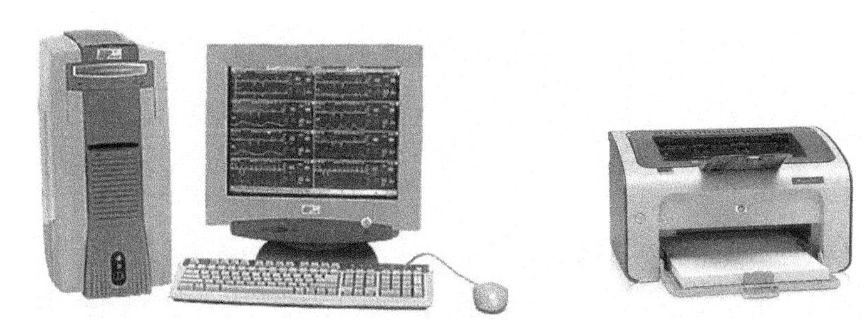

图4-76　CRT彩色图文显示系统

1）CRT报警显示系统的作用

CRT报警显示系统是把所有与消防系统有关的建筑物的平面图形及报警区域和报警点存入计算机内。在火灾时，CRT显示屏上能自动用声光显示其部位，如用黄色（预警）和红色（火警）不断闪动，同时用不同的音响来反映各种探测器、报警按钮、消火栓、水喷淋等各种灭火系统和送风口、排烟口等的具体位置；用汉字和图形来进一步说明发生火灾的部位、时间及报警类型，打印机自动打印，以便记忆着火时间，进行事故分析和存档，给消防值班人员提供更直观、更方便的火情和消防信息。

2）对CRT报警显示系统的要求

随着计算机的不断更新换代，CRT报警显示系统产品的种类也不断更新。在消防系统的设计过程中，选择合适的CRT系统是保证系统正常监控的必要条件，因此要求所选用的CRT系统必须具备下列功能。

（1）报警时，自动显示及打印火灾监视平面及平面中火灾点位置、报警探测器种类、火灾报警时间。

（2）所有消火栓报警开关、手动报警开关、水流指示器、探测器等均应编码，且在CRT平面上建立相应的符号。利用不同的符号、不同的颜色代表不同的设备，在报警时有明显的不同音响。

（3）当火灾自动报警系统需进行手动检查时，显示并打印检查结果。

4.2 消防联动控制设备的安装

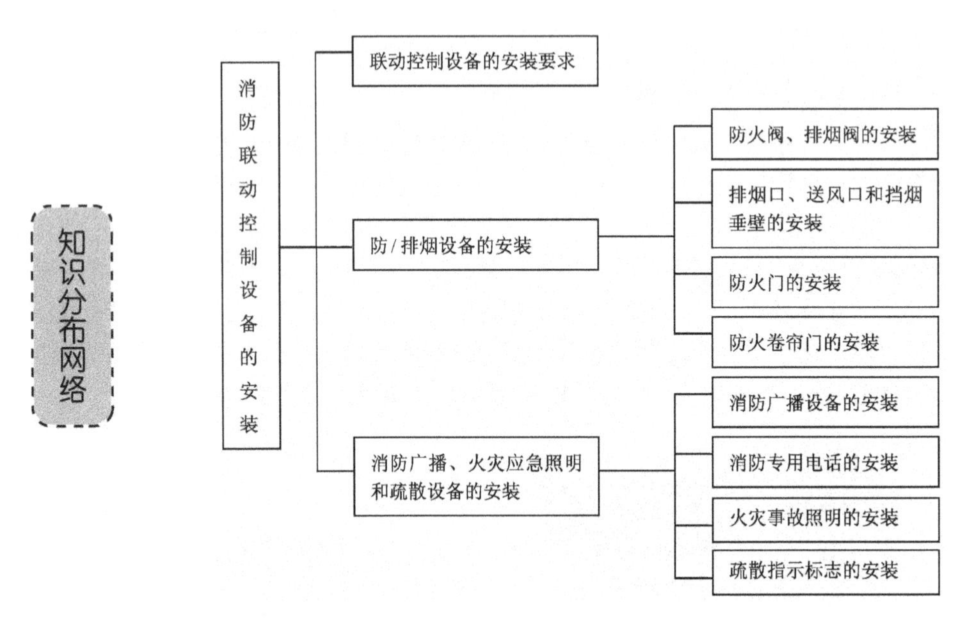

4.2.1 联动控制设备的安装要求

（1）消防控制中心在安装前应对各附件及功能进行检查，合格后才能安装。

（2）消防控制中心的外接导线，当采用金属软管作套管时，其长度不宜大于1 m，并应采用管卡固定，其固定点间距应不大于0.5 m；并应根据配管的规定接地。

（3）联动设备的接线，必须在确认线路无故障、设备所提供的联动节点正确的前提下进行。

（4）消防控制中心内的不同电压等级、不同电流类别的端子，应分开并有明显标志。

（5）联动驱动器内应将电源线、通信线、音频信号线、联动信号线、反馈线分别加套管并编号。所有编号必须与图纸上的编号一致，字迹要清晰，有改动处应在图纸上作明确标注。

（6）消防控制中心内外接导线的端部都应加套管并标明编号，此编号应和施工图上的编号及联动设备导线的编号完全一致。

（7）消防控制中心接线端子上的接线必须用焊片压接，接线完毕后应用线扎将每组线捆扎成束，使得线路美观并便于开通及维修。

（8）安装过程中，严禁随意操作消防中心内的电源开关，以免损坏机器或导致外部联动设备误动作。

4.2.2　防/排烟设备的安装

1. 防火阀、排烟阀和排烟防火阀的安装

排烟阀应用于排烟系统的风管上，平时处于关闭状态；当火灾发生时，烟感探头发出火警信号，控制中心输出 DC24 V 电源，使排烟阀开启，通过排烟口进行排烟。排烟阀的结构如图 4-77 所示，排烟阀的安装如图 4-78 所示。

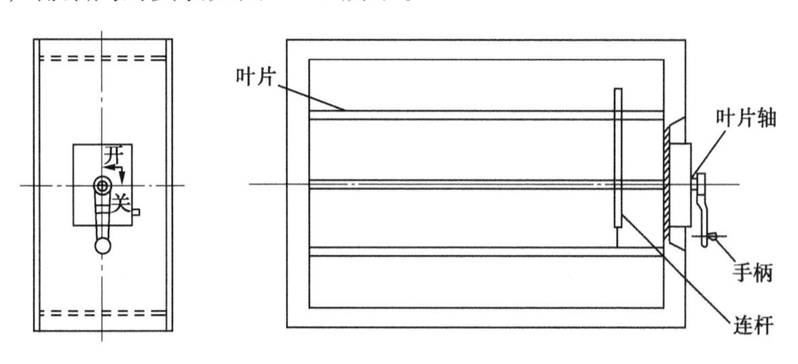

图 4-77　排烟阀的结构

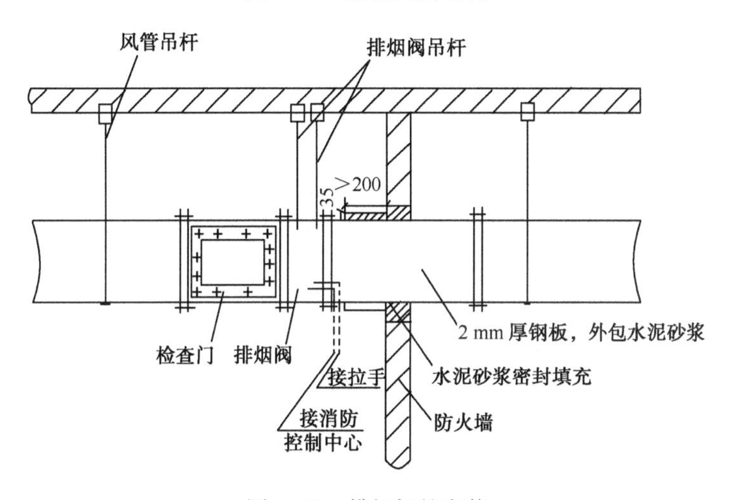

图 4-78　排烟阀的安装

排烟防火阀安装在排烟系统管道上或风机吸、入口处，兼有排烟阀和防火阀的功能。排烟防火阀平时处于关闭状态，需要排烟时，其动作和功能与排烟阀相同，可自动开启排烟。当管道气流温度达到 280℃时，装有易熔金属温度熔断器的阀门自动关闭，切断气流，防止火灾蔓延。远距离排烟防火阀的结构，如图 4-79 所示。

安装注意事项：

（1）安装前检查阀体外形和执行机构在运输过程中是否有损坏现象，转动是否灵活。

（2）与所安装的风管法兰进行配钻螺钉孔。

（3）注意阀体上所标示的气流方向，一般不宜反装。

（4）防火阀与防火墙（或楼板）之间的风管应采用 $\delta \geq 2$ mm 的钢板制作，最好在风管外用耐火材料保温隔热。

（5）防火阀应有单独的支、吊架，以避免风管在高温下变形，影响阀门的功能。

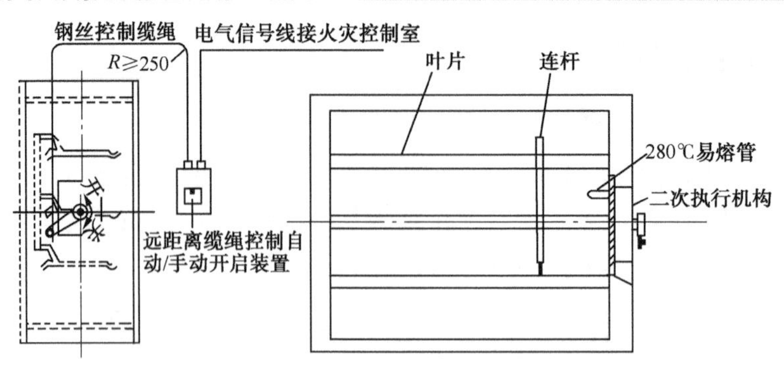

图 4-79　远距离排烟防火阀的结构

（6）阀门在吊顶上或在风道内安装时，应在吊顶板下或风道壁上设检修人孔，一般检修人孔尺寸不小于 450 mm×450 mm。

（7）当防火阀开启时，开启角度应大于 5°，然后将手柄朝逆时针方向返回 5°左右，以消除执行机构中离合器与调节器部件的摩擦力，但应不影响阀门的开启度。

（8）在阀门操作机构一侧，应有 350 mm 的净空间，以利检修。

（9）安装后应定期检查和动作试验，并应有检验记录，发现问题时应及时与厂家联系。

2. 排烟口、送风口和挡烟垂壁的安装

排烟口一般尽可能布置于防烟分区的中心，距最远点的水平距离不能超过 30 m。排烟口应设在顶棚或靠近顶棚的墙面上，且与附近安全出口沿走道方向的相邻边缘之间的最小水平距离小于 15 m。排烟口平时处于关闭状态，当火灾发生时，自动控制系统使排烟口开启，通过排烟口将烟气及时、迅速地排至室外。排烟口也可作为送风口。板式排烟口的结构，如图 4-80 所示。

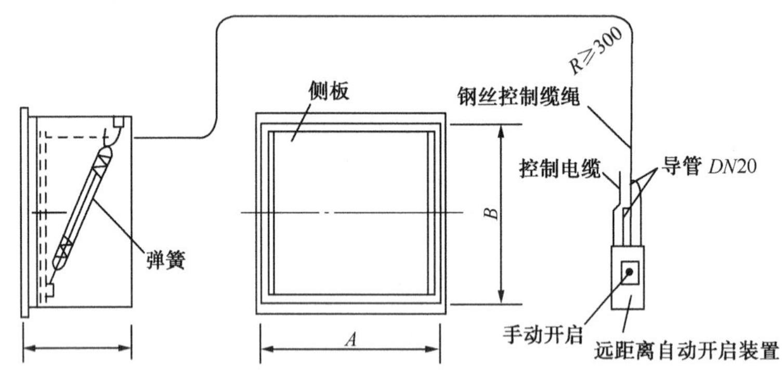

图 4-80　板式排烟口的结构

在进行多叶送风口和多叶排烟口的安装时，先把装饰面板卸下，将排烟口用内法兰盘安装在短管上，用安装螺栓和螺帽连接好排烟口本体，待本体安装好后，再把装饰口安装上。

挡烟垂壁的安装方式有活动悬挂式和固定悬挂式两种，均安装在走道和大厅的防烟分区部位。用铝合页或铁合页和螺钉固定在吊顶上（不燃烧吊顶）。

3. 防火门的安装

1）电动防火门的安装

防火门释放开关的安装方式之一如图 4-81 所示，此方式适用于带自闭弹簧或闭门器的

防火门。

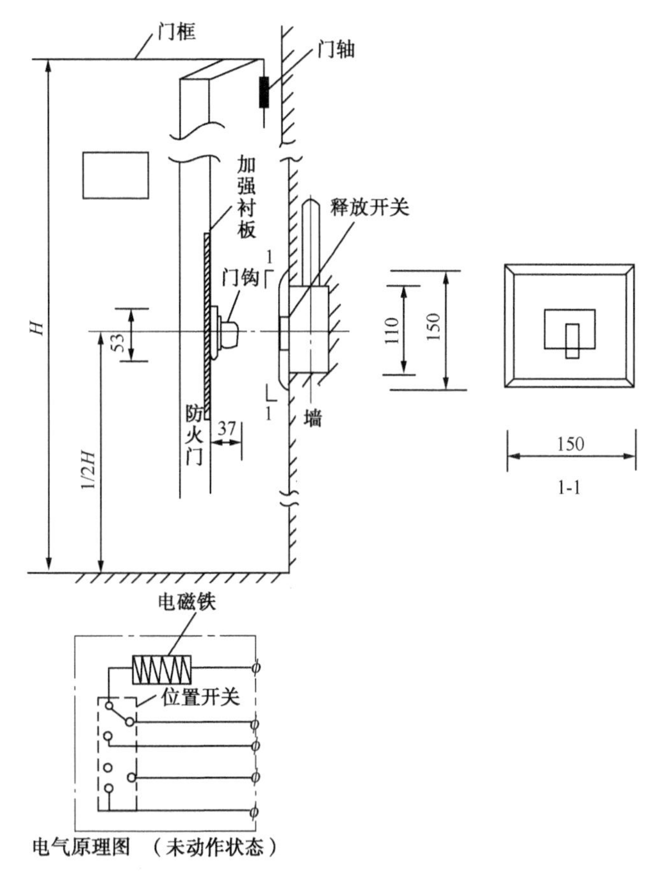

图 4–81　防火门释放开关的安装方式之一

安装注意事项：

（1）预埋释放开关本体盒的高度及距墙的尺寸应根据防火门的宽度、高度及门轴位置确定。

（2）当门钩与释放开关不易直接连接时，可采用链条将门钩与门扇连接，链条长度现场试验确定，以保证门的开度和释放开关动作后能可靠关闭。

（3）释放开关本体的额定动作电压为 DC24 V，额定动作电流为 0. 3 A，瞬间动作型的保持力为 40 kg。

（4）调试时应调整保持力调整螺钉，以锁定和释放灵活为准。

防火门释放开关的安装方式之二如图 4–82 所示，本方式适用于电动锁自带闭门器。

安装注意事项：

（1）预埋电线盒距门轴 150 mm 处。

（2）闭锁/释放器额定工作电压为 DC24 V，额定电流为 0. 266 A。

（3）门扇保持力为 5. 5 ～ 6. 5 kg。

电动防火门的安装，如图 4–83 所示。

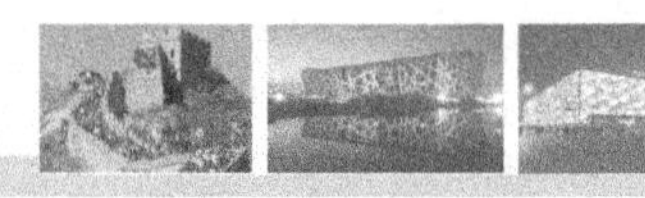

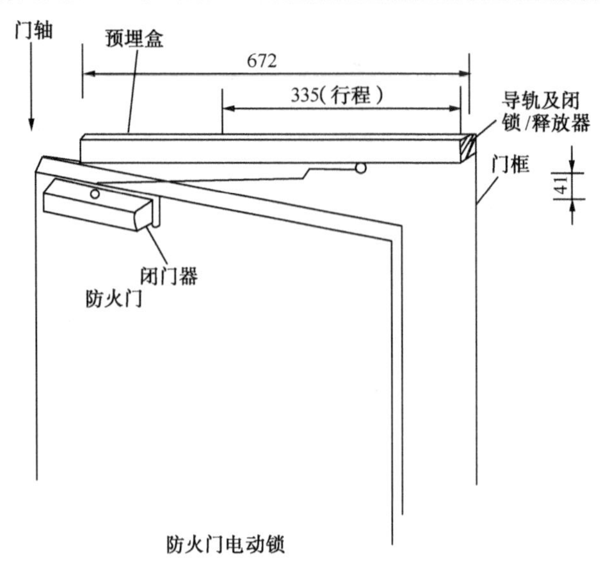

图4-82　防火门释放开关的安装方式之二

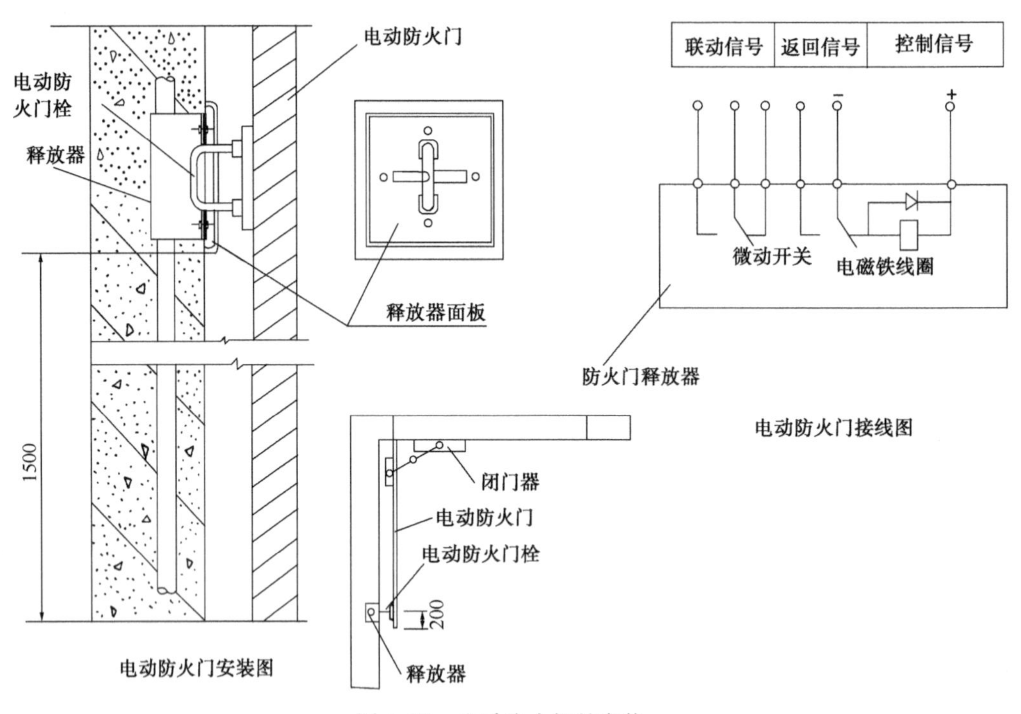

图4-83　电动防火门的安装

2）常开防火门的安装

防火门分为两大类，一类是常闭防火门，另一类是常开防火门。前述电动防火门属于常闭防火门。

对于常开防火门，要求在火灾时应能自行关闭，以起到防火分隔的作用。因此，常开防火门两侧应设置火灾探测器，任何一侧报警后，防火门应能自动联动关闭，且关闭后应有信号送到消防控制室。

火灾探测器的选型应根据设置的火灾特点来选择。防火门的自行关闭一般是依靠闭门器的反向弹簧力实现的，但在实际工程中自行关闭和信号反馈的效果较差。主要原因之一是闭门器产生反向弹力在门与所在墙面的夹角超过90°时就会失去作用，原因之二是门的关闭产生不了可供反馈回消防控制室的信号。具有自行关闭和信号反馈的防火门的控制原理如图4-84所示。平时，防火门被电磁锁锁住，处于开启状态；火灾发生时，消防控制室可自动或手动启动控制模块，从而使电磁锁松开锁舌，防火门在闭门器的拉力作用下自行闭合，闭合到位时，安装在门扇上的磁铁使干簧管闭合，给控制模块一个关门的反馈信号。

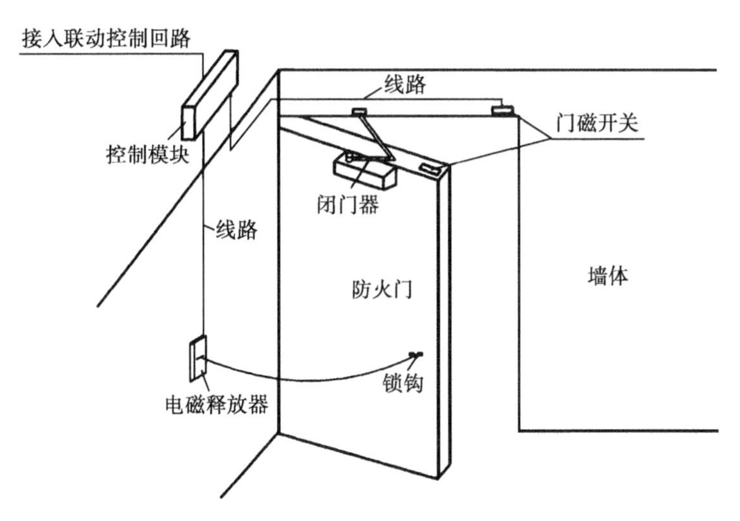

图4-84　具有自行关闭和信号反馈的防火门的控制原理图

4. 防火卷帘门的安装

防火卷帘门两侧的火灾探测器组应根据疏散通道两侧的火灾特点来选择，为了提醒通过的人群避免产生碰撞，应在其两侧设置声光报警器，如图4-85所示。防火卷帘的两步降是：当卷帘两侧任意一个火灾探测器动作后实施第一步降，当第二个火灾探测器动作后卷帘实施第二步降。在图4-86中，卷帘门第一步降的逻辑控制信号应是“1”OR“2”OR“3”OR“4”；第二步降的逻辑控制信号是“1”AND“‘2’OR‘3’OR‘4’”OR“2”AND“‘1’OR‘3’OR‘4’”OR“3”AND“‘1’OR‘2’OR‘4’”OR“4”AND“‘1’OR‘2’OR‘3’”。而不能机械地认为只有感烟探测器动作才能实施第一步降，感温探测器动作才能实施第二步降。防火卷帘两步降的时间间隔不是固定的。一般实际工程的做法是第二步降在第一步降完成后延时30s后实施，这是一种错误的做法；正确的做法是第一步降完成后，当卷帘两侧任意第二个火灾探测器动作后延时30s实施第二步

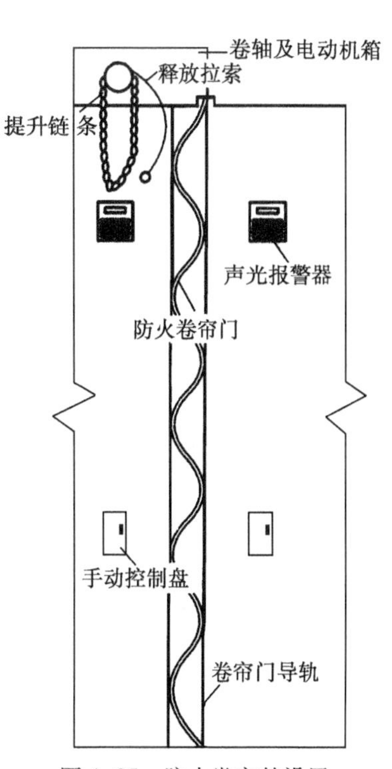

图4-85　防火卷帘的设置

降。用作防火分隔的防火卷帘，如建筑物共享空间周围的卷帘门等，在发生火灾时主要用于防火分隔，因此无须具备两步降的功能。

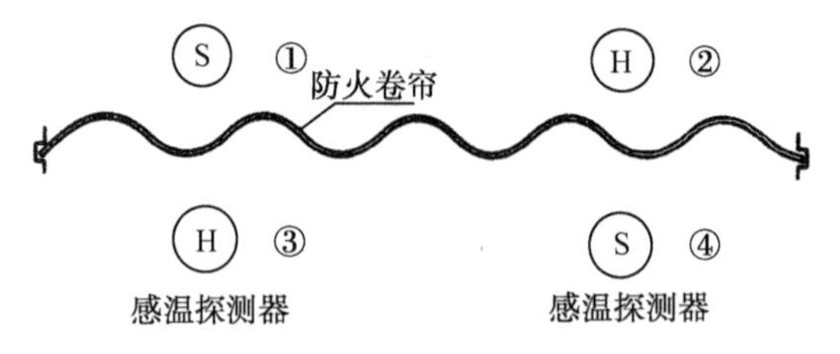

图 4-86　防火卷帘两侧火灾探测器的布置

防火卷帘在具体应用时，尚需对另外两个问题引起注意：一是控制方式，从防止火灾蔓延的角度看，防火分隔越早形成越有利于防火卷帘的保护，其控制方式应以集中控制方式或群控方式为主，通过按钮就可以控制所有的卷帘，在具体工程中的应用可参考图 4-87；二是保护卷帘用的自动喷水保护系统的启动时间，应以两侧任意两个火灾探测器，尤其是当感温探测器动作后方可启动，这样才能防止因误动作而造成的水渍损失，又能在卷帘真正受到火灾威胁时得到喷水保护。带有喷水保护的防火卷帘的控制程序如图 4-88 所示。

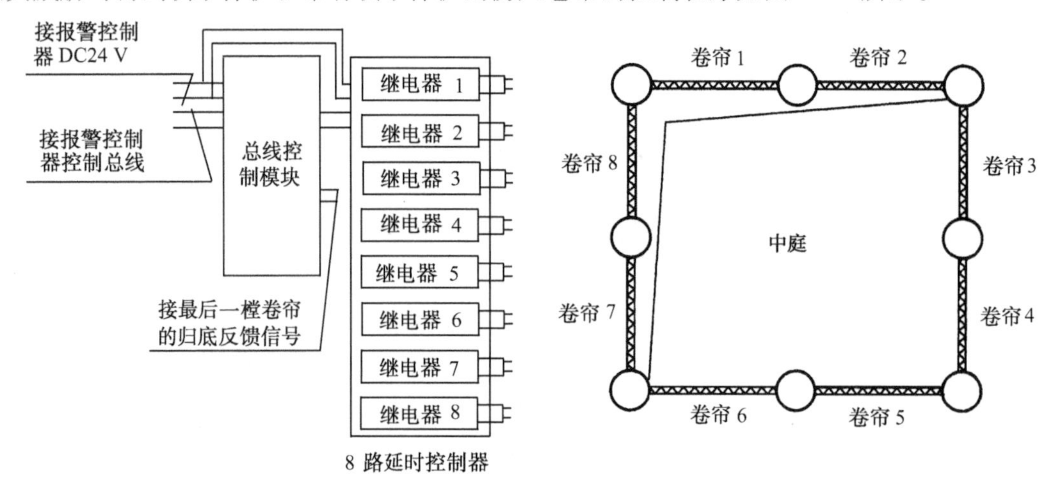

图 4-87　中庭防火卷帘的群控原理

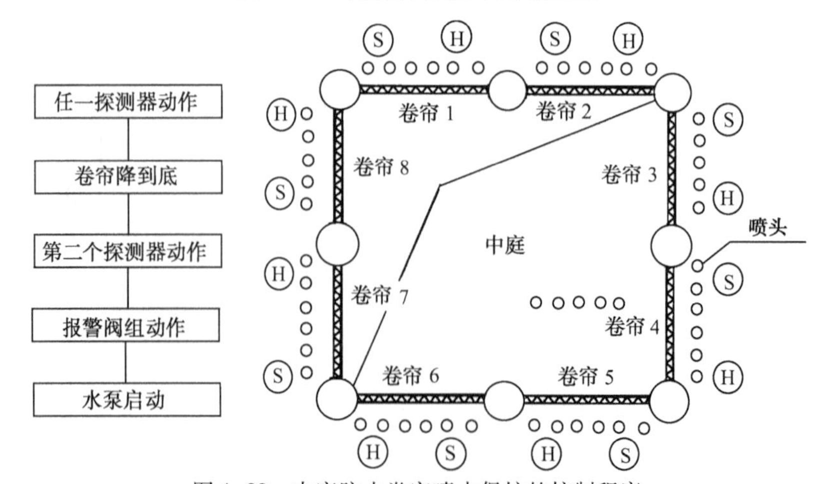

图 4-88　中庭防火卷帘喷水保护的控制程序

由于中庭内设置有自动扶梯，而且这些扶梯是顾客所熟悉的主要交通道路，从有利于人员疏散和尽早形成防火分隔的角度看，在一步降到底的卷帘门上开设帘中门有着重要意义。因为，疏散人群可通过此门经已停运的扶梯进行逃生。

防火卷帘的控制方式有三种：自动、电气手动、机械手动。设置在疏散走道上的防火卷帘应在其两侧设置手动控制按钮；出于安全和防误操作的考虑，此按钮通常被锁在一个按钮盒内，或裸露在外，但必须通过钥匙打开电源装置才能启动。当疏散人员在自动和电气手动都无法升降卷帘门时，通过拉动链条实施机械升降就成为唯一方式。但出于美观方面的考虑，升降用的钢丝和链条多被隐藏在吊顶内，而且吊顶距地面的高度通常在 2 m 以上，人在无辅助工具的情况下是无法对此进行操作的。建议在设置此类控制按钮时一定要会同设计部门、建设单位、消防部门和设备生产厂家解决好这一问题。

4.2.3　消防广播、火灾应急照明和疏散设备的安装

1. 消防广播设备的安装

消防广播设备的安装如图 4-89 所示。

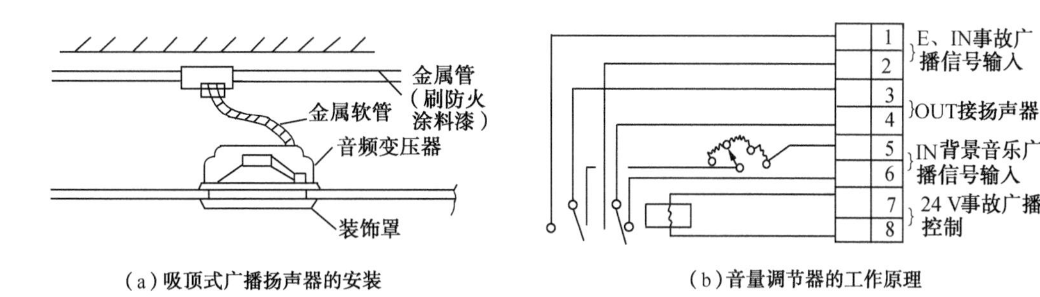

（a）吸顶式广播扬声器的安装　　（b）音量调节器的工作原理

图 4-89　消防广播设备的安装

安装注意事项：

（1）用于事故广播的扬声器的间距，应不超过 25 m，每个扬声器的额定功率应不小于 3W。

（2）扬声器配置应采用金属管暗敷或采取其他防护措施，定压式广播线路应不和其他低压线路敷设在同一金属管内。

（3）当背景音乐与事故广播共用的扬声器有音量调节时，应有保证事故广播音量的措施。

（4）事故广播应设置备用扩音机（功率放大器），其容量应不小于火灾事故广播扬声器的三层（区）扬声器容量的总和。

2. 消防专用电话的安装

消防专用电话的安装如图 4-90 所示。

安装注意事项：

（1）在消防电话墙上安装时，其高度宜和手动报警器一致，即距地 1.5 m。

（2）消防电话的安装位置应有消防专用标记。

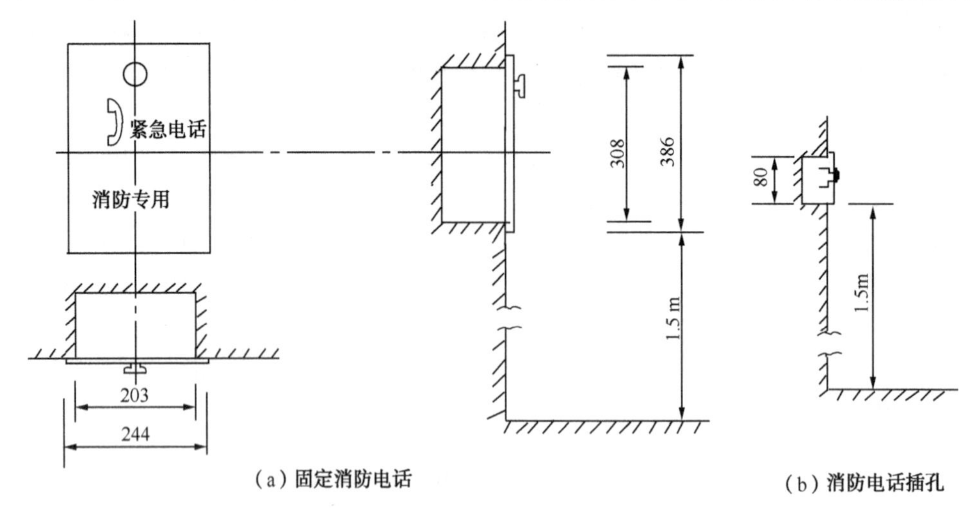

图4-90　消防专用电话的安装

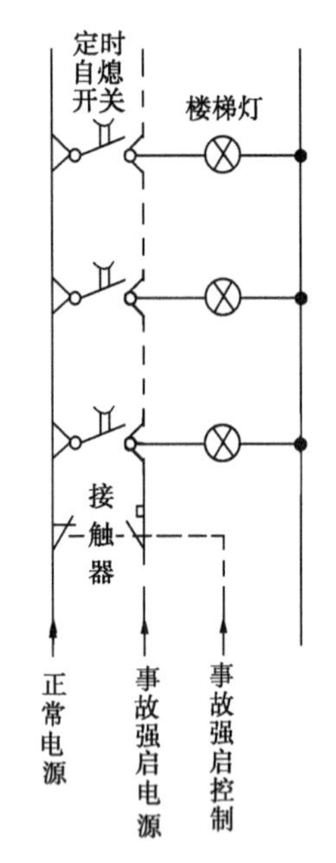

图4-91　定时自熄开关的楼梯灯在事故时的强行启点

3. 火灾事故照明的安装

设置事故照明灯时应保证继续工作所需的照度。事故照明灯的工作方式可分为专用和混用两种：前者平时不点燃，事故时强行启点；后者与正常工作照明一样，平时点燃作为工作照明的一部分，往往装有照明开关，必要时需在火灾事故发生后强行启点。高层住宅的楼梯间照明兼作事故疏散照明，通常楼梯灯采用定时自熄开关，因此需在事故时强行启点，其接线如图4-91所示。

4. 疏散指示标志的安装

1）设置场所

（1）走廊、楼梯间和电梯出入口处。

（2）电影院、体育馆、多功能厅、礼堂、医院、病房楼及装有备用照明的展览厅、演播室、地下室、地下停车库、多层停车库等的疏散楼梯口、厅室出口和疏散通道。

（3）防排烟控制箱、手动报警器、手动灭火装置处等。

2）安装位置及工作方式

（1）安装位置。每隔10～20 m的步行距离及转角处需安装一个，其安装高度应在1 m以下；在通往楼梯或通向室外的出口应设置出口标志灯，并采用绿色标志，安装在门口上部。

（2）工作方式。事故照明灯及疏散标志灯应设玻璃或其他非燃烧材料制作的保护罩。疏散指示灯的设置如图4-92所示，箭头指示出疏散方向。疏散指示灯平时不亮，当遇有火灾时接收指令并按要求分区或全部点燃。安全出口的外形，如图4-93所示。疏散标志灯的点

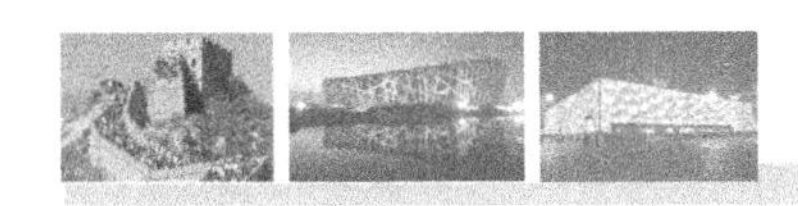

燃方式分为两类：一类是平时不亮，事故时接收指令而点燃；另一类是平时即点燃，兼作出入口的标志。

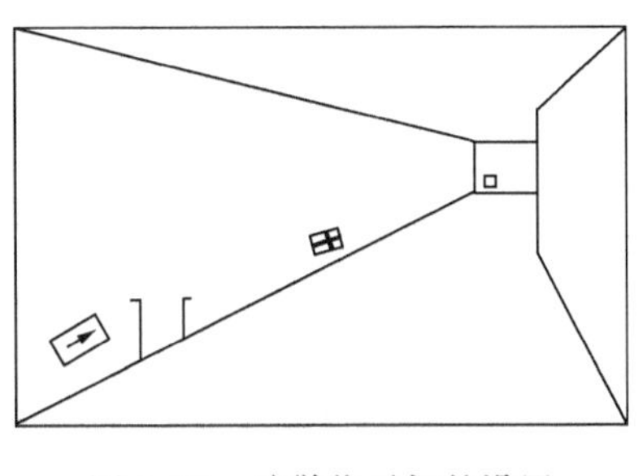

图4-92　疏散指示灯的设置

图4-93　安全出口示意图

无自然采光的地下室等处，需采用平时点燃方式的疏散标志灯。

4.3　消防控制中心及接地装置的安装

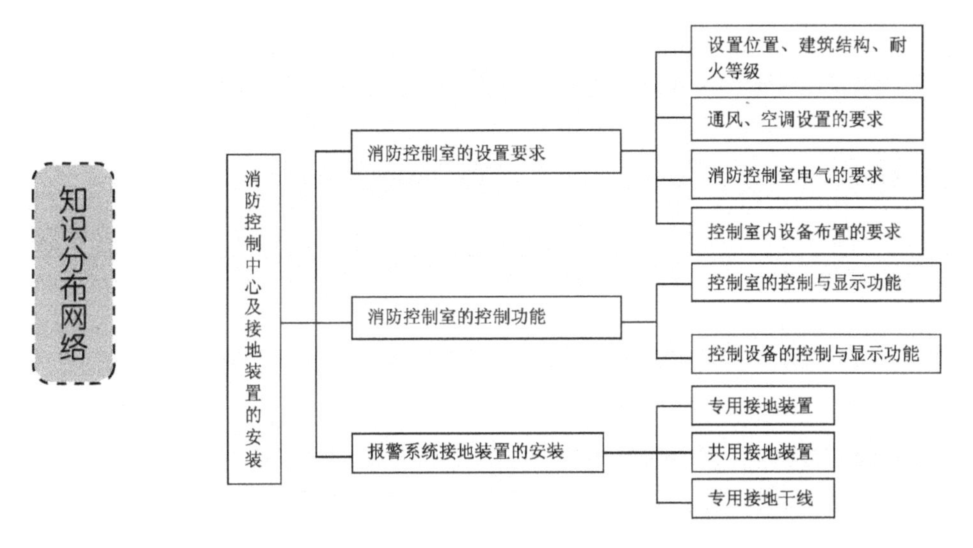

消防控制室不但是管理人员预防建筑火灾发生、扑救建筑火灾及指挥火灾现场人员疏散的重要信息、指挥中心；也是消防救援人员了解火灾现场发生、发展、蔓延情况及利用其内部已有消防设施进行人员疏散、物资抢救和火灾扑救的重要作战场所。同时，消防控制室内的某些报警控制装置的核心部件将为其后开展的火灾原因调查工作提供强有力的帮助。因此，设置消防控制室有着十分重要的意义。在现行的国家规范，如《建筑设计防火规范》（GBJ 50016—2006）、《高层民用建筑设计防火规范》（GB 50045—2005）、《人民防空工程设计防火规范》（GB 50098—2009）、《汽车库、修车库、停车场设计防火规范》（GB 50067—1997）中都有关于设置消防控制室的条文。其中《建筑设计防火规范》（GBJ 50016—2006）中规定：设有火灾自动报警装置和自动灭火装置的建筑宜设消防控制室。《高层民用建筑设计防火规范》（GB 50045—2005）中规定：设有火灾自动报警系统和自动灭火系统，或设有火灾自动报

警系统和机械防烟、排烟设施的高层建筑应按现行国家标准《火灾自动报警系统设计规范》（GB 50116—2008）的要求，设置消防控制室。《人民防空工程设计防火规范》（GB 50098—2009）中规定：设有火灾自动报警装置和固定灭火设备或机械防烟、排烟设备的人防工程，应设置消防控制室。《汽车库、修车库、停车场设计防火规范》（GB 50067—1997）中规定：设有火灾自动报警系统和自动灭火系统的汽车库、修车库应设置消防控制室。

4.3.1 消防控制室的设置要求

为了使消防控制室能在火灾预防、火灾扑救及人员、物资疏散时确实发挥作用，并能在发生火灾时坚持工作，对消防控制室的设置位置、建筑结构、耐火等级、室内照明、通风空调、电源供给及接地保护等方面均有明确的技术要求。

1. 消防控制室的设置位置、建筑结构、耐火等级

为了保证发生火灾时消防控制室内的人员能坚持工作而不受火灾的威胁，消防控制室最好独立设置，其耐火等级不应低于二级。当必须附设在建筑物内部时，宜设在建筑物内底层或地下一层，并应采用耐火极限不低于 3 h 的隔墙和 2 h 的楼板与其他部位隔开，其安全出口应直通室外，控制室的门应选用乙级防火门，并朝疏散方向开启。消防控制室设置的位置、耐火极限如表 4-4 所示。

表 4-4 消防控制室的设置位置、耐火等级

规范名称	设置位置	隔　墙	楼　板	隔墙上的门
《建筑设计防火规范》	底层或地下一层	3 h	2 h	乙级防火门
《高层民用建筑设计防火规范》	底层或地下一层	2 h	1.5 h	乙级防火门
《人民防空工程设计防火规范》	地下一层	3 h	2 h	甲级防火门

为了便于消防人员扑救工作，消防控制室门上应设置明显标志。如果消防控制室设在建筑物的首层，消防控制室门的上方应设标志牌或标志灯，地下室内的消防控制室门上的标志必须是带灯光的装置。设标志灯的电源应从消防电源接入，以保证标志灯电源可靠。

高频电磁场对火灾报警控制器及联动控制设备的正常工作影响较大，如卫星电视接收站等。为保证报警设备的正常运行，要求控制室周围不能布置干扰场强超过消防控制室设备承受能力的其他设备用房。

2. 对消防控制室通风、空调设置的要求

为保证消防控制室内工作人员和设备运行的安全，应设独立的空气调节系统。独立的空气调节系统可根据控制室面积的大小选用窗式、分体壁挂式、分体柜式空调器，也可使用独立的吸顶式家用中央空调器。

当利用建筑内已有的集中空调时，应在送风及回风管道穿过消防控制室墙壁处设置防火阀，以阻止火灾烟气沿送、回风管道窜进消防控制室，危及工作人员及设备的安全。该防火阀应能在消防控制室内手动或自动关闭，动作信号应能反馈回来。

3. 对消防控制室电气的要求

消防控制室的火灾报警控制器及各种消防联动控制设备属于消防用电设备，火灾时是要坚持工作的。因此，消防控制室的供电应按一、二级负荷的标准供电。当按二级负荷的两回线路要求供电时，两个电源或两回线路应能在控制室的最末一级配电箱处自动切换。

消防控制室内应设置应急照明装置，其供电电源应采用消防电源。如使用蓄电池供电时，其供电时间至少应大于火灾报警控制器的蓄电池供电时间，以保证在火灾报警控制器的蓄电池停止供电后，能为工作人员的撤离提供照明。应急照明装置的照度应达到在距地面0.8 m处的水平面上任何一点的最低照度不低于正常工作时的照度（100 lx）。

消防控制室内严禁与火灾报警及联动控制无关的电气线路及管路穿过。根据消防控制室的功能要求，火灾自动报警、固定灭火装置、电动防火门、防火卷帘及消防专用电话、火灾应急广播等系统的信号传输线、控制线路等均应进入消防控制室。控制室内（包括吊顶上和地板下）的线路管路已经很多，大型工程更多，为保证消防控制设备安全运行，便于检查维修，其他无关的电气线路和管路不得穿过消防控制室，以免互相干扰造成混乱或事故。

值得注意的是，在很多实际工程中，往往将闭路电视监控系统设置在消防控制室内。这样做的目的之一是形成一个集中的安全防范中心，减少值班人员；目的之二是为值班员分析、判断现场情况提供视频支持。从实际使用效果看，两套系统可以共处一室，但应分开布置。有些国内厂家的报警设备要求 Internet 或单位内部局域网的网线不得与其火灾报警信号传输线和联动控制线共管，为避免相互干扰，两者应相距3 m以上。

4. 对消防控制室内设备布置的要求

为了便于设备操作和检修，《火灾自动报警系统设计规范》（GB 50116—2008）对消防控制室内的消防设备布置做了如下规定。

（1）设备面盘前的操作距离：单列布置时应不小于1.5 m；双列布置时应不小于2 m。

（2）在值班人员经常工作的一面，设备面盘至墙的距离应不小于3 m。

（3）设备面盘后的维修距离应不小于1 m。

（4）设备面盘的排列长度大于4 m时，其两端应设置宽度不小于1 m的通道。

（5）集中火灾报警控制器（火灾报警控制器）安装在墙上对其底边距地高度宜为1.3～1.5 m，其靠近门轴的侧面距墙应不小于0.5 m，正面操作距离应不小于1.2 m。

消防警报控制室内的设备安装，如图4-94所示。

4.3.2　消防控制室的控制功能

由于每座建筑的使用性质和功能不完全一样，其消防控制设备所包括的控制装置也不尽相同，一般应把该建筑内的火灾报警及其他联动控制装置都集中于消防控制室中。即使控制设备分散在其他房间，各种设备的操作信号也应反馈到消防控制室。为完成这一功能，消防控制室设备的组成可根据需要由下列部分或全部控制装置组成：火灾报警控制器，自动灭火系统的控制装置（包括自动喷水灭火系统、泡沫灭火系统、干粉灭火系统、有管网的二氧化碳和卤代烷灭火系统等），室内消火栓系统的控制装置，防烟、排烟系统及空调通风系统的

控制装置，装配常开防火门、防火卷帘的控制装置，电梯回降控制装置，火灾应急广播的控制装置，火灾警报装置的控制装置，火灾应急照明与疏散指示标志的控制装置，消防通信设备的控制装置等。

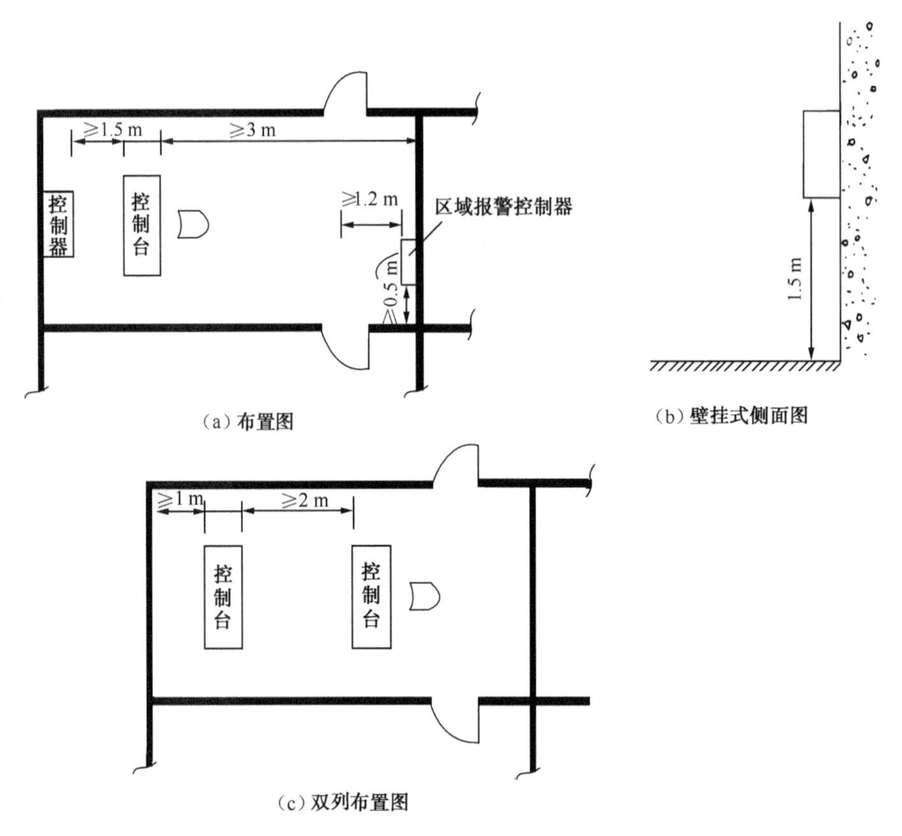

图 4-94　消防报警控制室内的设备布置

消防控制设备的控制方式应根据建筑的形式、工程规模、管理体制及功能要求综合确定。单体建筑宜集中控制，即要求在消防控制室集中显示报警点、控制消防设备及设施；而对于占地面积大、较分散的建筑群，由于距离较大、管理单位多等原因，若采用集中管理方式将会造成系统大、不易使用和管理等诸多不便。因此，可根据实际情况采取分散与集中相结合的控制方式。信号及控制需集中的，可由消防控制室集中显示和控制；不需要集中的，设置在分控室就近显示和控制。

消防控制设备的控制电源及信号回路电压宜采用直流 24 V。

1. 消防控制室的控制与显示功能

（1）控制消防设备的启/停，并应显示其工作状态。

（2）消防水泵和防烟、排烟风机的启/停，除自动控制外，应有手动直接控制。

（3）显示火灾报警和故障报警部位。

（4）显示保护对象的重点部位、疏散通道及消防设备所在位置的平面图或模拟图。

（5）显示系统供电电源的工作状态。

2. 消防控制设备的控制与显示功能

（1）消防控制设备对室内消火栓系统的控制与显示。

① 控制消防水泵的启/停。

② 显示消防水泵的工作、故障状态。

③ 显示启泵按钮的位置。

（2）消防控制设备对自动喷水和水喷雾灭火系统的控制与显示。

① 控制喷淋泵的启/停。

② 显示喷淋泵的工作、故障状态。

③ 显示水流指示器、报警阀、信号阀的工作状态。

（3）消防控制设备对管网气体灭火系统（卤代烷、二氧化碳等灭火系统）的控制与显示。

① 显示系统的手动、自动工作状态。

② 在报警喷射各阶段，控制室应有相应的声光警报信号，并能手动切除声响信号。

③ 在延时阶段，应自动关闭防火门、窗，停止通风空调系统，关闭有关部位上的防火阀。

④ 显示气体灭火系统防火区的报警、喷放及防火门（帘）、通风空调设备的状态。

（4）消防控制设备对干粉灭火系统的控制与显示。

① 控制系统的启/停。

② 显示系统的工作状态。

干粉灭火系统的控制方式与管网气体灭火系统相同。

（5）消防控制设备对常开防火门的控制。

① 防火门任何一侧的火灾探测器报警后，防火门应自动关闭。

② 防火门关闭信号应送到消防控制室。

（6）消防控制设备对防火卷帘的控制。

① 疏散通道上的防火卷帘两侧应设置火灾探测器组及其报警装置，且两侧应设置手动控制按钮。

② 疏散通道上的防火卷帘应按下列程序自动控制下降：感烟探测器动作后，卷帘下降距地（楼）面1.8 m；感温探测器动作后，卷帘下降到底。

③ 用做防火分隔的防火卷帘，火灾探测器动作后，卷帘应下降到底。

④ 感烟、感温火灾探测器的报警信号及防火卷帘的关闭信号应送至消防控制室。

（7）消防控制设备对防烟、排烟设施的控制与显示。火灾报警后，为了防止火灾产生的烟气沿空调送、回风管道蔓延，消防控制室应在接到火灾报警信号后停止相关部位的空调风机，并将该通向区域的水平支管通过关闭防火阀来切断其与总风管的联系，风机停止工作和防火阀关闭的信号应反馈到消防控制室。因此，消防控制设备应具备以下几种功能。

① 停止有关部位的空调送风，关闭电动防火阀，并接收其反馈信号。

② 启动有关部位的防烟、排烟风机，排烟阀等，并接收其反馈信号。

③ 控制挡烟垂壁等防烟设施。

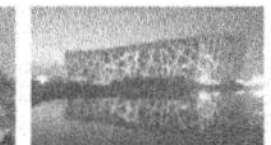

建筑物中的机械防烟系统的工作程序如图4–95所示；建筑物中的机械排烟系统的工作程序如图4–96所示。

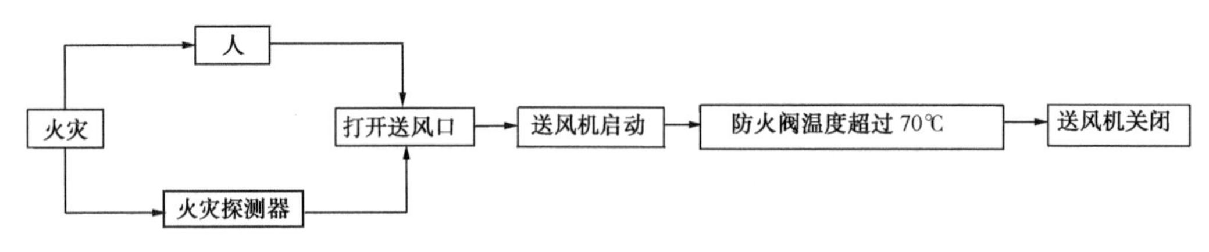

图4–95　机械防烟系统的工作程序

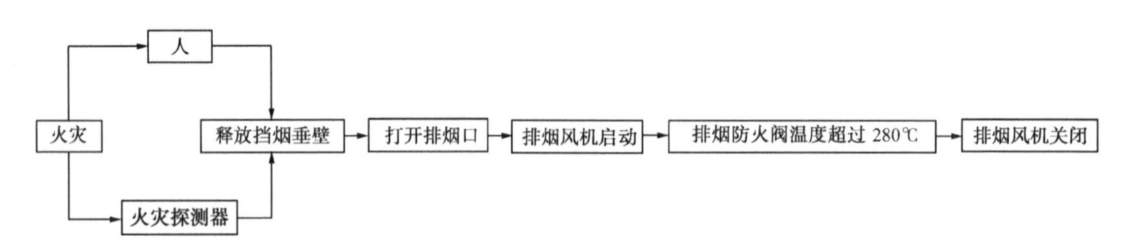

图4–96　机械排烟系统的工作程序

挡烟垂壁主要是用来防止烟气四处蔓延，在火灾初期将烟限定在一定范围内。形成防烟分区一般的做法是利用建筑物固有的建筑结构，如大梁、突出于吊顶或顶板的装饰构件，如透明的玻璃等，也有的是采用机械的挡烟垂壁。这种挡烟垂壁平时隐藏在吊顶上，其朝下的一面与所处吊顶在同一水平面上，火灾发生时，可自动或由现场人员手动操作，将其释放出来，形成距吊顶面60～70 cm的挡烟垂壁，以阻止烟气蔓延。

（8）消防控制室对非消防电源、警报装置、火灾应急照明灯和疏散标志灯的控制。为了扑救方便，避免电气线路因火灾而造成短路，形成二次灾害，同时也为了防止救援人员触电，发生火灾时切断非消防电源是必要的。但是切断非消防电源应控制在一定的范围之内，一定范围是指着火的那个防火分区或楼层。切断方式可为人工切断，也可以自动切断；切断顺序应考虑按楼层或防火分区的范围，逐个实施，以减少断电带来的不必要的惊慌。非消防电源的配电盘应具有联动接口，否则消防控制设备是不能完成切断功能的。

在正常照明被切断后，应急照明和疏散标志灯就担负着为疏散人群提供照明和诱导指示的重任。由于火灾应急照明和疏散标志灯属于消防用电设备，因此其电源应选用消防电源；如果不能选用消防电源，则应将蓄电池组作为备用电源，且主、备电源应能自动切换。

火灾状态下，为了避免人为的紧张，造成混乱，影响疏散，同时也是为了通知尚不知道火情的人员，首先应在最小范围内发出警报信号并进行应急广播，如图4–97所示。

（9）消防控制室的消防通信功能。为了能在发生火灾时发挥消防控制室的指挥作用，在消防控制室内应设置消防通信设备，并应满足以下几点要求。

① 应有一部能直接拨打“119”火警电话的外线电话机。

② 应有与建筑物内其他重要消防设备室直接通话的内部电话。

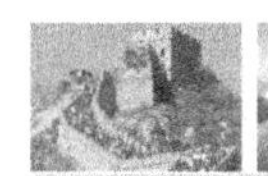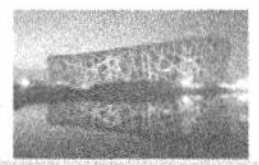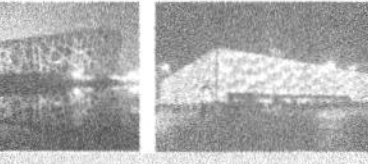

③ 应有无线对讲设备。

考虑到一般建筑物都设有内部程控交换机，消防控制室及其他重要的消防设备房都装设了内部电话分机，在程控交换机上就可设定消防控制室的电话分机，并具有拨打外线电话的功能。无线对讲设备是重要的辅助通信设备，它具有移动通话的作用，可以避免线路的束缚，但它的通信距离和通话质量受诸多条件的限制。

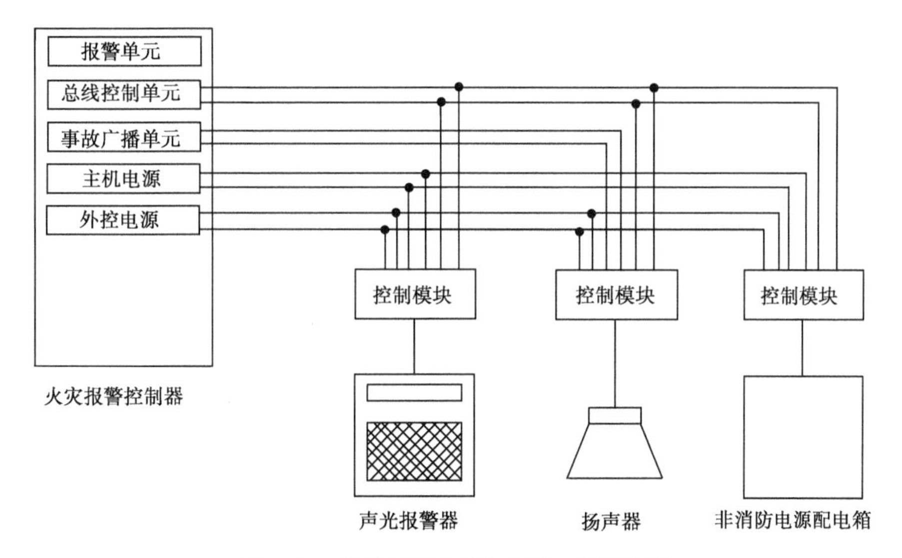

图 4-97　总线控制非消防电源、警报装置

（10）消防控制室对电梯的控制与显示。发生火灾时，消防控制室应能将全部电梯迫降至首层，并接收其反馈信号。

对电梯的控制有两种方式：一种是将电梯的控制显示盘设在消防控制室，消防值班人员在必要时可直接操作；另一种是在人工确认发生火灾后，消防控制室向电梯控制室发出火灾信号及强制电梯下降的指令，所有电梯下行停于首层。

4.3.3　报警系统接地装置的安装

火灾自动报警系统接地装置的接地电阻值应符合下列要求。

（1）采用专用接地装置时，接地电阻值应不大于 4 Ω，这一取值是与计算机接地要求规范一致的。专用接地装置，如图 4-98 所示。

（2）采用共用接地装置时，接地电阻值应不大于 1 Ω，这也是与国家有关接地规范中对于电气防雷接地系统共用接地装置时接地电阻值的要求一致的。共用接地装置，如图 4-99 所示。

（3）火灾自动报警系统应设专用接地干线，并应在消防控制室设置专用接地板。专用接地干线应从消防控制室专用接地板引至接地体。专用接地干线应采用铜芯绝缘导线，其线芯截面面积应不小于 25 mm^2。专用接地干线宜套上硬质塑料管埋设至接地体。由消防控制室接地板引至各消防电子设备的专用接地干线应选用铜芯绝缘导线，其线芯截面面积应不小于 4 mm^2。

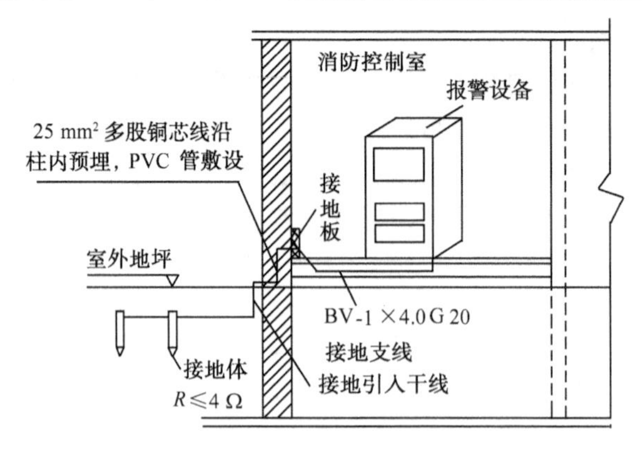

图 4-98　专用接地装置

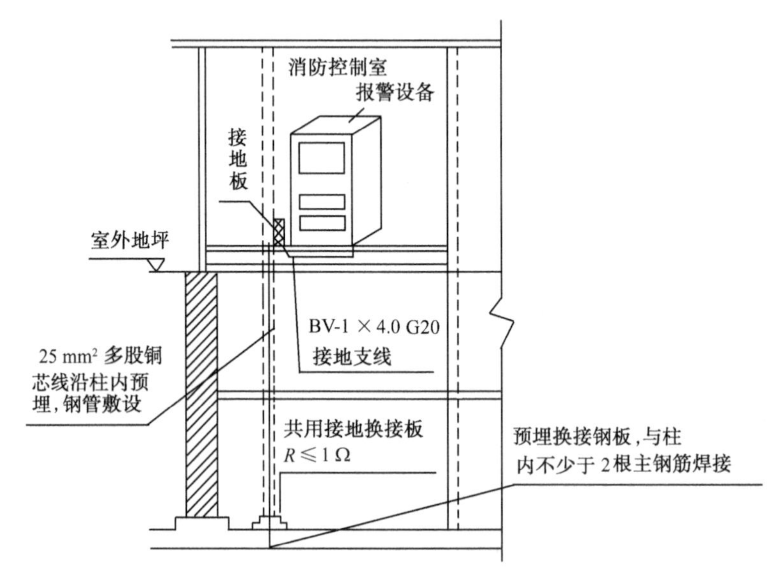

图 4-99　共用接地装置

在消防控制室设置专用的接地板有利于保证系统正常工作。专用接地干线是指从消防控制室接地板引至接地体的这一段，若设有专用接地体则是指从接地板引至室外的这一段接地干线。计算机及电子设备接地干线的引入段一般不能采用扁钢或裸铜排等方式，主要是为了与防雷接地（建筑构件防雷接地、钢筋混凝土墙体）分开，保持一定的绝缘，以免直接接触，影响消防电子设备的接地效果。因此，规定专用接地干线应采用铜芯绝缘导线，其线芯截面面积应不小于 25 mm^2。采用共用接地装置时，一般接地板引至最底层地下室内相应钢筋混凝土柱的基础作为共用接地点，不宜从消防控制室内柱子上的焊接钢筋直接引出作为专用接地板。从接地板引至各消防电子设备的专用接地线线芯的截面面积应不小于 4 mm^2。

(4) 消防电子设备凡采用交流电供电时，设备金属外壳和金属支架等应作保护接地，接地线应与电器保护接地干线（PE 线）相连接。

在消防控制室内，消防电子设备一般采用交流供电，为了避免操作人员触电，都应将金属支架作保护接地。接地线用电气保护地线（PE 线），即供电线路应采用单相三线制供电。

4.4　火灾报警及联动控制系统的调试与验收

知识分布网络

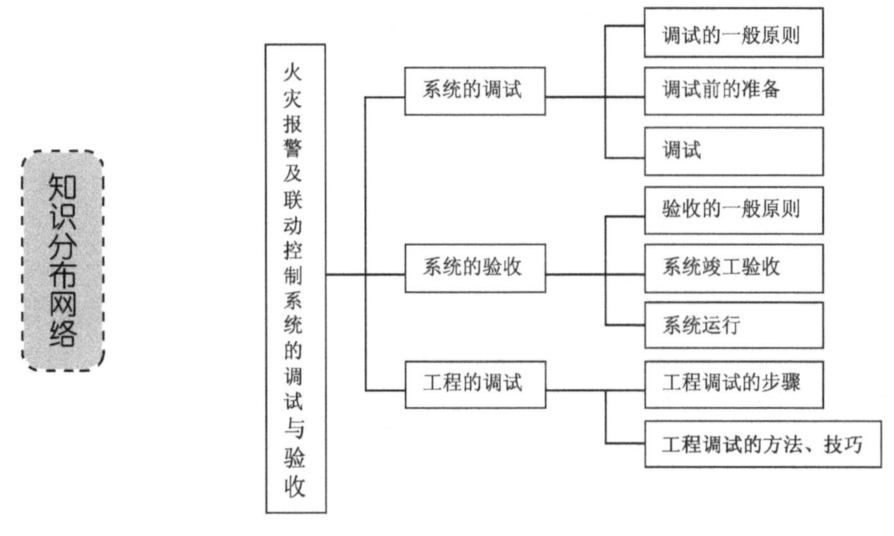

4.4.1　火灾报警及联动控制系统的调试

1. 调试的一般原则

1）火灾自动报警系统的调试，应在建筑内部装修和系统施工结束后进行

火灾自动报警系统的调试工作，必须在系统安装结束后进行。其依据是，世界各先进国家的安装实用规范都有类似的规定。如英国标准《建筑内部安装的火灾探测报警系统》BS 5839 的第一部分“安装和使用的实用规范”明确规定：“安装完成后应检验，以确保工程已经满意地完成。安装者应提供该安装工程符合本实用规范要求的合格证书。”又如联邦德国保险商协会（VDS）制定的《火灾自动报警系统设计和安装规范》中规定：“火灾报警系统安装完工后，安装公司应按照 VDS 发放的样本表和该系统的运行情况提交给用户一份安装证书，同时应呈交给 VDS 一份复印本。”

2）火灾自动报警系统调试前应具备规范要求及调试必需的相关文件

调查表明，近年来在我国火灾自动报警系统的安装使用中，由于文件资料不全给火灾自动报警系统的安装、调试和正常运行都带来了很大困难。因此本条明确规定了火灾自动报警系统调试开通前必须具备的相关文件，这些文件包括以下几种。

（1）火灾自动报警系统框图。

（2）设置火灾自动报警系统的建筑平面图。

（3）设备安装技术文件。

① 安装尺寸图（包括控制设备、联动设备的安装图，探测器预埋件、端子箱安装尺寸等）。

② 设备的外部接线图（包括设备尾线编号、端子板出线等）。

（4）变更设计部分的实际施工图。

（5）变更设计的证明文件。

（6）安装验收单。

① 安装技术记录（包括隐蔽工程检验记录）。

② 安装检验记录（包括绝缘电阻、接地电阻的测试记录）。

（7）设备的使用说明书（包括电路图及备用电源的充放电说明）。

（8）调试程序或规程。

（9）调试人员的资格审查和职责分工。

3）调试负责人必须由有资格的专业技术人员担任，所有参加调试的人员应职责明确，并应按照调试程序进行工作

火灾自动报警系统的调试工作是一项专业技术非常强的工作，国内外不同生产厂家的火灾自动报警产品不仅型号不同，外观各异，而且从报答概念、传输技术和系统组成都有区别。特别是近年来国内外产品都有向计算机、多路传输和智能化方面发展的趋势，调试工作特别是现场编程都需要熟悉火灾自动报警系统的专门人员才能完成。

近年来，在北京、广州、上海、成都和西安等地的调查表明，由于我国还没有火灾自动报警系统的安装、使用规范，一些工程队未经严格训练，不具备专业人员的素质，也进行调试工作，出了不少问题，给运行和维修工作带来很大的困难，以至于有些工程多年来一直处于瘫痪状态。

所以本条明确规定了调试负责人，必须由有资格的专业技术人员担任。一般应由生产厂的工程师（或相当于工程师水平的人员）或生产厂委托的经过训练的人员担任。其资格审查仍应由公安消防监督机构按有关规定进行。

2. 调试前的准备

（1）调试前应按设计要求查验设备的规格、型号、数量、备品备件等。

本条规定了调试前应对火灾自动报警设备的规格、型号、数量和备品备件等进行查验。

从我国近几年的实际应用情况看，由于企业管理素质差，发货差错时有发生，特别是备品备件和技术资料不齐全，给调试工作和系统正常运行都带来了困难，甚至影响到火灾自动报警系统的可靠性。国外的安装和使用规范也有类似的规定。比如，英国标准《建筑内部安装的火灾探测报警系统》BS 5839 第一部分“安装和使用的实用规范”规定：“在安装完毕时，应提供给安装场所使用负责人有关该系统使用的说明书……安装承包商应提供给用户一些用于维修和记录用的图表，以及指明各类设备和接线盒等各种不同装置的位置及所有电缆和电线的规格和走向的图表，接线盒和配电箱的接线图应包括在内。”所以，按本条规定，备品备件和技术资料应齐备。

（2）检查系统的施工质量。对属于施工中出现的问题，应会同有关单位协商解决，并有文字记录。

本条规定了进行调试的人员，要检查火灾自动报警系统的安装工作。这是一个交接程序。从目前我国的实际情况看，有些工程由于交接不清，互相扯皮，耽误工期。从质量管理和质量控制的角度讲，交接工作是下道工序对上道工序的检查，这对火灾自动报警系统的可靠运行起到很好的保障作用。

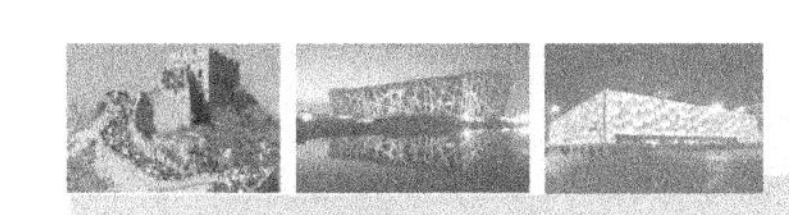
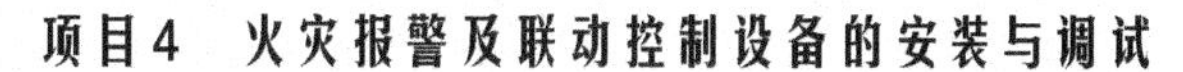

(3) 应按规范要求检查系统线路，对于错线、开路、虚焊和短路等应进行处理。

本条规定了火灾自动报答系统外部线路的检查工作，这是因为几乎没有一个工程不出现接线错误，而这种错误往往会造成严重后果。例如，国内某饭店的火灾报警系统误将220V电源线接在火灾自动控制器的直流稳压电源上，使几台控制器烧毁，损失数万元。另外，在查线过程中一定要按厂家的说明，使用合适的工具检查线路，避免损坏底座上的元器件。

3. 调试

(1) 火灾自动报警系统调试，应首先分别对探测器、区域报警控制器，集中报警控制器、火灾警报装置和消防控制设备等逐个进行单机通电检查，正常后方可进行系统调试。

现行国家标准《火灾自动报警系统设计规范》中规定了火灾自动报警系统，可选用下列三种形式：

① 区域报警系统；

② 集中报警系统；

③ 控制中心报警系统。

按本条规定，不论选用哪一种系统都应按照消防设备产品说明书的要求，单机通电后才能接入系统。这样做可以避免单机工作不正常时影响系统中的其他设备。

(2) 火灾自动报警系统通电后，应按现行国家标准《火灾报警控制器通用技术条件》的有关要求对报警控制器进行下列功能检查：

① 火灾报警自检功能；

② 消音、复位功能；

③ 故障报警功能；

④ 火灾优先功能；

⑤ 报警记忆功能；

⑥ 电源自动转换和备用电源的自动充电功能；

⑦ 备用电源的欠压和过压报警功能。

本条按现行国家标准《火灾报警控制器通用技术条件》的要求列出了基本功能。这些要求是必备的，在调试开通过程中必须一一检查，全部满足。

对产品说明书规定的其他功能，比如为了减少误报而设置的脉冲复位、区域交叉和报警级别等，如果说明书有规定，在调试时就应逐一检查。

(3) 检查火灾自动报警系统的主电源和备用电源，其容量应分别符合现行有关国家标准的要求，在备用电源连接充放电3次后，主电源和备用电源应能自动转换。

由于火灾自动报警系统要求电源必须非常可靠，在《火灾自动报警系统设计规范》和《火灾报警控制器通用技术条件》中都对主电源和备用电源的容量和自动切换作了明确要求。

本条也特别指出，在调试过程中对备用电源连续充放电3次，以保证在事故状态下能正常使用。

调查表明，很多工程的火灾自动报警系统使用的不是满足《火灾报警控制器通用技术条件》所规定容量的备用电源。一旦发生火灾断掉主电源后，系统就不能正常工作。所以本条

明确规定了在现场调试中应检查主电源和备用电源的容量，同时作电源充放电和自动切换试验。

（4）应采用专用的检查仪器对探测器逐个进行试验，其动作应准确无误。

本条规定系统正常工作后，使用专用的检查仪器对探测器进行试验。用香烟或蚊香等对感烟探测器加烟，往往使探测器污染，塑料外壳变色，影响使用效果，严重时会引起误报，所以应特别注意。

（5）应分别用主电源和备用电源供电，检查火灾自动报警系统的各项控制功能和联动功能。

本条特别强调了分别用主电源和备用电源检查火灾自动报警系统的控制功能和联动功能。在实际工程调查中发现，一些已经投入使用的火灾自动报警系统出现火情时，联动和控制部分不能动作，以致酿成火灾，造成不应有的损失。所以，本条对主电源和备用电源分别供电时，控制功能和联动功能应能正常作了明确规定。

（6）火灾自动报警系统应在连续运行120 h无故障后，按规范要求填写调试报告。

本条规定系统调试正常后，应运行120 h无故障后，才能进行验收工作。

这是根据我国的实际情况，考虑到元器件的早期失效和各安装调试单位调试程序和方法所作的规定。时间过长，往往影响验收和建筑物的使用；时间太短，系统存在的问题未充分暴露，也会影响系统的可靠工作，5天时间是基于二者的折中。

4.4.2 火灾报警及联动控制系统的验收

1. 验收的一般原则

（1）火灾自动报警系统竣工验收，应在公安消防监督机构监督下，由建设主管单位主持，设计、施工、调试等单位参加，共同进行。

系统竣工验收是对系统施工质量的全面检查，各有关方面共同参加验收，既可体现联合验收、各负其责，又可以在发现问题时便于协商处理。

（2）火灾自动报警系统验收应包括下列装置：

① 火灾自动报警系统装置（包括各种火灾探测器、手动报警按钮、区域报警控制器和集中报警控制器等）；

② 灭火系统控制装置（包括室内消火栓、自动喷水、卤代烷、二氧化碳、干粉、泡沫等固定灭火系统的控制装置）；

③ 电动防火门、防火卷帘控制装置；

④ 通风空调，防烟、排烟及电动防火阀等消防控制装置；

⑤ 火灾事故广播、消防通信、消防电源、消防电梯和消防控制室的控制装置；

⑥ 火灾事故照明及疏散指示控制装置。

本条规定了系统验收中应该检查验收的设备。这是按照现行国家标准《建筑设计防火规范》、《高层民用建筑设计防火规范》、《人民防空工程设计防火规范》、《汽车库、修车库、停车场设计防火规范》和《火灾自动报警系统设计规范》、《自动喷水灭火系统设计规范》、《卤代烷1211灭火系统设计规范》等规范中的有关规定综合制定的。在目前其他系统的施工验收规范尚未颁布之前，特将火灾自动报警设备有关的自动灭火设备及电动防火门、防火卷帘等联动控制设备列入验收的内容。这对保证整个消防设备施工安装的质量

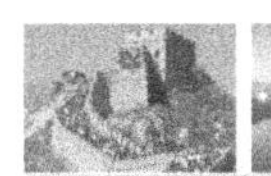
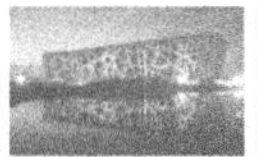

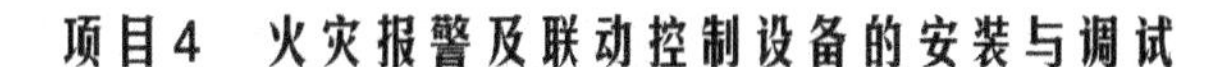

是十分必要的。

（3）火灾自动报警系统验收前，建设单位应向公安消防监督机构提交验收申请报告，并附下列技术文件：

① 系统的竣工表；

② 系统的竣工图；

③ 施工记录（包括隐蔽工程验收记录）；

④ 调试报告；

⑤ 管理、维护人员登记表。

本条规定系统验收前，建设单位在消防设备竣工后，应正式向当地公安消防监督机构提交申请验收的报告，并送交一些必要的图纸和资料。其中，系统的竣工表由公安消防机构统一印制，由甲方到公安机关领取，并由甲方与施工单位填写后送交公安机关。通过验收使甲方和公安机关全面了解工程中使用产品的类别、数量、生产厂家等情况。为了加强消防设备的维修、管理，在验收时建设单位就应确定消防设备管理、维修人员，并报公安机关备案，以便公安机关对管理、维修人员进行培训和管理。施工图纸资料、隐蔽部位安装记录及调试报告均由施工单位提供。

在国外一些国家消防设备的验收中，消防机关和施工单位都是很重视的，有的要求按固定格式办理。例如，日本是按照《关于消防设备试验结果报告书格式》的规定进行的，各种表格装订成册后可达数十页。瑞士西伯乐斯公司在施工指南中规定，在系统正式验收前，应提交给系统负责人火灾报警系统安装、设计或设备的明细表。其中主要包括：

① 火灾报警控制器监视的区域；

② 火灾报警系统通电、监视和报警的基本功能方框图；

③ 探测器的型号、类别、布局和回路数的概况；

④ 报警控制器的类型和定位；

⑤ 电源类型和容量、定位；

⑥ 报警机构及警报装置。

施工指南同时规定，施工单位应在验收前，将系统的灵敏度调整到设计运行的指标上。

为了认真负责地做好消防设备的竣工验收工作，确保施工质量和建设单位开通运行后的管理、维修，施工单位在竣工验收时，应向建设单位和监督单位提交验收文件资料。

（4）火灾自动报警系统验收前，公安消防监督机构应进行操作、管理、维护人员配备情况的检查。

关于消防自动化系统的设备及系统的设计，均已颁布国家标准，产品质量及设计水平正在不断提高、逐步完善。目前，我国一些实际工程中，消防系统的管理、维修常常是设备安全运行最薄弱的环节。例如，有个别使用单位内部互相推诿，不配备消防管理人员；有的单位人员素质不高，不懂消防设备的使用及维修方法。为保证设备验收后有合格的使用、维修人员，本条规定：系统验收前，公安消防监督机构应进行操作、维护、管理人员配备情况的检查，没配备经过培训、考试合格的维修、管理人员，消防监督机构对该工程不予验收。

（5）火灾自动报警系统验收前，公安消防监督机构应进行施工质量复查。复查应包括下列内容：

① 火灾自动报警系统的主电源、备用电源、自动切换装置等安装位置及施工质量；

② 消防用电设备的动力线、控制线、接地线及火灾报警信号传输线的敷设方式；

③ 火灾探测器的类别、型号、适用场所、安装高度、保护半径、保护面积和探测器的间距等；

④ 各种控制装置的安装位置、型号、数量、类别、功能及安装质量；

⑤ 火灾事故照明和疏散指示控制装置的安装位置和施工质量。

本条规定了系统验收前，公安消防机构应进行施工质量的复查。经公安消防机构和当地施工质量单位对施工质量复查合格后，再组织有关技术人员进行功能抽查验收。这样有利于施工、质量监督部门和消防监督机构有组织、有计划地安排验收工作。根据在北京、上海、成都、西安几个城市的调查，在过去的竣工验收中，有些建设单位由于急于开业，往往是在施工没完的情况下就要求验收。消防机构组织各专业的工程技术人员，调动了消防车辆，兴师动众，结果因施工质量不好，验收进行不下去或验收不合格。这样既浪费了时间，又不能保证验收工作的质量。所以特别指出，没有经过施工质量复查或在复查时消防机构提出的质量问题没有整改的工程，不得进行功能验收，以确保验收工作的质量。

（6）复查内容的详细解释如下。

① 一般电气设备的施工质量由建筑施工质量站负责检查和监督。对消防用电设备的安装质量，也在施工质量监督站的质量监督范围之内。消防监督机构对消防设备比较了解，但是，电源设备验收时，应邀请供电部门和施工质量部门参加。消防机构对系统的主电源、备用电源、自动切换装置的施工质量进行复查，发现施工质量不合格的，可向建设单位、施工单位提出意见。对于一些比较严重的问题或遇到分歧的问题，可请本省市的施工质量监督站负责解决。当然，消防机构也可会同施工质量监督部门一起对消防设备的施工质量进行复查，这样更有利于保证消防设备施工的质量。

对消防用电设备电源的负荷等级，在现行国家标准《高层民用建筑设计防火规范》、《建筑设计防火规范》及《人民防空工程设计防火规范》中均已作了明确规定。同时，对消防用电设备的两个电源或两回线路、自动切换装置的安装位置也作了明确规定。施工质量检查，第一点就是检查消防设备的供电电源的负荷等级是否与建筑相符合。如在现行国家标准《高层民用建筑设计防火规范》中规定，高层民用建筑的消防控制室、消防水泵、消防电梯、防烟、排烟设备、火灾自动报警、自动灭火设备、火灾事故照明、疏散指示标志和电动防火门窗、卷帘、阀门等消防用电，一类建筑按现行的《电力设计规范》规定的一级负荷要求供电，二类建筑的上述消防用电应按二级负荷的两回线路要求供电。消防用电设备的两个电源或两回线路，应在最末一级配电箱处自动切换。自备发电设备，应设有自动启动装置。

目前，一般工程采用两路电源或两回路供电的，其容量均可以保证。但有些用自备发电动机为备用电源的，其容量不一定全部符合要求。同时，还要检查自动切换装置的位置是否按规范规定设在最末级配电箱处。目前，实际工程中多是在配电室设自动切换装置，其后面则是一条电缆（线）送出，这是不符合要求的。这不能保证消防用电设备的可靠性，是造成隐患的主要原因。有的设计单位没按规范设计，有的施工单位没按图施工，无论什么原因在竣工验收前都应按要求予以修改。其他施工质量按有关施工规范和施工图册中的要求进行复查。

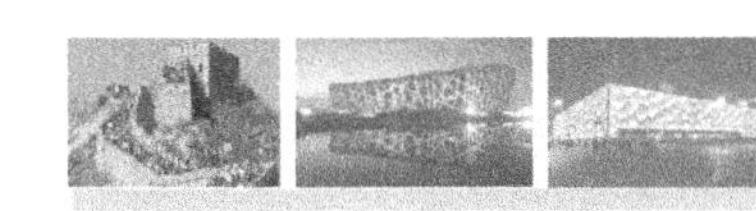

② 消防用电设备的动力线、控制线、接地线及火灾报警信号传输线的敷设方式，根据其使用要求和耐火性能的不同而有所不同。具体要求在现行国家标准《火灾自动报警系统设计规范》中作了详细规定。如：火灾报警信号传输线采用绝缘导线穿金属管、硬质塑料管、半硬塑料管或封闭式线槽即可；消防控制线，通信、动力线和警报广播线穿金属管后还应暗敷在非燃烧体结构内，其保护层的厚度应不小于 3 cm。另外，不同系统、不同电压、不同电流、强电与弱电等均不应敷设在同一根管内或同一线槽内。

在《火灾自动报警系统设计规范》中，对消防用电设备的接地线和接地电阻值作了明确的规定。如：消防控制室设备的接地电阻值、工作接地电阻值应小于 4 Ω；联合接地电阻值应小于 1 Ω。同时规定：消防控制室引至接地体的接地干线应采用截面积不小于 16 mm^2 的铜芯绝缘导线或电缆；控制室接地板到消防设备的接地线应采用截面积不小于 4 mm^2 的铜芯绝缘软线。接地装置的处理等可参照电气规范中有关条文或施工图册的做法进行施工。

③ 关于火灾探测器的类别、适用场所及按不同高度选用火灾探测器等，在《火灾自动报警系统设计规范》中都作了具体规定。各类火灾探测器的保护半径、保护面积和探测器的间距等，在《火灾自动报警系统设计规范》中也作了规定。设计单位的设计图纸一般也应按规范设计。施工单位应按图施工，对不符合规范的设计图纸应向设计部门提出洽商意见，使之符合规范的要求。

④ 对系统验收的范围作了明确规定。本款要求对所规定验收设备的施工质量进行复查。其复查的根据是现行国家标准《火灾自动报警系统设计规范》，复查的具体内容如下。

a. 火灾报警控制器。火灾报警控制器的选用在《火灾自动报警系统设计规范》中作了明确规定，即设备应选用符合现行国家标准或行业标准、国家有关产品质量监督检测单位已经检验合格的产品，以确保产品质量，不可随意修改组装。火灾报警控制器在建筑内的安装尺寸、位置等在规范里已作了明确规定，施工单位应按规定安装。

b. 室内消火栓。室内消火栓加压水泵的电源按照现行国家标准《建筑设计防火规范》的要求，应有两路电源或两回路供电，并且应在水泵控制盘的电源进线处设置两路电源的自动切换装置。水泵的控制盘及自动切换装置应按现行有关电气施工规范或施工图中的技术要求进行施工。关于消防控制设备的功能，《火灾自动报警系统设计规范》对室内消火栓在消防控制盘上的控制功能，作了明确规定：控制消防水泵的启/停；显示启泵按钮启泵的位置；显示消防水泵的工作、故障状态。

c. 自动喷水灭火系统。自动喷水灭火系统的水泵电源和其他消防用电设备一样，应按两路电源或两回路电源供电，在其控制盘前应有两路电源自动切换装置。

《火灾自动报警系统设计规范》对自动喷水灭火系统管网上的压力开关、水流指示器及闸阀等部位的指示、控制功能的规定是：控制系统的启/停；显示报警阀、闸阀及水流指示器的工作状态；显示消防水泵的工作、故障状态。

根据消防部门的计划安排，“自动喷水灭火系统施工及验收规范”正在编制中，在施工验收规范正式颁布前，系统的安装可参照国家有关规范的要求进行施工。在施工中，水、电两个工种要密切配合才能完成这一工作。

d. 卤代烷等固定灭火系统。对于卤代烷、二氧化碳、干粉、泡沫灭火系统的设计、安装将随着各自标准的颁布日趋规范。《卤代烷 1211 灭火系统设计规范》已颁布实施。“1301 系

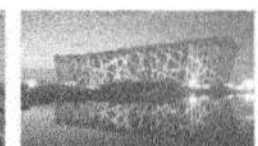

统设计规范”及“卤代烷灭火系统的施工及验收规范”已在计划编制中。

在卤代烷、二氧化碳、干粉、泡沫灭火系统的施工中，有标准不全问题，也有一些实际问题。关于施工的标准问题，在系统的施工、验收规范未颁布前，可参照国家有关规范。

e. 电动防火门及防火卷帘。关于电动防火门、防火卷帘和消防电梯控制设备的控制功能，《火灾自动报警系统设计规范》规定，在火灾报警确认火灾后，消防控制室的控制设备应有以下功能：关闭有关部位的防火门、防火卷帘，并接收其反馈信号；发出控制信号，强制电梯全部停于首层，并接收其反馈信号。

关于防排烟设备的控制功能，在《火灾自动报警系统设计规范》中规定：火灾报警后，消防控制设备应启动有关部位（报警部位）的防烟、排烟风机（包括正压送风机）和排烟阀，并接收其反馈信号。

f. 事故广播及消防通信设备。对火灾事故广播、消防通信设备的安装质量，应按照《火灾自动报警系统设计规范》的施工质量要求进行复查。

⑤ 火灾时供通道疏散照明用的一般地面建筑内的事故照明灯的照度为0.5 lx，地下工程内的事故照明灯的照度为5 lx。疏散指示标志灯，是安装在疏散走道侧墙上，供疏散人指示方向用的。其照度要求为灯前通道中心点上的照度不低于1 lx，安装高度为距地板1.2 m以下。其施工质量，应按照建筑电气设计规范和电气安装规范的要求进行复查。

2. 系统的竣工验收

(1) 消防用电设备电源的自动切换装置，应进行3次切换试验，每次试验均应正常。

(2) 火灾报警控制器应按下列要求进行功能抽验：

① 实际安装数量在5台以下者，全部抽验；

② 实际安装数量在6～10台者，抽验5台；

③ 实际安装数量超过10台者，按实际安装数量30%～50%的比例、但不少于5台抽验。抽验时每个功能应重复1～2次，被抽验控制器的基本功能应符合现行国家标准《火灾报警控制器通用技术条件》中的功能要求。

(3) 火灾探测器（包括手动报警按钮），应按下列要求进行模拟火灾响应试验和故障报警抽验。

① 实际安装数量在100只以下者，抽验10只；

② 实际安装数量超过100只，按实际安装数量5%～10%的比例，但不少于10只抽验。被抽验探测器的试验均应正常。

(4) 室内消火栓的功能验收应在出水压力符合现行国家有关建筑设计防火规范的条件下进行，并应符合下列要求。

① 工作泵、备用泵转换运行1～3次；

② 消防控制室内操作启、停泵1～3次；

③ 消火栓处操作启泵按钮，按5%～10%的比例抽验。

以上控制功能应正常，信号应正确。

(5) 自动喷水灭火系统的抽验，应在符合现行国家标准《自动喷水灭火系统设计规范》

的条件下，抽验下列控制功能。

① 工作泵与备用泵转换运行 1 ～ 3 次；

② 消防控制室内操作启、停泵 1 ～ 3 次；

③ 水流指示器、闸阀关闭器及电动阀等，按实际安装数量 10% ～ 30% 的比例进行末端放水试验。

上述控制功能、信号均应正常。

（6）卤代烷、泡沫、二氧化碳、干粉等灭火系统的抽验，应在符合现行各有关系统设计规范的条件下按实际安装数量的 20% ～ 30% 抽验下列控制功能。

① 人工启动和紧急切断试验 1 ～ 3 次；

② 与固定灭火设备联动控制的其他设备（包括关闭防火门窗、停止空调风机、关闭防火阀、落下防火幕等）试验 1 ～ 3 次；

③ 抽一个防护区进行喷放试验（卤代烷系统应采用氮气等介质代替）。

上述试验控制功能、信号均应正常。

（7）电动防火门、防火卷帘，应按实际安装数量的 10% ～ 20% 抽验联动控制功能，其控制功能、信号均应正常。

（8）通风空调和防排烟设备（包括风机和阀门），应按实际安装数量的 10% ～ 20% 抽验联动控制功能，其控制功能、信号均应正常。

（9）消防电梯，应进行 1 ～ 2 次人工控制和自动控制功能检验，其控制功能、信号均应正常。

（10）火灾事故广播设备，应按实际安装数量的 10% ～ 20% 进行下列功能检验。

① 在消防控制室选层进行广播试验；

② 共用的扬声器强行切换试验；

③ 备用扩音机控制功能试验。

上述控制功能应正常，语音应清楚。

（11）消防通信设备的检验，应符合下列要求。

① 消防控制室与设备间所设的对讲电话进行 1 ～ 3 次通话试验；

② 电话插孔按实际安装数量的 5% ～ 10% 进行通话试验；

③ 消防控制室的外线电话“119 台”进行 1 ～ 3 次通话试验。

上述功能应正常，语音应清楚。

（12）各项检验项目中，若有不合格者时，应限期修复或更换，并进行复验。复验时，对有抽验比例要求的，应进行加倍试验。复验不合格者，不能通过验收。

3. 系统运行

1）火灾自动报警系统投入运行前，应具备的条件

（1）火灾自动报警系统的使用单位应有经过专门培训、并经过考试合格的专人负责系统的管理操作和维护。

（2）火灾自动报警系统正式启用时，应具有下列文件资料：

① 系统竣工图及设备的技术资料；

② 操作规程；

③ 值班员职责；

④ 值班记录和使用图表。

（3）应建立火灾自动报警系统的技术档案。

（4）火灾自动报警系统应保持连续正常运行，不得随意中断。

本条款规定了使用单位必须做到的四个方面。

（1）要求使用单位必须有专人负责系统的管理、操作和维护，克服安而不管，置而不用的现象。管理主要是加强日常管理，单位领导要重视，组织人员要落实。系统投入运行后，操作维护至关重要。尽管设备先进、设计安装合理，如管理不善、操作维护不当，同样不能充分发挥设备的作用。操作、维护人员上岗前必须进行专门培训，掌握有关业务知识和操作规程，以免由于知识缺乏、操作不当或误操作造成设备损坏或其他损失。当火灾自动报警系统更新时，要对操作、维护人员重新进行培训，使其熟悉、掌握新系统的工作原理及操作规程后方可再上岗。同时，操作人员应保持相对稳定。

（2）规定了系统正式启用时，使用单位必备的文件资料。

（3）规定了使用单位应建立系统的技术档案，将所有的有关文件资料整理存档，以便于系统的使用和维护。如：有关消防设备的施工图纸和技术资料；变更设计部分的实际施工图；变更设计的证明文件；安装技术记录（包括隐蔽工程检验记录）；检验记录（包括绝缘电阻、接地电阻的测试记录）；系统竣工情况表；安装竣工报告；调试开通报告；竣工验收情况表；管理、操作、维护人员登记表；操作、使用规范；值班记录和使用图表；值班员职责；设备维修记录。上述文件资料均应存档。

（4）规定了不得因误报等原因随意切断电源，使系统中断运行。

2）火灾自动报警系统的定期检查和试验要求

（1）每日应检查火灾报警控制器的功能，并应按要求的格式填写系统运行和控制器日检登记表。

（2）每季度应检查和试验火灾自动报警系统的下列功能，并应按要求的格式填写季度登记表。

① 采用专用检测仪器分期、分批试验探测器的动作及确认灯的显示。

② 试验火灾警报装置的声光显示。

③ 试验水流指示器、压力开关等报警功能、信号显示。

④ 对备用电源进行1～2次充、放电试验，1～3次主电源和备用电源自动切换试验。

⑤ 用自动或手动检查下列消防控制设备的控制显示功能：防排烟设备（可半年检查一次）、电动防火阀、电动防火门、防火卷帘等的控制设备；室内消火栓、自动喷水灭火系统的控制设备；卤代烷、二氧化碳、泡沫、干粉等固定灭火系统的控制设备；火灾事故广播、火灾事故照明灯及疏散指示标志灯的控制设备。

⑥ 强制消防电梯停于首层的试验。

⑦ 消防通信设备应在消防控制室进行对讲通话试验。

⑧ 检查所有转换开关。

⑨ 强制切断非消防电源的试验。

（3）每年对火灾自动报警系统的功能，应做下列检查和试验，并应按要求的格式填写年检登记表。

① 每年应用专用检测仪器对所安装的探测器试验一次。

② 试验火灾事故广播设备的功能。

（4）本条款对使用单位每日、每季、每年应做的检查和试验作了规定。

① 规定了每日应做的主要日常工作，对于集中报警控制器和区域报警控制器及其相关的设备，如控制盘、模拟盘等都应进行检查。因为这些设备是系统中的关键设备，一旦出现问题，会影响到整个系统的工作。因此，必须做到及时发现问题，随时处理，以保证系统正常运行。所以，对报警控制器等设备的功能每天应进行一次检查（有自检、巡检功能的，可通过拨动控制器的自检、巡检开关来检查其功能是否正常）。没有上述功能的，也可采用给一只探测器加烟（温）的方法使探测器报警，来检查集中报警控制器或区域报警控制器的功能是否正常。同时，还应检查消音、复位、故障报警等功能是否正常。

② 对每季度内应做的检查试验作了具体规定，且均应进行动作试验。

对每只探测器按生产厂家说明书的要求，用专用检测仪器进行实际试验，检查每只探测器的功能是否正常。由于使用单位不同，探测器的安装场所及安装数量不同，因此，对其试验周期及试验数量可依具体情况而异。对安装在易污染场所的探测器，最好每季度至少试验一次。具体检查、试验顺序，使用单位可自行编制，依次进行。具体检查、试验时间自行掌握，试验中发现问题要及时拆换。

火灾警报装置试验要求实际操作，一次可进行全部试验，也可进行部分试验。具体试验时间可自行安排，但试验前一定要做好妥善安排，以防造成不应有的恐慌或混乱。

要按照厂家产品说明书的要求进行实际操作。如备用电源采用蓄电池，其充、放电则是指蓄电池的正常充、放电，而不是指蓄电池的首次充、放电。具体方法：切断主电源，看是否能自动转换到蓄电池供电，蓄电池供电指示灯是否亮；4h 后，再恢复主电源供电，看是否自动转换；再检查一下蓄电池是否正常充电。如转换及充电均正常为合格，否则应进行修理更换。

3）探测器的定期检查与试验

探测器投入运行两年后，应每隔 3 年全部清洗一遍，并做响应阈值及其他必要的功能试验，合格者方可继续使用，不合格者严禁重新安装使用。

本条款专门对探测器的清洗作了规定。探测器投入运行后容易受污染，积聚灰尘，使可靠性降低，引起误报或漏报，因此必须进行清洗。在国外，如美国国家消防协会标准《自动火灾探测器标准》中规定："要定期消除离子和光电感烟探测器上聚集的灰尘。清洗次数取决于具体环境条件。对每个探测器，只有在参考生产厂家的说明书后，方可对它进行清洁、检查、操作和调整灵敏度。"我国地域辽阔，南、北方差别很大，南方多雨潮湿，水汽大，容易凝结水珠；北方干燥、多风，容易积聚灰尘。这些都是影响探测器功能的不利因素。同时，同一建筑内，因安装场所不同，受污染的程度也不尽相同。

总之，使用环境不同，受污染的程度不同，需要清洗的时间长短也不一致。因此，在应用此条款时应灵活掌握。如工厂、仓库、饭店（如厨房）容易受到污染，清洗周期宜短；办公楼环境较好、污染少，清洗周期可适当长些。但不管什么场合，探测器投入运行两年后，都应每隔 3 年进行一次清洗。在清洗中可分期分批进行，也可进行一次性清洗。探测器的清

洗要由专门清洗单位进行，使用单位（有清洗能力并获得消防监督机构批准的除外）不要自行清洗，以免损伤探测器部件和降低灵敏度。

清洗后，要逐个做响应阈值试验。在试验中，如发现探测器的响应阈值不合格，则一律作废，不准维修后再重新安装使用。

4.4.3 工程的调试

1. 工程调试的步骤

1）通电前检查

（1）电源检查

① 检查220 V电源插座是否正确，有无接地，接地是否良好等；备电接线是否正确，保险管容量是否正确。

② 将开关电源5 V、24 V输出线与主机断开，接通主电，检查5 V、24 V是否正确，5 V值在5.1～5.2 V为好。

③ 断开主电，接上备电，检查5 V、24 V是否正确。

④ 检查主板的5 V、24 V端有无短路。如一切正常，则可接好5 V、24 V电源线至主板。

（2）线路检查

① 安装探测器、模块前，按照消防施工验收规范进行线路验收，保证线路之间、线路与地之间的绝缘电阻大于20 MΩ；探测器/模块总线槽内无其他非消防线路。

② 检查本消防系统地线，采用独立工作接地时，接地电阻值应小于4 Ω；采用联合接地时，接地电阻值应小于1 Ω。严禁将动力地线等作为本系统地线。

③ 确认各总线之间无短路现象。

④ 确认外供24 V电源线无短路现象。

⑤ 确认各组总线间、总线与电源间、总线与地线间相互无短路现象。

⑥ 确认系统内各探测器、模块接线是否正确，拨码是否正确。

⑦ 检查数显盘接线是否正确，特别要注意数显盘的总线是有极性的，不要接反。

⑧ 检查与区域机（集中机）的通信线接线是否正确，接触是否良好。

⑨ 确认系统与机箱的保护地线连接是否可靠。

2）上电登录

当完成上述检查后，即可通电进行上电登录。上电登录可自动记录各回路所连接的编码地址总数，据此可判断回路工作是否正常。上电登录在控制器每次通电时均会自动进行。

3）现场编程

（1）显示关系编程。根据工程设计的要求和每个探测器/模块所在工程中的实际位置，确定所对应的显示关系，根据此显示关系在控制器上编程。

（2）联动关系编程。根据工程设计的要求和消防报警及灭火规范的要求确定的联动关系进行编程。

（3）编程内容记录。将显示关系和联动关系的编程信息记录在案，以备系统维护。

2. 工程调试的方法、技巧和注意事项

1）调试的方法

（1）回路地址调试法。在工程调试前期主要是针对回路地址进行调试，每个回路的地址都是从1开始，逐次到这个回路的最大号。地址调试的首要任务是按照图纸安装好探测器，并编地址码，根据所编地址码对机器进行编程之后将探测器回路或控制模块回路接入对应机器（有时探测器和控制模块都接在同一回路），开机巡检，对线路故障、探测器故障、模块故障等逐一进行排除，并对探测器逐一报警试验，直至系统全部正常为止。

回路地址调试法是我们经常使用的方法，也是针对不同工程的调试方法，在地址调试中很有用。

（2）单回路地址调试法。单回路地址调试法是指每次只接入一个回路调试的方法，其简单、易懂，不受其他回路影响，对于大面积（一层）需几个报警回路或施工状态不好的工程宜采用此法。

（3）逐个编码调试法。逐个编码调试法就是从1开始，逐码对探测器、模块的故障进行排除。逐个编码调试法适合于回路已打通但有故障存在的回路。在工程调试中，假如某回路地址中间空几个码，机器就不能巡检到空码后面的地址（不同机器空码个数要求不同），这种情况下我们就逐段编码（中间空码不超出机器的要求）。这种逐段编码调试法使整个回路全部打通，减少了逐个编码多次巡检的次数，避免了浪费时间和精力。

（4）多回路地址调试方法。多回路地址调试法是指每次接入几个回路的调试方法，这种调试方法速度快，适合于小面积（一层）最多用一个回路或施工状态好的工程。多回路地址调试实质是多个单回路地址调试，所以逐个、逐段编码调试法也适用。

（5）联动调试法。对整个系统地址调试完后，通过施工队对外围控制设备的接线，我们就可以通过控制柜来控制整个消防系统，联动调试就是验证联动编码地址和联动关系是否正确。

① 手动联动调试法。手动联动调试法就是指对系统中所有联动设备逐个进行手动启动、停止动作，来检查联动、编码和接线是否正确的方法。此法是联动调试最基本的方法，是保证系统联动功能可靠的有力途径。

② 隔层联动调试法。隔层联动调试是指每隔两层进行报警联动调试。这种方法调试速度快，但容易出错，联动调试时必须细心，只适用于塔楼滚层联动调试。

③ 逐层联动调试法。逐层联动调试是指每层都进行报警联动调试。这种联动调试方法慢，但不易出错，适合于所有联动调试。

④ 特殊联动设备的调试。在工程调试中，有许多设备是通过特殊的联动关系来控制的。所以，我们必须针对每个特殊设备的联动要求来编程和调试。

2）调试的技巧

工程调试中，由于错线、实际安装与图纸不符等原因，造成了一些难以处理的问题。但是动动脑筋，使用一些小技巧，难题也会变得容易解决。下面介绍一些工程调试中的技巧。

（1）后码前移法。由于图纸或实际安装出错，图纸上前面码段中的一个或几个地址并不存在。假如对所有码重新拨号，这样工作量太大。这时可以把最后面的码拨成前面的空码，

图纸上重新标记，工作量不大，很快就能解决。

(2) 地址报警法。在工程调试中，假如发现有一个地址一直报故障，而且现场编码没错，指示灯也有巡检的示意，这种情况下一般是接错了回路。此时，将这个地址报警，就可发现在哪个回路。

(3) 回路断电调试法。假如有一个回路一直找不到自己的一段码，而且这段码一直有电，地址报警也找不到要接到哪个回路上，我们就用回路断电的方法，逐个回路断电，直到找到这一段码所接的回路。

(4) 验证法。在控制室调试，不可能处理外围接线的所有问题，可能由于施工人员出错造成外围某个设备发生故障，这时就可以把它拿到控制室试验，验证它是否有故障。

3) 调试注意事项

(1) 系统接地：系统采用专用接地装置时，接地电阻应不大于4 Ω；系统采用共用接地装置时，接地电阻值应不大于1 Ω。

(2) 导线绝缘：各回路导线对地绝缘电阻应不小于20 MΩ。调试前检查逐个单机；通电检查所有设备是否正常；检查回路导线有无短路、错路现象。

(3) 对工程中不合理的系统配置应在工程调试前处理。

(4) 每个回路所带点数有无超出产品要求，对于探测器接口模块比较多的回路，应考虑此回路有无过载。

(5) 对于所有联动设备，最好都使用联动控制柜控制，易于集中管理。例如：警铃模块接在控制柜回路上最为妥当，在手动状态时，不会因误报影响住户。

(6) 在有排烟阀、送风阀控制的系统中应考虑电源负载及线路压降能否满足系统要求。

(7) 在有集中机和区域机通信的工程中，集中机、区域机宜集中管理，都放在消防控制室，减小通信干扰。

(8) 火灾探测器的传输线路不宜过多采用放射状布线。

实训1　火灾报警设备的安装

1. 实训说明

1) 实训目的

训练学生的动手能力，让学生掌握火灾自动报警系统如何编码、安装，掌握简单的火灾自动报警系统的组成。

2) 实训课时

8～10个课时。

3) 实训器材

火灾报警控制器（JB-QB-MN/40）1台、智能感烟探测器（JTY-GD-01）2～3个、智能感温探测器（JTW-ZD-01）2～3个、智能手动报警按钮（J-SJP-M-Z02）1个、监视模块（JS-02B）1～2个、编码器（CODER-01）1台、警铃（JL-24V）1个或声光报警器（SG-01K）1个、螺丝刀、万用表、展板和导线等。

4）实训步骤

（1）用编码器给探测器、手动报警按钮和模块编码，掌握编码器的功能和使用方法。

（2）将控制器、探测器、手动报警按钮、模块、警铃或声光报警器安装到展板上，用导线正确连接起来，掌握所有设备的安装方法。

（3）检查连接是否正确，如没有问题则打开主机电源，按照说明书设置主机，掌握主机设置的方法。

（4）测试探测器、手动报警按钮、模块、警铃或声光报警器工作是否正常。

2. 实训操作指南

1）系统接线图（如图4-100所示）

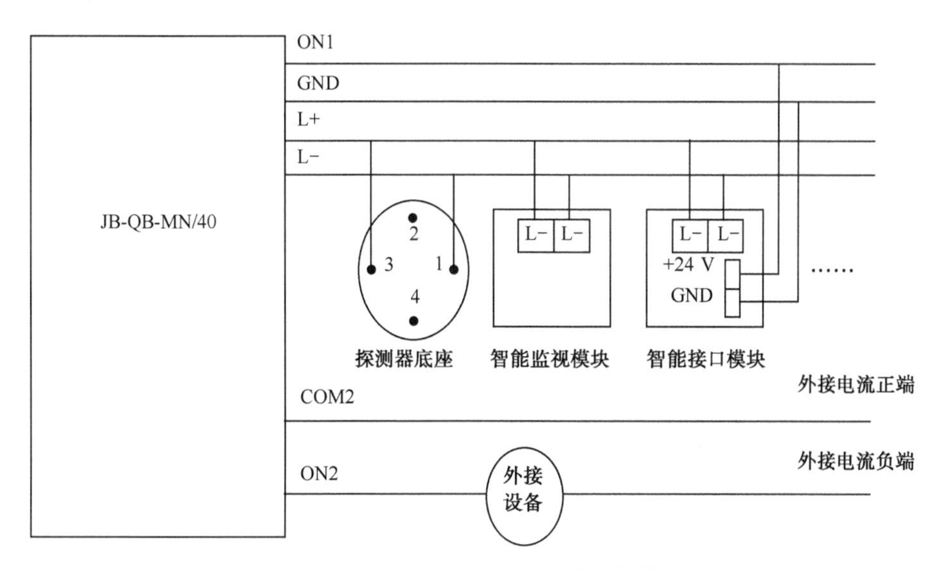

图4-100　JB-QB-MN/40系统的接线

2）系统主要技术指标

（1）系统容量：40个编码地址。

（2）接线方式：二总线方式。

（3）电源。

输入：AC220 V/50 Hz或DC24 V/4 AH（电池）。

输出：DC24 V/6 A。

（4）使用环境。

温度：－10～＋55℃。

相对湿度：≤95%（40℃时无凝露）。

（5）继电器输出接点的容量：5 A、DC24 V或5 A、AC250 V。

3）接线端子说明

L+	L+	L−	L−	BELL+	BELL−	+24 V	GND	ON1	COM1	OFF1	ON2	COM2	OFF2

L+、L-：探测器总线正、负接线端。

BELL+、BELL-：外接警铃正、负接线端。

+24 V、GND：直流24 V正、负接线端。

ON1、COM1、OFF1：继电器1常开端、公共端、常闭端。

ON2、COM2、OFF2：继电器2常开端、公共端、常闭端。

4）系统主要功能

（1）监视报警功能

① 正常巡检：无火警及故障信号时，1～40号地址灯闪亮。

② 火灾报警：当探测器、监视模块或接口模块报火警时，报警地址的指示灯常亮，总火警指示灯被点亮。

③ 故障报警：当探测器、监视模块或接口模块有故障时，故障地址的指示灯常亮，总故障指示灯被点亮。

注：巡检灯闪亮，表示主机可对探测器进行正常巡检，但不表示有探测器正常接入。

（2）联动控制功能

机器提供两组受控继电器输出（干接点），其受控逻辑关系如表4-5所示。

表4-5 联动控制的受控逻辑关系

启动方式	JP4跳线状态	启动条件	启动设备	备 注
手动启动	JP4-2处于OFF，JP1任意	按面板“控制设备1”的“启动”键	继电器1动作	处于手动或自动状态都可以启动
		按面板“控制设备1”的“停止”键	继电器1停止	
	JP4-1处于OFF，JP2任意	按面板“控制设备2”的“启动”键	继电器2动作	
		按面板“控制设备2”的“停止”键	继电器2停止	
	JP4-2处于ON	系统恢复时，继电器1断开5s	继电器1动作	
	JP4-1处于ON	有故障发生时，继电器2动作，此状态不受“启动”、“停止”键控制	继电器2动作	
	JP4-2处于OFF	JP1处于1，且有任意1个火警发生	继电器1动作	处于自动状态才可以启动
		JP1处于2，且有任意2个火警发生	继电器1动作	
	JP4-1处于OFF	JP2处于1，且有任意1个火警发生	继电器2动作	
		JP2处于2，且有任意2个火警发生	继电器2动作	

注：1. 当面板上“手/自动”状态指示灯亮时表示处于自动状态，指示灯灭时表示处于手动状态；
2. 按“恢复”键，所有已经启动的继电器停止动作，直到下一个启动条件成立才重新启动。

（3）直流电压输出

需输出+24 V电压时，将+24 V电源连接到COM1端子，且将JP4-2跳到“ON”状态，则端子ON1将输出+24 V电源。

5）实训操作过程说明

（1）把待安装的探测器、智能监视模块或智能接口模块通过编码器进行编写地址码（具体编码方法请参考编码器的使用说明）。

（2）将已编码的智能探测器、智能监视模块、智能接口模块连接到机器主板端子上。具体接线方式：探测器底座3脚接主板L+端子，1脚接主板L-端子；监视模块L+端子接主

板 L + 端子，L - 端子接主板 L - 端子；接口模块 L + 端子接主板 L + 端子，L - 端子接主板 L - 端子，+24 V 端子接主板 ON1 端子，GND 端子接主板 GND 端子；主板 COM1 端子接主板 +24 V 端子，跳线 JP4 - 2 跳到“ON”状态。

（3）插上电源，打开电源（主、备电）开关，开机。

（4）先按“键盘操作”键，再按“手/自动”键，打开键盘锁，键盘操作指示灯（绿灯）被点亮，此时操作“消声”键以外的其他按键方可有效（消声键不受键盘锁控制）；打开键盘锁后，再按一次“键盘操作”键则关闭键盘锁，或打开键盘锁后无任何操作，过 5 分钟后键盘锁自动关闭。

（5）按显示板背面的“调时”、“调分”键可调节系统时间。

（6）按“机检”键，机器进行内部检测。

（7）按“消声”键，消除故障或火警报警声。

（8）“自动登录”是主机登记所连接的正常的探测器或模块的功能，只有在主机登记有效的探测器或模块才能正常工作。自动登录时，按下显示板背面的“自动登录”按键，机器将自动检测与其相连的 1 ～ 40 号智能探测器、智能监视模块或智能接口模块。登录时检测到探测器或模块相应地址的指示灯将被点亮，若机器检测不到任何探测器或模块，则在登录结束时所有地址的灯同时闪亮一次；如果连接到主机的探测器与模块地址相同，则主机自动登记模块地址，而不登记探测器地址；如果有两个或两个以上的探测器地址相同，则主机登记一个探测器地址，其中任意一个探测器报警则主机报该地址报警。自动登录结束后，按显示板背面的“确认”键，机器将存储登录结果，先按“取消”键，再按“恢复”键，机器将放弃登录结果。

6）注意事项

（1）系统总容量为 40 点，即系统所连接的智能探测器、智能监视模块与智能接口模块的总和不能超出 40 个（地址在 1 ～ 40 号内），超出 40 号地址的探测器或模块将因不能登录而不能正常工作。

（2）系统的联动控制输出只提供无源接点输出，不提供有源输出。如需要提供 +24 V 有源输出，外接设备所消耗的电流必须在 1 A 以下，否则将影响系统的正常工作。

（3）系统只能连接智能探测器、智能监视模块、智能接口模块、智能手报及智能消火栓按钮，不能连接智能控制模块和智能控制监视模块。

7）常见故障及排除方法

（1）接好电源后主机无任何反应：检查电源插座是否有电，机器内部的电源开关（主、备电）是否已经打开，电源与主板之间、主板与显示板之间的连线是否连接好，机器的 +24 V 端子是否外接大电流设备等。

（2）探测器、模块不能自动登录：检查探测器、模块与主机之间的连线是否连接无误，探测器、模块地址是否大于 40，系统中是否存在相同地址的探测器和模块。

（3）探测器、模块报故障：检查探测器、模块与主机的连线是否松动，模块的终端电阻是否松动或脱落，系统中是否有两个或两个以上相同地址的探测器、模块，探测器、模块地址是否大于 40。

（4）按键操作无效：检查键盘锁是否被打开，键盘操作灯是否被点亮。

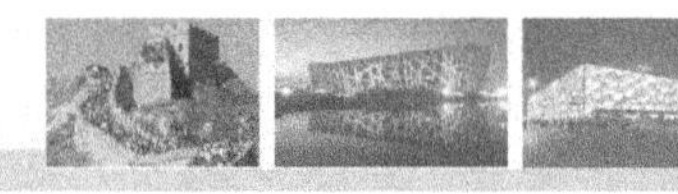

实训2 火灾报警与联动控制设备的安装

1. 实训说明

1）实训目的

训练学生掌握火灾自动报警系统（联动型）主机如何编程设置探测器模块，掌握如何按要求正确设置联动程序关系。

2）实训课时

8 ～ 10课时。

3）实训器材

火灾报警控制器（JB-QGL-2100A/396-30-6）1台、感烟探测器（JTY-GD-01）2 ～ 3个、感温探测器（JTW-ZD-01）2 ～ 3个，智能手动报警按钮（J-SJP-M-Z02）1个、监视模块（JS-02B）2 ～ 3个、控制模块（KZ-02B）2 ～ 3个、控制监视模块（KZJ-02B）2 ～ 3个、编码器（CODER-01）1台、智能声光报警器（SG-01）1个、警铃（JL-24V）1个或普通声光报警器（SG-01K）1个、螺丝刀、万用表、展板和导线等。

4）实训步骤

（1）用编码器给探测器、手动报警按钮和模块编码，掌握编码器的功能和使用方法。

（2）将控制器、探测器、手动报警按钮、模块、警铃或声光报警器安装到展板上，用导线正确连接起来，掌握所有设备的安装方法。

（3）根据联动条件设置联动关系，试验联动关系是否正确，测试设置是否正确合理。

2. 实训操作指南

1）联动控制

虽然消防联动设备较多，但从联动方式上可分为手动和自动两种。大部分设备只要做自动联动（如警铃、声光报警器、风阀），小部分设备要做手动和自动联动。手/自动又分为总线手/自动和多线手/自动（总线手/自动通过软件编程实现主机上的按钮发出控制信号通过信号线传给控制类模块控制设备启动，多线手/自动通过硬线控制设备，每个设备要拉3或4条线控制设备）。总线手/自动控制的设备有广播、电梯、卷帘门、切市电等，多线手/自动控制的设备有水泵、风机等。总线手/自动控制的设备可做多线手/自动控制，但多线手/自动控制的设备不可做总线手/自动控制。由系统图可以看出：此系统声光报警器、风阀为自动联动，广播、卷帘门为总线手/自动联动，水泵、风机、电梯为多线手/自动控制。

2）设置联动关系

（1）消火栓系统的联动关系

消火栓手动报警按钮动作→消防泵启动信号（或消防泵故障信号）反馈到消防控制室（在报警控制器或联动控制器显示）。

消防控制室手动启动消防泵→消防泵启动信号（消防泵电源故障信号）反馈到消防控制室（在报警控制器或联动控制器显示）。

手动启动消防泵分为采用多线制直接启动消防泵和通过报警联动控制器手动启动消防泵输出模块（控制模块）两种方式，具体方式视设计而定。

（2）自动喷水灭火系统的联动关系

水流指示器动作信号“与”压力开关动作信号→启动喷淋泵。

水流指示器动作→消防控制室反馈信号（报警联动控制器显示水流指示器动作信号）。

压力开关动作→消防控制室反馈信号（报警联动控制器显示压力开关动作信号）。

喷淋泵启动信号（喷淋泵电源故障信号）反馈到消防控制室（在报警控制器或联动控制器显示）。

消防控制室手动启动喷淋泵→喷淋泵启动信号（喷淋泵电源故障信号）反馈到消防控制室（在报警控制器或联动控制器显示）。

手动启动喷淋泵分为采用多线制直接启动喷淋泵和通过报警联动控制器手动启动喷淋泵输出模块（控制模块）两种方式，具体方式视设计而定。

（3）防排烟系统的联动关系

机械正压送风系统的联动关系如下：

探测器报警信号或手动报警按钮报警信号→打开正压送风口→正压送风口打开信号→启动正压送风机。

消防控制室手动启动正压送风机分为采用多线制直接启动和通过报警联动控制器手动启动正压送风机输出模块（控制模块）两种方式，具体方式视设计而定。

正压送风口的开启，可按照下列要求设置：

① 防烟楼梯间的正压送风口的开启应使整个楼梯间全部开启，使整个楼梯间形成均匀的正压；

② 前室内的正压送风口的开启应按照人员疏散顺序开启，即开启报警层和报警层下两层的正压送风口。

信号返回要求：

① 消防控制室（报警控制器或联动控制器）显示正压送风口的开启状态；

② 消防控制室（报警控制器或联动控制器）显示正压送风机的运行状态。

排烟系统的联动关系如下：

排烟分区内的探测器报警信号“或”排烟分区内的手动报警按钮报警信号→启动该排烟分区的排烟口（打开）→排烟口打开信号→启动排烟风机。

排烟风机入口处排烟防火阀（280℃）的关闭信号→停止相关部位的排烟机。

信号返回要求：

① 消防控制室（报警控制器或联动控制器）显示排烟口的开启状态；

② 消防控制室（报警控制器或联动控制器）显示排烟风机的运行状态；

③ 消防控制室（报警控制器或联动控制器）显示防火阀的关闭状态。

消防控制室手动启动排烟风机分为采用多线制直接启动和通过报警联动控制器手动启动排烟风机输出模块（控制模块）两种方式，具体方式视设计而定。

（4）防火卷帘门的联动关系

① 只作为防火分割用的防火卷帘门可不做两步降落。

感烟探测器报警信号→启动防火卷帘门下降输出模块控制防火卷帘门下降到底→防火卷

帘门降低限位信号通过输入模块反馈到消防控制室（消防报警控制器显示防火卷帘门关闭信号）。

② 用在疏散通道上的防火卷帘门应两步下降，其联动关系如下：

安装在防火卷帘门两侧的感烟探测器报警信号→启动防火卷帘门一步下降输出模块使防火卷帘门下降一步后停止；安装在防火卷帘门两侧的感温探测器发出报警信号→启动防火卷帘门两步降输出模块使防火卷帘门降落到底。

（5）火灾警报和火灾事故广播的联动关系

火灾警报在高层建筑中主要是指声光报警器，设有自动开启的声光报警器，其开启顺序和火灾事故广播的开启顺序相同。在自动报警系统中，联动开启声光报警器和火灾事故广播的联动关系如下：

手动报警按钮“或”火灾探测器报警信号→启动声光报警器、火灾事故广播输出模块→接通声光报警器电源、接通火灾事故广播线路。

高层建筑中火灾警报和火灾事故广播的开启顺序如下：

① 当2层及2层以上楼层发生火灾时，宜先接通火灾层及其相邻的上、下层；

② 当首层发生火灾时，宜先接通本层、2层及地下各层；

③ 当地下室发生火灾时，宜先接通地下各层及首层。

（6）消防电梯的联动关系

手动报警按钮“与”探测器报警信号→启动消防电梯强降输出模块动作→消防电梯强降首层并向消防控制室返回信号。对于消防电梯，最好的控制方式是在消防控制室内手动强降。

（7）非消防电源切换的联动关系

手动报警按钮“与”探测器报警→启动非消防电源切换输出模块动作→该模块启动断路器（空气开关）脱扣机构使中断器（空气开关）跳闸切断非消防电源。

非消防电源切除的最好的方式是在消防控制室内手动切除。

3）水系统工作原理

（1）消火栓系统：当火灾报警控制器接收到消火栓按钮报警后，主机发出火警声、光报警信号，同时联动外部声、光报警信号和消防泵启动；消防泵启动后，给消防报警主机一个启动信号，同时给出消火栓灯点亮信号。

（2）自动喷水灭火系统：当喷淋系统有水流动（包括水喷头爆破、末端放水），水流指示器报警，火灾报警控制器接收到水流指示器报警后，主机发出火警声、光报警信号，同时联动外部声、光报警信号；当管网压力不够时压力开关报警，火灾报警控制器接收到压力开关报警后，联动喷淋泵启动。

3. CODER-01型多功能编码器的使用说明

1）性能特点

（1）适用于模块和智能探测器的地址编码，并支持混编智能探测器。

（2）具有完善的测试功能，可用于对模块和智能探测器进行现场性能测试。

（3）外配AC-DC供电转换模块，可将市电AC220 V转换为编码器所需的供电电源DC15 V。

（4）内置可充电电池，编码器可由电池单独供电，非常适用于工地现场的编码和测试。

（5）内部有完善的电池充、放电控制电路（可防止电池过放电和过充电）和外接电源与内置电池的自动切换电路，大大提高了编码器工作的可靠性和使用环境。

（6）所有报警和提示信息通过液晶显示模块显示，清晰直观。

（7）功能齐全，有六种工作模式可供选择，方便现场对模块和探测器进行检测。

（8）体积小、重量轻，操作方便、便于携带。

2）主要技术参数（如表4-6所示）

表4-6　CODER-01型多功能编码器的主要技术参数

项 目 名 称	主要技术参数
产 品 代 号	CODER-01
检测型号	CODER-01
类别	便携式多功能编码器
外接供电电源电压	DC15 V
内置电池规格和容量	镍氢充电电池，6 V/500 mAh
电池充电电流	50 ～ 60 mA
电池充电时间	约12 h
电池单独供电时的工作时间	>2 h
电池单独供电时的工作电流	< 80 mA
外接供电电源时的工作电流	<130 mA（包括电池充电电流）
使用环境	温度：-10℃～+55℃ 相对湿度 <95%（40℃）
适用范围	适用本公司生产的所有智能探测器和各种模块
体积	
重量	
附件	AC-DC电源转换模块一个，编码测试电缆一根和编码底座一个

3）外形尺寸（如图4-101所示）

4）操作说明

（1）显示说明

编码采用字符点阵液晶显示，所有信息分两行显示。

① 液晶显示器的第一行左边显示电源的工作状态，有3种状态：“AC”—交流供电；“DC”—直流供电；“LOW”—电池单独供电时电池的容量不足，编码器再工作约20分钟会自动关断。

② 液晶显示器的第一行右边的前几个字符显示操作者选择的编码器当前的工作模式，有6种工作模式：“CODE”—编码操作；“READ”—读码操作；“TEST”—测试操作（模拟总线运行，检测探头能否正常工作，地址编码是否正确）；“RUN”—运行操作（读取探测器现场采集的烟浓度值）；“DATA”—读取数据操作（直接读取探测器现场采集的

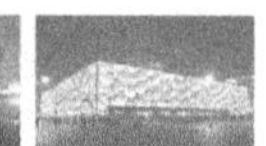

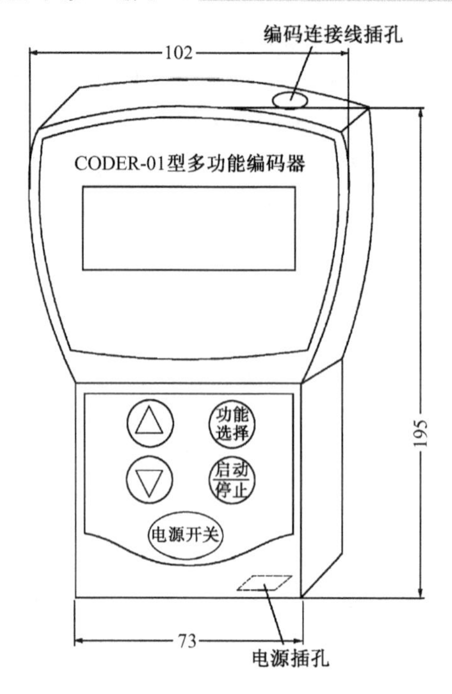

图4-101　CODER-01型多功能编码器的外形尺寸

烟浓度值，这个值经过加权平均处理）；“CHECK”—模块功能测试（检测模块的类型和功能测试）。

③ 液晶显示器的第一行右边的后几个字符显示编码器当前的工作状态，有5种工作模式：“START”—编码器启动，正在工作；“STOP”—停止状态（等待命令）；“OVER”—编码地址超出设定的范围（模块和老探头地址范围：0～99）；“ERROR”—编码读码错误报警；“OK”—编码或读码成功。

④ 液晶显示器的第二行左边的前几个字符显示探测器型号，有3种型号：“OLD”—老探头和模块；“XJT”—混编探测器；“XMK”—新模块（其在使用上和老模块一样）。

⑤ 液晶显示器的第二行右边的几个字符在“CODE”和“READ”工作模式下显示编码地址数据和读取的地址数据；在“RUN”和“DATA”工作模式下显示读取的探测器现场采集的烟浓度数据；在“CHECK”工作模式下前边的字符显示模块类型（“JS”—监视模块，“KZ”—控制模块，“KZJ”—控制监视模块），后边字符显示模块工作状态（“FAULT”—故障状态，“ORDER”—正常状态，“ALARM”—报警状态，“ACTION”—控制模块动作）。

⑥ 编码器外壳的侧面有一个红色的电源指示灯，当采用外接的电源模块供电时指示灯点亮，采用内部电池供电时指示灯熄灭。

（2）按键说明

① 编码器共有4个按键，分别为“地址数据减一”键、“地址数据加一”键、“功能选择”键和“启动/停止”键。

② 如果按下“地址数据加一”键或“地址数据减一”键超过约20s，则会使数据快速增加和快速减小。

③ 按“启动/停止”键可以使编码器由等待命令状态转入工作状态，也可以使编码器由

工作状态回到等待命令状态。

（3）操作步骤

① 将编码器外配电源模块交流输入插头连接到220 V交流插座上，电源模块的直流输出插头插入到编码器的电源插孔中；打开编码器面板上的电源开关，此时电源指示灯点亮（也可不使用外配电源模块而由内部电池直接供电，在这种状态下电源指示灯不亮），液晶显示屏显示公司名称，按任意键或等待1～2 min则退出此状态，进入工作界面。

② 将编码电缆连接到编码器的编码连接插孔内并锁紧，编码电缆另一端的两个插头则要根据不同的编码对象进行选择；5针插头用来给多线模块编码（注意：5针插头黑色线对应着多线模块编码插头上标号为1的插针）；4针插头用来给其他模块和探测器编码时使用（在给探测器编码时，将4针插头和编码器外配底座上的4针插座连接即可），当上述工作完成后可以开始编码。

③ 在编码过程中，通过"功能选择"键选择编码器的工作模式（此时编码器必须处于待命或停止状态），通过"地址数据加一"键和"地址数据减一"键输入编码数据，然后按"启动/停止"键启动编码器开始编码或停止编码工作。

④ 当显示编码成功（显示"OK"）后，方可拆下探头或模块。

⑤ 在"TEST"工作模式下对探测器进行功能测试时，必须先对此探头进行编码，编码的地址范围必须在0～99之间（不论是老探头还是混编探头）；编码成功后再进入"TEST"工作模式进行探头的功能测试。

⑥ 在"CHECK"工作模式下对模块进行功能测试时，必须先对此模块进行编码，编码的地址范围必须在0～99之间；编码成功后再进入"CHECK"工作模式进行模块的功能测试。

（4）注意事项

① 采用内部电池独立供电时，在关机后必须等待40 s后方可重新打开电源开关，否则编码器不能正常启动。

② 在给混编探头进行编码时，当输入的编码地址为100～199时，则显示"M01"～"M99"。

③ 在"CHECK"工作模式下对模块进行功能测试时，由于测试时间较长，需要等待一段时间才能显示正确结果。

知识梳理与总结

1. 安装技术是工程施工的关键部分，对于火灾报警及联动控制系统来讲，更有其复杂性。由于各产品的不统一性，不同型号的产品都有不同的安装接线，这将给从事此工作和学习的人员带来一定的困难。故此，本章列举了几个具有典型特征的产品并对其进行讲解，使学习者能够对常见不同型号产品的安装接线都有一定的认识。

2. 本单元通过第1、2、3小节使学生掌握火灾自动报警系统的安装、接线方法；通过第4、5小节使学生初步具有火灾报警与联动控制系统的安装、调试、编程技能，并进一步了解火灾自动报警系统的原理、组成及联动控制关系。

3. 在火灾报警及联动控制系统安装完毕后，将进入调试、验收阶段，它是施工过程中非

常重要的一个环节。本单元通过对火灾报警及联动控制系统的调试、验收的要点进行讲解，使学生能够掌握系统调试、验收的方法和手段。

4. 控制中心主机设备的接地，探测器的布置和接线，导线的选取和穿管严格按消防施工规范进行。

5. 通过火灾自动报警系统的安装、接线和调试技能实训的学习，使学生初步具有火灾报警与联动控制系统的安装、调试、编程技能，并进一步了解火灾自动报警系统的原理、组成及联动控制关系。

复习思考题4

1. 手动报警按钮与消火栓报警按钮的区别是什么？
2. 输入模块、输出模块、总线隔离器的作用是什么？
3. 模块、总线隔离器、手动报警开关安装在什么部位？
4. 火灾自动报警系统（联动型）主机如何编程设置探测器？
5. 消防控制中心的设备如何布置？
6. 选择消防中心应符合什么条件？
7. 消防控制室的接地电阻值应符合哪些要求？
8. 消防系统调试的内容有哪些？消防系统调试前的准备工作有哪些？
9. 系统竣工验收的要求是什么？
10. 火灾自动报警系统的试运行有哪些规定？
11. 火灾自动报警系统安装完毕后，安装单位应提交哪些资料和文件？
12. 如何进行火灾探测器的加烟和加温试验？

项目5 火灾报警及联动控制系统方案设计

教学导航

教	知识重点	1. 火灾报警系统设计要点 2. 消防联动控制设计要点 3. 火灾报警系统几种方案形式
	知识难点	1. 不同厂家消防联动控制设计要点 2. 不同厂家火灾报警系统方案选择
	推荐教学方式	1. 通过实际的火灾报警系统方案讲解来掌握各种方案设计 2. 根据不同厂家火灾报警系统产品不同，而导致系统设计方案中的不同点 3. 以简单的火灾报警系统设计范例为例建立对系统方案设计的认识 4. 通过几种典型的火灾报警系统联动范例来掌握方案设计中的联动控制关系 5. 参考典型系统设计方案，自己独立进行简单的火灾报警系统方案的设计 6. 通过一定的练习后，能够完成复杂的火灾报警系统方案的设计
	建议学时	8学时（理论部分）
学	推荐学习方法	熟悉火灾报警及消防联动控制系统相关设计规范，以便在方案设计时能够熟练应用其规范，在选取报警设备产品厂家时，注意各产品的不同特点，如主机的容量，即整个建筑所需报警点是多少？每条回路的容量？具有哪些消防联动控制功能。对几种典型的火灾报警系统方案要彻底掌握，以便举一反三
	必须掌握的理论知识	1. 火灾报警系统设计要点及规范 2. 消防联动控制设计要点及规范 3. 几种典型的火灾报警系统方案设计形式
	必须掌握的技能	能够独立完成火灾报警及消防联动控制系统方案的设计

5.1 火灾报警及联动控制系统的设计内容与程序

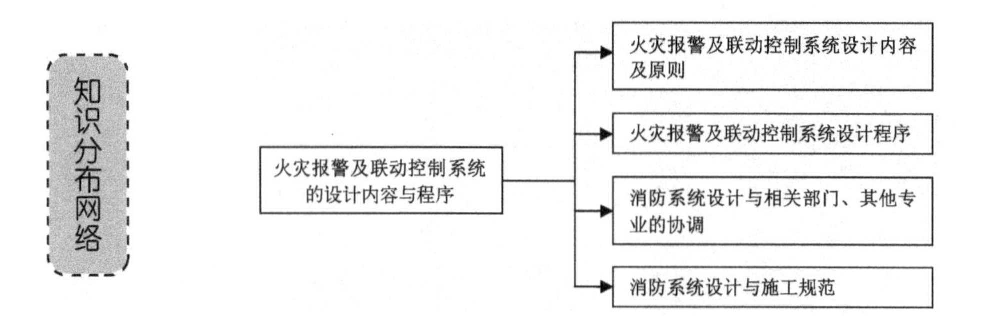

火灾报警及联动控制系统工程是属于建筑电气工程的内容。建筑电气工程从广义上讲应包括民用建筑、工业建筑、构筑物、道路及广场等户内外电气工程。建筑电气设计的内容一般包括强电工程和弱电工程两大部分。强电工程部分包括变配电、输电线路、照明、电力、防雷与接地、电气信号及自动控制等项目；弱电工程部分包括有线电视、通信、广播、安全防范系统、火灾报警与联动控制系统、建筑设备自动化系统、综合布线系统等。

因此，火灾报警及设备联动控制系统是建筑电气工程中的一部分，除去满足其必须的设计施工规范外，火灾报警及联动控制系统的施工图设计及施工验收均与建筑电气工程的通用要求相符合。

5.1.1 火灾报警及联动控制系统设计内容及原则

1. 设计内容

火灾报警及联动控制系统设计一般有两大部分内容：一是系统设计，二是报警联动设备控制设计。

1）系统设计

（1）系统形式。火灾自动报警系统设计的形式有三种：区域系统、集中系统和控制中心系统。

为了使设计更加规范化，又不限制技术的发展，消防规范对系统的基本形式规定了很多原则。工程设计人员可在符合这些基本原则的条件下，根据工程规模和联动控制的复杂程度，选择检验合格且质量上乘的厂家产品，组成合理、可靠的火灾自动报警与联动控制系统。

（2）系统供电。火灾自动报警系统应设有主电源和直流备用电源。建筑物应独立形成消防、防灾供电系统，并要保障供电的可靠性。

（3）系统接地。系统接地装置可采用专用接地装置或共用接地装置。

2）报警联动设备控制设计

系统设备的控制是系统设计的重要部分，消防联动系统涉及的设备较多，具体控制的设备如表5-1所示。

表 5-1 火灾报警及联动系统控制的设备

设备名称	内容
报警设备	火灾自动报警控制器、火灾探测器、手动报警按钮、紧急报警设备
通信设备	应急通信设备、对讲电话、应急电话等
广播	火灾事故广播设备、火灾警报装置
灭火设备	喷水灭火系统的控制； 室内消火栓灭火系统的控制； 泡沫、卤代烷、二氧化碳等； 管网灭火系统的控制等
消防联动设备	防火门、防火卷帘门的控制，防排烟阀控制，空调通风设施的紧急停止，电梯控制，非消防电源的断电控制
避难设施	应急照明装置、火灾疏散指示标志

2. 设计原则

消防系统设计的基本原则是应符合现行的建筑设计消防法规的要求，必须遵循国家有关方针、政策，针对保护对象的特点，做到安全适用、技术先进、经济合理。在进行消防工程设计时，要遵照下列原则进行。

（1）熟练掌握国家标准、规范、法规等，对规范中的正面词及反面词的含义要领悟准确，保证做到依法设计。

（2）详细了解建筑物的使用功能、保护对象级别及有关消防监督部门的审批意见。

（3）掌握所设计建筑物相关专业（如建筑、空调、给排水等）的标准规范，以便于综合考虑后着手进行系统设计。

我国消防法规大致分为五类，即：建筑设计防火规范、系统设计规范、设备制造标准、安全施工验收规范及行政管理法规。设计者只有掌握了这五大类的消防法规，设计中才能做到应用自如、准确无误。

在执行法规遇到矛盾时，应按以下几点执行。

（1）行业标准服从国家标准。

（2）从安全方面考虑，采用高标准。

（3）报请主管部门解决，包括公安部、建设部等主管部门。

5.1.2 火灾报警及联动控制系统设计程序

设计程序一般分为两个阶段，第一阶段为初步设计（即方案设计），第二阶段为施工图设计。

1. 初步设计

1）确定设计依据

（1）相关规范。

（2）建筑的规模、功能、防火等级、消防管理的形式。

（3）所有土建及其他工种的初步设计图纸。

（4）采用厂家的产品样本。

2）方案确定

由以上内容进行初步概算，通过比较和选择，决定消防系统采用的形式，确定合理的设计方案。设计方案的确定是设计成败的关键所在，一项优秀的设计不仅要精心绘制工程图纸，更要重视方案的设计、比较和选择。

火灾报警及联动控制系统的设计方案应根据建筑物的类别、防火等级、功能要求、消防管理以及相关专业的配合才能确定。因此，必须掌握以下资料。

（1）建筑物类别和防火等级。

（2）土建图纸：防火分区的划分，风道（风口）、烟道（烟口）位置，防火卷帘数量及位置等。

（3）给排水专业给出消火栓、水流指示器、压力开关的位置等。

（4）电力、照明专业给出供电及有关配电箱（如事故照明配电箱、空调配电箱、防排烟机配电箱及非消防电源切换箱）的位置。

（5）通风与空调专业给出防排烟机、防火阀的位置等。

总之，建筑物的消防设计是各专业密切配合的产物，在总的防火规范的指导下，各专业应密切配合，共同完成任务。其中，电气专业应考虑的内容如表5-2所示。

表5-2　电气专业在消防设计中的设计内容

序　　号	设计项目	电气专业配合的内容
1	建筑物高度	确定电气防火设计范围
2	建筑防火分类	确定电气消防设计内容和供电方案
3	防火分区	确定区域报警范围、选用探测器种类
4	防烟分区	确定防排烟系统控制方案
5	建筑物用途	确定探测器形式类别和安装位置
6	构造耐火极限	确定各电气设备的设置部位
7	室内装修	选择探测器的形式类别、安装方法
8	家具	确定保护方式、采用探测器的类型
9	屋架	确定屋架探测方式和灭火方式
10	疏散时间	确定紧急疏散标志、事故照明时间
11	疏散路线	确定事故照明位置和疏散通路方向
12	疏散出口	确定标志灯位置、指示出口方向
13	疏散楼梯	确定标志灯位置、指示出口方向
14	排烟风机	确定控制系统与连锁装置
15	排烟口	确定排烟风机连锁系统
16	排烟阀门	确定排烟风机连锁系统
17	防火卷帘门	确定探测器联动方式
18	电动安全门	确定探测器联动方式

2. 施工图设计

（1）计算。按建筑物房间使用功能及层高计算布置设备的数量，具体包括：探测器的数量、手动报警按钮的数量、消防广播的数量，楼层显示器、隔离器、支路、回路的数量，及控制器的容量等。

（2）施工图绘制。施工图是工程施工的重要技术文件，主要包括设计说明、系统图、平面图等。施工图应清楚地标明探测器、手动报警按钮、消防广播、消防电话、消火栓按钮、防排烟机等各设备的平面安装位置、设备之间的线路走向、系统对设备的控制关系等。

施工图设计完成后，在开始施工之前，设计人员应与施工单位的技术人员或负责人作电气工程设计技术交底。在施工过程中，设计人员应经常去现场帮助施工人员解决图纸上或施工技术上的问题，有时还要根据施工过程中出现的新问题做一些设计上的变动，并以书面形式发出修改通知书或修改图。设计工作的最后一步是组织设计人员、建设单位、施工单位及有关部门对工程进行竣工验收。设计人员应检查电气施工是否符合设计要求，即详细查阅各种施工记录，到现场查看施工质量是否符合验收规范，检查设备安装措施是否符合图纸规定，将检查结果逐项写入验收报告，并最后作为技术文件归档。

5.1.3 消防系统设计与相关部门、其他专业的协调

1. 消防系统设计与建设单位、施工单位、公用事业单位的关系

（1）与建设单位的关系。工程完工后总是要交付给建设单位使用，满足使用单位的需要是设计的最根本目的。因此，要做好一项消防系统的设计，必须了解建设单位的需求和它们提供的设计资料。

（2）与施工单位的关系。设计是用图纸表达的产品，而工程的实体需要施工单位去建造，因此设计方案必须具备实施性，否则只是“纸上谈兵”而已。一般来讲，设计者应该掌握施工工艺，至少应该了解各种安装过程，这样以免设计出的图纸不能实施。

（3）与公共事业单位的关系。消防系统装置使用的能源和信息来自于市政设施的不同系统。因此，在开始进行设计方案构思时，应考虑到能源和信息输入的可能性及其具体措施。与这方面有关的设施是供电网络、通信网络、消防报警网络等，因此需要与供电、电信和消防等部门进行业务联系。

2. 消防系统设计与其他专业的协调

（1）与建筑专业的关系。建筑电气与建筑专业之间的关系，视建筑物功能的不同而不同。在工业建筑设计过程中，生产工艺设计是起主导作用的；土建设计是以满足工艺设计为前提，处于配角的地位。但民用建筑设计过程中，建筑专业始终是主导专业；电气专业和其他专业则处于配角的地位，即围绕着建筑专业的构思而开展设计，力求表现和实现建筑设计的意图，并且在工程设计的全过程中服从建筑专业的调度。虽然建筑专业在设计中处于主导地位，但并不排斥其他专业在设计中的独立性和重要性。从某种意义上讲，建筑设备设施的优劣，标志着建筑物现代化程度的高低。所以，建筑物的现代化除了建筑造型和内部使用功能具有时代特征外，很重要的方面是内部设备的现代化。这就对水、电、暖通专业提出了更高的要求，使设计的工作量和工程造价大大增加。也就是说，一次完整的建筑工程设计不是某一个专业所能完成的，而是各个专业密切配合的结果。

由于各专业都有各自的技术特点和要求，有各自设计的规范和标准，所以在设计中不能片面地强调某个专业的重要而置其他专业的规范于不顾，影响其他专业的技术合理性和使用的安全性。

（2）与设备专业的协调。消防设施与采暖、通风、给排水、煤气等建筑设备的管道纵横

交错，争夺地盘的地方特别多。因此，在设计中要很好地协调，设备专业要合理划分地盘，而且要认真进行专业间的检查，否则会造成工程返工和建筑功能上的损失。

对初步设计阶段各专业相互提供的资料要进行补充和深化，消防专业需要做的工作如下：

① 向建筑专业提供有关消防设备用房的平面布置图，以便得到它们的配合。

② 向结构专业提供有关预留埋件或预留孔洞的位置图。

③ 向水暖专业了解各种用电设备的控制、操作、连锁等。

总之，只有专业之间相互理解、相互配合，才能设计出既符合设计意图，又在技术和安全上符合规范功能及满足使用要求的建筑物。

5.1.4 消防系统设计与施工规范

消防系统的设计、施工及维修必须根据国家和地方颁布的有关消防法规及上级批准的文件的具体要求进行。从事消防系统的设计、施工及维护人员应具备国家公安消防监督部门规定的有关资质证书；在工程实施过程中还应具备建设单位提供的设计要求和工艺设备清单；还应具备在基建主管部门的主持下由设计、建设单位和公安消防部门协商确定的书面意见。对于必要的设计资料，建设单位又提供不了的，设计人员可以协助建设单位调研后，由建设单位确认并为其提供设计资料。

消防系统的设计应在公安消防部门的政策、法规的指导下，根据建设单位给出的设计资料及消防系统的有关规程、规范和标准进行，具体的规范如下。

(1)《高层民用建筑设计防火规范》(GB 50045—2005)；

(2)《火灾自动报警系统设计规范》(GB 50116—2008)；

(3)《人民防空工程设计防火规范》(GB 50098—2009)；

(4)《汽车库、修车库、停车场设计防火规范》(GB 50067—1997)；

(5)《建筑设计防火规范》(GB 50016—2006)；

(6)《自动喷水灭火系统设计规范》(GB 50084—2001)；

(7)《建筑灭火器配置设计规范》(GB 50140—2005)；

(8)《低倍数泡沫灭火系统设计规范》(GB 50151—1992)(2000年版)；

(9)《民用建筑电气设计规范》(JGJ 16—2008)；

(10)《通用用电设备配电设计规范》(GB 50055—1993)；

(11)《爆炸和火灾危险环境电力装置设计规范》(GB 50058—1992)

(12)《火灾报警控制器》(GB 4717—2005)；

(13)《消防联动控制系统》(GB 16806—2006)；

(14)《水喷雾灭火系统设计规范》(GB 50219—1995)；

(15)《卤代烷1211灭火系统设计规范》(GBJ 110—1987)；

(16)《卤代烷1301灭火系统设计规范》(GB 50163—1992)；

(17)《民用建筑电气设计规范》(JGJ 16—2008)；

(18)《供配电系统设计规范》(GB 50052—2009)；

(19)《石油库设计规范》(修订版)(GB 50074—2002)；

(20)《民用爆破器材工厂设计安全规范》(GB 50089—2007)；

(21)《村镇建筑设计防火规范》(GBJ 39—1990)；

(22)《建筑灭火器配置设计规范》(GB 50140—2005);
(23)《氧气站设计规范》(GB 50030—1991);
(24)《乙炔站设计规范》(GB 50031—1991);
(25)《地下及覆土火药炸药仓库设计安全规范》(GB 50154—2009)
(26)《汽车加油加气站设计与施工规范》(GB 50156—2002)(2006 年版);
(27)《地铁设计规范》(GB 50157—2003);
(28)《石油化工企业设计防火规范》(GB 50160—2008);
(29)《烟花爆竹工厂设计安全规范》(GB 50161—2009);
(30)《石油天然气工程设计防火规范》(GB 50183—2004);
(31)《高倍数、中倍数泡沫灭火系统设计规范》(GB 50196—1993)
(32)《小型火力发电厂设计规范》(GB 50049—1994);
(33)《建筑物防雷设计规范》(GB 50057—1994)(2000 年版);
(34)《二氧化碳灭火系统设计规范》(GB 50193—1993)(1999 年版);
(35)《发生炉煤气站设计规范》(GB 50195—1994);
(36)《输气管道工程设计规范》(GB 50251—2003);
(37)《输油管道工程设计规范》(GB 50253—2003);
(38)《建筑内部装修设计防火规范》(GB 50222—1995)(2001 年版);
(39)《火力发电厂与变电所设计防火规范》(GB 50229—2006);
(40)《水利水电工程设计防火规范》(SL 329—2005)。

在消防系统施工过程中,除应按照设计图纸施工之外,还应执行下列规则、规范:

(1)《火灾自动报警系统施工及验收规范》(GB 50166—2007);
(2)《自动喷水灭火系统施工及验收规范》(GB 50261—2005);
(3)《气体灭火系统施工及验收规范》(GB 50263—2007);
(4)《防火卷帘》(GB 14102—2005);
(5)《防火门》(GB 12955—2008);
(6)《电气装置安装工程接地装置施工及验收规范》(GB 50169—2006);
(7)《电气装置安装工程 1kV 及以下配线工程施工及验收规范》(GB 50258—1996)。

5.1.5　火灾报警及联动控制系统的几种典型方案

在进行火灾自动报警系统设计方案的选择时,应注意不同厂家不同系列的产品,其绘制的图形是不同的,设计者应根据具体情况进行选择。下面是几种典型方案,采用的产品是由深圳市泛海三江电子有限公司生产的。

1. JB-QB-MN/40 二总线火灾自动报警控制系统方案

本系统方案适于饭店、娱乐场所等小型建筑的消防报警,它是传统多线制系统的一种演变形式,整个系统只有一条总线回路,系统容量可达 40 个报警地址点。在其报警信号二总线上可连接智能探测器、智能监视模块、智能手动报警按钮、智能消火栓报警按钮设备,但不可连接智能接口模块、智能控制模块、智能控制监视模块、智能声光报警器等设备。另外,警铃需单独引线,有两组受控继电器触点输出,采用壁挂式安装方式。这是一种比较实用的系统方案,其原理如图 5-1 所示。

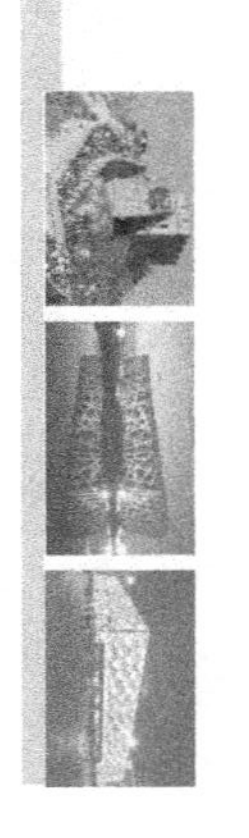

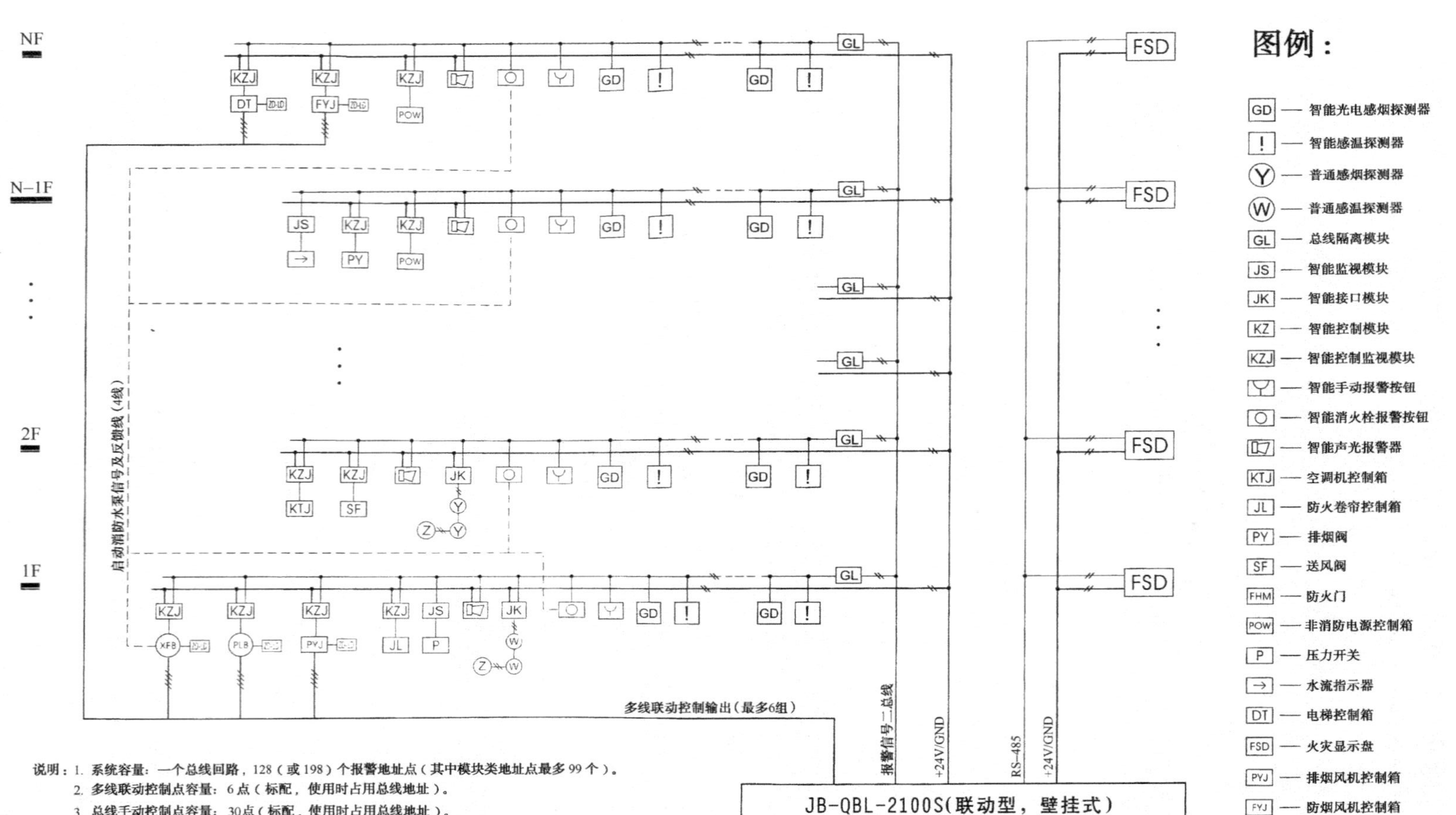

说明：1. 系统容量：一个总线回路，128（或198）个报警地址点（其中模块类地址点最多99个）。
2. 多线联动控制点容量：6点（标配，使用时占用总线地址）。
3. 总线手动控制点容量：30点（标配，使用时占用总线地址）。
4. 报警信号总线：ZR-RVS-2×1.5 mm² 阻燃双色双绞线（最近传输距离1 500 m）。
5. RS-485通信总线：ZR-RVS-2×1.5 mm² 阻燃双色双绞线（最远传输距离2 000 m）。
6. 电源线：（+24V/GND）：ZR-BV-2×1.5 mm² 阻燃铜线，单程线路电阻≤15Ω，线路末端电压应≥20V。
7. 系统中JB-FSD-981D/H火灾显示盘≥10台时，应另加联动电源。
8. 消防水泵、防排烟风机等消防设备应采用多线联动控制，每台多线联动控制设备用线：ZR-KVV-4×1.5 mm² 阻燃电缆线。

图5-1　JB-QB-MN/40 二总线火灾自动报警及联动控制系统方案原理图

2. JB-QBL-2100 S（壁挂式）二总线分布智能火灾自动报警联动控制系统方案

本系统方案是具有联动功能的二总线智能报警模式，它有多线联动控制设备和多线监视设备状态的功能，可全现场编程。整个系统只有一条总线回路，最大系统容量为128/198个报警地址点，其中模块类地址最多99个，具有6个多线联动控制点容量（使用时占用总线地址）和32个总线手动控制点容量（使用时占用总线地址），通过RS—485通信总线接口连接分布在各层（防火分区）的总线火灾显示盘复示火警。本系统对消防水泵、防排烟风机等消防设备应采用多线联动控制。这是一种比较常用的系统方案，其原理如图5-2所示。

3. JB-QBL-2100 A（壁挂式）二总线分布智能火灾自动报警联动控制系统方案

本系统方案具有2～6条总线回路，每条回路容量为198个报警地址点，其中模块类地址最多99个。系统具有6个多线联动控制点（使用时占用总线地址）和32个总线手动控制点（使用时占用总线地址）容量。最多可有20台控制器互联组成无主—从网络报警系统。本系统可接入区域火灾显示盘、楼栋火灾显示盘或楼层火灾显示盘的容量为64个，通过RS—485通信总线接口连接分布在各层（防火分区）的总线火灾显示盘复示火警。系统采用壁挂式安装方式，可进行现场升级。本系统对消防水泵、防排烟风机等消防设备应采用多线联动控制。这是一种功能较强大的系统方案，其原理如图5-3所示。

4. JB-QBL-2100 A（立柜式）二总线分布智能火灾自动报警联动控制系统方案

本系统方案具有2～80条二总线回路，每条回路容量为198个报警地址点，其中模块类地址最多99个。单台控制器可扩展总线手动控制点的最大容量为1 200点（使用时占用总线地址），单台控制器可扩展多线联动控制点的最大容量为4 000点（使用时占用总线地址）。最多可有20台控制器互联组成无主—从网络报警系统。本系统可接入区域火灾显示盘、楼栋火灾显示盘或楼层火灾显示盘的容量为64个；可连接CRT智能图文显示系统直观显示发生火警、故障的部位；可根据用户的分级管理，给不同级别的用户提供不同级别的系统操作权限。系统采用立柜式/琴台式安装方式，可进行现场升级。本系统对消防水泵、防排烟风机等消防设备应采用多线联动控制。这是一种功能强大、先进的系统方案，其原理如图5-4所示。

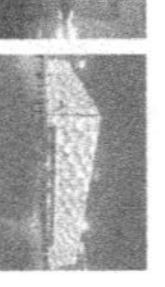
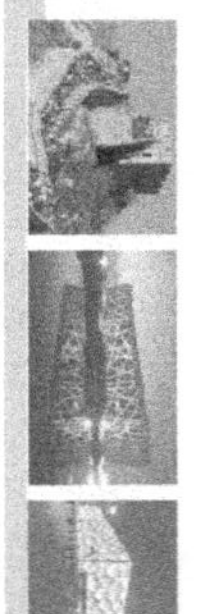

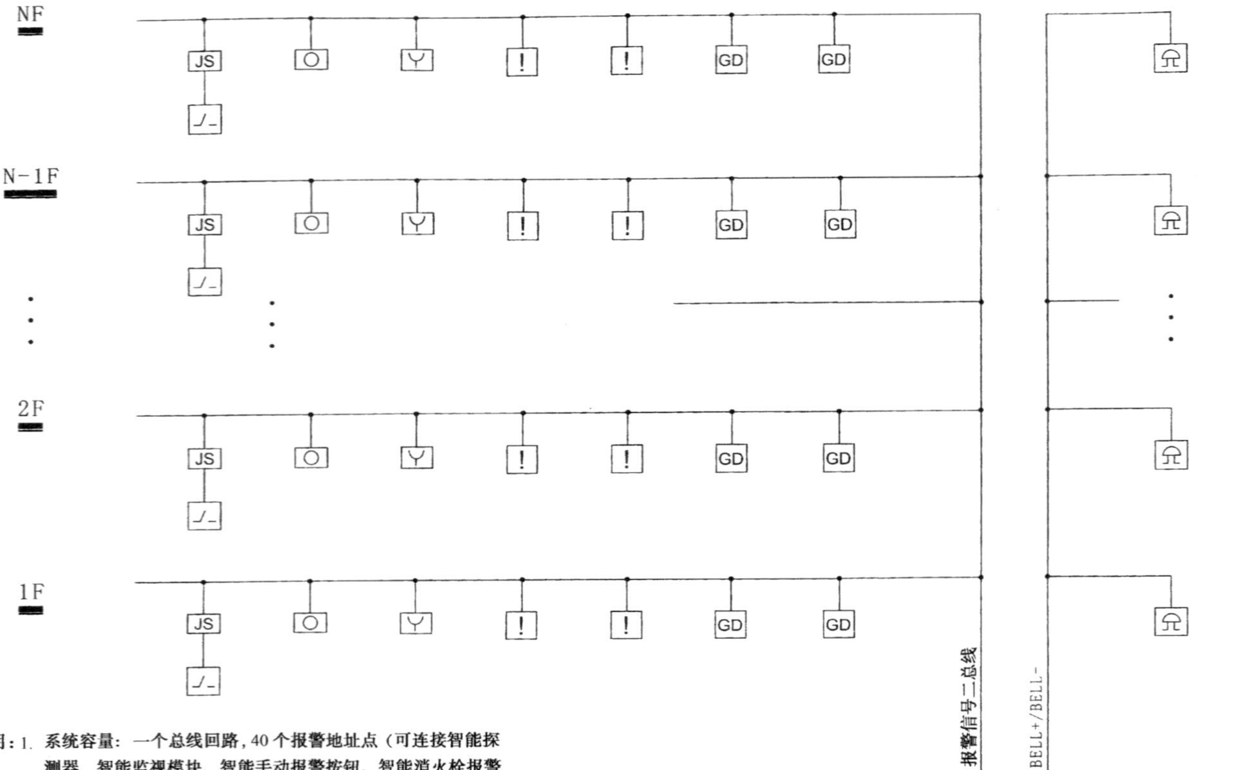

图例：

- GD —— 智能光电感烟探测器
- ! —— 智能感温探测器
- JS —— 智能监视模块
- 智能手动报警按钮（图例符号）
- 智能消火栓报警按钮（图例符号）
- 火灾警铃（图例符号）
- 开关量报警信号（图例符号）

说明：1. 系统容量：一个总线回路，40 个报警地址点（可连接智能探测器、智能监视模块、智能手动报警按钮、智能消火栓报警按钮；不可连接智能接口模块、智能控制模块、智能控制监视模块、智能声光报警器等设备）。

2. 报警信号总线：ZR-RVS-2×1.5 mm² 阻燃双色双绞线（最远传输距离 1 500 m）。

3. 电源线（+24V/GND）：ZR-BV-2×1.5 mm² 阻燃铜线，单程线路电阻≤15 Ω，线路末端电压应≥20 V。

4. 警铃线（BELL+/BELL-）：ZR-BV-2×1.5 mm² 阻燃铜线。

5. 继电器输出的联动线：ZR-BV-2×1.5 mm² 阻燃电缆线。

图 5-2 JB-QBL-2100S 二总线分布智能火灾自动报警及联动控制系统方案原理图

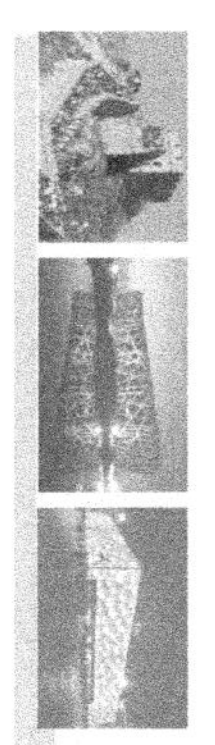

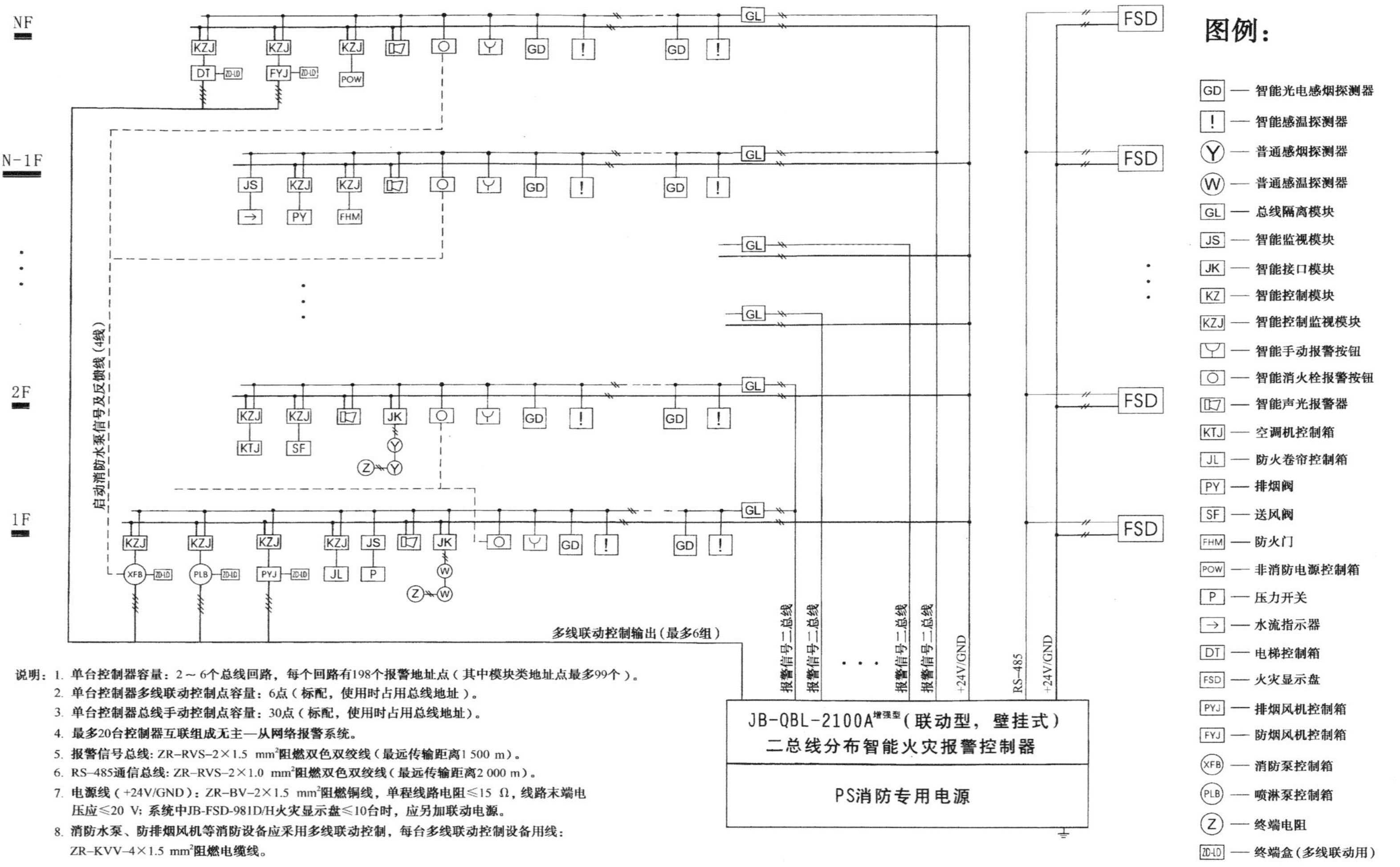

图5-3 JB-QBL-2100A（壁挂式）二总线分布智能火灾自动报警及联动控制系统方案原理图

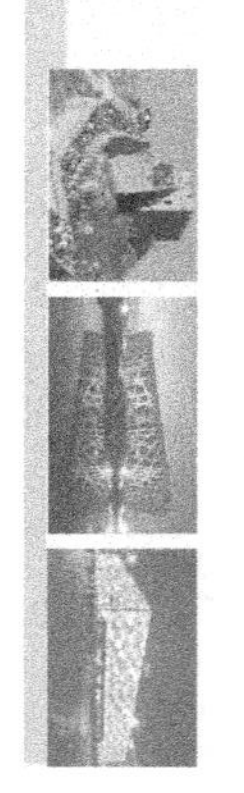

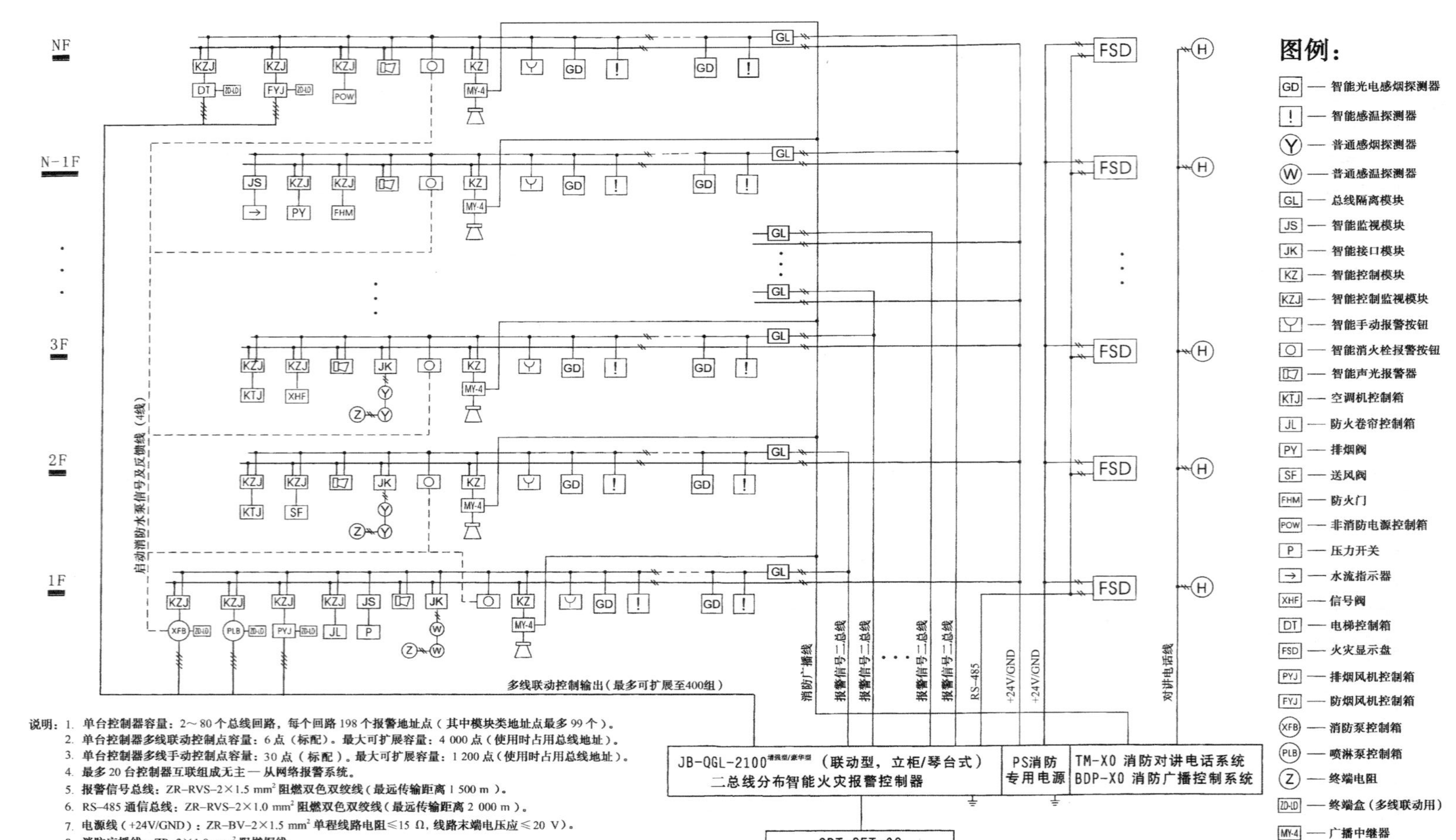

说明：1. 单台控制器容量：2～80个总线回路，每个回路198个报警地址点（其中模块类地址点最多99个）。
2. 单台控制器多线联动控制点容量：6点（标配）。最大可扩展容量：4 000点（使用时占用总线地址）。
3. 单台控制器多线手动控制点容量：30点（标配）。最大可扩展容量：1 200点（使用时占用总线地址）。
4. 最多20台控制器互联组成无主一从网络报警系统。
5. 报警信号总线：ZR-RVS-2×1.5 mm^2 阻燃双色双绞线（最远传输距离1 500 m）。
6. RS-485通信总线：ZR-RVS-2×1.0 mm^2 阻燃双色双绞线（最远传输距离2 000 m）。
7. 电源线（+24V/GND）：ZR-BV-2×1.5 mm^2 单程线路电阻≤15 Ω，线路末端电压应≤20 V）。
8. 消防广播线：ZR-2×1.0 mm^2 阻燃铜线。
9. 对讲电话线：ZR-2×1.0 mm^2 阻燃铜线。
10. 系统中JB-FSD-981D/H火灾显示盘≥10台时，应另加联动电源。
11. 消防水泵、防排烟风机等消防设备应采用多线联动控制，每台多线联支控制设备用线：ZR-KVV-4×1.5 mm^2 阻燃电缆线。

图5-4 JB-QBL-2100A（立柜式）二总线分布智能火灾自动报警及联动控制系统方案原理图

5.2　火灾报警及联动控制系统施工图识读

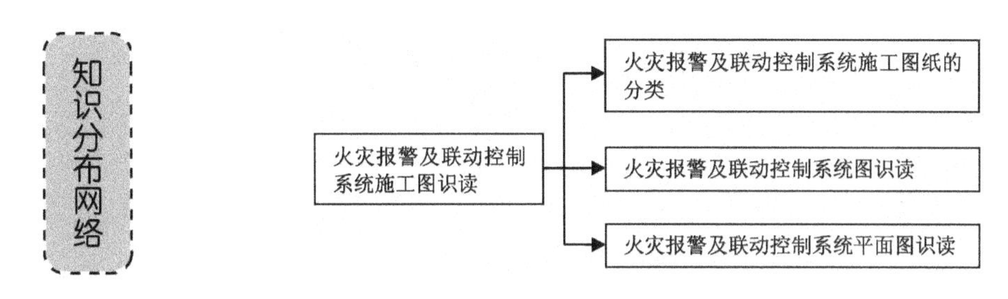

5.2.1　火灾报警及联动控制系统施工图纸的分类

1. 火灾报警及联动控制系统施工图常用的图形符号

电气工程中设备、元件、装置的连接线很多，结构类型千差万别，安装方法多种多样。在电气工程图中，这些元件、设备、装置、线路及其安装方法等，都是借用图形符号、文字符号来表达的。同样，分析火灾报警及联动控制系统施工图首先要了解和熟悉常用符号的形式、内容、含义，以及它们之间的相互关系。表5-3为火灾报警与联动控制系统常用的图形符号。

表5-3　火灾报警与联动控制系统常用的图形符号

图形符号	说　明	图形符号	说　明
	编码感烟探测器		消防泵、喷淋泵
	普通感烟探测器		排烟机、送风机
	编码感温探测器		防火、排烟阀
	普通感温探测器		防火卷帘
	煤气探测器		防火室
	编码手动报警按钮	T	电梯迫降
	普通手动报警按钮		空调断电
	编码消火栓按钮		压力开关
	普通消火栓按钮		水流指示器
	短路隔离器		湿式报警阀
	电话插口		电源控制箱
	声光报警器		电话

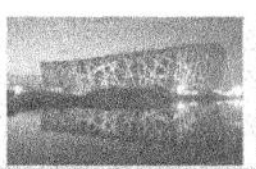

续表

图形符号	说明	图形符号	说明
	楼层显示器	3202	报警输入中断器
	警铃	3221	控制输出中继器
	气体释放灯、门灯	3203	红外光束中继器
	广播扬声器	3601	双切换盒

在使用图形符号时应注意如下几点：

（1）图形符号应按无电压、无外力作用时的原始状态绘制。

（2）图形符号可根据图面布置的需要缩小或放大，但各个符号之间及符号本身的比例应保持不变，同一张图纸上的图形符号的大小、线条的粗细应一致。

（3）图形符号的方位不是强制的，在不改变符号含义的前提下，可根据图面布置的需要旋转或镜像放置，但文字和指示方向不得倒置，旋转方位应是90°的倍数。

（4）为了保证电气图形符号的通用性，不允许对标准中已给出的图形符号进行修改和派生，但如果某些特定装置的符号未作规定，允许按已规定的符号适当组合派生，但同一套图纸中同一种元件只能选用一种符号。

2. 火灾报警及联动控制系统施工图纸的分类

火灾报警及联动控制系统施工图用来说明建筑中火灾报警及联动控制系统的构成和功能，描述系统装置的工作原理，以及提供安装技术数据和使用维护依据。常用的火灾报警及联动控制系统施工图有以下几类。

1）目录、设计说明、图例、设备材料明细表

图纸目录内容有序号、图纸名称、编号、张数等，一般归到电气施工图总目录中。

设计说明（施工说明）主要阐述工程设计的依据、业主的要求和施工原则，建筑特点、设备安装标准、安装方法、工程等级、工艺要求及有关设计的补充说明等。

图例即图形符号，一般只列出本套图纸中涉及的一些图形符号。

设备材料明细表列出了该项工程所需要的设备和材料的名称、型号、规格和数量，供设计概算和施工预算时参考。

2）系统工作原理框图

火灾报警及联动控制系统框图用来说明系统的工作原理，以框图形式表示，对系统的调试与维护具有一定的指导作用。消防控制中心报警系统框图，见本书项目2中图2-6所示。

3）系统图

火灾报警及联动控制系统图是表现工程的供电方式、分配控制关系和设备运行情况的图纸，从系统图可以看出工程的概况。火灾报警及联动控制系统，如图5-5所示。系统图只表示电气回路中各元件的连接关系，不表示元件的具体情况、具体安装位置和具体接线方法。

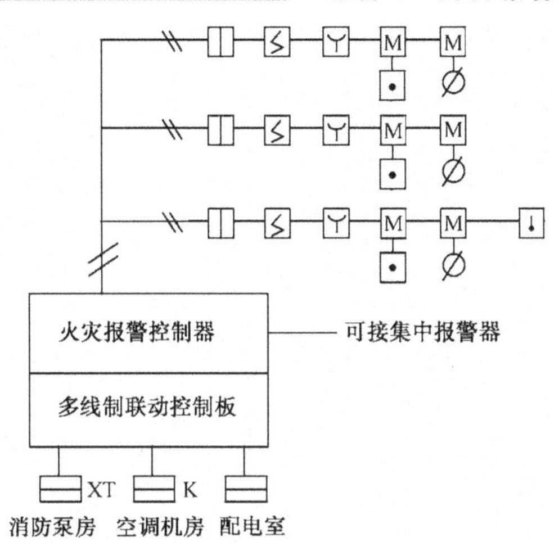

图5-5　火灾报警及联动控制系统

4）平面图

火灾报警及联动控制系统平面图是表示设备、装置与线路平面布置的图纸，是进行设备安装的主要依据。它是以建筑总平面图为依据，在图上绘出设备、装置及线路的安装位置、敷设方法等。气体灭火系统平面图，如图5-6所示。平面图采用了较大的缩小比例，不表现设备的具体形状，只反映设备的安装位置、安装方式和导线的走向及敷设方法等。

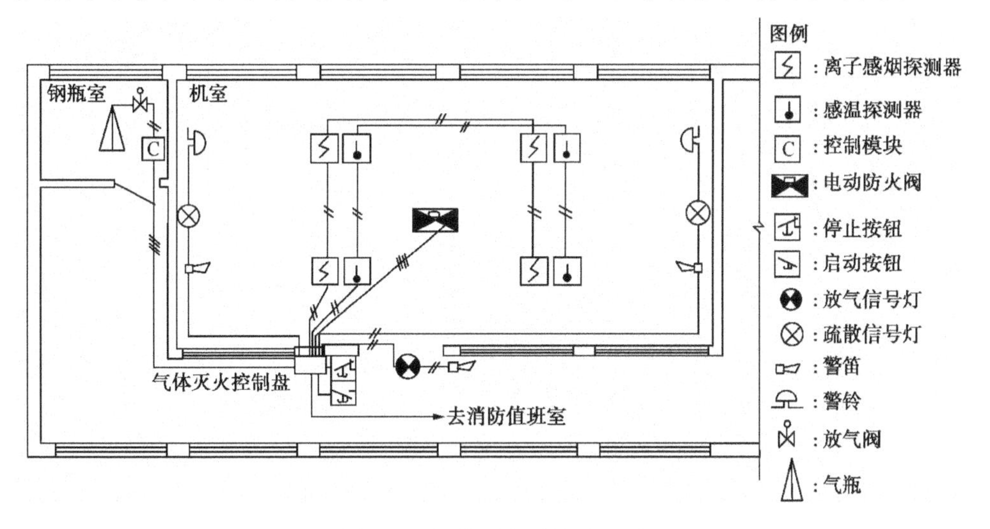

图5-6　气体灭火系统平面图

5）设备布置图

设备布置图是表现报警控制设备的平面与空间的位置、安装方式及其相互关系的图纸，通常由平面图、立面图、剖面图及各种构件详图等组成。通常，设备布置图用来表示消防控制中心、水泵房等设备的布置。水泵房设备布置图，如图5-7所示。

6）消防设备电气控制原理图

消防设备电气控制原理图是表现消防设备、设施电气控制工作原理的图纸，如排烟风机的

电气控制原理图、自动喷淋水泵一用一备的电气控制原理图、防火卷帘门的电气控制原理图等。电气原理图不能表明电气设备和器件的实际安装位置和具体的接线，但可以用来指导电气设备和器件的安装、接线、调试、使用与维修。排烟风机电气控制电路图，如图5-8所示。

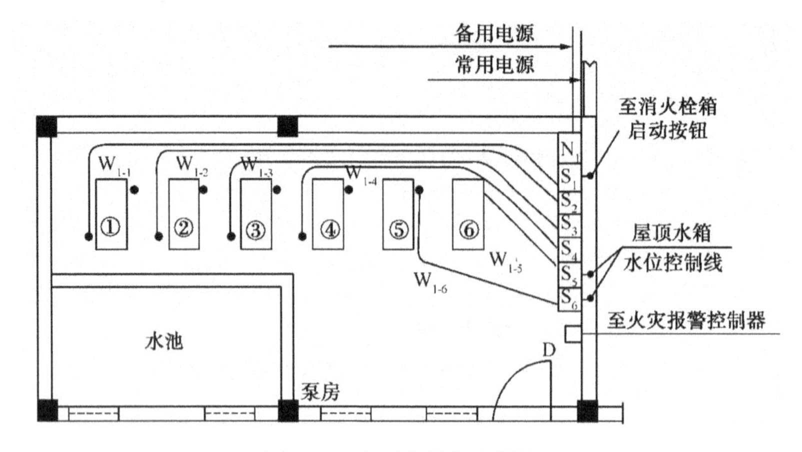

图5-7　水泵房设备布置图

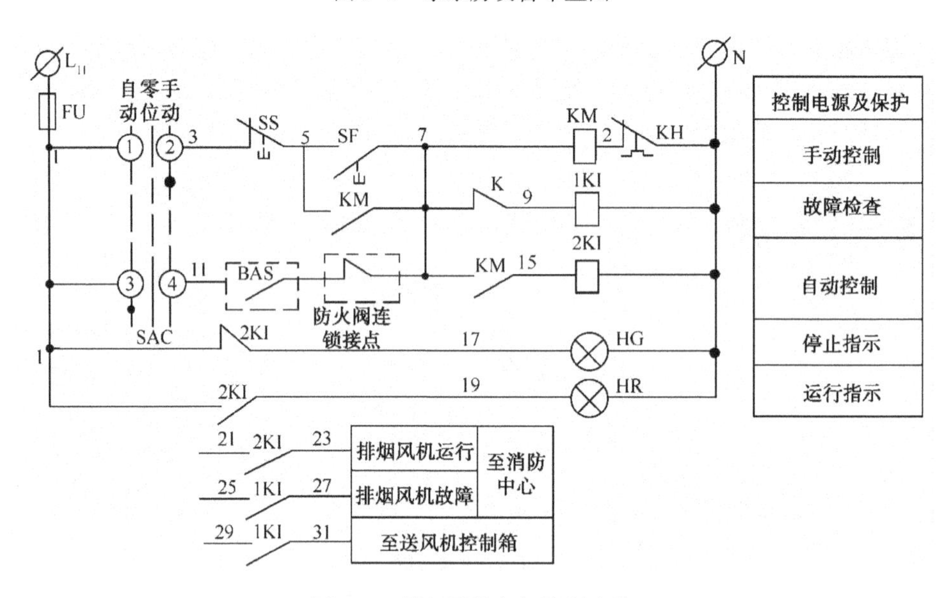

图5-8　排烟风机电气控制电路

本书重点介绍火灾报警及联动控制系统施工图，着重分析系统图和平面图，有关消防设备的电气控制可参照相关电气控制技术类书籍。

此外，火灾报警及联动控制系统是一项复杂的电气工程，它涉及多门专业知识，如电子技术、无线电技术、通信技术、计算机技术等。有关弱电工程的安装、调试，不但要看懂平面图、系统图、系统工作原理框图，还应具有以上各门专业的基础知识。

5.2.2　火灾报警及联动控制系统图识读

火灾报警及联动控制系统图是表示系统中设备和元件的组成、设备和元件之间相互连接关系的图纸。系统图的识读要与平面图的识读结合起来，它对于指导安装施工有着重要的作用。

系统图的绘制是根据报警联动控制器厂家的产品样本，再结合建筑平面设置的探测器、手动报警按钮等设备的数量而画出，并进行相应的标注（如每处导线根数及走向、每层楼各种设备的数量、设备所对应的楼层数等）。

识读火灾报警及联动控制系统图应掌握如下概念：

（1）系统图是用来表示系统设备、部件的分布和系统的组成关系的。

（2）系统图帮助用户进行系统日常管理和故障维护。

（3）系统图要素包括：设备部件类别、设备部件分布、设备部件连线走向和线数。

绘制火灾报警及联动控制系统图应首先选用国家标准和相关部门标准所规定使用的图形符号，下面以两个典型的例子来说明如何识读系统图。

【例5-1】 多线制火灾报警与联动控制系统图，如图5-9所示。

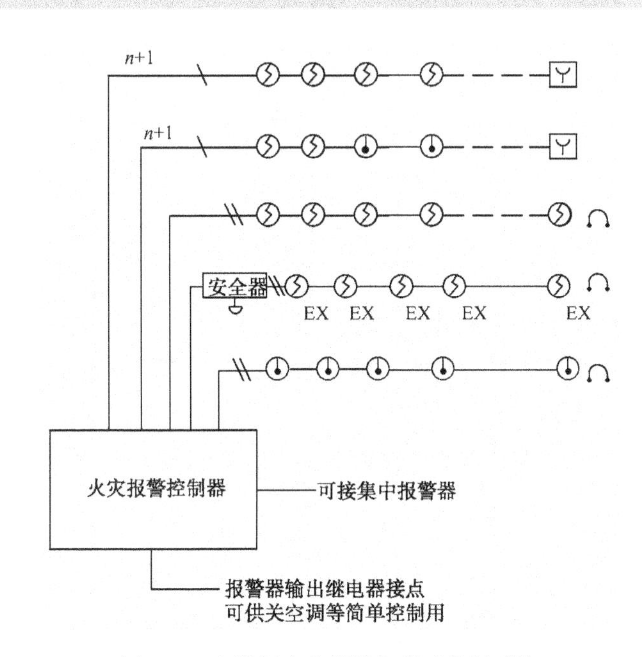

图5-9 多线制火灾报警与联动控制系统

本图识读要点如下：

（1）本系统采用的是 $n+1$ 多线制报警方式，即每一个探测报警点与控制器的接线端子相连接。

（2）本系统适用于小系统，如独立设置的小型歌厅、酒吧等。

（3）每一层探测器、报警按钮等设备的数量在图中标注出来，与平面图相对应。

【例5-2】 总线制火灾报警与联动控制系统图，如图5-10所示。

本图识读要点如下：

（1）本系统采用总线报警、总线控制方式，报警与联动控制合用总线。

（2）从图中可以看出，该消防中心设有火灾报警控制器和联动控制器、CRT显示器、消防广播及消防电话。

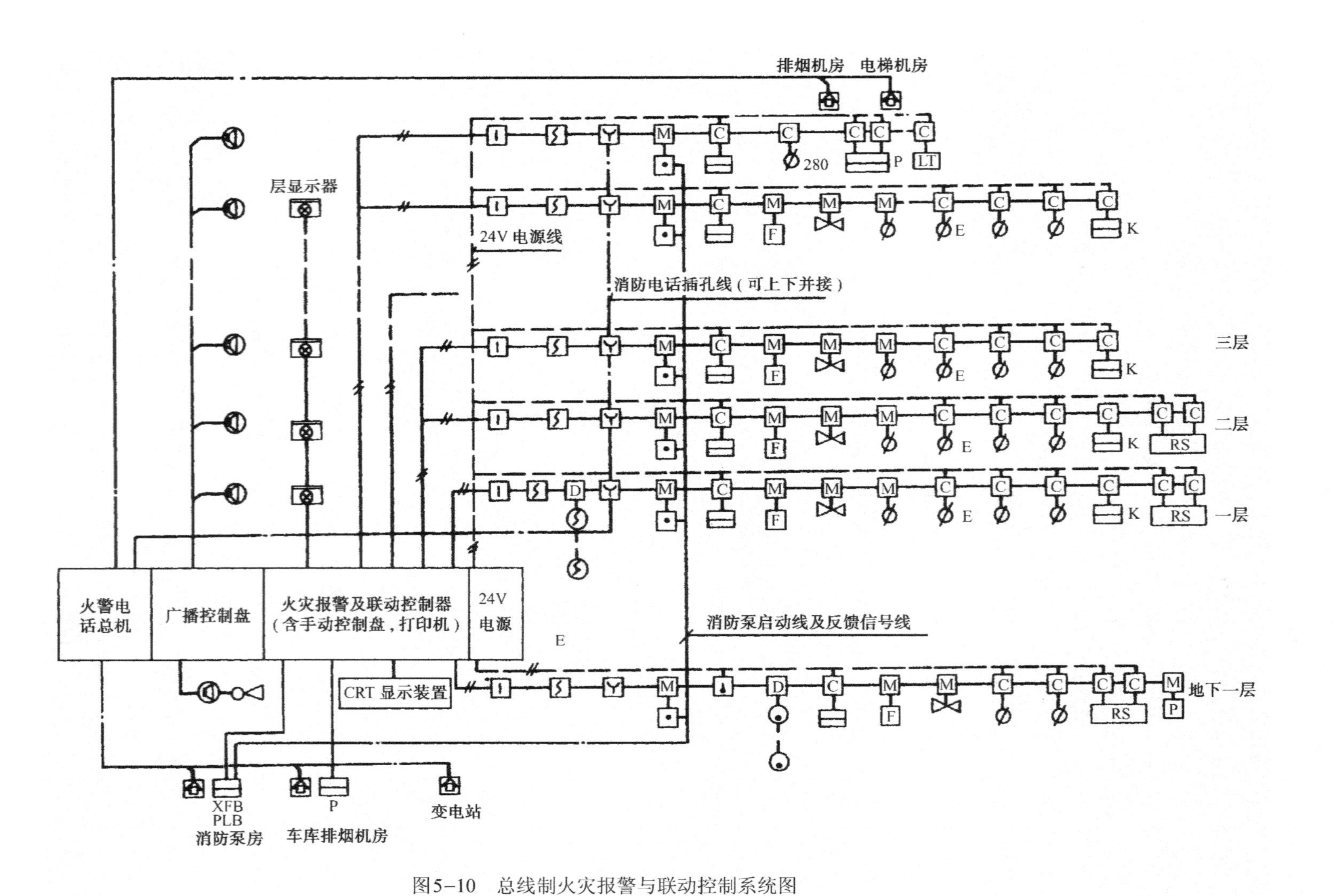

图5-10 总线制火灾报警与联动控制系统图

（3）该报警控制器为4回路，每两层楼的报警控制信息点共用一条回路，图中地下一层和一层用一条回路，二层和三层用一条回路，依此类推。

（4）每一层楼都分别装有楼层火灾显示器。

（5）自动报警系统的每一回路都装有感烟探测器、感温探测器、水流指示器、消火栓按钮、手动报警按钮等，设备的数量由相应平面图确定。

（6）联动控制系统也为总线输出，通过控制模块与设备连接，被联动控制的设备有消防泵、喷淋泵、正压送风机、排烟风机、防火阀等。

（7）输出的报警装置有声光报警器、消防广播等。

5.2.3 火灾报警及联动控制系统平面图识读

火灾报警及联动控制系统平面图是决定装置、设备、元件和线路平面布置的图纸。尽管火灾报警及联动控制系统工程比较复杂，但其平面图的阅读并不困难。因为在弱电工程中传输的信号往往只有一路信号，使线路敷设简化。只要有阅读建筑电气平面图的基础，就可看懂火灾报警系统平面图。

要结合系统图来识读平面图，我们以两个典型的例子来说明如何识读系统图。

【例5-3】 多线制火灾报警及联动控制系统平面图，如图5-11所示。

本图识读要点如下：

（1）本系统采用的是 $n+1$ 多线制报警方式，即每一个探测报警点与控制器的接线端子相连接。

（2）看元件设置。图中每个小房间各设置一个感烟探测器，多功能大厅按探测器的探测范围，均匀布置6个感烟探测器；在两个楼梯口的位置，分别安装一个手动报警按钮；3个消火栓按钮分别安装在建筑物的拐角处。另外，在建筑物的两个对角位置各安装了一个声光报警器；消防联动控制设备防火阀和防火排烟阀的控制箱设置在右上角楼梯旁。

（3）看线路敷设。因该系统采用的是多线制，即每一个元件都接在控制器接线端子的一个点上；线管的敷设分了两路，从右上角楼梯旁的接线端子箱引出，每路线管内的导线根数随着元件的连接，每接一个元件，管内导线就减少一根；使用的导线材料未在本图中标注出来，可在相应的系统图中去找。

（4）平面图中不标注元件位置的安装尺寸，安装时要符合相关的标准、规范，并注意与其他专业的设备安装协调配合。

【例5-4】 总线制火灾报警与联动控制系统平面图，如图5-12所示。

本图识读要点如下：

（1）本系统采用总线控制方式，火灾报警及联动控制系统合用总线。

（2）图5-12是某大厦某层火灾报警平面图，从图中可以看出，在电梯厅旁装有区域火灾报警器（或楼层显示器），用于报警和显示着火区域；输入总线接到弱电竖井中的接线箱，然后通过垂直桥架中的防火电缆接至消防中心。

（3）整个楼面装有24只带地址编码底座的感烟探测器，采用二总线制，用塑料护套屏蔽电缆RVVP-2×1.0穿电线管（T20）敷设，接线时要注意正负极。

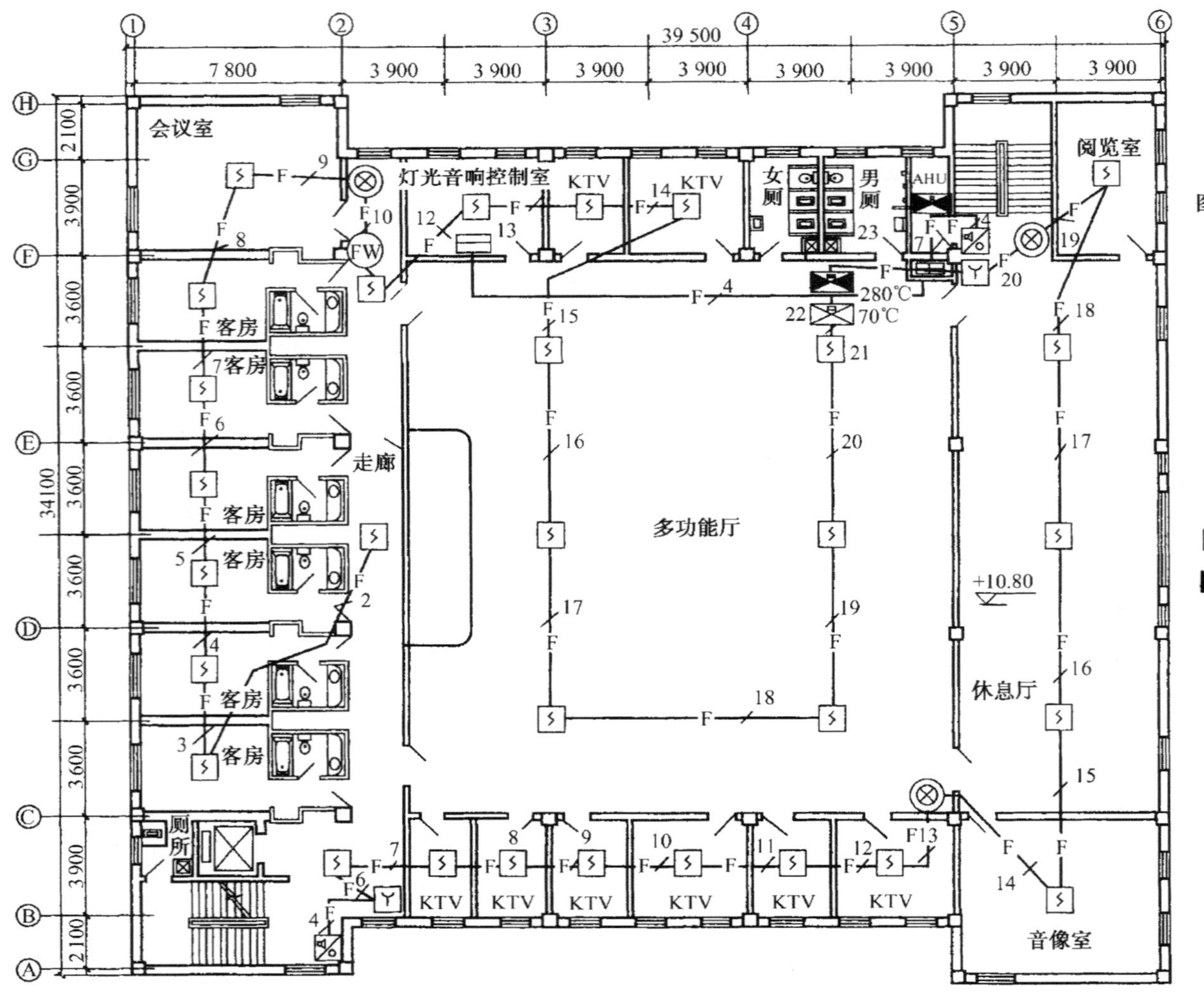

图5-11　多线制火灾报警及联动控制系统平面图

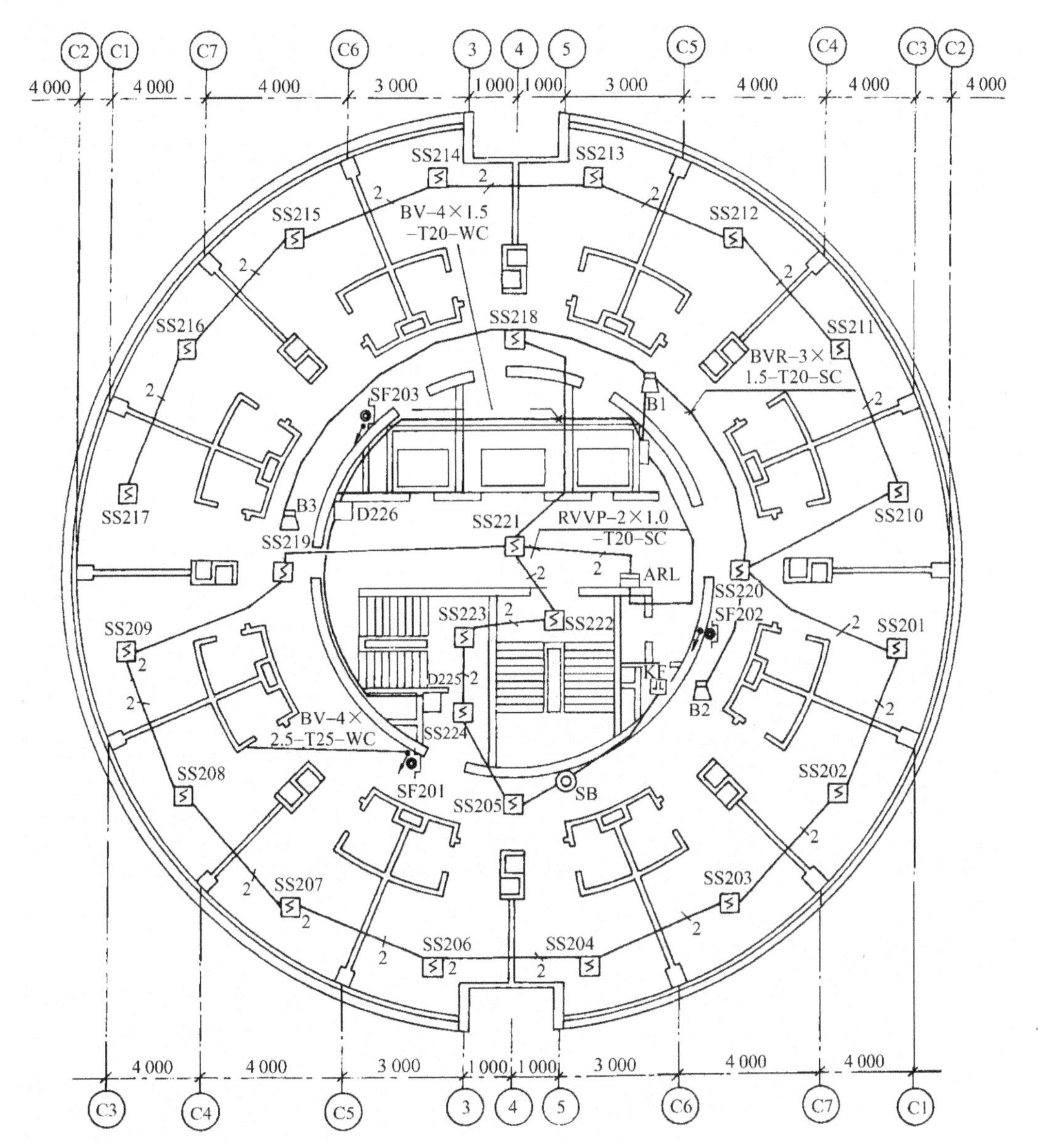

图 5-12　总线制火灾报警与联动控制系统平面图

（4）在筒体的走廊平顶设置了 3 个消防广播喇叭箱，可用于通知、背景音乐和紧急时广播，用 $3\times1.5\ \mathrm{mm}^2$ 的塑料软线穿 $\phi20$ 的电线管在平顶中敷设。

（5）在圆形走廊内设置了 3 个消火栓箱，箱内装有带指示灯的报警按钮，发生火灾时，只要敲碎按钮箱玻璃即可报警。消火栓按钮线用 $4\times2.5\ \mathrm{mm}^2$ 的塑料软线穿 $\phi25$ 的电线管，沿筒体垂直敷设至消防中心或消防泵控制器。

（6）D 为控制模块，D225 为前室正压送风阀控制模块，D226 为电梯厅排烟阀控制模块，由弱电竖井接线箱敷设 $\phi20$ 的电线管至控制模块，内穿 BV-4 × 1.5 导线。KF 为水流指示器，通过输入模块与二总线连接。SF 为消火栓按钮箱；B 为消防扬声器；SB 为带指示灯的报警按钮，含有输入模块；SS 为感烟探测器；ARL 为楼层显示器（或区域报警器）。

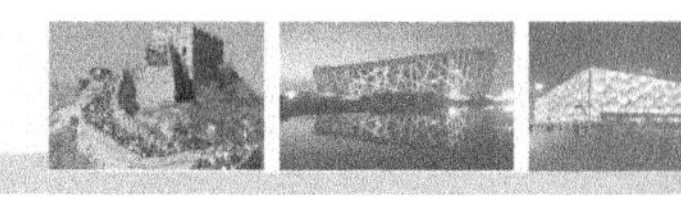

实训3 电教信息大楼的火灾报警及联动控制系统工程图识读

1. 工程概况

本工程是某学院电教信息大楼图书馆二期工程，为整个学院电脑、多媒体、电子教学科研的中心，也是为教学、科研提供服务和信息资源开发利用的中心。

该大楼紧邻图书馆大楼，因是图书馆的二期工程，设备间共用图书馆的地下一层。电教信息大楼共有地上6层。

管理要求：该电教信息大楼与紧邻的图书馆实行统一管理，消防控制室及水泵房均设在图书馆地下一层。

根据以上资料，火灾报警系统设计采用集中报警系统，所有报警联动控制信号送到消防控制室。

本实例受篇幅所限，在此仅列出火灾报警及联动控制系统部分施工图，包括设计说明、图例、系统图、二层平面图，分别如图5-13、图5-14、图5-15所示。

2. 设计说明

本工程的设计说明如图5-13所示，本图识读要点如下。

（1）设计依据。火灾自动报警与联动控制系统按下列设计规范及图册施工：

①《电气安装工程施工图册（增定本）》；

②《通信工程施工安装图册》；

③《建筑设计防火规范》（GB 50016—2006）；

④《火灾自动报警系统设计规范》（GB 50116—2008）；

⑤《火灾自动报警系统施工及验收规范》（GB 50166—2007）；

⑥《工业企业通信接地设计规范》（GBJ 79—1985）。

（2）火灾报警与联动控制系统的组成：

① 消火栓系统。消火栓箱内设消火栓启动按钮，与手动报警按钮均可直接启动消防泵。

② 自动喷水灭火系统。火灾时，电教信息大楼水流指示器动作，图书馆消防控制中心发出声光报警，显示着火区域；图书馆水泵房湿式报警阀动作，同时压力开关动作，通过输入模块将电信号送至消防中心，发出声光报警，并启动喷淋泵。

电教信息中心水流指示器前装信号闸阀，其信号送至图书馆消防中心，以便监控其启、闭状态。

③ 消防广播系统。二层及二层以上发生火灾时，先接通着火层及其相邻两层的火警广播，同时接通疏散楼梯间的所有火警广播，关闭背景音乐。

首层发生火灾时，先接通本层、二层及底层的火警广播。

④ 中央空调系统。火灾时关闭着火层所有的新风机组及风机盘管的电源，并显示新风机组及风机盘管的电源状态。

（3）接地系统。工程设计采用联合接地，由强电专业统一考虑，接地电阻不大于1Ω。

3. 系统图识读

本工程的系统图如图5-14所示，本图识读要点如下。

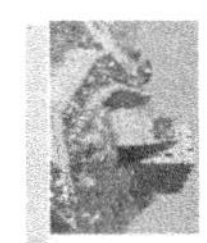

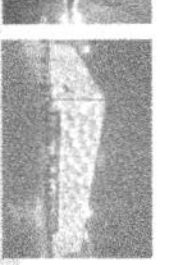

设计总说明

一、设计内容

1. 火灾自动报警及消防联动系统；

2. 电话系统。

二、设计深度

本设计按照《化工部电信施工图编制统一规定》实施。

三、弱电专业应参考的设计规范及图册施工

1. 《电气安装工程施工图册》（增定本），（水力电力出版社）。

2. 《通信工程施工安装图册》，（水力电力出版社）。

3. 《建筑设计防火规范》（GBJ 16—87）。

4. 《火灾自动报警系统设计规范》（GBJ 116—88）。

5. 《火灾自动报警系统施工及验收规范》（GBJ 50166—92）。

6. 《工业企业通信接地设计规范》（GBJ 79—85）。

四、火灾自动报警及消防联动系统

1. 消火栓系统

消火栓箱内设消火栓启动按钮，与手动报警按钮均可直接启动消防泵。

消防泵及消防控制室参见原图书馆消防控制室设计。

2. 自动喷水灭火系统

火灾时，电教信息中心水流指示器动作，图书馆消防控制中心内发出声、光报警，显示着火区域，图书馆水泵房湿式报警阀动作，同时压力开关动作，通入输入模块将电信号送至消防中心，发出声、光报警，并启动喷淋泵。

电教信息中心水流指示器前装信号闸阀，其信号送至图书馆消防中心，以便监控其启、闭状态。

3. 消防广播系统

二层及二层以上的塔楼发生火灾时，先接通着火层及其相邻两层的火警广播，同时接通疏散楼梯间的所有火警广播，关闭背景音乐。

首层发生火灾时，先接通本层、二层及底层（设备层）的火警广播。

4. 中央空调系统

火灾时，关闭着火层所有的新风机组及风机盘管的电源，并显示新风机组及风机盘管的电源状态。

五、综合布线系统

本设计原则上是参照新地网络 IBDN 结构化布线系统进行的，设计着重于信息点及管线布置，并配合土建设计铺通管路，以便专业厂商施工安装。

IBDN 结构化布线系统能够支持多种业务：话音，数据，局域网及图像视讯等。

鉴于此，本设计没有考虑有线电视系统管线的布置、设计。

系统设备选型、成套及安装均由学院自定。

六、接地系统

工程设计采用联合接地，由强电专业统一考虑，接地电阻不大于1 Ω。

七、线路敷设

消防控制中心内所有线路均在活动地板下敷设，各层竖井及吊顶内采用钢管及 PVC 管明敷。

八、施工时请密切与建筑、电气、暖通、水道专业配合，做好预埋工作。

九、图例符号表

图例符号				
符号	设备名称	安装方式及高度	型　号	数　量
	感温探测器	D		
	感烟探测器	D	SD6600	150
	手动报警按钮	H=1.5m,M	SD6011	15
	壁式扬声器	H=2.0m,M	SD8013	30
	火警电话分机	H=1.5m,M	SD9110	2
	警铃	H=2.0m,M	SD7019	14
	火警电话插孔	H=1.5m,M	SD9013	15
	信号蝶阀			
FV	水流指示器			
	消防栓启泵按钮	消火栓箱内设	SD6011	15
	消防栓箱			
	湿式自动报警阀			
SD6010	总线隔离模块	模块端子箱内	SD6010	3
SD6012	输入模块	模块端子箱内	SD6012	13
SD6013	输入模块	模块端子箱内	SD6013	21
SD6014	单切换模块	模块端子箱内	SD6014	9
	模块端子箱	H=1.4m,M		7
	消防控制联动总线			
	火警广播线			按需
	火警电话线			按需
	电缆托盘			
	电话插座	（原理图）		
	分线盒	H=1.6m,M		
	电话分线箱	H=1.6m,M		
	电话线			
	中央空调　散流器			按需
	中央空调　新风口			
	中央空调　回风口			

注：

D：吸顶式安装

M：壁挂式安装

R：嵌入式安装

图 5-13　某学院信息大楼火灾报警及联动控制系统设计说明及图例

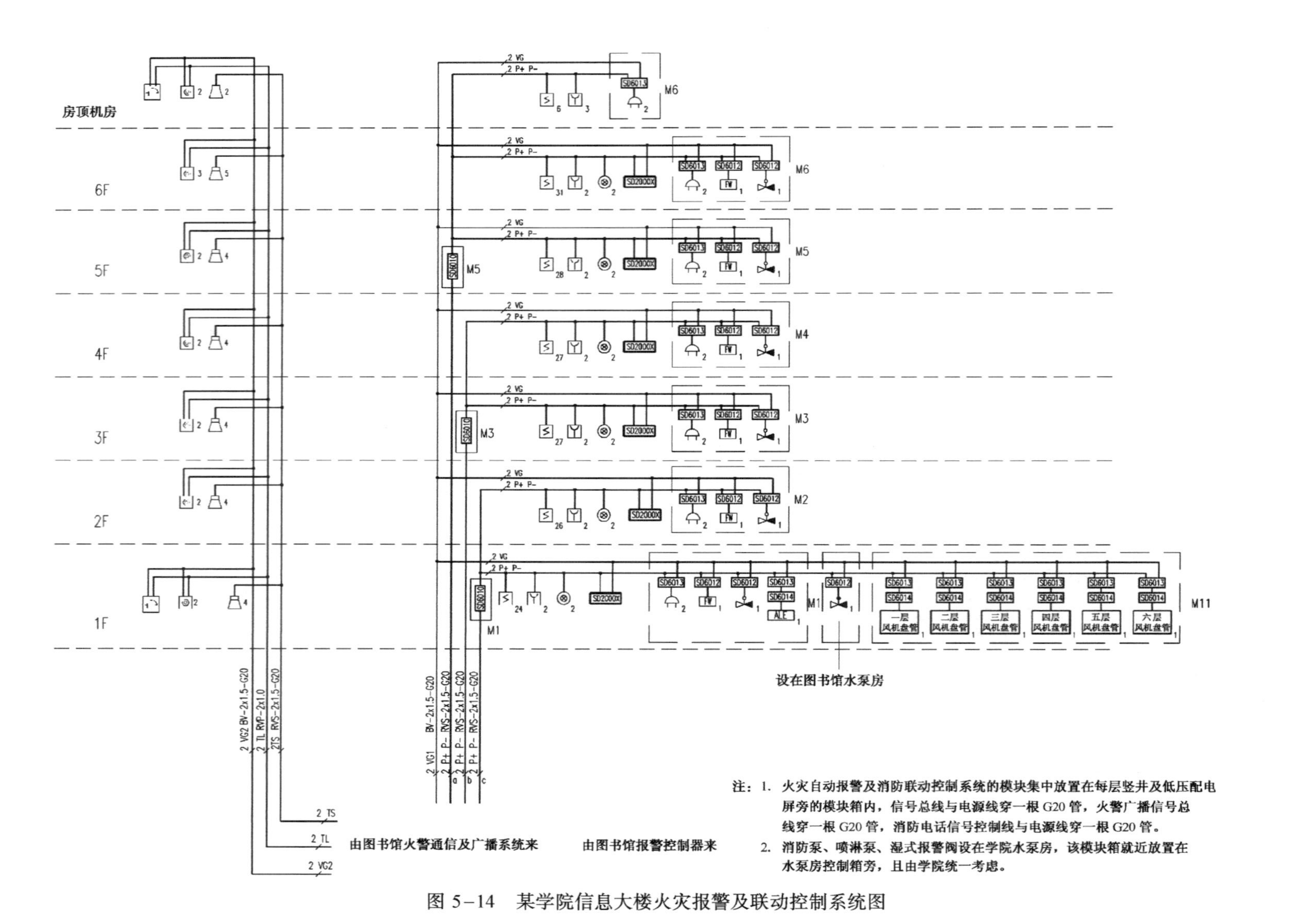

注：1. 火灾自动报警及消防联动控制系统的模块集中放置在每层竖井及低压配电屏旁的模块箱内，信号总线与电源线穿一根 G20 管，火警广播信号总线穿一根 G20 管，消防电话信号控制线与电源线穿一根 G20 管。
2. 消防泵、喷淋泵、湿式报警阀设在学院水泵房，该模块箱就近放置在水泵房控制箱旁，且由学院统一考虑。

图 5-14　某学院信息大楼火灾报警及联动控制系统图

（1）本建筑因紧邻学院图书馆，因此消防报警及设备联动控制器与图书馆共用一台。该图是信息大楼火灾报警与联动控制系统图。

（2）各设备图例见图5-13中的设计说明。

（3）由图书馆报警控制器引出的是3回路信号线（a、b、c）及1回路电源线（VG1）。

信号线a用于5、6层及顶层，b用于3、4层，c用于1、2层。

该3条信号线采用“RVS-2×1.5-G20”的敷设方式，即采用软铜芯导线，2根截面积为1.5 mm^2，配线方式为ϕ20的钢管；另1路电源线采用“BV-2×1.5-G20”的敷设方式，即采用铜芯导线，2根截面积为1.5 mm^2，配线方式为ϕ20的钢管；由该图的设计说明可知，信号线与电源线共穿一根G20管。

（4）由图书馆火警通信及广播系统引出1路火警广播信号总线（TS），1路消防电话信号控制线（TL）及电源线（VG2）；由该图的设计说明可知，消防电话信号线与电源线共穿一根G20管，火警广播信号线穿一根G20管。

（5）针对每一楼层设备，因本例只给出二层平面图，这里就结合图5-15二层平面图读图，其他楼层读图原理类似。

二层有2个火警电话插孔、4个壁式扬声器、26个感烟探测器、2个手动报警按钮、2个消火栓启泵按钮、2个火警警铃、1个水流指示器、1个水信号阀。

上述各设备为二层安装的设备，其中火警警铃、水流指示器、水信号阀通过联动控制模块（即图中SD6013、SD6012所表示的模块）连接到各设备，并将各设备信号反馈到报警控制器。

（6）由该图的设计说明可知，火灾自动报警及消防联动控制系统的模块集中放置在每层竖井及低压配电屏旁的模块箱内；消防泵、喷淋泵设在图书馆地下一层的设备间，该模块箱就近放置在设备间内的控制箱旁。

4. 平面图识读

本工程的平面图如图5-15所示，本图识读要点如下：

（1）结合系统图（如图5-14所示）读图。

（2）弱电线由左边电梯旁的电井引出，1路实线表示报警控制器信号线，1路虚线表示消防广播线，1路点画线表示消防电话对讲线。

结合系统图，报警控制器信号线连接的设备有：26个感烟探测器分布在该楼层各位置，走廊左右楼梯旁边分别设置了2个手动报警按钮、2个警铃，左右楼梯处设置消火栓启泵按钮，其余设备结合图5-13中的图例符号可分别找到安装位置，数量应与系统图相对应。

结合系统图，消防广播线接4个扬声器，分别放置在左右走廊的中心位置及两个楼梯位置；另1路消防电话对讲线接2个消防电话对讲插孔，分别放置在走廊的左右楼梯旁边。

（3）各设备的安装方式如图5-13所示：其中D表示吸顶式安装；M表示壁挂式安装；R表示嵌入式安装。如感烟探测器采用吸顶式安装；手动报警按钮采用壁挂式安装，且安装高度距地1.5m；等等。

（4）联动控制系统的模块集中放置在竖井旁的模块箱M2中，每个模块须与电源线相连，联动控制的警铃等设备的布置由图中图形符号所示。

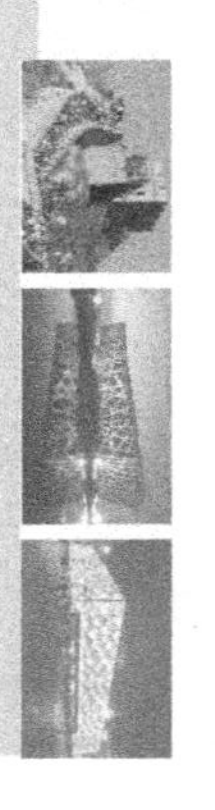

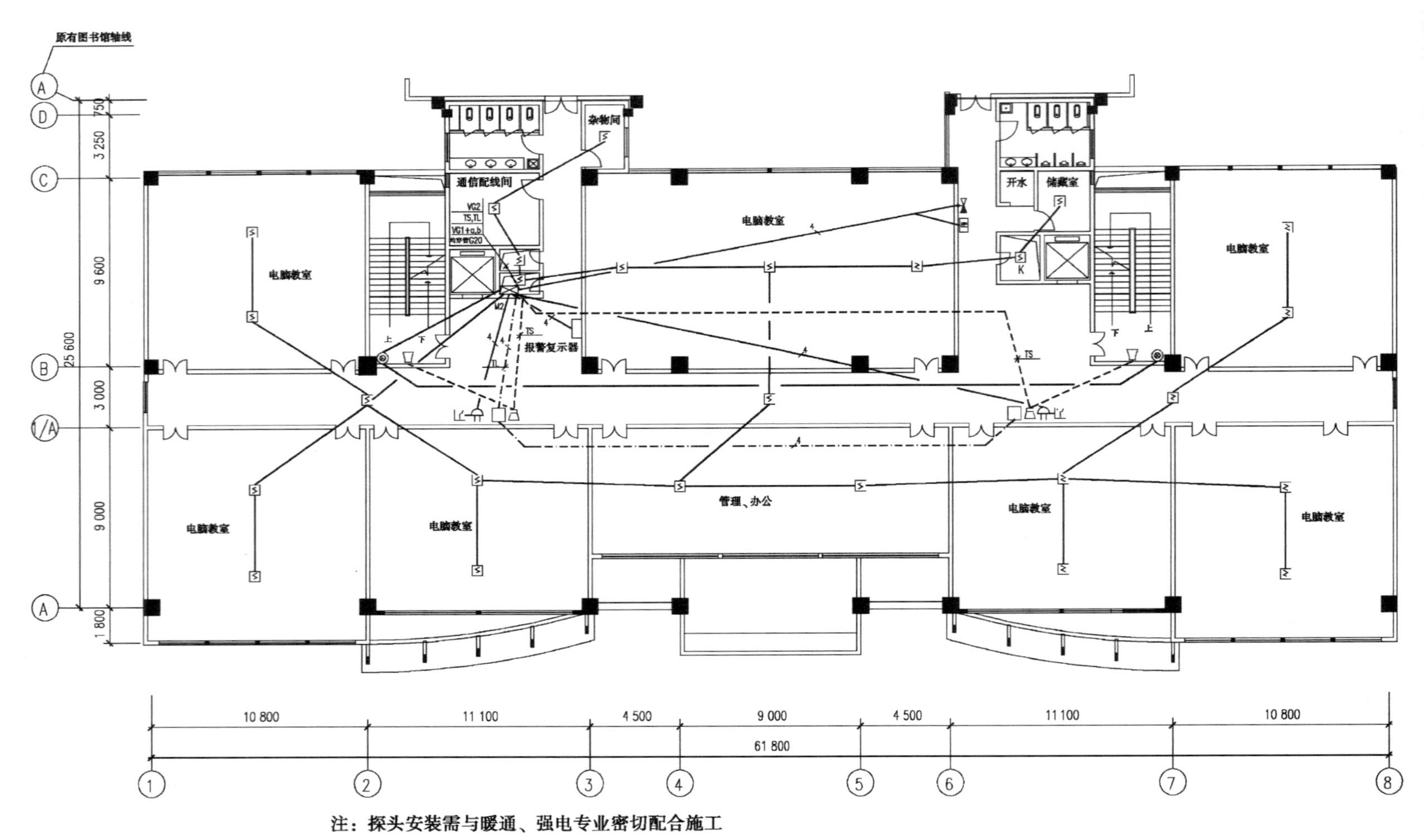

注：探头安装需与暖通、强电专业密切配合施工

图 5-15　某学院信息大楼火灾报警及联动控制系统平面图

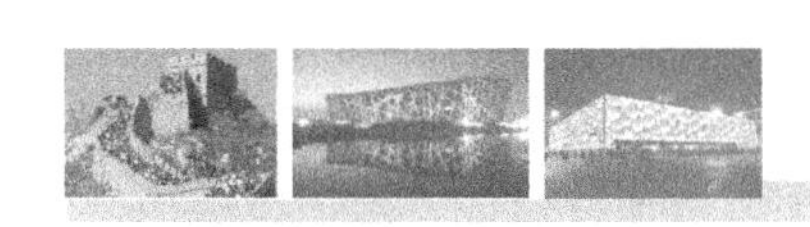

实训4 某商用综合大厦火灾报警及联动控制系统工程图识读

1. 工程概况

本工程是某商用综合大厦，大厦地下1、2层为设备层及停车库，地上1～3层为商业用裙楼，4～27层为标准层写字楼。

本工程采用获美国专利技术的TRUEALARM智能型探测器，每个智能型探测器能够根据各自所处的环境条件，自动调整报警的界限及不同时间的灵敏度，以防止误报；当环境恶劣到不能再继续补偿时，智能型探测器能自动向控制盘报告（如需要清洗等）。智能型探测器可设置、储存一个可事先设定的预报警值，能够在系统执行联动动作前警告现场人员及时疏散。

消防控制中心要求：总控制中心监视下属所有区域的消防报警和故障情况，在有紧急情况发生时，成为指挥和控制中心，以保证对火灾有最快、最有效的反应。根据总控制中心的功能要求，在总控制中心设有GCC中文图形命令机一台，当有报警或故障发生时，通过预定的编程，在中文GCC屏幕上显示相应位置，可立即对故障或报警做出反应。同时还可通过对报警及故障事件的历史记录的分析，制定出维护方案，以降低重大事故发生的可能性。另外，总控制中心还装有模拟显示屏，能迅速直观地显示各分区的报警情况。

本工程设置了背景音乐系统，该系统设有两套音源：VCD音源和传声器音源。本系统平时可按分区进行播放背景音乐；当发生火灾时，背景音乐系统将被强制进行消防紧急广播，指挥人员疏散。

本实例受篇幅所限，在此仅列出火灾报警及联动控制系统部分施工图，包括图纸目录、设计说明、图例、系统图、标准层平面图，分别如图5-16至图5-19所示。

2. 图纸目录

本工程的图纸目录如图5-16所示，本图识读要点如下：

（1）图纸目录内容有序号、图纸名称、图号、图纸规格。

（2）本套图纸共有12张，从目录可以查阅某张图纸的图号和名称。

（3）每张图纸的图幅规格清晰地标注在目录上，如图纸目录采用的是A4图纸，系统图采用的是A1图纸。

3. 设计说明

本工程的设计说明如图5-17所示，本图识读要点如下：

（1）设计依据

①《高层民用建筑设计防火规范》（GB 50045—2005）；

②《火灾自动报警系统设计规范》（GB 50116—2008）；

③《民用建筑电气设计规范》（JGJ 16—2008）；

④《有线电视系统工程技术规范》（GB 50200—1994）；

⑤ 甲方的要求及相关专业提供的条件。

（2）火灾报警与联动控制系统控制功能

① 火灾报警系统为集中报警控制式，采用智能式报警控制器，消防控制中心设在一层。

<table>
<tr><th colspan="5">图 纸 目 录</th></tr>
<tr><th>序 号</th><th>图 纸 名 称</th><th>图 号</th><th>规 格</th><th>备 注</th></tr>
<tr><td>1</td><td>图纸目录</td><td>D-01</td><td>A4</td><td></td></tr>
<tr><td>2</td><td>设计说明、图例及主要设备表</td><td>D-02</td><td>A1</td><td></td></tr>
<tr><td>3</td><td>消防报警及联动控制系统图</td><td>D-03</td><td>A1</td><td></td></tr>
<tr><td>4</td><td>地下一层消防平面图</td><td>D-04</td><td>A1</td><td></td></tr>
<tr><td>5</td><td>地下二层消防平面图</td><td>D-05</td><td>A1</td><td></td></tr>
<tr><td>6</td><td>一层消防平面图</td><td>D-06</td><td>A1</td><td></td></tr>
<tr><td>7</td><td>二层消防平面图</td><td>D-07</td><td>A1</td><td></td></tr>
<tr><td>8</td><td>三层消防平面图</td><td>D-08</td><td>A1</td><td></td></tr>
<tr><td>9</td><td>四层消防平面图</td><td>D-09</td><td>A1</td><td></td></tr>
<tr><td>10</td><td>标准层消防平面图</td><td>D-10</td><td>A1</td><td></td></tr>
<tr><td>11</td><td>二十七消防平面图</td><td>D-11</td><td>A1</td><td></td></tr>
<tr><td>12</td><td>机房层消防平面图</td><td>D-12</td><td>A1</td><td></td></tr>
<tr><td>13</td><td></td><td></td><td>A1</td><td></td></tr>
<tr><td>14</td><td></td><td></td><td></td><td></td></tr>
<tr><td>15</td><td></td><td></td><td></td><td></td></tr>
<tr><td>16</td><td></td><td></td><td></td><td></td></tr>
<tr><td>17</td><td></td><td></td><td></td><td></td></tr>
<tr><td>18</td><td></td><td></td><td></td><td></td></tr>
<tr><td>19</td><td></td><td></td><td></td><td></td></tr>
</table>

<table>
<tr><td colspan="3">设计单位名称</td><td colspan="4">某商用综合大厦</td></tr>
<tr><td>绘　图</td><td></td><td></td><td colspan="4" rowspan="4">图纸目录</td></tr>
<tr><td>设　计</td><td></td><td></td></tr>
<tr><td>校　对</td><td></td><td></td></tr>
<tr><td>审　核</td><td></td><td></td></tr>
<tr><td>专业负责人</td><td></td><td></td><td>比例</td><td></td><td>设计阶段</td><td>施工图</td></tr>
<tr><td>工程负责人</td><td></td><td></td><td>日期</td><td></td><td>档案号</td><td>D-01</td></tr>
</table>

图5-16　某商用大厦消防设计图纸目录

② 设置火警警铃分层鸣响。

③ 设置手动报警按钮及电话插孔，以便于消防人员消防时通话。

④ 在消防控制中心设置广播电话联动柜，与报警控制器联网。在变配电室、发电动机房、制冷机房、水泵房等处设对讲电话分机。

⑤ 按预先编好的联动程序，发时火灾事故时，智能式报警控制器发出指令可以实现如下联动控制：立即打开着火层及其上下层的正压送风阀，启动排烟风机、正压送风风机，启动喷淋泵、消火栓泵，停止生活泵，停止着火层空调机、新风机，普通客梯回到底层停运，消防梯回到底层供消防人员使用。

⑥ 消防控制中心设手动控制联动柜，可手动控制各消防设备启/停，并显示各设备

信号。

（3）注意与其他专业的关系。施工时请与土建、给排水、空调专业密切配合，及时预留洞、预埋管，协调水、电、空调管线及设备的关系。所有电气预留孔洞，施工完毕均需用防火材料封堵严密。

4. 系统图识读

本工程的系统图如图5-18所示，本图识读要点如下：

（1）该图是综合大厦火灾报警与联动控制系统图，消防控制中心设备有报警控制器LD128K（H）、联动控制柜、电源、消防电话和消防广播。

（2）各设备图例见图5-17。各设备引出线的线例由本图中给出，如细实线表示回路信号线、点画线表示消防联动线、虚线表示电源线等。

（3）由LD128K（H）报警控制器引出的是8条回路信号线：an1用于地下1、2层，an2用于1～3层，an3用于4～7层；其余an4～an7同an3，每4层标准层共用一条回路；an8用于24层到机房层。

（4）由电源箱引出的电源回路分配与信号回路分配一致，其中火灾警铃、消火栓报警按钮、各联动设备（K1～K25）等凡是与虚线连接的设备，说明是需要接电源的设备；而探测器、手动报警按钮等没有与虚线连接的设备，说明是不需要接电源的设备。

（5）由联动控制柜引出3路控制线，分别连接地下1、2层及楼顶机房层的联动设备，其联动设备对应图5-18所示中的“消防联动线一览表”。如K1设备对应的是消火栓泵，放置在地下2层；K7设备对应的是送风机，放置在地下2层；K18设备对应的是防火卷帘，放置在地下1层；K22设备对应的是消防电梯控制柜，放置在楼顶机房层。

（6）由消防电话引出接入1～27层带电话插座的手动报警按钮，同时对地下两层和顶层引出消防固定对讲电话若干个。

（7）由消防广播引出每楼层安装的8个扬声器，1～27层安装嵌顶式扬声器，地下两层及楼顶机房安装壁挂式扬声器。

（8）针对每一楼层设备，因本例只给出标准层平面图，这里就结合标准层平面图读图（如图5-19所示），其他楼层读图原理类似。

4～27层为标准层，每层有2个嵌顶式扬声器、20个感烟探测器、2个带电话插座手动报警按钮、2个火灾警铃、5个消火栓报警按钮、1个动力配电箱、1个照明配电箱、1个水流指示器、1个水信号阀、1个排烟口。

上述各设备均为每层标准层安装设备，除感烟探测器和报警按钮，其余设备通过联动控制模块（即图中A、B、C1所表示的模块）连接到各设备，将各设备信号反馈到报警控制器。

（9）图中所用连接导线见右下方导线图例，如消防电话线采用“ZR-RVVP-2×1.5”的敷设方式，电源线采用“NH-RV-2×4”的敷设方式，系统回路信号线采用“NH-RVP-2×1.5”的敷设方式，等等。

5. 平面图识读

本工程的平面图如图5-19所示，本图识读要点如下：

（1）结合系统图（如图5-18所示）读图。

（2）弱电线由⑦-C轴线位置的电井引出，1路报警控制器信号线，2路消防广播线。

结合系统图，可以看出与这一路报警控制器信号线连接的设备有：20个感烟探测器分布在该楼层各位置、2个带电话插座的手动报警按钮分布在④-C轴线位及电井旁、2个火灾警铃分布在手动报警按钮位置，其余设备结合本图右边的图例可分别找到安装位置，数量应与系统图相对应。

结合系统图，2路消防广播线，一路接6个扬声器，另一路接2个扬声器。

（3）设备安装方式见右边图例，如：感烟探测器采用吸顶安装，手动报警按钮采用壁挂安装且安装高度距地1.5m，等等。

图5-20为一层平面图，作为本章复习思考题的识读内容。

实训5　某书城火灾报警及联动控制系统方案设计与安装

根据《火灾自动报警系统施工及验收规范》的要求，火灾自动报警系统的施工应按设计图纸进行，不得随意更改。在火灾自动报警系统施工前，应具备设备布置平面图、接线图、安装图、系统图及其他必要的技术文件。图纸设计是施工的基本技术依据，为保证正确施工，应坚持按图施工的原则。下面以深圳某书城项目工程为例，对火灾报警及联动控制系统施工项目进行讲解。

1. 项目方案和设备选择

1）工程概况

此工程占地面积一万多平方米，建筑面积八万多平方米，此楼盘地下两层、地上七层（包括一夹层），部分消防设计图纸如图5-21至图5-30所示。本工程因用途为书城，虽然楼层不高，但防火等级高。本工程使用的火灾自动报警形式为控制中心报警系统，现有工程大多采用此种系统。

2）方案的总体设计思想和依据

（1）总体设计思想

① 推出功能化设计理念，在满足消防规范的前提下，紧密结合本工程的不同功能，进行最合理的系统构成和设备配置，以达到方案最优。

② 所提供的系统设计和设备配置的性价比最优，既能满足有关规范和建筑功能的要求，又能节省投资；既能保证不改变现场的所有管路配置，又能达到优化组合，力求得到理想的、符合工程实际状况的最佳方案。同时保证系统安全可靠，一次性验收合格。

（2）设计依据

① 按“标书要求”、以设计图纸为依据，并符合下列规范的要求：

《高层民用建筑设计防火规范》（GB 50045—2005）；

《民用建筑电气设计规范》（JGJ 16—2008）；

《火灾自动报警系统设计规范》（GB 50116—2008）；

《人民防空工程设计防火规范》（GB 50098—2009）；

《汽车库、修车库、停车场设计及防火规范》（GB 50067—1997）。

② 方案设计的总体思路：

a. 三江 JB-QGL-2100A 系统的功能特点。

b. 对设计图纸、资料深化研究后的优化配置意见。

c. 业主及设计单位的其他有关意见。

3）系统配置

（1）控制中心配置。1 台 10 回路 JB-QGL-2100A 智能型报警主机（位于首层消防控制室）；1 台广播通信柜和消防专用电源（位于首层消防控制室）；1 台 CRT 图文显示系统（位于一层消防控制室）；11 台中文复示屏（位于各层）；1 台 JB-QB-QM200/4 型气体灭火控制器。

（2）探测设备配置。针对书城项目各部位的使用性质和《火灾自动报警系统设计规范》的有关规定，结合 JB-QGL-2100A 产品的特点，本系统共设有报警、控制、监视点 1256 点，其中：光电探测器 633 只；感温探测器 249 只；红外探测器 1 对；监视/接口 188 只；智能声光报警器 49 只；控制监视器 41 只；手动报警按钮 68 只；KZJ-LD 28 点。

4）火灾探测器的选择和设置

各厂家消防报警系统的回路容量不一样，回路分布就不一样。三江公司的每块回路卡为两个回路，每回路总容量为 198 点，探测器 99 点（即包括所有智能探测器），模块 99 点（即包括所有模块、智能手报、智能消火栓、智能声光报警器）。当探测器超过 99 点而模块点有多余时，探测器可以占用模块地址，但回路总容量不变（如系统中地下二层模块数量为 25 点，探测器数量为 130 点，有 31 点探测器占用模块地址；回路总点数为 155 点，不超出 198 点）。这样不难看出此系统为 9 个回路，5 块接口板。有些厂家回路卡为单回路，每回路有高于 198 点，也有低于 198 点，所以要根据产品设计图纸。

火灾探测器是火灾自动报警系统的检测元件，是火灾自动报警系统最重要的组成部分。它分为感烟火灾探测器、感温火灾探测器、感光火灾探测器、烟温复合式探测器，按其测控范围又可分为点型火灾探测器和线型火灾探测器两大类。点型火灾探测器只能对警戒范围中某一点周围的温度、烟等参数进行控制，如点型光电感烟探测器、点型感温探测器等。线型火灾探测器则可以对警戒范围中某一线路周围的烟雾、温度进行探测，如红外光束感烟探测器、缆式线型感温火灾探测器等。常用火灾探测器的性能特点及适用范围请参照《火灾自动报警系统设计规范》中火灾探测器的选择。它将火灾初期所产生的热、烟或光转变为电信号，当其电信号超过某一定值时，传递给与之相关的报警控制设备。它的工作稳定性和灵敏度等技术指标直接影响着整个消防系统的性能。

火灾初期有阴燃阶段，即有大量的烟和少量的热产生，很少或没有火焰辐射的火灾（如棉、麻织物的阴燃等），应选用感烟探测器。为了较早发现火灾隐患，智能小区应多选用这种探测器。

对于感烟探测器而言，在禁烟、清洁、环境条件较稳定的场所，如计算机房、书库等，选用Ⅰ级灵敏度；对于一般场所，如卧室、起居室等，选用Ⅱ级灵敏度；对于经常有少量烟、环境条件常变化的场所，如会议室、商场等，选用Ⅲ级灵敏度。

本工程地下室选用点型感温探测器，楼层选用点型感烟探测器，在中庭选用线型红外光束感烟探测器。

图例及主要设备表

序号	图例	名　称	说　明	单位	数　量	备注（型号）
1		高压柜	型号详系统图	台	4	
2		低压柜	型号详系统图	台	18	
3		变压器	型号详系统图	台	2	
4		动力 配电箱 KAP1!5,BX1-6	除注明者外 抬高 300 落地安装	台	11	
5		动力 配电箱	除注明者外 底 距地 1.5 米暗装	台	34	
6		照明 配电箱	除注明者外 底 距地 1.5 米暗装	台	67	
7		控制箱	底距地 1.5 米暗装或明装	台	36	
8		吸顶灯 1×40 W	吸顶 安装	套	17	
9		吸顶灯 1×40 W	吸顶 安装	套	505	
10		筒式荧光灯 1×40 W	（地下室）吊链式 距地 2.8 米，其他吸顶	套	186	
11	S	蓄电池式荧光灯 1×40 W	吊链式 距地 2.8 米	套	55	
12		防爆灯 1×40 W	吸顶 安装	套	1	
13		平座白炽灯 1×40 W	吸顶 安装	套	112	
14		翘板开关	一位二位 距地 暗装 1.5 米	套	571/3	B5B1/1,B5B2/1
15	E	安全出口标志灯	明装或嵌墙暗装底距地 2.5 米	套	58	
16		诱导灯	嵌墙暗装 底距地 1.0 米	套	16	
17		单相三极暗插座	距地 0.3 米 暗装	套	2	B5/16C
18						
19						
20	N	普通感温探测器	吸顶	套	271	LD3300B
21		感温探测器	吸顶	套	8	LD3000B(D)
22		普通感烟探测器	吸顶	套	12	LD3000B
23		感烟探测器	吸顶	套	575	LD3000B(Z)
24		带电话插座手动报警按钮	壁装 H=1.5m	套	61	LD2000DH
25		手动报警按钮	壁装 H=1.5m	套	1	LD2000B(D)
26		火灾警铃	壁装 H=2.5m	套	61	24V,DC
27		壁挂式扬声器	壁装 H=2.5m	套	18	5W
28		嵌顶式扬声器		套	215	3W
29	B	声光报警（广播）驱动模块	就近安装	套	119	LD6807
30	M	组连模块	就近安装	套	32	LD4900
31	C1	单输入/单输出模块	就近安装	套	152	LD6801
32	C2	双输入/双输出模块	就近安装	套	20	LD6802
33	A	开关量报警信号输入模块	就近安装	套	73	LD4400(D)
34		消防固定对讲电话	壁装 H=1.5 m	套	6	
35		水流指示器	见水专业	套	29	
36		水信号阀	见水专业	套	29	
37		消火栓报警按钮	见水专业	套	144	
38		湿式自动报警阀	见水专业	套	4	
39		正压送风口	见空调业	套	29	
40		防火阀（280℃熔断关闭）	见空调业	套	4	
41		防火阀（70℃熔断关闭）	见空调业	套	7	
42	nJY/J(Y)-nKX	加压送风机控制箱	见强电图纸	套	2	
43	nPY/P(Y)-nKX	排烟风机控制箱	见强电图纸	套	4	
44	-JBXn	消防泵控制箱	见强电图纸	套	3	
45	XFDT DT	电梯控制箱	见强电图纸	套	6	
46	nFLnKX	防火卷帘控制箱	见强电图纸	套	5	
47		动力配电箱	见强电图纸	套	27	
48		照明配电箱	见强电图纸	套	27	
49		放气电动阀		套	1	
50		放气讯响器		套	1	
51		放气灯		套	2	
52	CO2	二氧化碳控制盘		套	1	

图 5-17　某商用综合大厦火灾报警

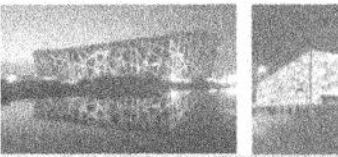

设 计 说 明

一、设计依据

《高层民用建筑设计防火规范》　　(GB50045—95)

《火灾自动报警系统设计规范》　　(GB50116—98)

《民用建筑电气设计规范》　　(JGJ/T16—92)

《有线电视系统工程技术规范》　　(GB50200—94)

甲方要求及相关专业提供的条件

二、设计内容

本大楼的火灾自动报警及联动控制。电话、有线电视系统、宽带网综合布线、楼宇控制等系统由专业公司设计或另行委托设计，本设计只考虑预留干线通道。

三、火灾报警控制及联动控制

1. 火灾报警控制为集中报警控制式，采用智能式报警控制器，消控中心设在一层。

2. 火灾报警控制总线采用NH-RVP-155 mm^2 导线穿 ϕ20mm 阻燃PVC管在顶板内，墙内暗敷。

3. 直流电源线采用NH-RV-4 mm^2 导线，在竖井内沿桥架敷设。支线采用NH-RV-25 mm^2 导线穿 ϕ20 mm 阻燃PVC管暗敷。

4. 设置火警警铃分层鸣响。

5. 设置手动报警按钮及电话插孔，以便于消防人员消防时通话。

6. 在消控中心设置广播电话联动柜，与报警控制器联网。在变配电室、发电机房、制冷机房、水泵房等处设对讲电话分机。

7. 广播线采用NH-RV-1.5 mm^2 导线穿镀锌钢管沿桥架敷设或在顶板内、墙内暗敷。

8. 除注明者外，广播线穿管标准（超过表中线数者须两根或多根保护管）。

种类＼根数	2～6	7～9	10～13
镀锌钢管	SC15	SC20	SC25

9. 凡明敷的金属管均应涂防火涂料保护。

10. 按照预先编好的联动程序，火灾事故时，智能式报警控制器发出指令可以实现如下联动控制：

立即打开着火层及其上下层的正压送风阀，启动排烟风机，正压送风风机，启动喷洒泵，消火栓泵，停止生活泵，停止着火层空调机、新风机，普通客梯回到底层停运，消防梯回到底层供消防人员使用。

平时送排风，发生火灾时兼作送、排烟的风机除受火灾信号控制外，还应受楼宇信号控制，并设有反馈信号。

11. 消控中心设置手动控制联动柜，消控中心可手动控制各消防设备启、停，并显示各设备信号。

四、施工时请与土建、给排水、空调专业密切配合，及时预留洞、预埋管，协调水、电、空调管线及设备的关系，所有电气预留孔洞，施工完毕均需用防火材料封堵严密。

及联动控制系统设计说明及图例

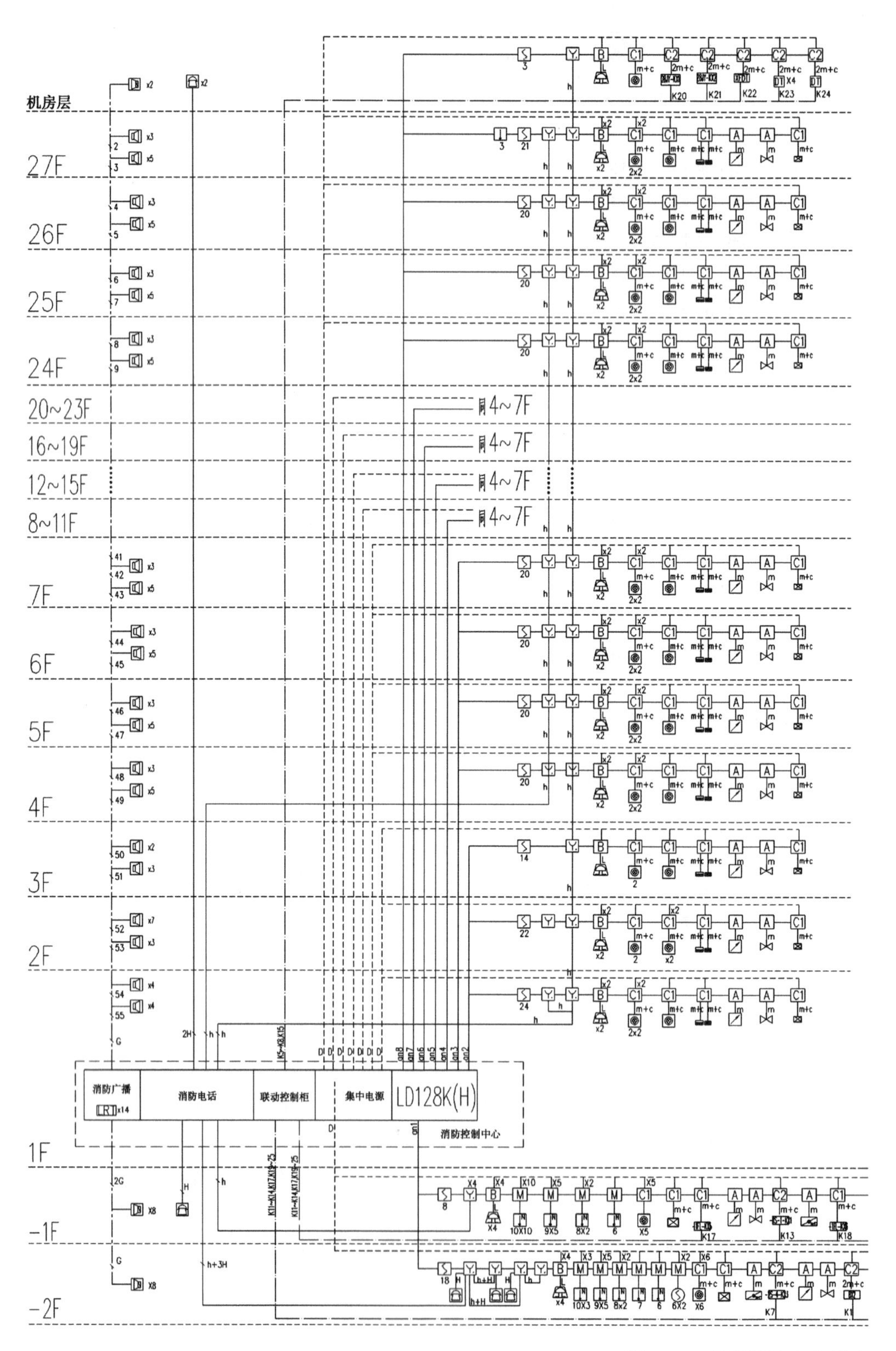

图5-18　某商用综合大厦火

消防联动线一览表

序号	消防水泵编号	对应水图泵编号	名 称	线 型	具备的功能
K01	B×2	XHB-1	消火栓泵	NH-KW-7×1.5	启动、停止、启动状态、停止状态、故障状态
K02	B×3	XHB-2	消火栓泵	NH-KW-7×1.5	启动、停止、启动状态、停止状态、故障状态
K03	B×5	XHB-3	消火栓泵	NH-KW-7×1.5	启动、停止、启动状态、停止状态、故障状态
K04	B×4	PLB-1,2	喷淋泵	NH-KW-7×1.5	启动、停止、启动状态、停止状态、故障状态
序号	风机、电梯及防火卷帘编号	对应空调图编号	名 称	线 型	具备的功能
K05	-2S-1-K×1	S-B2-1	送风机	NH-KW-7×1.5	启动、停止、启动状态、停止状态、故障状态
K06	-2P(Y)-1-K×2	P(Y)-B2-1	排风兼排烟风机	NH-KW-7×1.5	启动、停止、启动状态、停止状态、故障状态
K07	-2S-1-K×3	S-B2-2	送风机	NH-KW-7×1.5	启动、停止、启动状态、停止状态、故障状态
K08	-2P(Y)-K×4	P(Y)-B2-2	排风兼排烟风机	NH-KW-7×1.5	启动、停止、启动状态、停止状态、故障状态
K09	-2S-1-K×5	S-B2-3	送风机	NH-KW-7×1.5	启动、停止、启动状态、停止状态、故障状态
K10	-2P-1-K×6	P-B2-1	排风机	NH-KW-7×1.5	启动、停止、启动状态、停止状态、故障状态
K11	-2P-2-K×7	P-B2-1	排风机	NH-KW-7×1.5	启动、停止、启动状态、停止状态、故障状态
K12	-2FL-K×13		防火卷帘	NH-KW-7×1.5	启动、停止、启动状态、停止状态、故障状态
K13	-1S-1-K×1	S-B1-1	送风机	NH-KW-7×1.5	启动、停止、启动状态、停止状态、故障状态
K14	-1P(Y)-1-K×2	P(Y)-B1-1	排风兼排烟风机	NH-KW-7×1.5	启动、停止、启动状态、停止状态、故障状态
K15	-1S-1-K×3	S-B1-2	送风机	NH-KW-7×1.5	启动、停止、启动状态、停止状态、故障状态
K16	-1P(Y)-K×4	P(Y)-B1-2	排风兼排烟风机	NH-KW-7×1.5	启动、停止、启动状态、停止状态、故障状态
K17	-1FL-K×5		防火卷帘	NH-KW-7×1.5	启动、停止、启动状态、停止状态、故障状态
K18	-1FL-K×6		防火卷帘	NH-KW-7×1.5	启动、停止、启动状态、停止状态、故障状态
K19	-1FL-K×7		防火卷帘	NH-KW-7×1.5	启动、停止、启动状态、停止状态、故障状态
K20	WDJY-1	JY-1	正压风机	NH-KW-7×1.5	启动、停止、启动状态、停止状态、故障状态
K21	WDJY-2	JY-2	正压风机	NH-KW-7×1.5	启动、停止、启动状态、停止状态、故障状态
K22	XFDT		消防电梯控制柜	NH-KW-4×1.5	迫降、归底状态
K23	DT		普通电梯控制柜	NH-KW-4×1.5	迫降、归底状态
K24	DT		观光电梯控制柜	NH-KW-4×1.5	迫降、归底状态
K25	-1P-1-K×8	P-B1-1	排风机	NH-KW-7×1.5	启动、停止、启动状态、停止状态、故障状态

图 例	说 明	安装方式
	普通感温探测器 LD3300B	吸顶
	感温探测器 LD3300B(D)	吸顶
	普通感烟探测器 LD3000B	吸顶
	感烟探测器 LD3300B(Z)	吸顶
	带电话插座手动报警按钮 LD2000DH	壁装 H=1.5 m
	手动报警按钮 LD2000B(D)	壁装 H=1.5 m
	火灾警铃 24V,DC	壁装 H=2.5 m
	壁挂式扬声器 5W	壁装 H=2.5 m
	嵌顶式扬声器 3W	
	声光报警（广播）驱动模块 LD6807	就近安装
	组连模块 LD4900	就近安装
	单输入/单输出模块 LD6801	就近安装
	双输入/双输出模块 LD6802	就近安装
	开关量报警信号输入模块 LD4400(D)	就近安装
	消防固定对讲电话	壁装 H=1.5 m
	水流指示器	见水专业
	水信号阀	见水专业
	消火栓报警按钮	见水专业
	湿式自动报警阀	见水专业
	正压送风口	见空调专业
	防火阀（280℃熔断关闭）	见空调专业
	排烟口	见空调专业
	加压送风机控制箱	见强电图纸
	排烟风机控制箱	见强电图纸
	消防泵控制箱	见强电图纸
	电梯控制箱	见强电图纸
	防火卷帘控制箱	见强电图纸
	动力配电箱	见强电图纸
	照明配电箱	见强电图纸
	放气电动阀	
	放气讯响器	
	放气灯	
	二氧化碳控制盘	

消防电话线 h,H：
ZR-RVVP-2×1.5
h：消防电话插孔线
H：固定消防电话线

电源线 D：
NH-RV-2×4

系统回路信号线 an：
NH-RVP-2×1.5

消防联动线 Kn：
NH-KVV-7(4)×1.5

消防广播线 G：
NH-RV-2×1.5

消火栓按钮指示灯电源线 d：
ZR-RV-2×1.5

模块输入、输出，
警铃输出线 m,c,L：
ZR-RV-2×1.5
普通探测器信号线 An：
RV-2×1.5
出线 S：
ZR-RVP-3×1.5

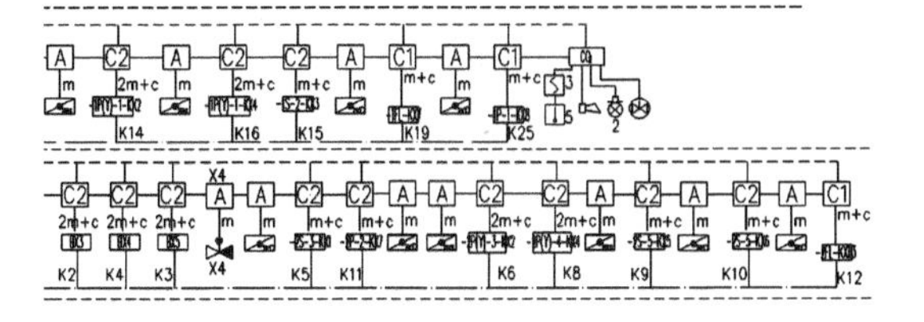

灾报警及联动控制系统图

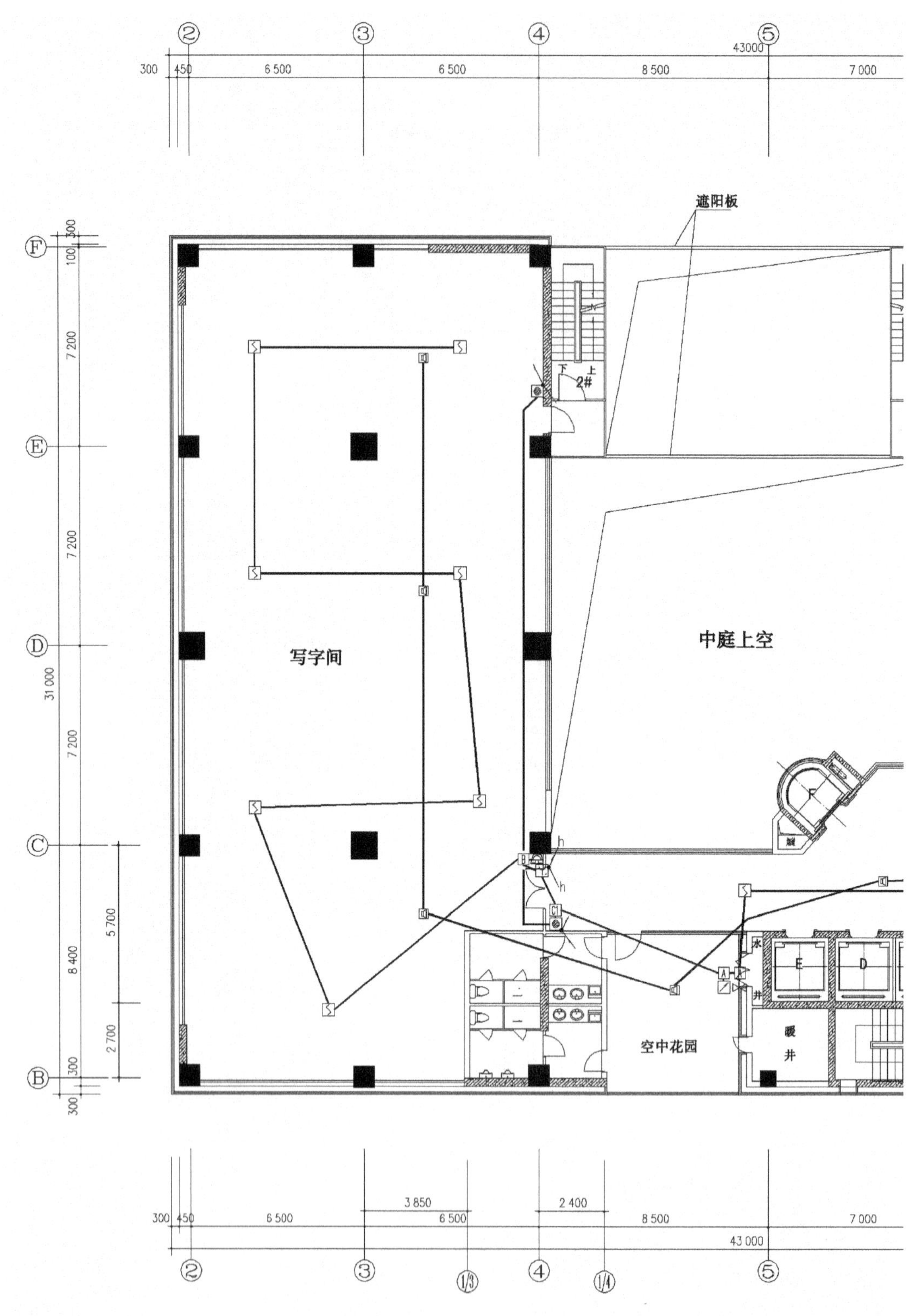

图5-19　某商用综合大厦火灾报警

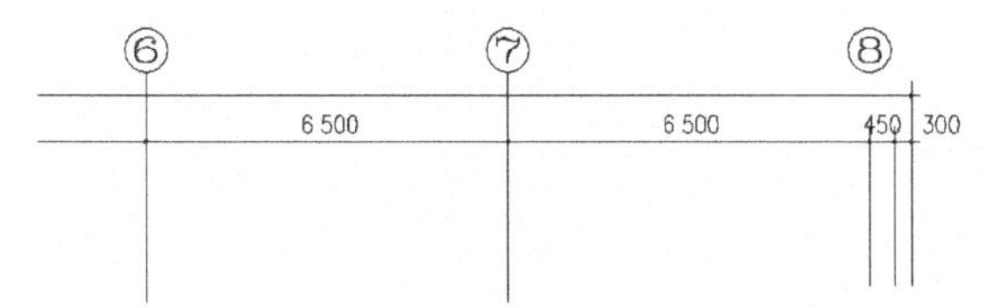

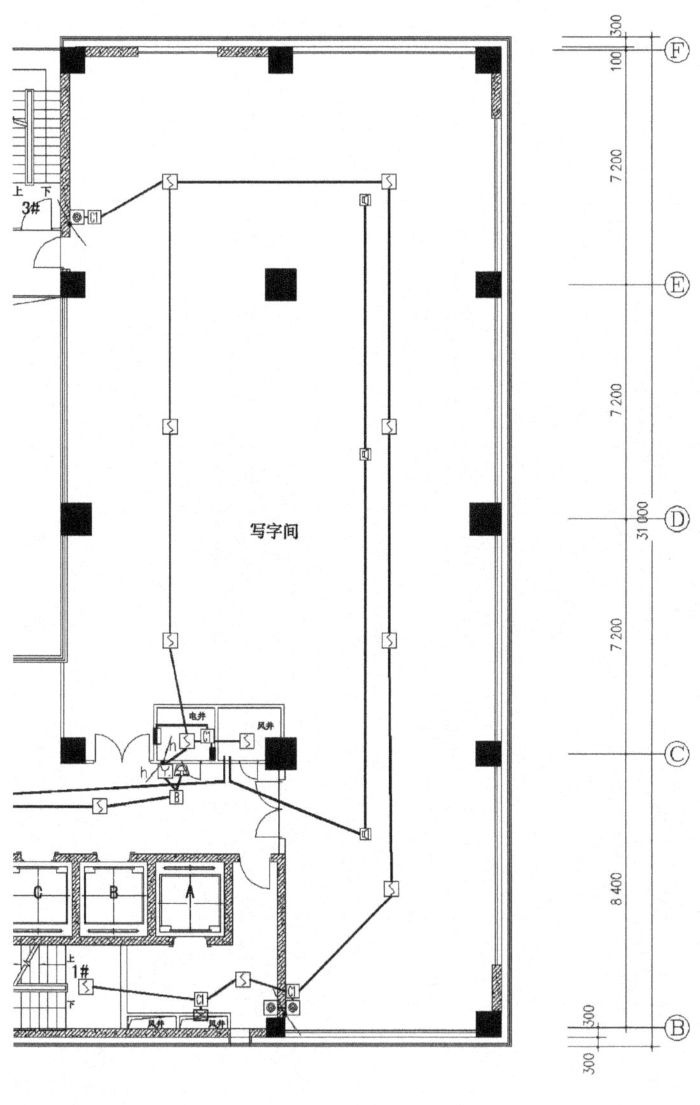

图例	说明	安装方式
	普通感温探测器 LD3300B	吸顶
	感温探测器 LD3300B(D)	吸顶
	普通感烟探测器 LD300B	吸顶
	感烟探测器 LD300B(Z)	吸顶
	带电话插座手动报警按钮 LD2000DH	壁装 H=1.5 m
	火灾警铃 24V,DC	壁装 H=2.5 m
	壁挂式扬声器　5W	壁装 H=2.5 m
	嵌顶式扬声器　3W	
B	声光报警（广播）驱动模块 LD6807	就近安装
M	组连模块 LD4900	就近安装
C1	单输入/单输出模块 LD6801	就近安装
C2	双输入/双输出模块 LD6802	就近安装
A	开关量报警信号输入模块 LD4400(D)	就近安装
	消防固定对讲电话	壁装 H=1.5 m
	水流指示器	见水专业
	水信号阀	见水专业
	消火栓报警按钮	见水专业
	湿式自动报警阀	见水专业
	正压送风口	见空调专业
	防火阀（280℃熔断关闭）	见空调专业
SE	排烟口	见空调专业
nJY-KXn	加压送风机控制箱	见强电图纸
nPY/P(Y)-nKX	排烟风机控制箱	见强电图纸
-3BXn	消防泵控制箱	见强电图纸
XFDT DT	电梯控制箱	见强电图纸
nFLnKX	防火卷帘控制箱	见强电图纸
	动力配电箱	见强电图纸
	照明配电箱	见强电图纸
	放气电动阀	
	放气讯响器	
	放气灯	
CQ	二氧化碳控制盘	

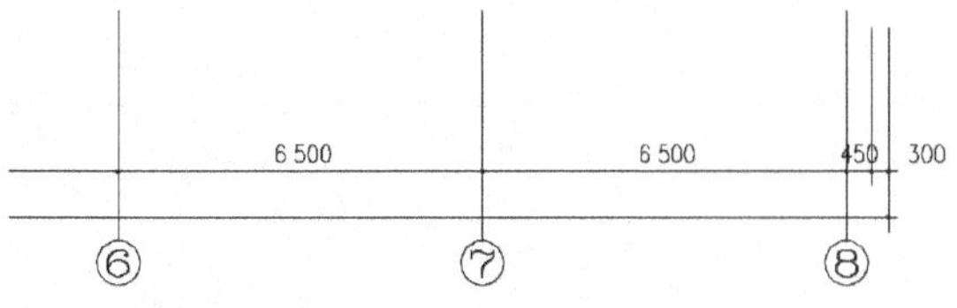

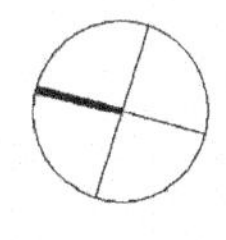

及联动控制系统标准层消防平面图

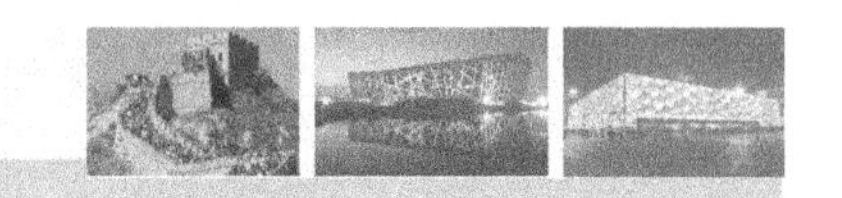

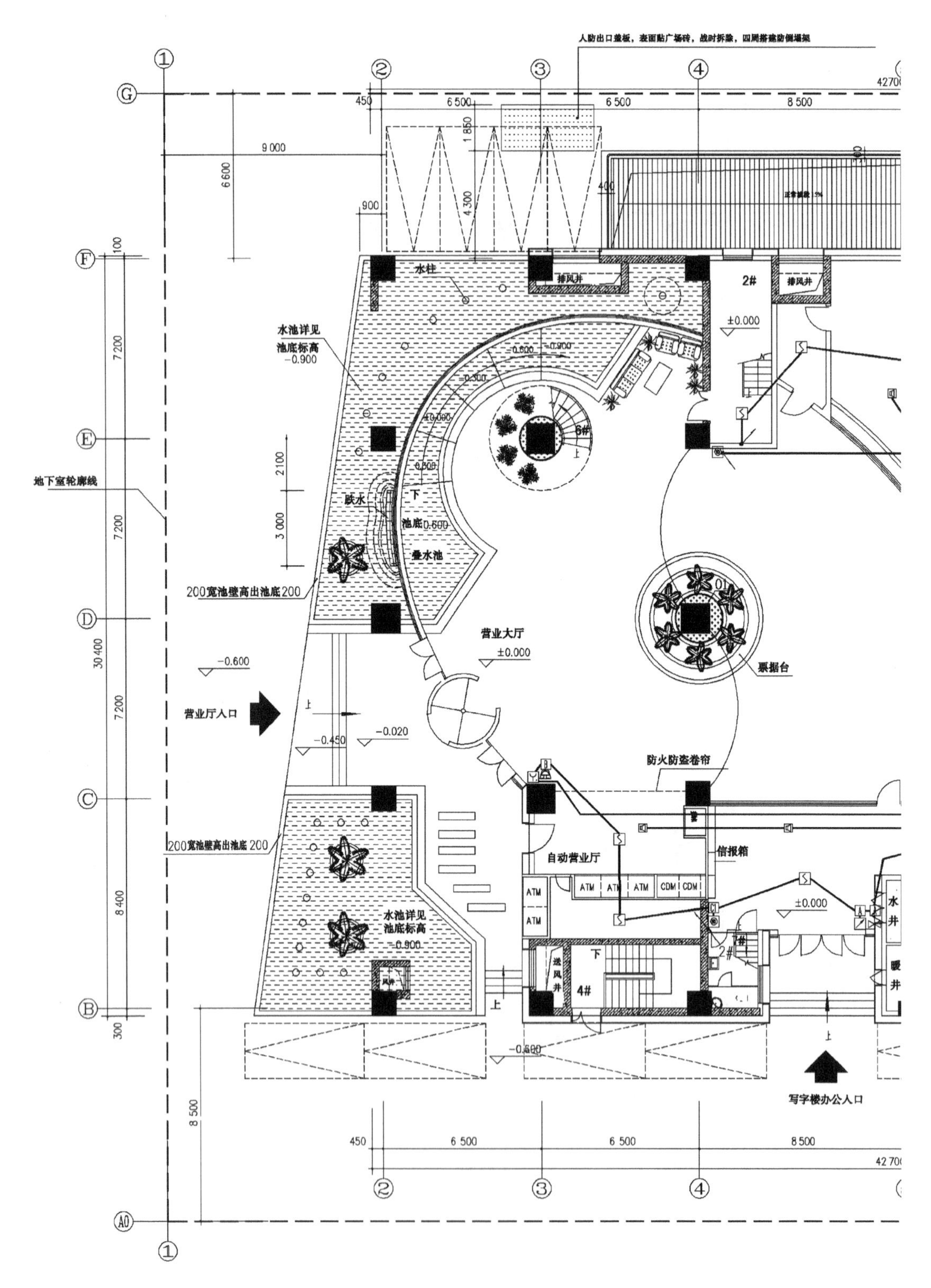

图5-20 某商用综合大厦火灾报警

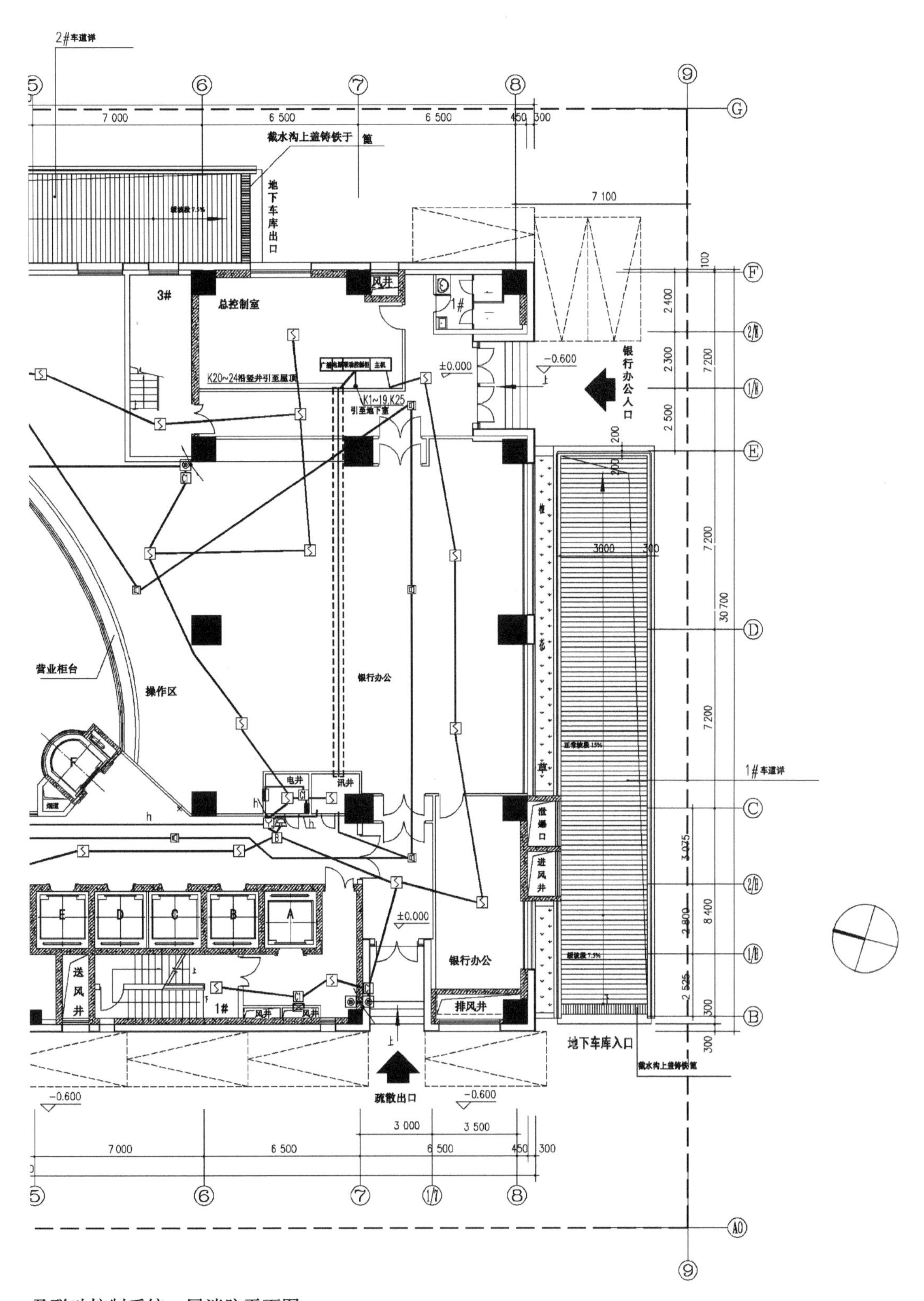

及联动控制系统一层消防平面图

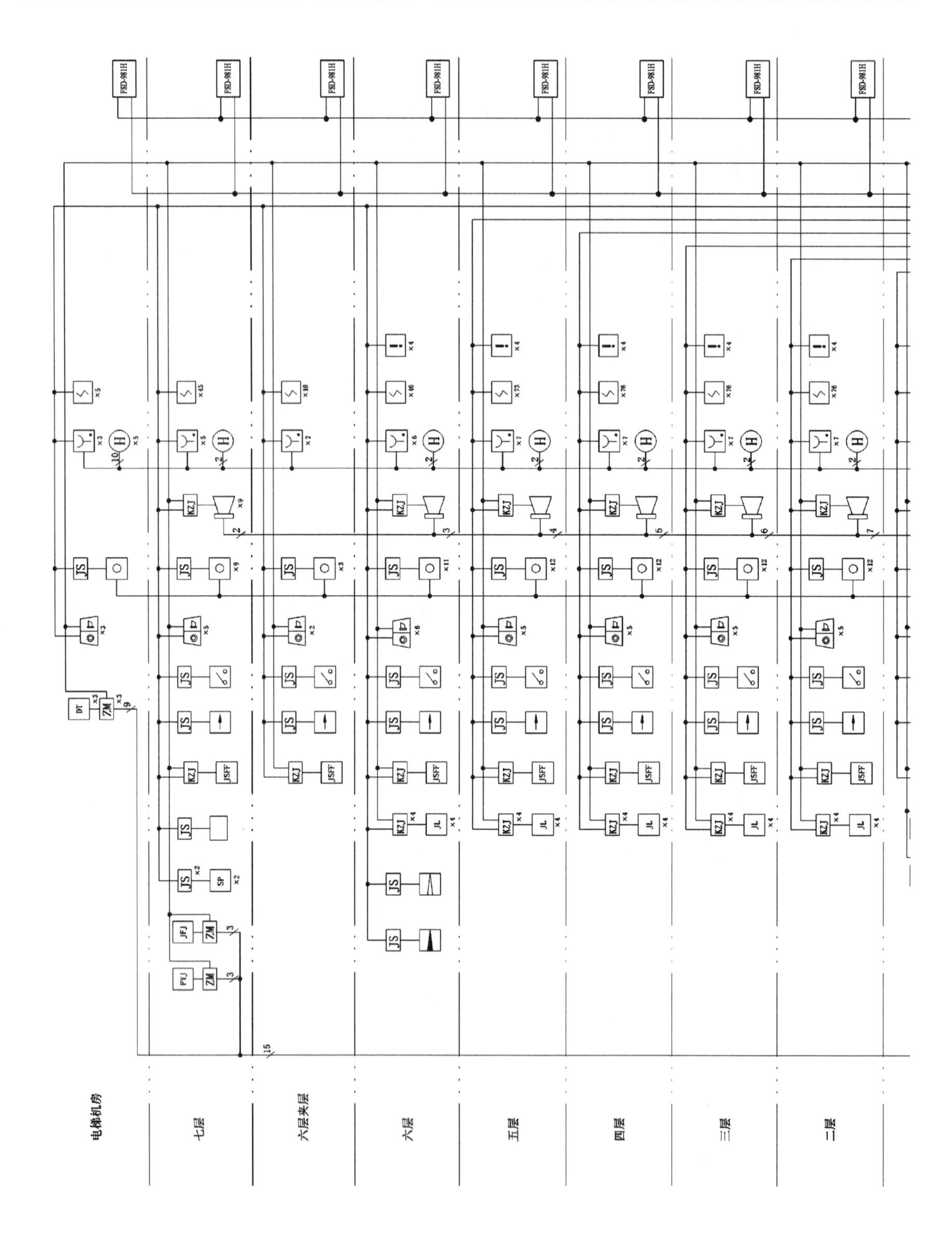
FSD-981H
JS
KZJ
JSFF
JL
SP
DT
ZM
JFJ
PYJ
电梯机房
七层
六层夹层
六层
五层
四层
三层
二层

图5-21 消防

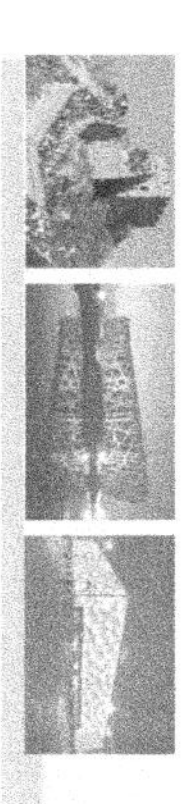

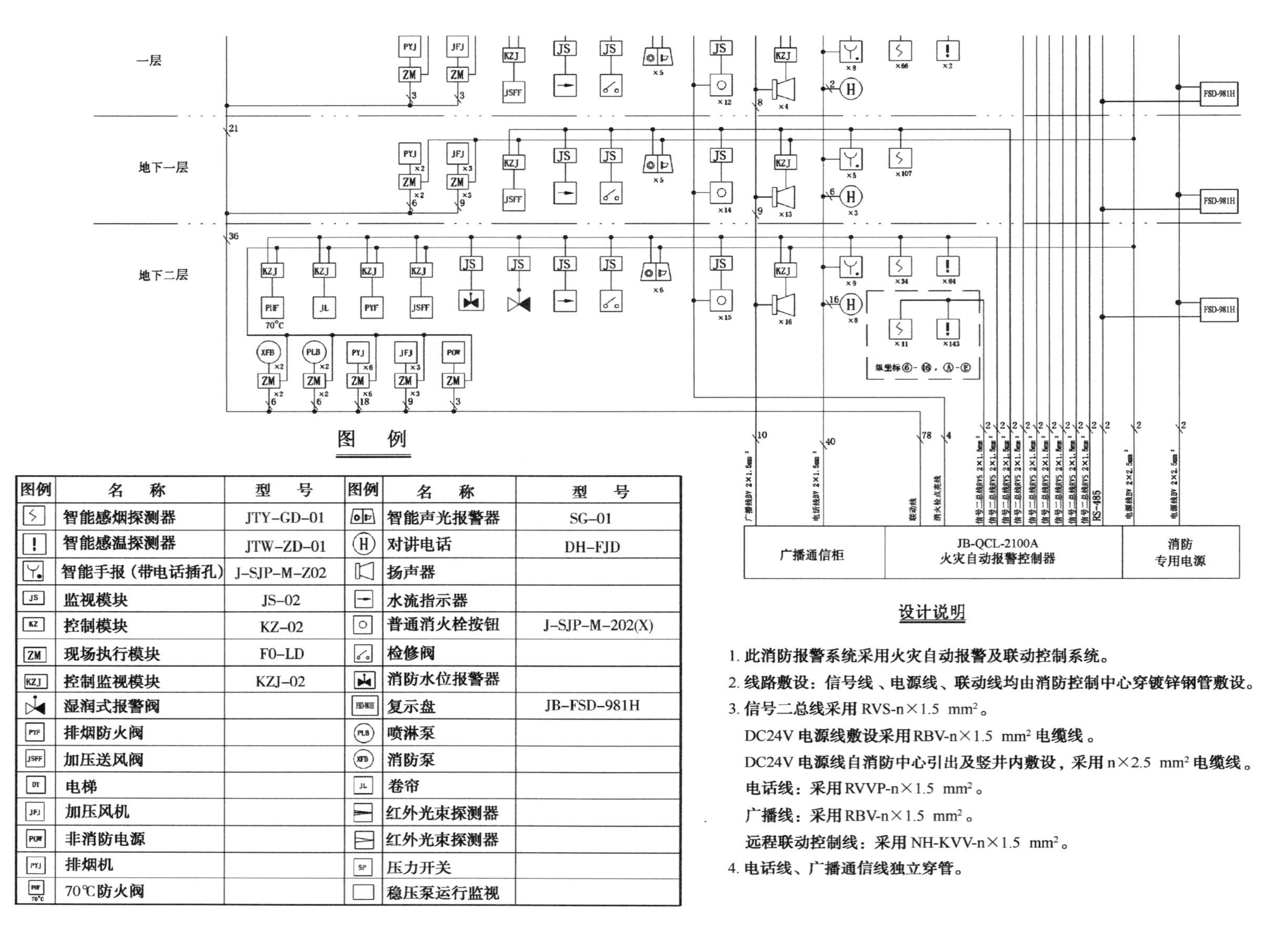

图　例

图例	名　称	型　号	图例	名　称	型　号
	智能感烟探测器	JTY-GD-01		智能声光报警器	SG-01
	智能感温探测器	JTW-ZD-01	H	对讲电话	DH-FJD
	智能手报（带电话插孔）	J-SJP-M-Z02		扬声器	
JS	监视模块	JS-02		水流指示器	
KZ	控制模块	KZ-02		普通消火栓按钮	J-SJP-M-202(X)
ZM	现场执行模块	F0-LD		检修阀	
KZJ	控制监视模块	KZJ-02		消防水位报警器	
	湿润式报警阀		FSD-981H	复示盘	JB-FSD-981H
PYF	排烟防火阀		PLB	喷淋泵	
JSFF	加压送风阀		XFB	消防泵	
DT	电梯		JL	卷帘	
JFJ	加压风机			红外光束探测器	
POW	非消防电源			红外光束探测器	
PYJ	排烟机		SP	压力开关	
PHF 70℃	70℃防火阀			稳压泵运行监视	

设计说明

1. 此消防报警系统采用火灾自动报警及联动控制系统。
2. 线路敷设：信号线、电源线、联动线均由消防控制中心穿镀锌钢管敷设。
3. 信号二总线采用 RVS-n×1.5 mm²。
   DC24V 电源线敷设采用RBV-n×1.5 mm² 电缆线。
   DC24V 电源线自消防中心引出及竖井内敷设，采用 n×2.5 mm² 电缆线。
   电话线：采用RVVP-n×1.5 mm²。
   广播线：采用RBV-n×1.5 mm²。
   远程联动控制线：采用 NH-KVV-n×1.5 mm²。
4. 电话线、广播通信线独立穿管。

报警系统图

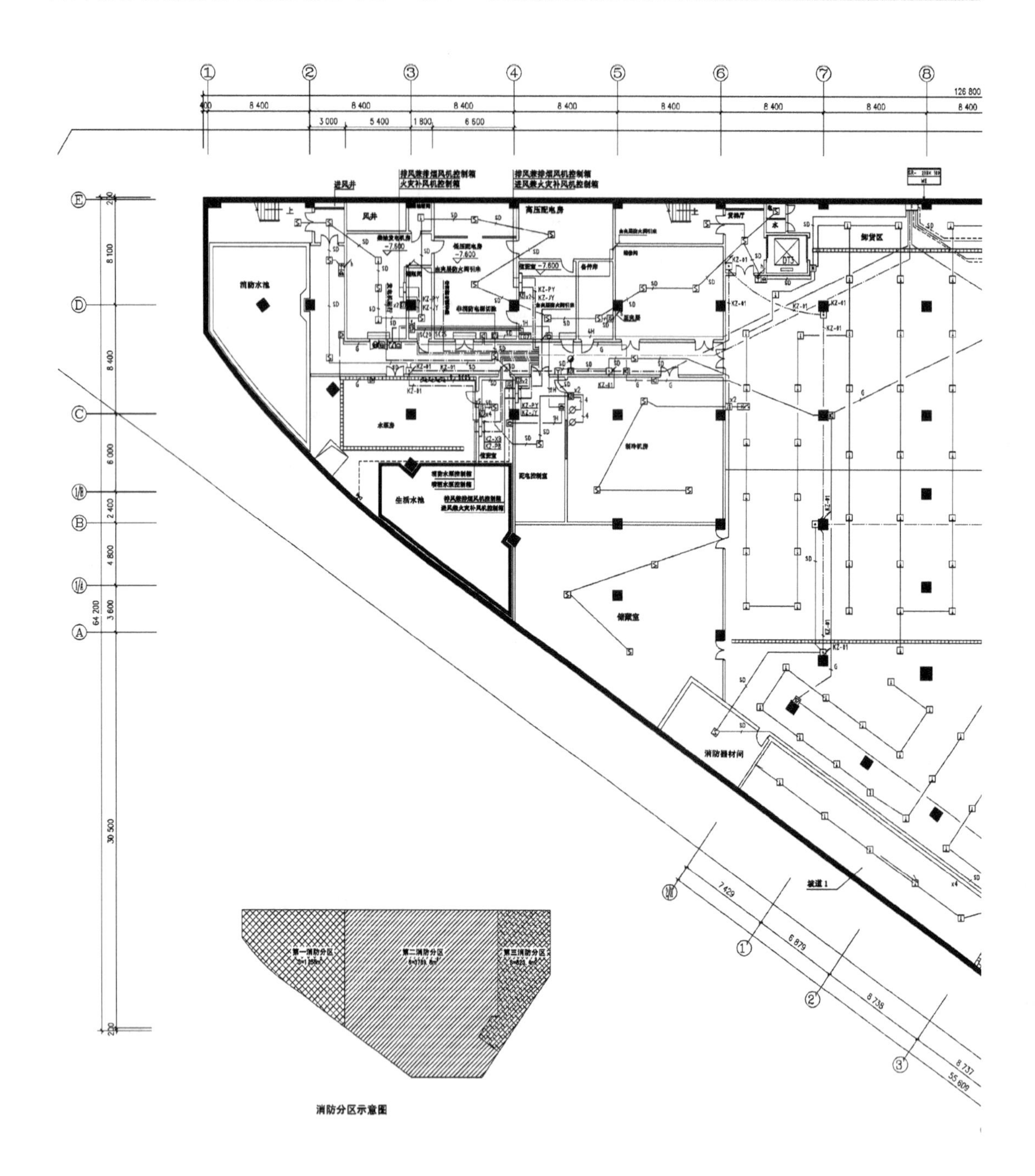
126 800
8 400
3 000
5 400
1 800
6 600
进风井
风井
高压配电房
排风兼排烟风机控制箱
火灾补风机控制箱
进风兼火灾补风机控制箱
消防水池
水泵房
生活水池
储藏室
消防器材间
卸货区
坡道 1
8 100
8 400
6 000
2 400
4 800
3 600
64 200
30 500
7 429
6 879
8 738
8 737
55 609
消防分区示意图

图5-22　地下二层火

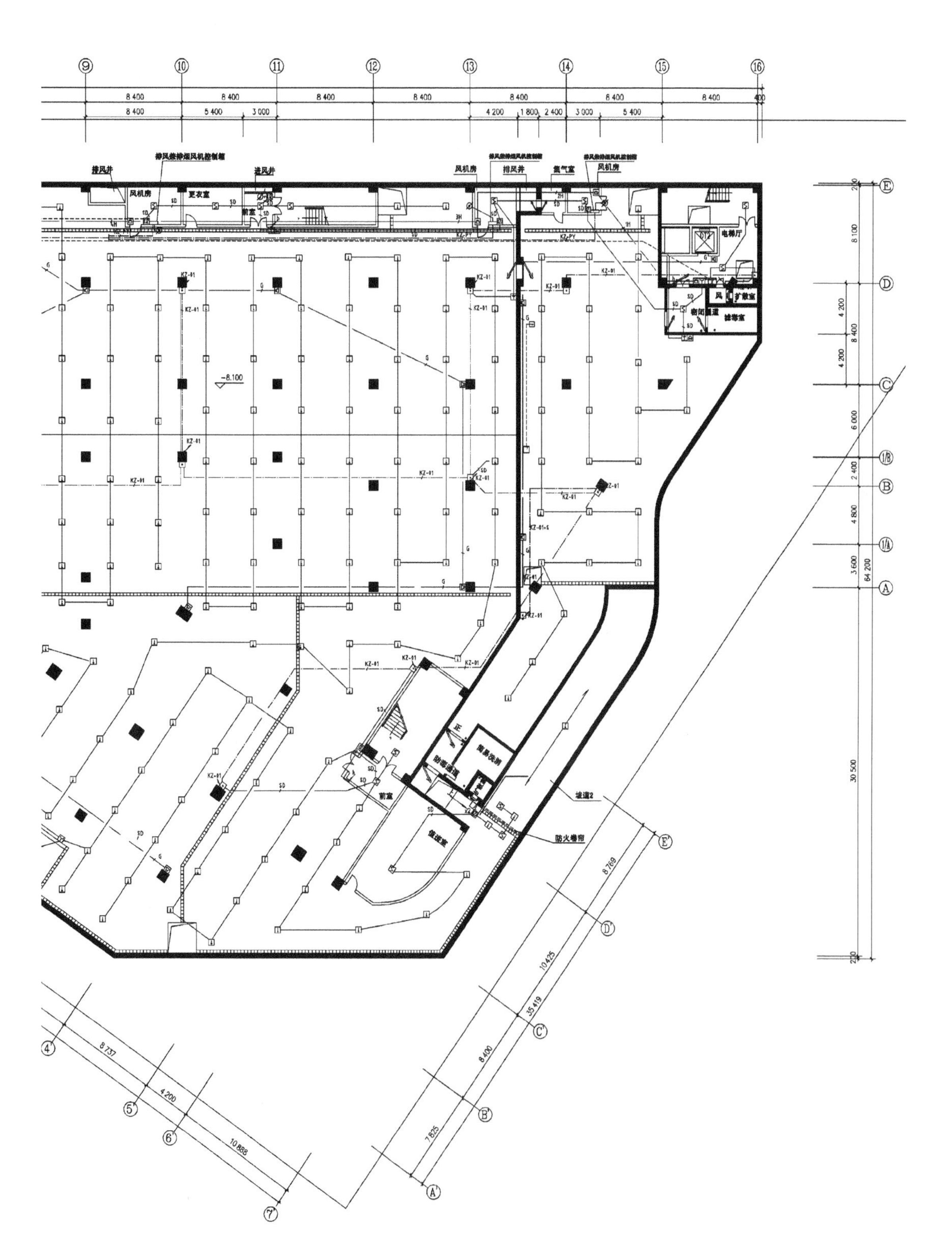
9
10
11
12
13
14
15
16
8 400
5 400
3 000
4 200
1 800
2 400
排风井
排风兼排烟风机控制箱
风机房
更衣室
进风井
前室
电梯厅
扩散室
滤毒室
-8.100
KZ-01
坡道2
防火卷帘
E
D
C
B
A
1/B
1/A
8 100
6 000
4 800
3 600
64 200
30 500
8 769
10 425
35 419
8 737
10 888
7 825

灾自动报警平面图

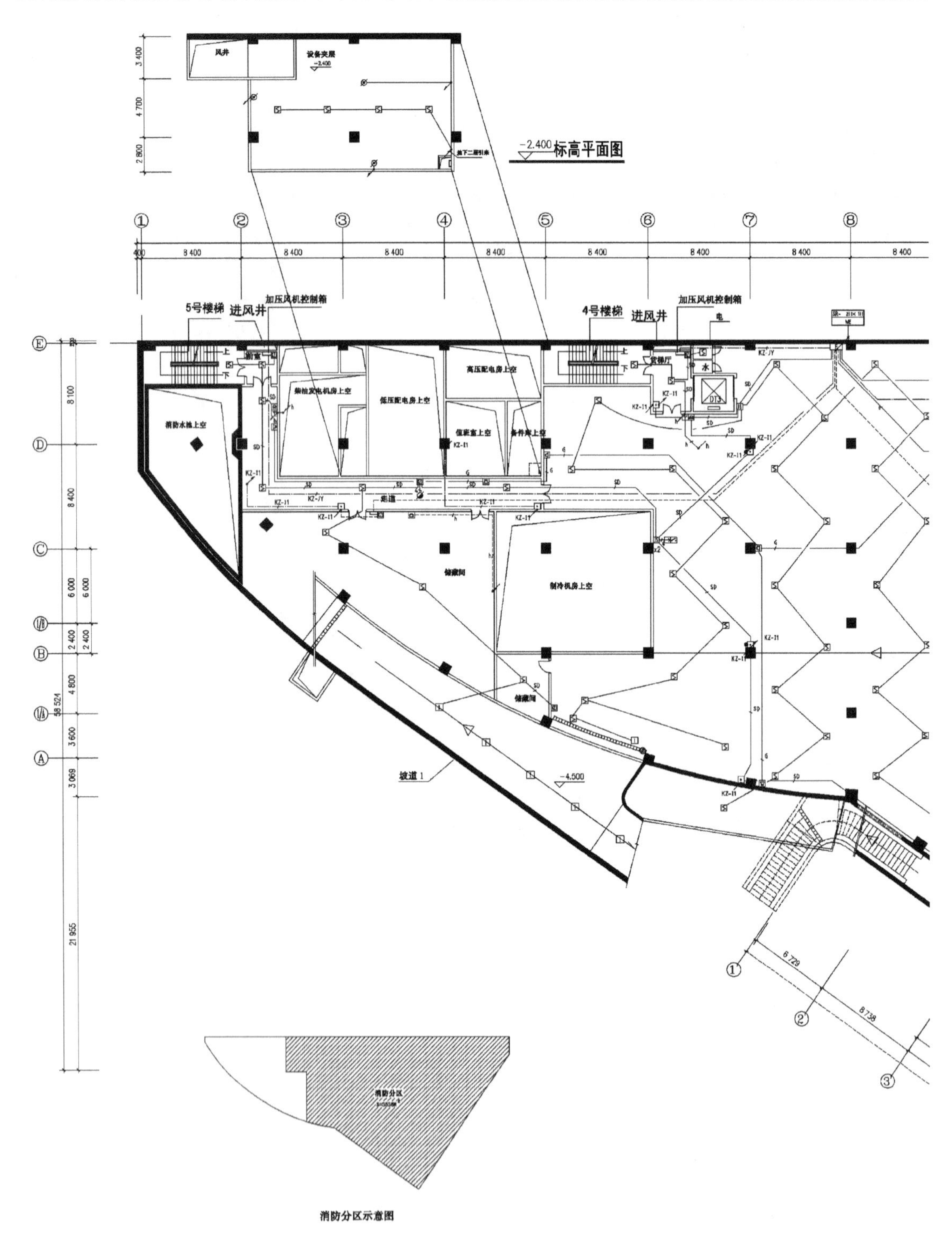
风井
设备夹层
-2.400
-2.400 标高平面图
① ② ③ ④ ⑤ ⑥ ⑦ ⑧
8 400
5号楼梯
进风井
加压风机控制箱
4号楼梯
进风井
加压风机控制箱
消防水池上空
柴油发电机房上空
低压配电房上空
高压配电房上空
值班室上空
备件库上空
走道
储藏间
制冷机房上空
储藏间
坡道 1
-4.500
KZ-I1
KZ-JY
SD
58 524
21 955
6 729
8 738
消防分区
消防分区示意图

图5-23 地下一层火

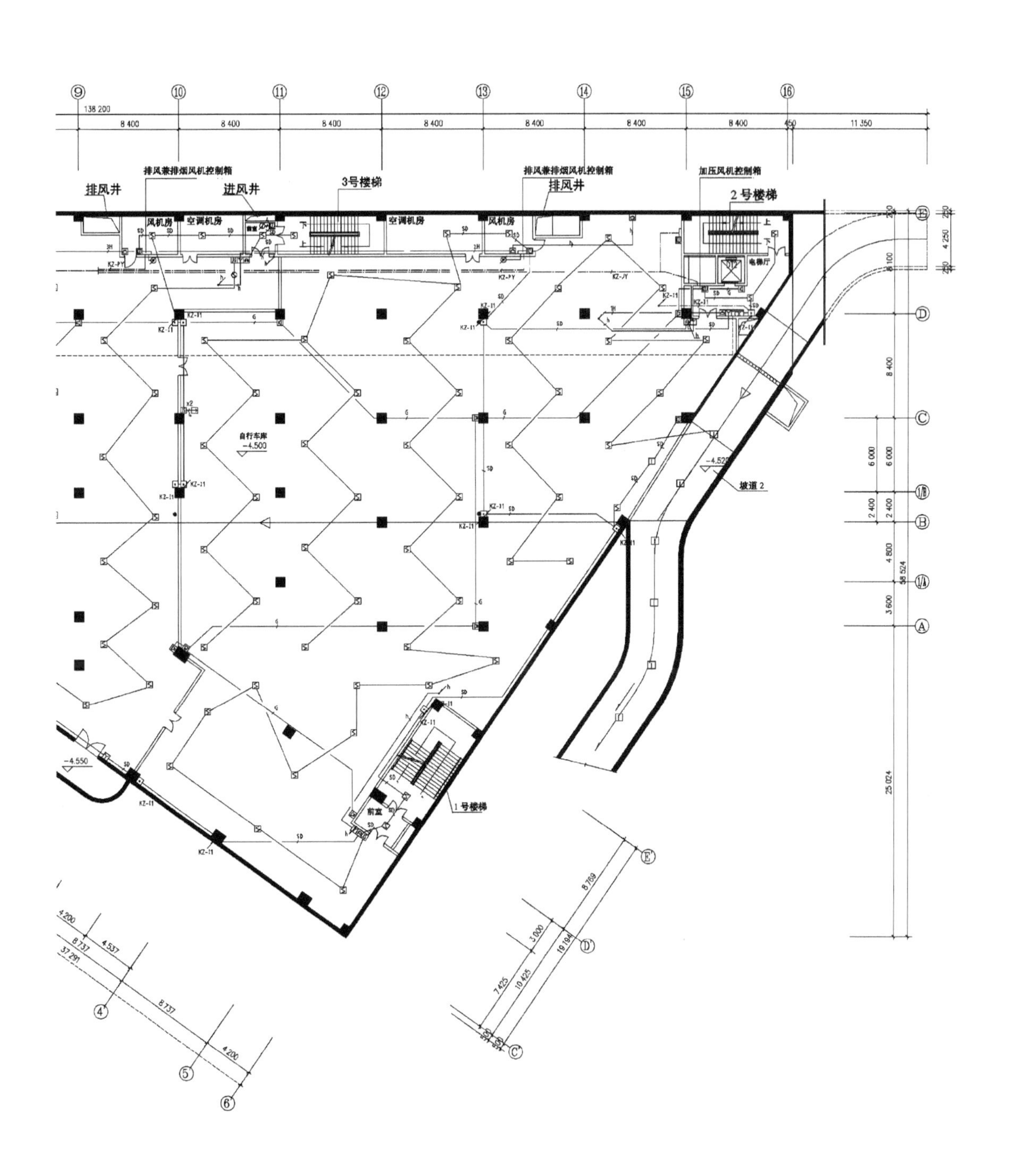
排风兼排烟风机控制箱
排风井
进风井
3号楼梯
排风兼排烟风机控制箱
排风井
加压风机控制箱
2号楼梯
风机房
空调机房
空调机房
风机房
电梯厅
自行车库
−4.500
坡道 2
1号楼梯
前室
−4.550
138 200
8 400
450
11 350
4 250
6 000
2 400
4 800
3 600
25 024
58 524
8 789
3 000
19 194
7 425
10 425
4 200
4 537
8 737
37 291

灾自动报警平面图

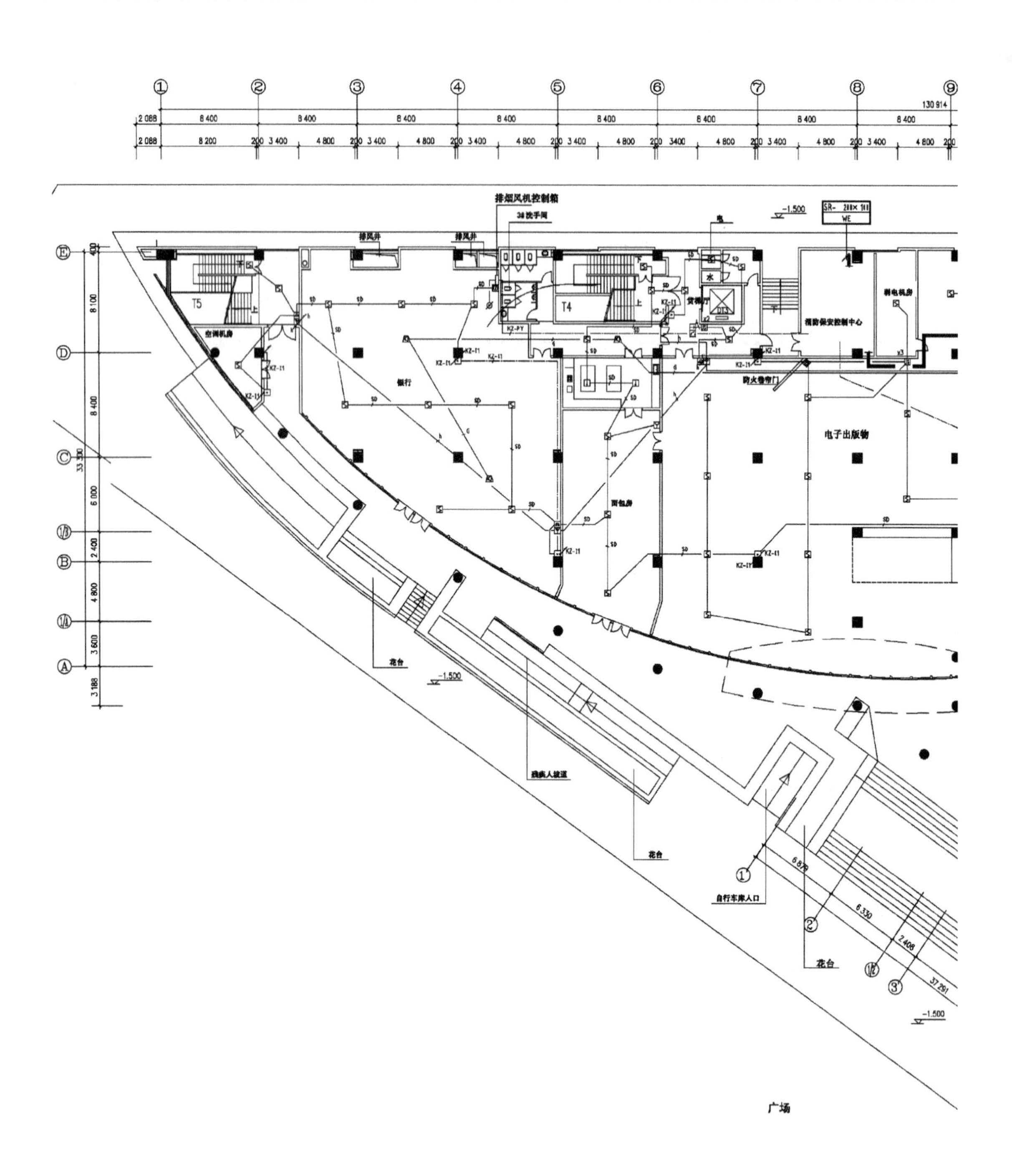
排烟风机控制箱
38洗手间
排风井
排风井
T5
T4
空调机房
银行
消防保安控制中心
弱电机房
防火卷帘门
电子出版物
面包房
花台
残疾人坡道
花台
自行车库入口
花台
广场

图5–24　一层火灾

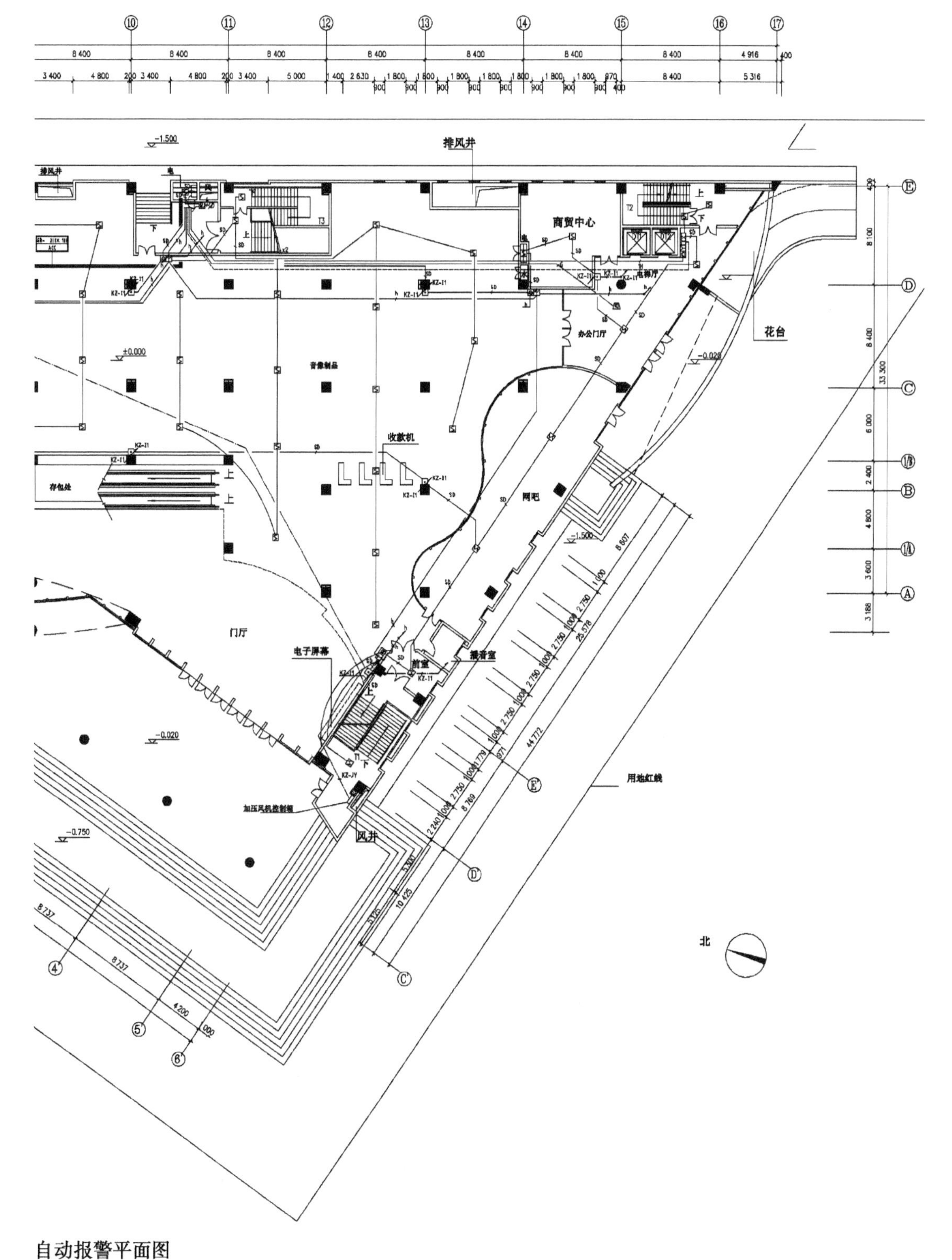

排风井
商贸中心
办公门厅
花台
音像制品
收款机
存包处
网吧
门厅
电子屏幕
前室
播音室
加压风机控制箱
风井
用地红线
北

自动报警平面图

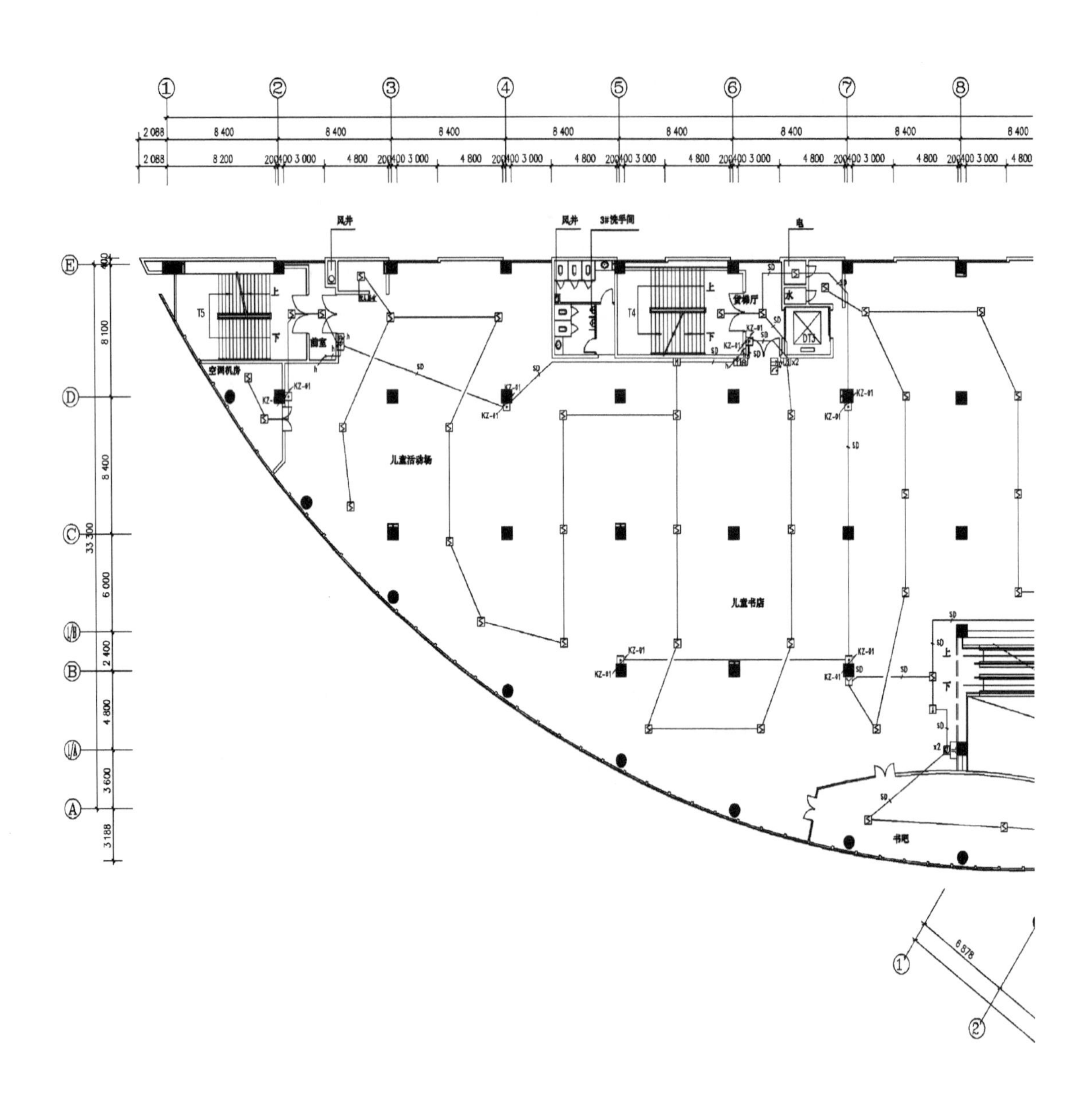
风井
3#洗手间
电
水
T5
T4
上
下
前室
空调机房
候梯厅
DT3
儿童活动场
儿童书店
书吧
SD
KZ-01
8 400
8 200
4 800
3 000
2 088
33 300
8 100
6 000
2 400
3 600
3 188
6 578

图5-25 二（三、四）

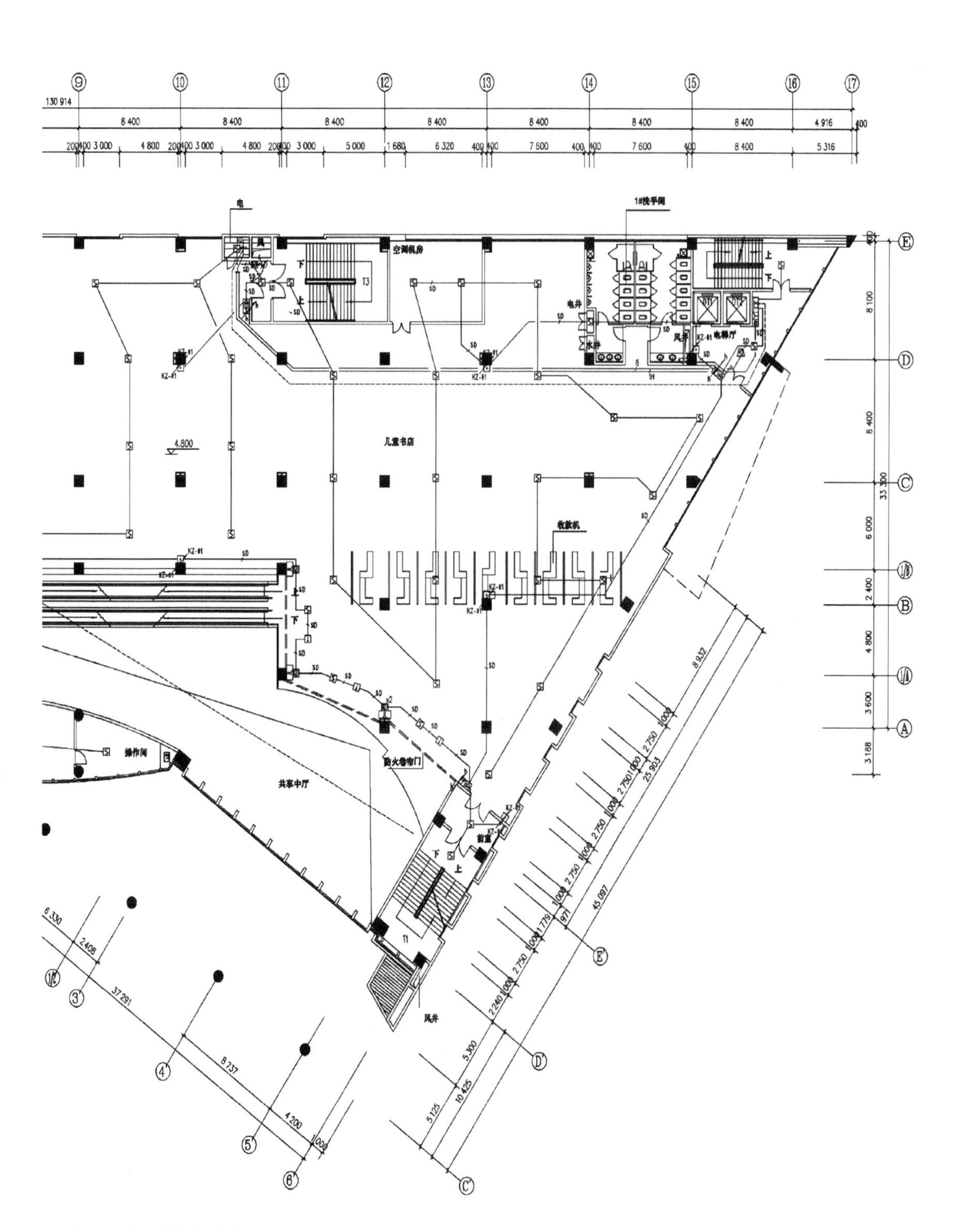

层火灾自动报警平面图

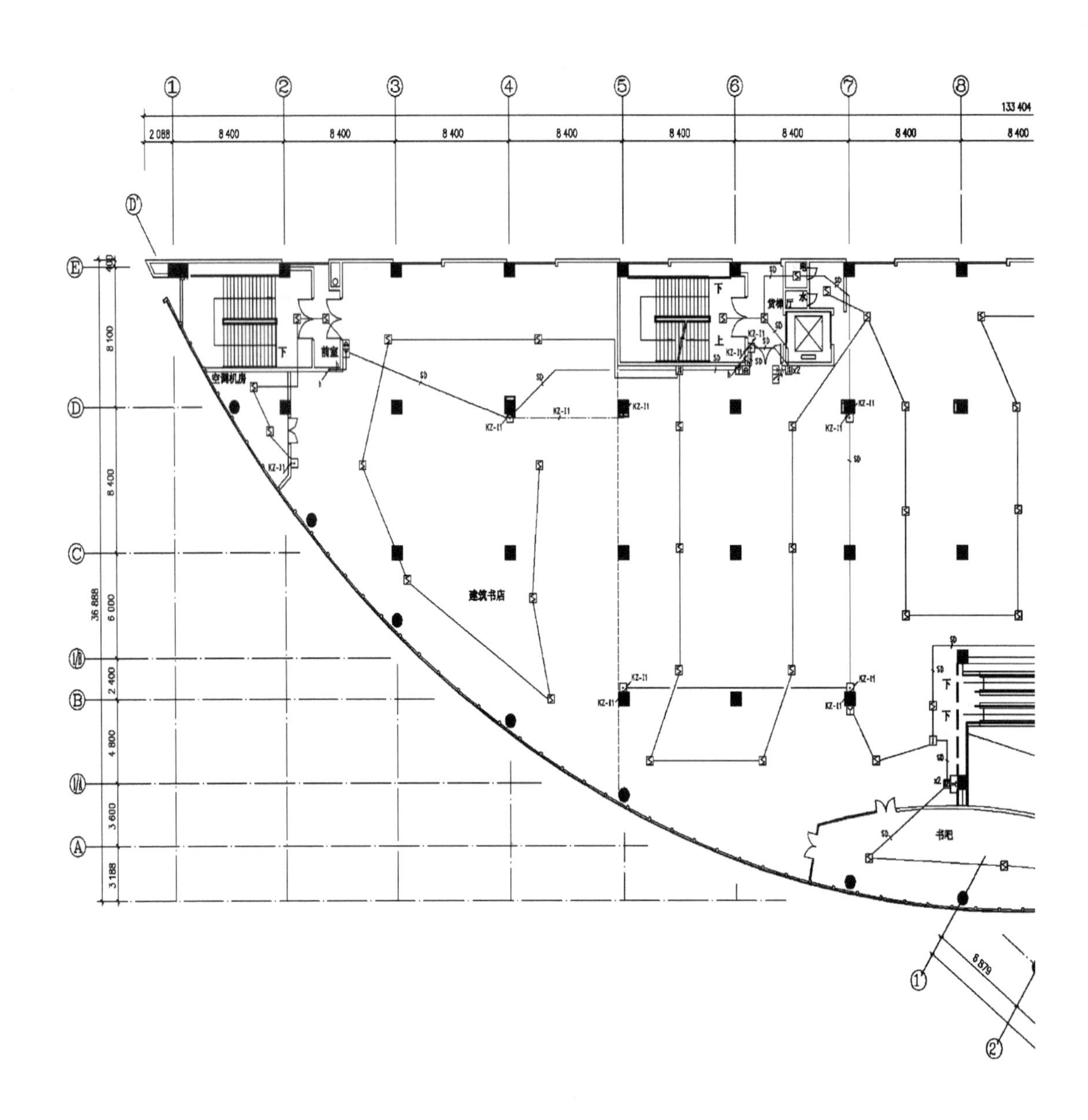
133 404
2 088
8 400
空调机房
前室
建筑书店
书吧
KZ-I1
SD
36 888
8 100
8 400
6 000
2 400
4 800
3 600
3 188
8 879

图5-26 五层火灾

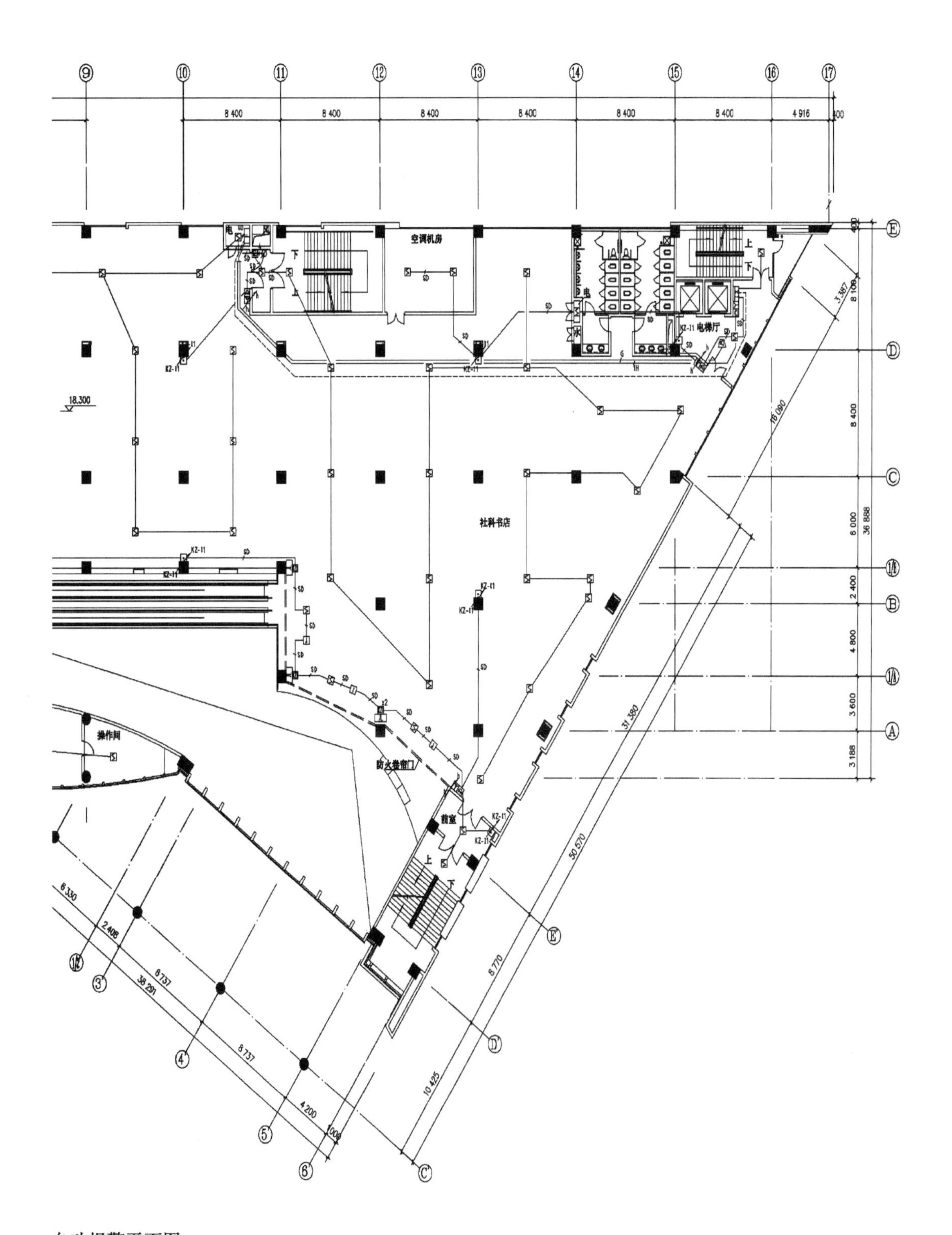
8 400
4 916
空调机房
电
水
电梯厅
上
下
KZ-I1
SD
18.300
社科书店
操作间
防火卷帘门
前室
8 100
8 400
6 000
2 400
4 800
3 600
3 188
36 888
3 387
16 090
31 380
50 570
5 770
10 425
6 330
2 406
8 737
38 291
4 200
1 000

自动报警平面图

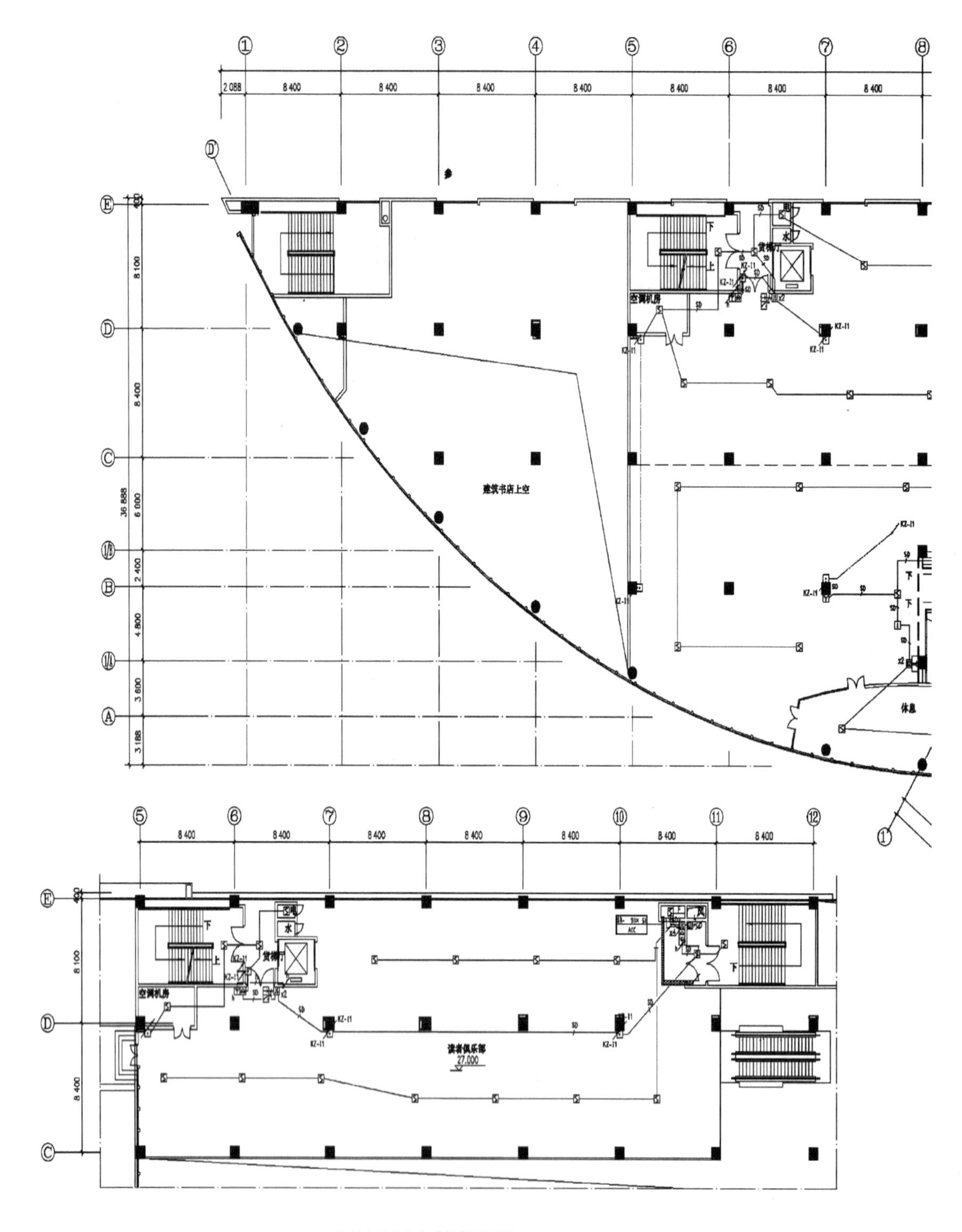

图 5-27　六层火灾

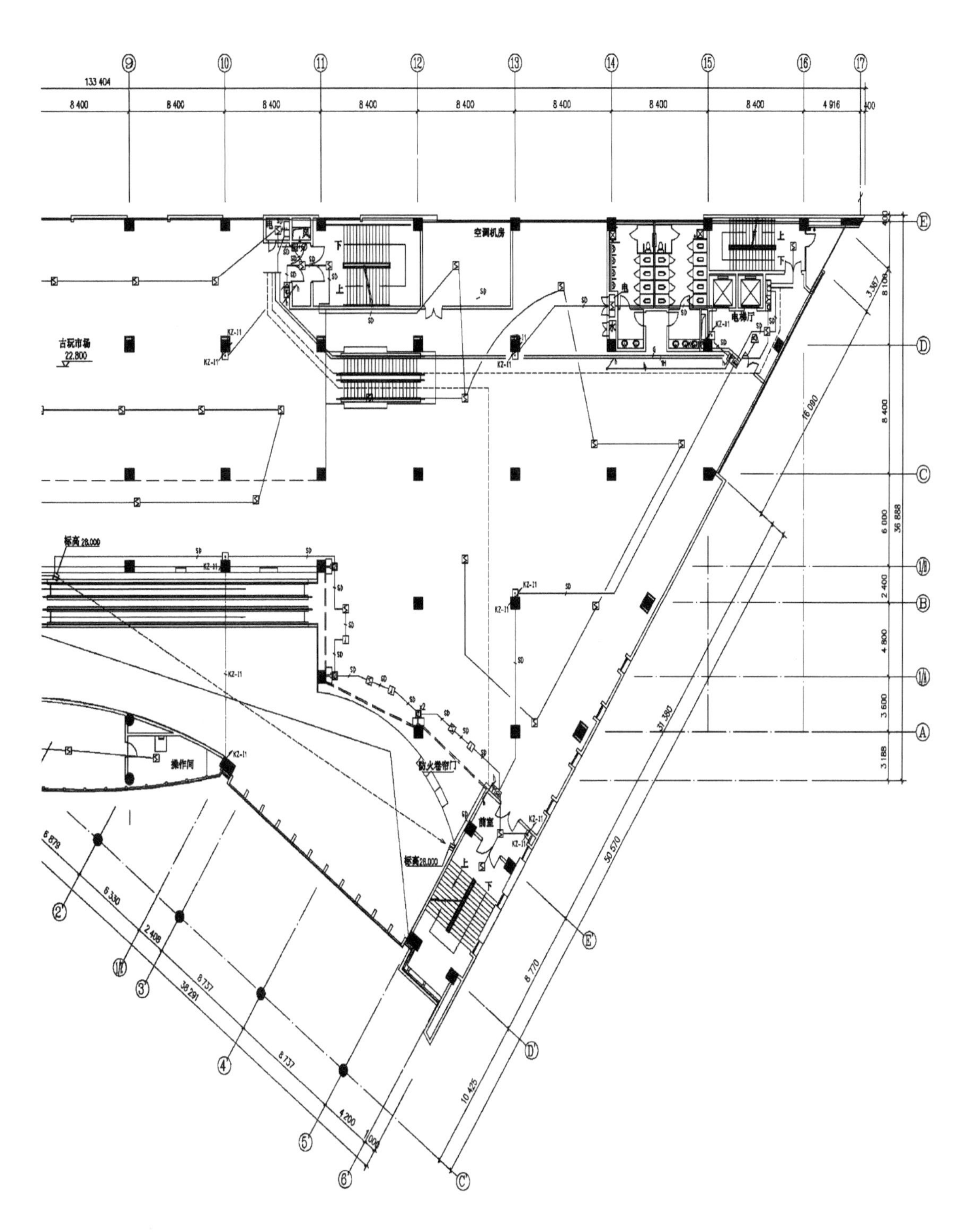
133 404
8 400
4 916
空调机房
古玩市场
22.800
电梯厅
前室
操作间
防火卷帘门
标高28.000
36 888
50 570
31 380
16 090
38 291
10 425
8 737
8 770
6 330
6 879
2 408
4 200
3 188
3 600
4 800
2 400
6 000
8 100
3 387
1 000

自动报警平面图

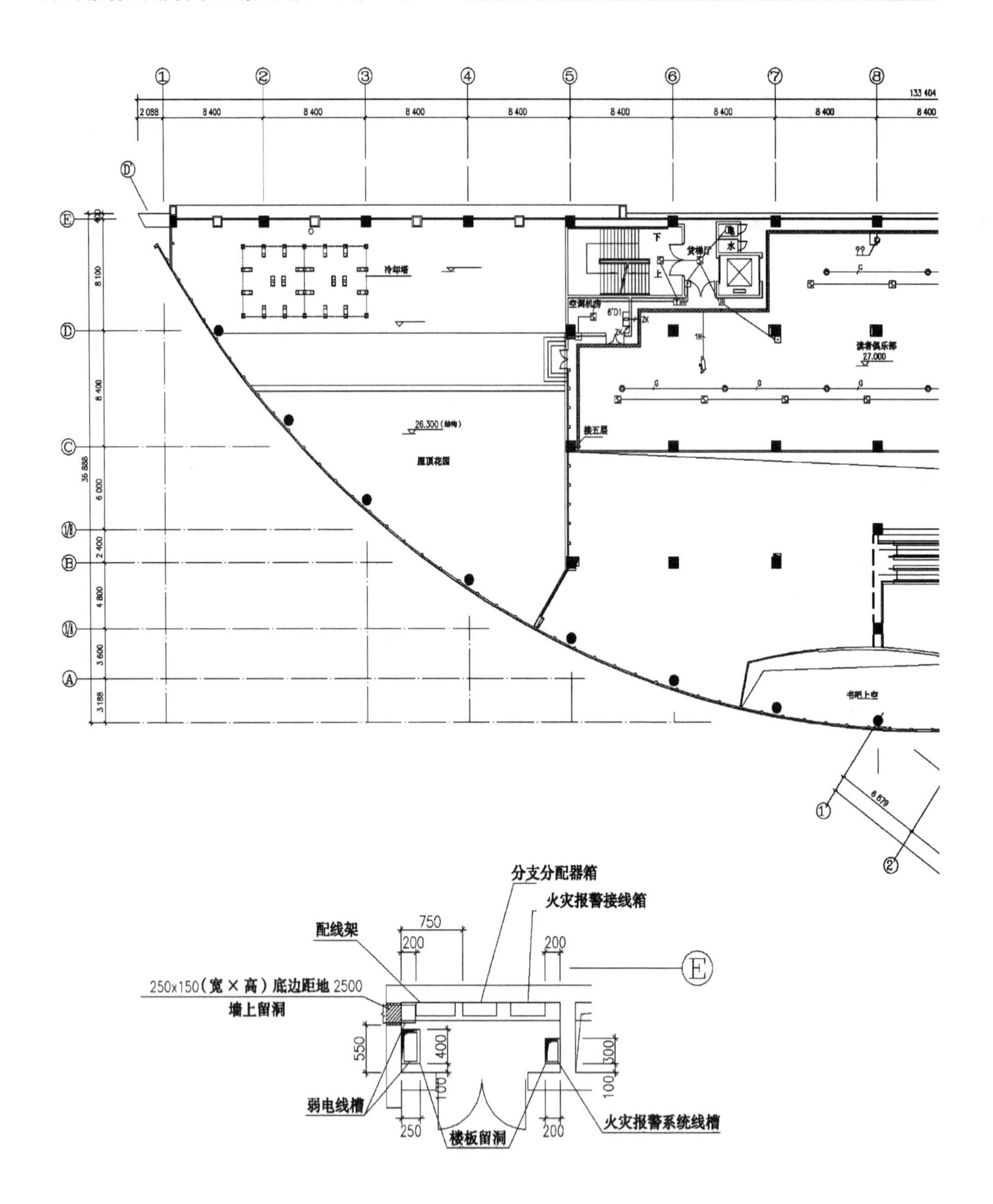

冷却塔
空调机房
货梯厅
读者俱乐部
27.000
26.300（结构）
屋顶花园
接五层
书吧上空
分支分配器箱
火灾报警接线箱
配线架
250x150（宽×高）底边距地 2500
墙上留洞
弱电线槽
楼板留洞
火灾报警系统线槽
六层夹层电调竖井间大样图

图5–28　六层夹

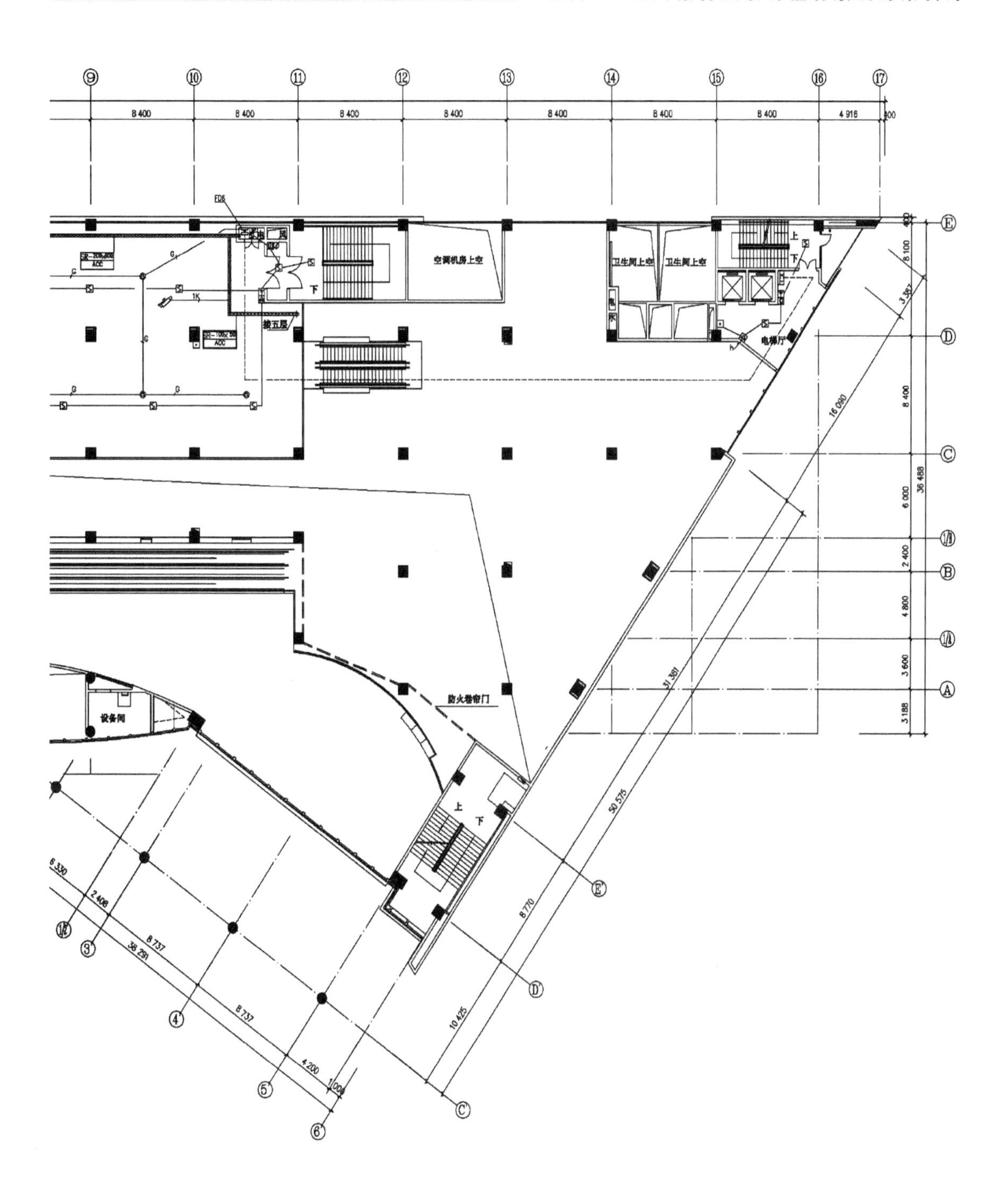
空调机房上空
卫生间上空
卫生间上空
电梯厅
接五层
防火卷帘门
设备间
8 400
4 916
36 488
50 575
31 381
16 090
38 291

层弱电平面图

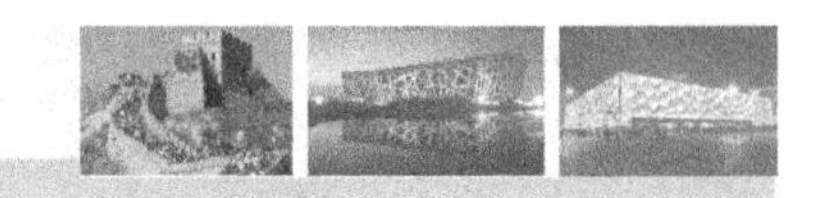

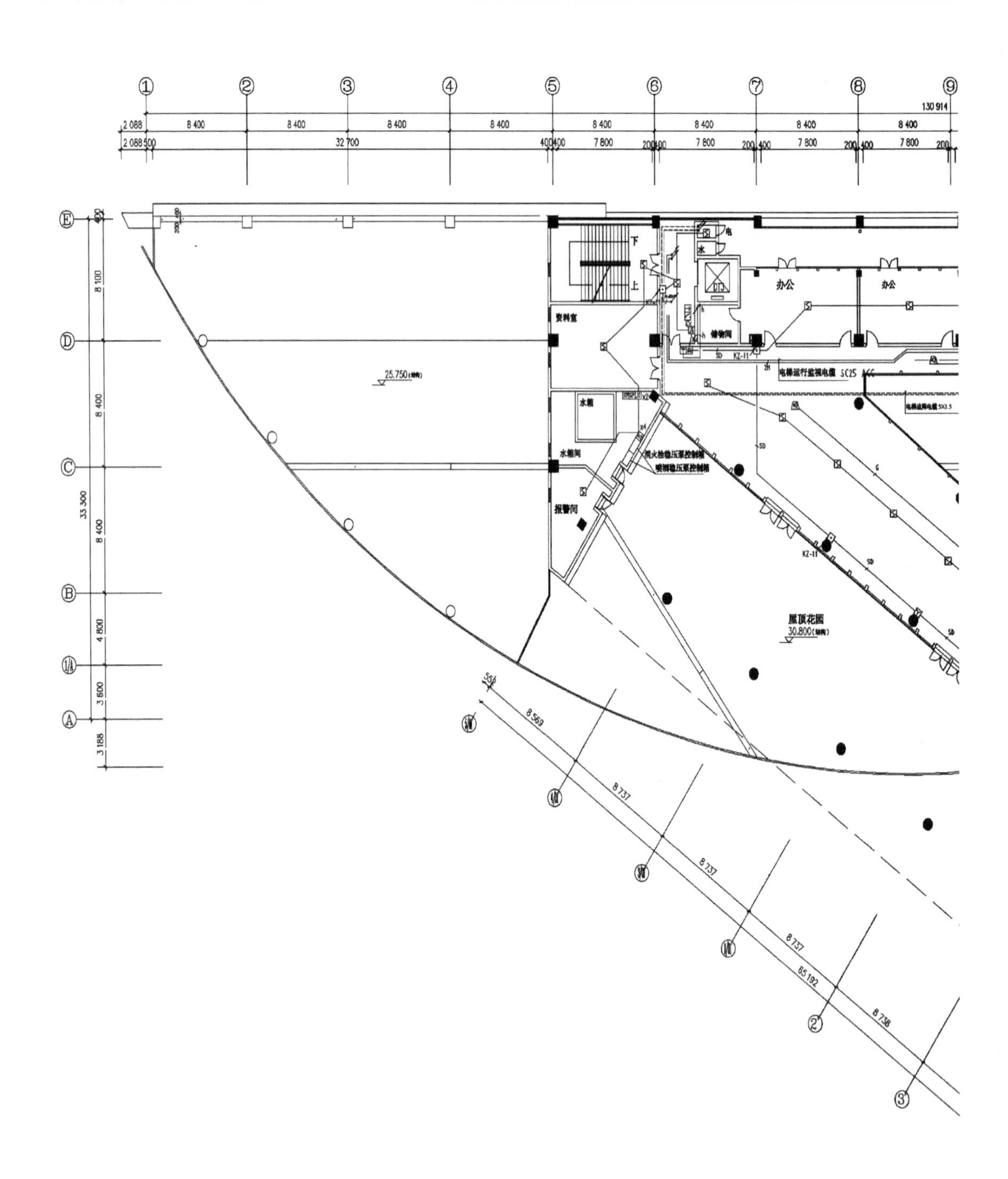

①
②
③
④
⑤
⑥
⑦
⑧
⑨
130 914
2 088
8 400
32 700
7 800
33 300
8 100
4 800
3 600
3 188
下
上
电
水
办公
办公
资料室
储物间
KZ-11
电梯运行监视电缆 SC25 ACC
25.750
水箱
水箱间
报警间
消火栓稳压泵控制箱
喷淋稳压泵控制箱
屋顶花园
30.800
8 569
8 737
8 738
65 192

图5-29　七层火灾

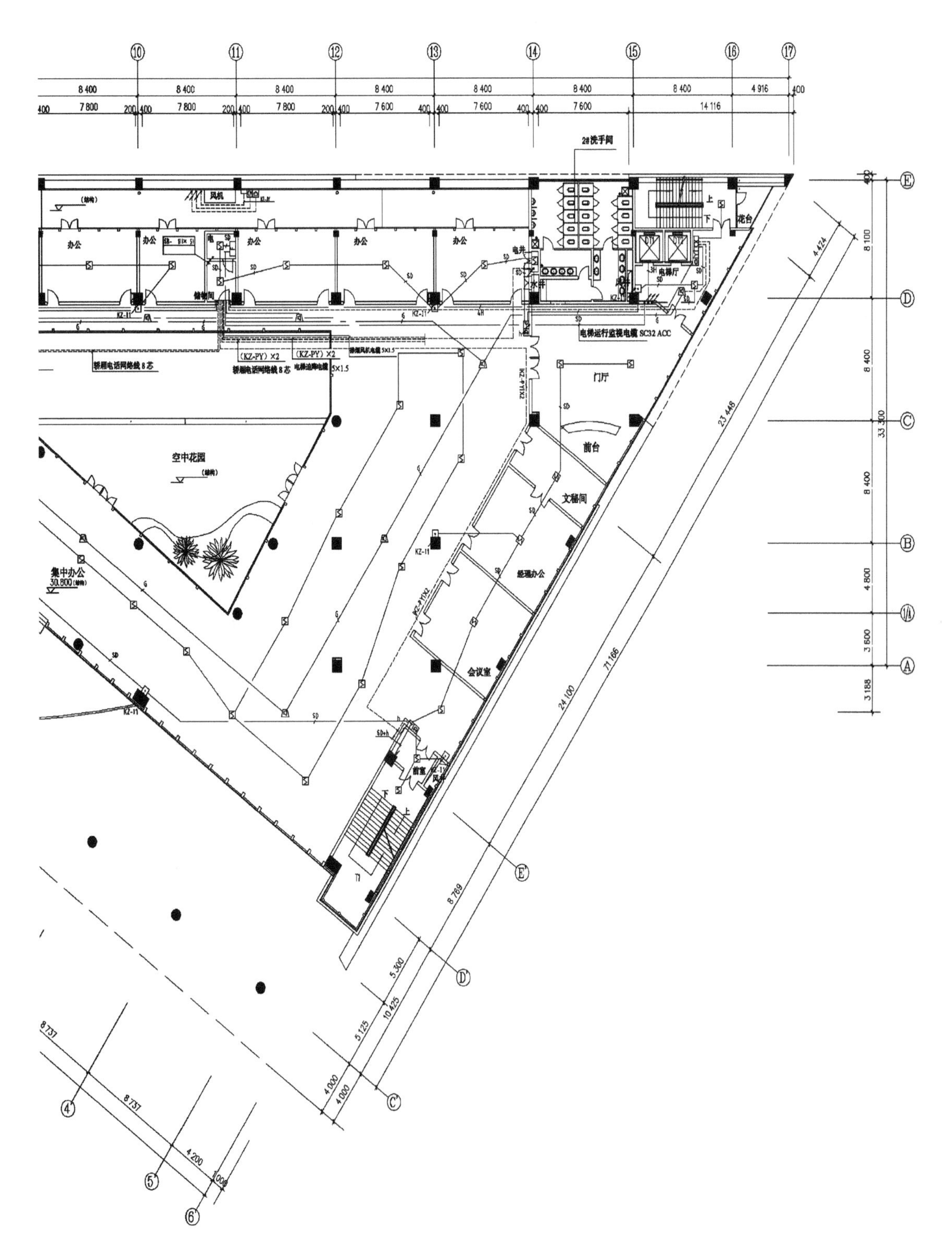

2#洗手间
风机
办公
办公
办公
办公
办公
电井
水井
电梯厅
花台
储物间
门厅
前台
文秘间
空中花园
集中办公
30.800
总经办公
会议室
前室
电梯运行监视电缆 SC32 ACC
轿厢电话网络线 8 芯

自动报警平面图

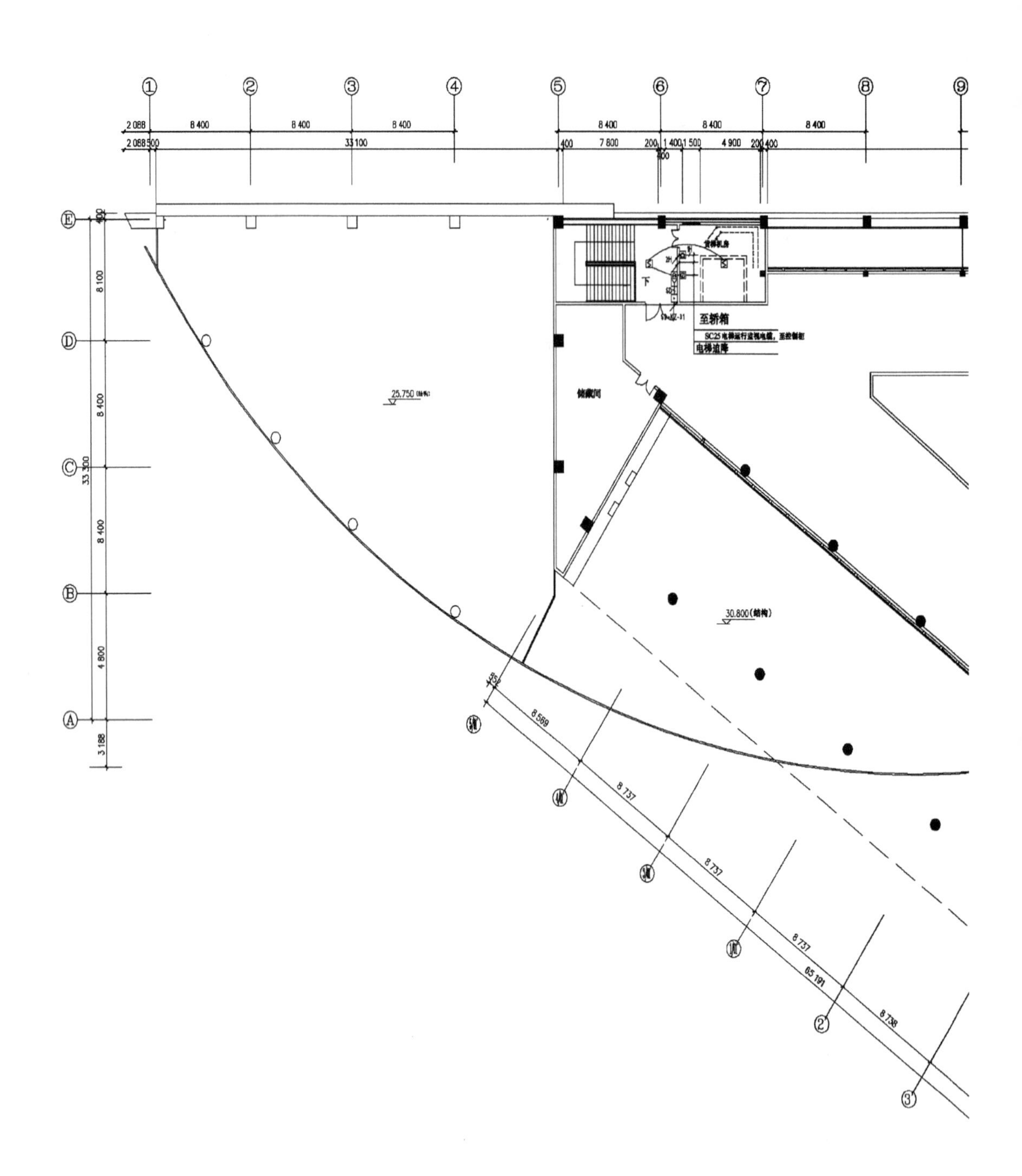

2 088
8 400
8 400
8 400
8 400
8 400
8 400
2 088 500
33 100
400
7 800
200
1 400
1 500
4 900
200
400
8 100
8 400
8 400
4 800
3 188
33 300
下
至轿箱
SC25 电梯运行监视电缆，至控制柜
电梯追降
储藏间
25.750
30.800（结构）
8 569
8 737
8 737
8 737
65 191
8 738

图 5–30　机房层火

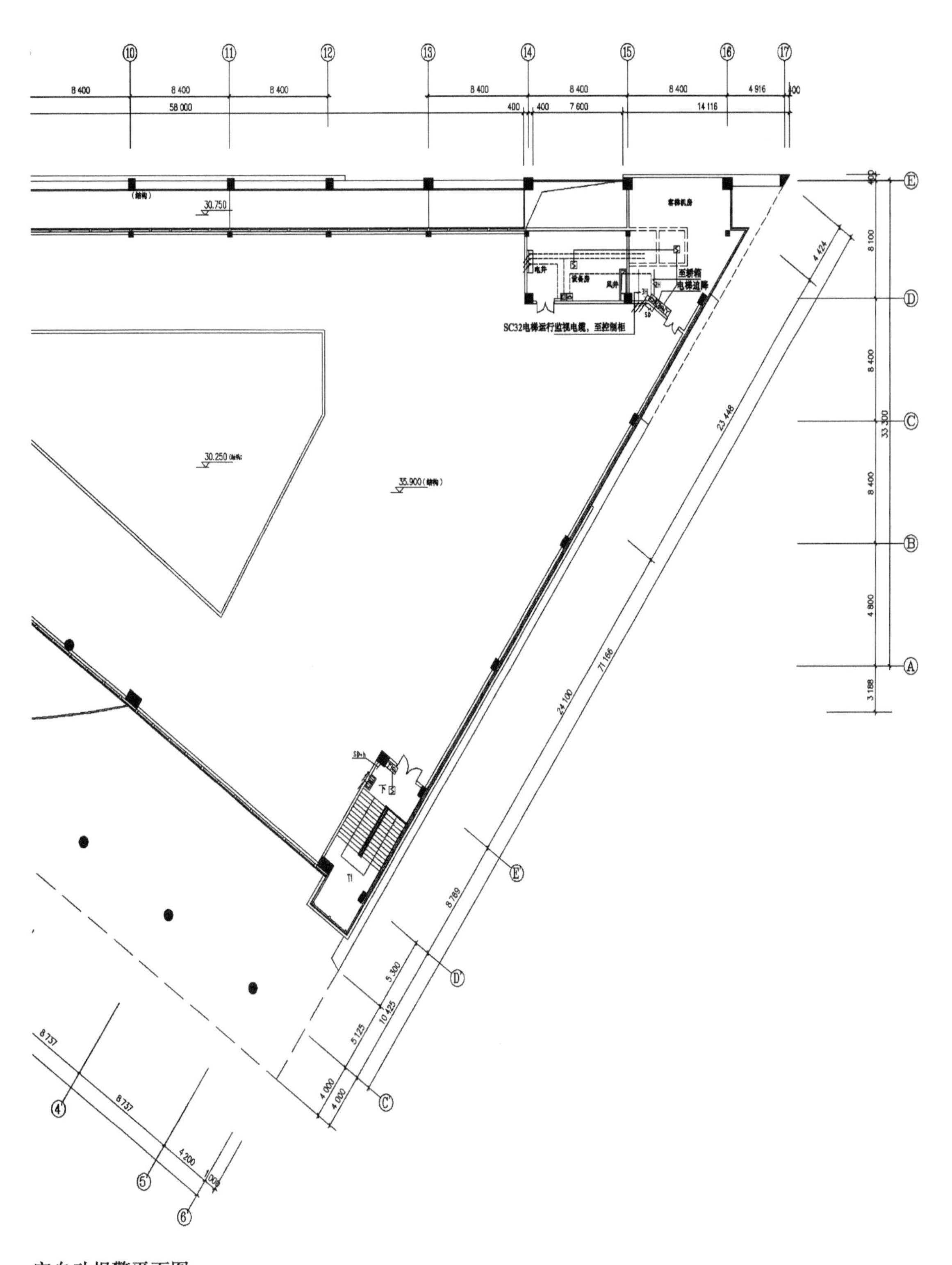

⑩
⑪
⑫
⑬
⑭
⑮
⑯
⑰
8 400
8 400
8 400
8 400
8 400
8 400
8 400
4 916
58 000
400
400
7 600
14 116
30.750
客梯机房
电井
设备房
风井
至轿箱
电梯迫降
SC32电梯运行监视电缆，至控制柜
30.250
35.900
8 100
8 400
8 400
4 800
3 188
33 300
4 424
23 448
71 166
24 100
8 789
5 300
5 125
10 425
4 000
4 000
8 737
8 737
4 200
100
下
T1

灾自动报警平面图

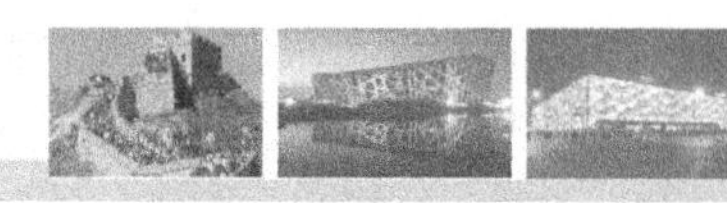

5）联动控制的选择和设置

本项目需多线联动的设备有消防泵、喷淋泵、排烟风机、正压风机、消防电梯、客货机、切市电；总线联动的设备有防火卷帘门、消防广播。

三江 JB-QGL-2100A 系统为报警联动一体机，即报警、联动控制由一台控制器组成，无须另外配联动控制台。

消防联动控制包括消火栓系统，喷淋泵及喷雾泵的监控，正压风机、防排烟风机的监控，防火阀、防排烟阀状态的监视，消防紧急断电系统的监控，电梯迫降、防火卷帘门、背景音乐和紧急广播及消防通信设备的监控及消防电源和线路的监控。联动控制通过联动中继器完成，本项目采用的是分散集中的方式，下面分别进行阐述。

（1）室内消火栓系统。本工程的消火栓按钮的设置完全按设计图纸进行。火灾时，消火栓按钮经消防控制主机确认后可直接启动相应的消火栓泵，同时向消防控制室发出信号。消防控制中心也可直接手动启/停相应的消火栓泵，并显示消火栓泵的工作、故障状态；按防火分区显示消火栓按钮的位置，并返回消火栓按钮处的消火栓泵的工作状态。对消火栓按钮的监控，是通过 JS-02B 模块完成的；对消火栓泵的手动直接控制，是通过设在消防控制中心的消防报警联动控制一体机上的多线控制模块（KZJ-LD-02）来实施的。

（2）自动喷淋系统。各楼层的水流指示器及信号闸阀由带 CPU 微处理器的 JS-02B 模块进行信号监测，模块具有独立编码地址。当任何一个水流指示器或报警阀的接点一经闭合，其信号便自动显示于消防控制屏上，消防控制中心即可自动或手动启/停相应的喷淋泵。消防控制中心也可通过消防报警联动控制一体机直接手动启/停相应的喷淋泵，并可显示喷淋泵的工作、故障状态。同时，火灾报警时，消防控制中心通过联动模块和控制器可直接自动/手动启动消防喷淋泵，并显示消防喷淋泵的工作、故障状态及显示消防水箱溢流报警水位、消防停泵保护水位等。

（3）防排烟系统。防排烟系统受探测感应报警信号控制，当有关部位的探测器发出报警信号后，消防控制屏会按一定程序发出指令，通过多线控制模块（KZJ-LD-02）启动正压送风机，报警层及其上、下一层的送风阀、排烟机，报警层的排烟阀或与防烟分区有关的排烟阀。消防总控室也能手动直接启动正压送风机和排烟机，并利用主接触器的辅助接点返回信号使其工作状况显示于消防控制屏上。

火灾报警时，消防控制中心通过联动控制台可直接手动启动相应的加压送风机，也可自动开启加压送风机。加压送风口的设备还具备现场手动开启功能。

（4）防火阀、防排烟阀监视系统。系统受各层探测器控制，当某消防分区探测器发出报警信号后，消防控制屏便按照一定的程序发出指令，切断空调风机并通过数据处理终端显示其关闭状态。对非电动防火阀的信号，也通过 JS-02B 模块完成。火灾报警时，消防控制中心可通过联动中继器自动开启相应的防火分区的 280℃防火阀，启动相应的排烟风机；当烟气温度达到 280℃时，熔断关闭风机入口处的 280℃防火阀，并关闭相应的排烟风机。当现场开启 280℃常闭防火阀及正压送风口时，可直接启动相应的排烟风机（正压风机）。

火灾报警时，消防控制中心通过 KZJ-02B 模块，可自动停止有关部位的空调送风机，关闭电动防火阀，并接收其返回信号。

对排烟风机、加压风机的手动启/停，消防控制中心可以做到利用联动模块和联动控制器对所有的排烟风机、加压送风机实施手动控制启/停，并能返回信号。

（5）电梯归首及相应门禁控制。消防控制中心设有所有电梯运行状态模拟及操作盘，通过多线联动模块可监控电梯运行状态并遥控电梯。火灾报警时，消防中心发出控制信号，通过多线联动模块强制所有电梯归首并接收其反馈信号。

火灾报警时，消防控制室也可通过联动中继器联动切断相应层的门禁控制主机电源，打开相应层的疏散门并接收其反馈信号。

（6）防火卷帘门。防火卷帘门的控制原理是：受探测器感应信号控制，当有关的探测器发出报警信号后，相应信号会于消防控制屏上显示，同时通过介面单元关闭卷帘，并利用KZJ-02B模块返回信号，使卷帘开/关状态显示于消防控制屏上。防火卷帘门的控制方式有两种。第一种方式：疏散通道上的防火卷帘门，其两侧设置感烟和感温探测器，采取两次控制下落方式，第一次由感烟探测器控制下落距地1.8 m处停止；第二次由感温探测器控制下落到底，并分别将报警及动作信号送至消防控制室。同时，在消防控制室有远程控制功能。第二种方式：用做防火分隔的防火卷帘门，如地下车库卷帘门两侧只设置温感探测器，温感探测器动作后，卷帘下落到底。

本工程中的防火卷帘门的具体控制方式已在前面优化配置部分阐述，还需说明的是：消防控制室及消防控制中心可显示感烟、感温探测器的报警信号及防火卷帘门的关闭信号。

（7）背景音乐及紧急广播。当探测器感应并发出报警信号，消防控制屏按照一定程序发出指令，强行将背景音乐转入火灾广播状态，进行紧急广播。其程序是：首层发生火灾报警时，切换本层、二层及地下隔层；地下发生火灾时，切换地下各层及首层。

（8）切断非消防电源。火灾报警时，消防控制中心通过现场执行模块切断有关部位的非消防电源，并接通火灾应急广播及火灾应急照明和疏散指示灯。

2. 项目安装施工

1）系统布线

系统布线施工应符合《火灾自动报警系统施工及验收规范》、《电气装置工程施工及验收规范》的规定。布线时，应对导线的种类、电压等级进行检查。系统布线应采用铜芯绝缘导线或铜芯电缆，当额定工作电压不超过50 V时，选用导线的电压等级不应低于交流250 V；额定工作电压超过50 V时，导线的电压等级不应低于500 V。火灾自动报警系统的传输线路应采用穿金属管、经阻燃处理的硬质塑料管或封闭式线槽的保护方式布线。消防控制、通信和警报线路采用暗敷设时，宜采用金属管或经阻燃处理的硬质塑料管保护，并应敷设在不燃烧体的结构层内，且保护层厚度不宜小于30 mm。

2）设备安装

（1）点型探测器的安装应符合下列规定：

① 探测器至墙壁、梁边的水平距离，应不小于0.5 m。

② 探测器周围0.5 m，不应有遮挡物。

③ 探测器至空调送风口边的距离，应不小于1.5 m；至多孔送风顶棚孔口的水平距离，应不小于0.5 m。

④ 在宽度小于 3 m 的内走道顶棚上设置探测器时，宜居中布置。感温探测器的安装间距，应不超过 10 m；感烟探测器的安装间距，不应超过 15 m。探测器距端墙的距离，不应大于探测器安装间距的一半。

⑤ 探测器宜水平安装，当必须倾斜安装时，倾斜角应不大于 45°。

（2）线型红外光束感烟探测器的安装应符合下列规定：

① 相邻两组红外光束感烟探测器的水平距离应不大于 14 m。

② 探测器至侧墙的水平距离应不大于 7 m，且应不小于 0.5 m。

③ 探测器的发射器和接收器之间的距离不宜超过 100 m。

（3）手动火灾报警按钮的安装应符合下面规定：火灾报警按钮，应安装在墙上距地（楼）面高度 1.5 m 处。

（4）火灾报警控制器的安装应符合下面规定：控制器在墙上安装时，其底边距地（楼）面高度应不小于 1.5 m；落地安装时，其底宜高出地坪 0.1 ～ 0.2 m。

3）系统图说明

系统图是施工时必要的技术文件之一，是了解整个工程概况的重要技术文件。系统图标明了主机的型号，走线方向，不同的电压等级、不同的电流类别、用线的型号（如信号二总线采用 RVS-2 ×1.5 mm^2，即为 2 ×1.5 mm^2 的阻燃双绞线；远程联动控制线采用 NH-KVV-n × 1.5 mm^2，即为 n ×1.5 mm^2 耐火控制线；电话线采用 RVVP-n ×1.5 mm^2，即为 n ×1.5 mm^2 的电话线等）。看系统图首先要了解图例的含义，每个图例都有各自的含义且基本上都是通用的。

先看主机：主机的三大组成部分是广播通信柜、火灾自动报警控制器（联动型）和消防专用电源。广播通信柜的主要出线有广播线和电话线。火灾自动报警控制器（联动型）的主要出线有联动线、信号线、消火栓电灯线和 RS—485 复示盘通信线。消防专用电源主要供外部设备用电，线上的数字代表线的条数。

从系统图上看每一层的设备，每一层设备大致都有烟感、温感、手报、广播、消火栓按钮、声光报警器、信号阀（检修阀）、水流指示器、风阀、复示盘等。设备下面的数字代表设备的数量。每一层不同的设备在于联动设备，地下二层有水泵、风机、切市电、卷帘门等，地下一层和一层有风机，二至六层只有卷帘门，六层有一对红外对射探测器用在中庭上空，七层和电梯机房有风机和电梯。

4）平面图说明

平面图是施工的重要技术文件之一，是施工人员施工的重要依据，施工人员必须按平面图施工。系统图只是使识图者了解整个工程的概况，平面图是让识图者知道设备应该安装的位置、如何走线、线槽和线管的大小等。书城项目的平面图共有 8 张，可以根据系统图看每一层的平面图，按系统图上的设备标识到平面图上找到相应设备的位置。

5）项目调试验收记录表

调试主机数据，如表 5-4 所示。系统竣工情况，如表 5-5 所示。安装技术记录（包括隐蔽工程检验记录），如表 5-6 所示。

表5-4　调试主机数据

报警类型号	报 警 类 型	反馈类型号	反 馈 类 型
1	火警类型1	1	排烟机故障
2	火警类型2	2	送风机故障
3	火警类型3	3	消防泵故障
4	火警类型4	4	喷淋泵故障
5	火警类型5	5	正风机故障
6	火警类型6	6	红外故障
7	火警类型7	7	压力欠压
8	火警类型8	8	反馈类型8
9	火警类型9	9	反馈类型9
10	火警类型10	10	反馈类型10
11	火警类型11	11	反馈类型11
12	火警类型12	12	反馈类型12
13	火警类型13	13	反馈类型13
14	火警类型14	14	反馈类型14
15	火警类型15	15	反馈类型15
16	火警类型16	16	反馈类型16

表5-5　系统竣工情况表

<table>
<tr><td>工程名称</td><td colspan="2"></td><td>工程地址</td><td colspan="3"></td></tr>
<tr><td>使用单位</td><td colspan="2"></td><td>联系人</td><td></td><td>电话</td><td></td></tr>
<tr><td>调试单位</td><td colspan="2"></td><td>联系人</td><td></td><td>电话</td><td></td></tr>
<tr><td>设计单位</td><td colspan="2"></td><td>施工单位</td><td colspan="3"></td></tr>
<tr><td rowspan="5">工程
主要
设备</td><td>设备名称型号</td><td>数量</td><td>编号</td><td>出厂年月</td><td>生产厂</td><td>备注</td></tr>
<tr><td></td><td></td><td></td><td></td><td></td><td></td></tr>
<tr><td></td><td></td><td></td><td></td><td></td><td></td></tr>
<tr><td></td><td></td><td></td><td></td><td></td><td></td></tr>
<tr><td></td><td></td><td></td><td></td><td></td><td></td></tr>
<tr><td>施工有无遗留问题</td><td colspan="2"></td><td>施工单位联系人</td><td>联系人</td><td></td><td>电话</td></tr>
<tr><td rowspan="2">调试情况</td><td colspan="2"></td><td></td><td></td><td></td><td></td></tr>
<tr><td colspan="6"></td></tr>
<tr><td>调试人员（签字）</td><td colspan="2"></td><td>使用单位人员（签字）</td><td colspan="3"></td></tr>
<tr><td>施工单位负责人（签字）</td><td colspan="2"></td><td>设计单位负责人（签字）</td><td colspan="3"></td></tr>
</table>

表5-6　安装技术记录

<table>
<tr><td>工程名称</td><td colspan="2"></td><td colspan="2">验收的建筑名称</td><td colspan="3"></td></tr>
<tr><td>隐蔽工程记录</td><td>验收报告</td><td>系统竣工图</td><td>设计更改</td><td colspan="2">设计更改内容</td><td colspan="2">工程验收情况</td></tr>
<tr><td>1. 有
2. 无</td><td>1. 有
2. 无</td><td>1. 有
2. 无</td><td>1. 有
2. 无</td><td colspan="2"></td><td colspan="2">1. 合格
2. 基本合格
3. 不合格</td></tr>
<tr><td colspan="8">主要消防设施</td></tr>
<tr><td>产品名称</td><td>产品型号</td><td>生产厂家</td><td>数量</td><td>产品名称</td><td>产品型号</td><td>生产厂家</td><td>数量</td></tr>
<tr><td>室内消火栓</td><td></td><td></td><td></td><td>水泵接合器</td><td></td><td></td><td></td></tr>
<tr><td>室外消火栓</td><td></td><td></td><td></td><td>气压水罐</td><td></td><td></td><td></td></tr>
<tr><td>消防水泵</td><td></td><td></td><td></td><td>稳压泵</td><td></td><td></td><td></td></tr>
<tr><td>风机</td><td></td><td></td><td></td><td>防火阀</td><td></td><td></td><td></td></tr>
<tr><td>方式部位</td><td colspan="2">1. 自然排烟
2. 机械排烟</td><td colspan="2">产品名称</td><td>产品型号</td><td>生产厂家</td><td>数量</td></tr>
<tr><td>防烟楼梯间</td><td colspan="2"></td><td colspan="2">防火阀</td><td></td><td></td><td></td></tr>
<tr><td>前室及合用前室</td><td colspan="2"></td><td colspan="2">送风机</td><td></td><td></td><td></td></tr>
<tr><td>走道</td><td colspan="2"></td><td colspan="2">排风机</td><td></td><td></td><td></td></tr>
<tr><td>房间</td><td colspan="2"></td><td colspan="2">排烟阀</td><td></td><td></td><td></td></tr>
<tr><td colspan="2">自然排烟口面积（m^2）</td><td colspan="3">机械排烟送风量（m^3/h）</td><td colspan="3">机械排烟排风量（m^3/h）</td></tr>
<tr><td colspan="2"></td><td colspan="3"></td><td colspan="3"></td></tr>
<tr><td colspan="3">设施名称及有无状况</td><td colspan="2">产品名称</td><td>产品型号</td><td>生产厂家</td><td>数量</td></tr>
<tr><td colspan="2">疏散指示标志</td><td>1. 有
2. 无</td><td colspan="2">防火门</td><td></td><td></td><td></td></tr>
<tr><td colspan="2">消防电源</td><td>1. 有
2. 无</td><td colspan="2">防火卷帘</td><td></td><td></td><td></td></tr>
<tr><td colspan="2">事故照明</td><td>1. 有
2. 无</td><td colspan="2">消防电梯</td><td></td><td></td><td></td></tr>
<tr><td colspan="2">系统单位</td><td colspan="2"></td><td>施工单位</td><td colspan="3"></td></tr>
<tr><td colspan="4">形式：1. 区域报警 2. 集中报警 3. 控制中心报警</td><td>设置部位</td><td colspan="3"></td></tr>
<tr><td>产品名称</td><td>产品型号</td><td>生产厂家</td><td>数量</td><td>产品名称</td><td>产品型号</td><td>生产厂家</td><td>数量</td></tr>
<tr><td>感烟探测器</td><td></td><td></td><td></td><td>集中报警器</td><td></td><td></td><td></td></tr>
<tr><td>感温探测器</td><td></td><td></td><td></td><td>区域报警器</td><td></td><td></td><td></td></tr>
<tr><td>火焰探测器</td><td></td><td></td><td></td><td>事故广播</td><td></td><td></td><td></td></tr>
<tr><td></td><td></td><td></td><td></td><td>手动按钮</td><td></td><td></td><td></td></tr>
</table>

知识梳理与总结

1. 重点介绍火灾报警及联动控制系统施工图的组成及识读。要掌握火灾报警及联动控制系统的施工安装，首先要能读懂施工图纸，了解火灾报警及联动控制系统设计的内容和程序，学会针对具体工程能够查阅相应规范、确定工程类别、防火等级等。施工图是施工过程的重要指导文件，读懂施工图才能进入施工安装阶段。

2. 通过火灾报警及联动控制系统的几种典型方案，进一步讲述火灾报警及联动控制系统的方案选择。学生经过几种典型方案的模拟学习，从而逐步掌握方案设计的方法技巧，以便具有独立的火灾报警及联动控制系统方案设计能力。

3. 通过对某书城工程案例的详细讲解，包括系统图和平面图的方案设计、设备选型及安装布线要求，使学生对工程的整体设计和设备选型有较全面的认识和体会。

复习思考题5

1. 火灾报警及联动控制系统施工图主要包含哪些图纸?

2. 列举出与火灾报警及联动控制系统工程相关的5个设计施工规范。

3. 简述火灾自动报警和自动灭火的动作过程，并画出工作原理系统框图。

4. 找出图5-20中的所有元件图形符号，并说明是什么设备?

5. 依据本章“实例二”中的火灾报警及联动控制系统图（如图5-14所示），识读该大厦一层消防平面图（如图5-20所示），并写出读图说明。

6. 火灾自动报警系统的施工图包括哪些内容?

7. 火灾自动报警系统的方案设计阶段应注意什么问题?

8. 系统图、平面图表示了哪些内容?

9. 区域、集中火灾报警控制器的设计要求有哪些?

10. 已知某计算机房，房间高度为8 m，地面面积为15 m×20 m，房顶坡度为14°，属于非重点保护建筑。试问：（1）确定探测器的种类；（2）确定探测器的数量；（3）如何布置探测器?

11. 已知某高层建筑规模为40层，每层为一个探测区域，每层有45只探测器，手动报警开关等有20个，系统中设有一台集中报警控制器。试问：该系统中还应有什么其他设备?为什么?

12. 已知某综合楼为18层，每一层有一台区域报警控制器，每台区域报警器所带设备为30个报警点，每个报警点安装一只探测器，如果采用两线、总线制布线，看绘出的布线图会有何不同?

13. 探测区域与报警区域在方案设计的不同点是什么?

14. 火灾报警与事故报警方案设计如何体现不一样?

15. 隔离模块的功能在方案设计的体现。

16. 在方案设计中，如何体现智能工作模式与经济工作模式的不同点?

项目6 气体灭火系统

教学导航

教	知识重点	1. 气体灭火系统分类 2. 气体灭火的应用场所和新型气体灭火系统 3. 气体灭火系统的工作原理及组成
	知识难点	1. 二氧化碳和七氟丙烷气体灭火系统的工作原理和联动控制 2. 气体灭火系统的安装、调试、验收的要点
	推荐教学方式	1. 强调气体灭火系统的使用场合 2. 以问题进行牵引、通过动画和图片来学习本单元内容 3. 动画讲解气体灭火系统工作原理 4. 通过几种典型的气体灭火系统联动范例来掌握的联动控制关系 5. 结合典型的工程实例，讲解气体灭火系统的系统图和平面图 6. 布置参观要求，让学生带着问题参观气体灭火系统的实际工程，参观气体灭火系统几大组成部分
	建议学时	8学时
学	推荐学习方法	本单元是本课程的重要内容之一，首先要了解气体灭火的应用场所和常用的灭火气体的特点，再以气体灭火系统的组成和工作原理为出发点，通过几种典型的气体灭火系统工程实例的学习来掌握气体灭火系统方案的设计、安装和接线
	必须掌握的理论知识	1. 气体灭火系统分类、组成 2. 二氧化碳和七氟丙烷气体灭火系统的工作原理和联动控制 3. 气体灭火系统的安装、调试、验收的要点
	必须掌握的技能	1. 独立完成气体灭火系统方案的设计 2. 气体灭火系统设备的安装施工及现场指导 3. 气体灭火系统的安装、接线施工图的识读

6.1　气体灭火系统的工作原理与联动控制

知识分布网络

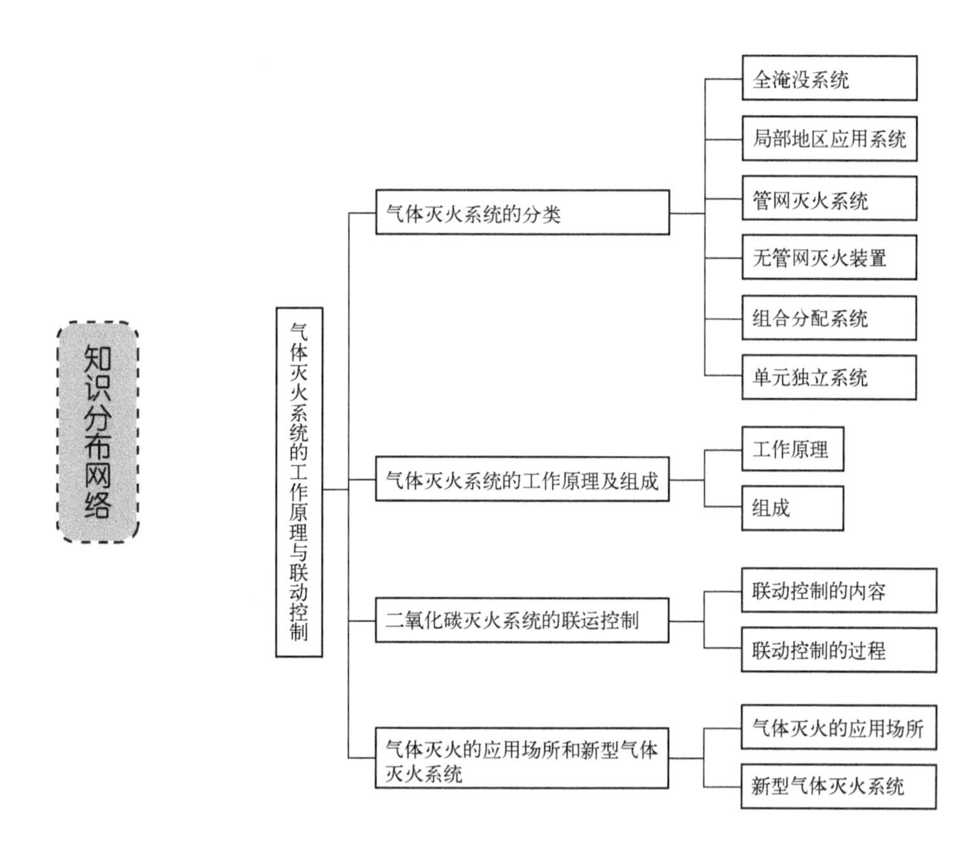

6.1.1　气体灭火系统的分类

以气体作为灭火介质的灭火系统称为气体灭火系统。根据灭火介质的不同，气体灭火系统可分为卤代烷1211灭火系统、卤代烷1301灭火系统、二氧化碳灭火系统、新型惰性气体灭火系统、卤代烃类哈龙替代灭火系统、水蒸气灭火系统、细水雾灭火系统等。其中二氧化碳灭火系统根据储存压力的不同又可分为高压二氧化碳灭火系统和低压二氧化碳灭火系统。

气体灭火系统，按其对防护对象的保护形式可以分为全淹没系统和局部应用系统两种形式；按其装配形式又可以分为管网灭火系统和无管网灭火系统，在管网灭火系统中又可以分为组合分配灭火系统和单元独立灭火系统。

1. 全淹没系统

在规定时间内向防护区喷射一定浓度的灭火剂，并使其均匀地充满整个防护区的气体灭火系统称为全淹没灭火系统。卤代烷1301全淹没系统、卤代烃类哈龙替代灭火系统中的七氟丙烷全淹没灭火系统、新型惰性气体灭火系统中的Kr-541全淹没灭火系统、细水雾全淹没灭火系统适用于经常有人的防护区；卤代烷1211全淹没灭火系统和高、低压二氧化碳全淹没系统，属于全淹没灭火系统的气溶胶灭火装置，适用于无人的防护区。

全淹没系统适用于扑救封闭空间的火灾。全淹没系统的灭火作用是基于在很短时间内使

防护区充满规定浓度的气体灭火剂并通过一定时间的浸渍而实现的。因此，要求防护区有必要的封闭性、耐火性和耐压、泄压能力。

2. 局部应用系统

向保护对象以设计喷射强度直接喷射灭火剂，并持续一定时间的气体灭火系统称为局部应用系统。

该类系统在国内的应用，目前仅限于二氧化碳局部应用系统和细水雾灭火系统。

3. 管网灭火系统

通过管网向保护区喷射灭火剂的气体灭火系统称为管网灭火系统。

卤代烷1211和1301可使用管网灭火系统，高、低压二氧化碳灭火系统、细水雾灭火系统、卤代烃类哈龙替代灭火系统及新型惰性气体灭火系统都可使用管网进行灭火剂的输送和火灾的扑救。但因气溶胶属于气固混合相，在技术上没有突破，且在通过国家质检中心检验之前，不能用于管网输送系统。

4. 无管网灭火装置

按一定的应用条件，将灭火剂储存装置和喷嘴等部件预先组装起来的成套气体灭火装置称为无管网灭火装置，又称预制灭火装置。

5. 组合分配系统

用一套灭火剂储存装置，通过选择阀等控制组件来保护多个防护区的气体灭火系统称为组合分配系统。

在气体灭火系统设计中，对于两个或两个以上的防护区往往采用组合分配系统。为保证系统的安全可靠，一方面要确保每个防护区的灭火剂用量都能达到设计用量的要求（即灭火剂的设计用量由灭火剂用量多的防护区确定）；另一方面要注意，一个组合分配系统所保护的防护区数目不宜过多。防护区数目超过一定数量时，应配置备用灭火系统。当一个卤代烷1211或1301组合分配系统的防护区数目超过8个，或一个二氧化碳组合分配系统的防护区或保护对象数目为5个及其以上时，应配置备用的灭火系统，灭火剂的备用量不应小于设计用量。

6. 单元独立系统

只用于保护一个防护区的气体灭火系统称为单元独立系统。

6.1.2 气体灭火系统的工作原理及组成

虽然气体灭火系统有不同的种类及不同的系统实现形式，但它们的组成和工作原理是大致相同的。考虑到卤代烷灭火系统最终将被替代，且其相应的替代品和替代技术尚无国家强制执行的设计规范和验收规范，在这里就以高压二氧化碳全淹没组合分配管网灭火系统为例，介绍气体灭火系统的工作原理和系统组成。

1. 气体灭火系统的工作原理

高压二氧化碳灭火系统的工作程序，如图6-1所示。当采用气体灭火系统保护的防护区发生火灾后，火灾探测器将燃烧产生的温、烟、光等转变成电信号输入到火灾报警控制器，经火灾报警控制器鉴别确认后，启动火灾报警装置，发出火灾声、光报警信号，并将信号输入灭火控制盘。灭火控制盘启动开口关闭装置、通风机等联动设备，并经延时再启动阀驱动装置，同时打开选择阀及灭火剂储存装置，将灭火剂释放到防护区进行灭火。灭火剂释放时，压力信号器可给出反馈信号，通过灭火控制盘再发出释放灭火剂的声、光报警信号。在图6-2中，当保护区1发生火灾，启动钢瓶1打开1号灭火剂储存容器进行灭火；当保护区2发生火灾时，启动钢瓶2打开1、2、3号灭火剂储存容器进行灭火。

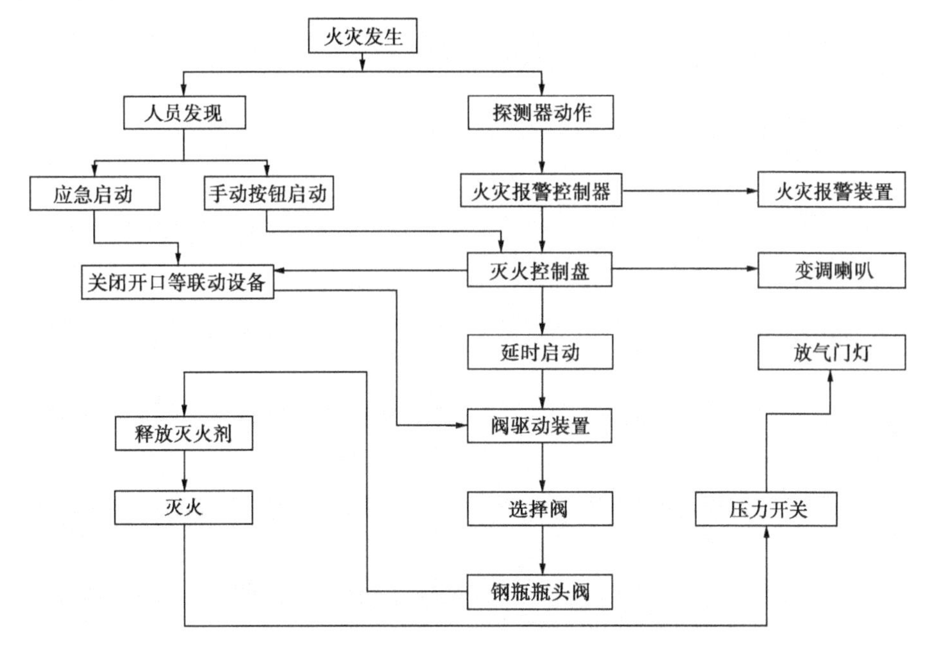

图6-1 高压二氧化碳灭火系统的工作程序

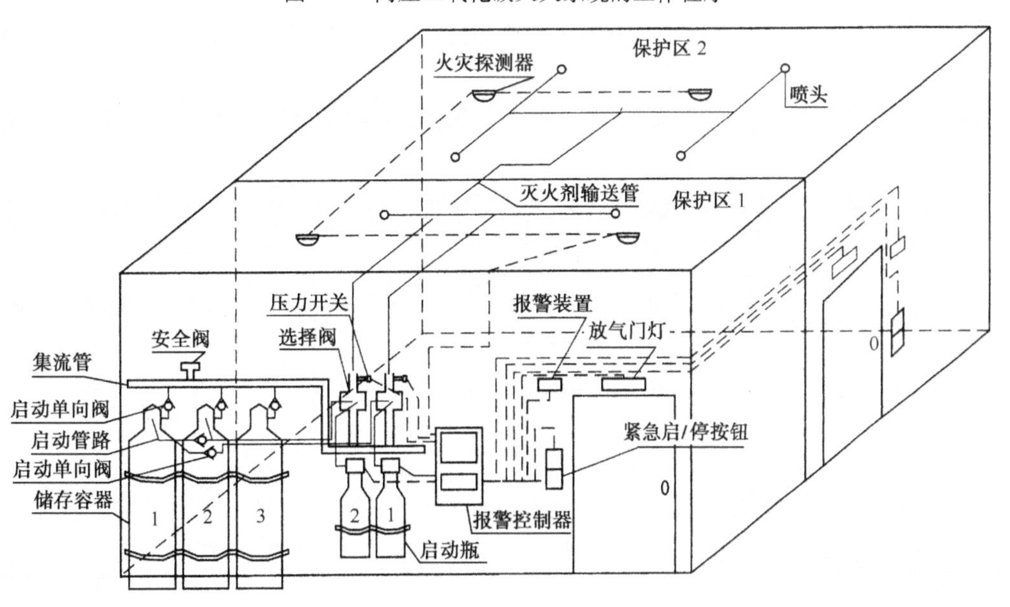

图6-2 组合分配式气体灭火系统

当系统处于手动操作状态时，人员发现火灾后，应启动手动启动按钮，通过灭火控制盘释放灭火剂。若火灾报警系统或其供电系统发生故障时，则应采取应急启动方式，直接启动

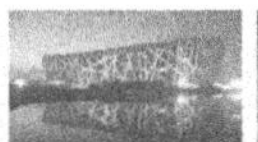

阀驱动装置释放灭火剂。

二氧化碳灭火剂主要通过稀释氧浓度、窒息燃烧和冷却等物理作用灭火，可以较快地将有焰燃烧扑灭，但所需的灭火剂浓度高。二氧化碳在空气中含量达到15%以上时能使人窒息死亡；达到30%～35%时，能使一般可燃物质的燃烧逐渐窒息；达到43.6%时能抑制汽油蒸气及其他易燃气体的爆炸。卤代烷1301和1211灭火剂的灭火机理主要是通过溴和氟等卤素氢化物的化学催化作用和化学净化作用大量捕捉、消耗火焰中的自由基，抑制燃烧的链式反应，迅速将火焰扑灭。因此，卤代烷灭火剂对扑灭有焰燃烧非常有效，所需的灭火剂浓度低，灭火快。

2. 气体灭火系统的组成

二氧化碳灭火系统一般为管网灭火系统。管网灭火系统由储存容器、容器阀、高压软管、液体单向阀、气体单向阀、集流管、安全阀、选择阀、压力开关、输送灭火剂的管道及管道附件、喷嘴、启动钢瓶、固定支架及火灾报警控制系统中的火灾探测器、火灾报警控制器、灭火驱动盘、声光报警装置、放气门灯、紧急启动、停止按钮等组成。二氧化碳组合分配式全淹没灭火系统如图6-2所示；二氧化碳单元独立式全淹没灭火系统如图6-3所示。

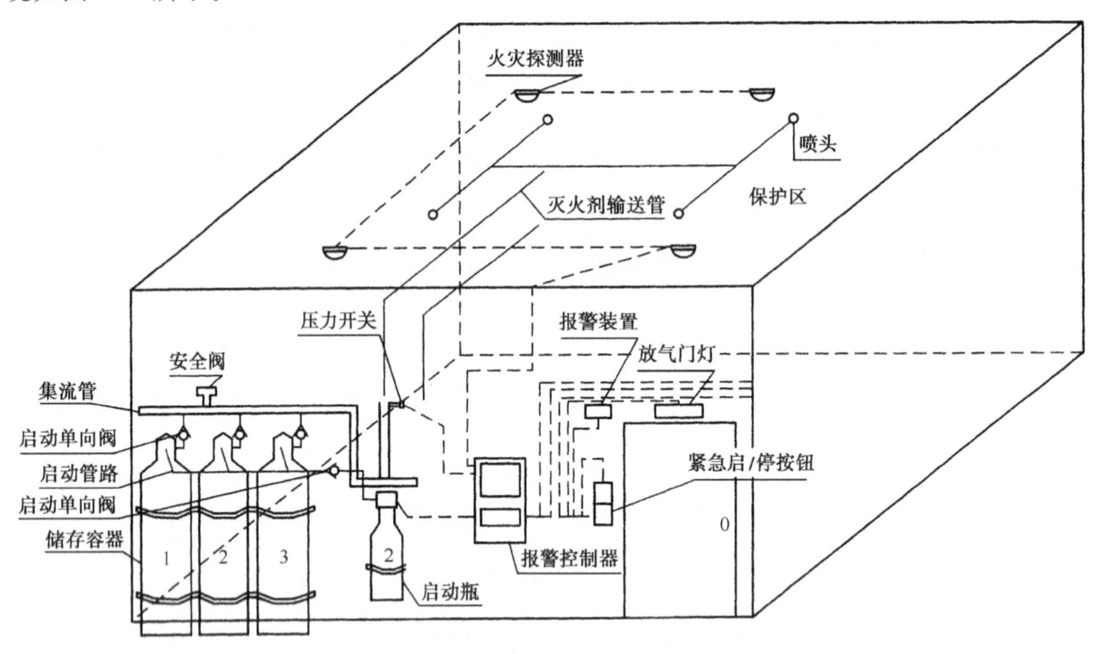

图6-3　单元独立式气体灭火系统

1）灭火剂储存装置

高压二氧化碳灭火系统的储存装置的储存压力均为5.17MPa，材质为无缝钢，它由灭火剂及其储存容器（钢瓶）、容器阀（瓶头阀）等组成，用于储存灭火剂和控制灭火剂的释放。

2）容器阀（瓶头阀）

容器阀具有平时封闭钢瓶、火灾时能排放灭火剂的作用。此外，还能通过它充装灭火剂和安装防爆安全阀。

容器阀上主要包括充装阀（截止阀或止回阀）、释放阀（截止阀或闸刀阀）和安全膜片

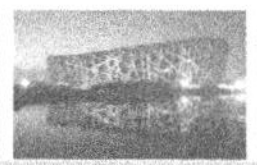

三个部分。按其启动方式，二氧化碳灭火系统的容器阀分为气动瓶头阀、机械式闸刀瓶头阀、电爆瓶头阀、气动闸刀式瓶头阀、气动活门式瓶头阀五种结构形式。

（1）气动瓶头阀。它由启动气瓶提供的启动气体通过操纵管进入阀体才能开启，因此还必须与先导阀和电磁门配合使用。平时，电磁阀关住启动气瓶中的高压气体，报警控制器在接收火灾信号后，发出信号使电磁阀动作。这时启动气瓶中的高压气体便先后开启先导阀和安装在二氧化碳钢瓶上的气动阀，使二氧化碳喷出。

（2）机械式闸刀瓶头阀。开启时，只需将手柄上的钢丝绳牵动，闸刀杆便旋入并切破工作膜片，放出二氧化碳。气动活塞开启瓶头阀的操纵系统是拉环与活塞杆连接在一起，当气动活塞移动时，带动拉环移动，从而牵动钢丝绳，实现开启二氧化碳钢瓶的动作。

（3）电爆瓶头阀。平时它处于闭合状态。通电时，阀内雷管爆炸，推动活塞，使杠杆旋转带动活门而开启。因雷管涉及爆炸品，一般不宜使用。

（4）气动闸刀式瓶头阀。它利用铜作膜片将灭火剂封闭于钢瓶内，发生火灾时，启动钢瓶释放的高压气体由其上部的进气接头导入，迫使活塞下移，带动闸刀扎破铜膜片，瓶内灭火剂即可经排放接头进入灭火管道。

（5）气动活门式瓶头阀。它采用背压活门，由软质材料密封。发生火灾时，启动钢瓶释放的高压气体由其上部的进气接头导入，迫使活塞下移，推开阀杆活门，排放灭火剂。

3）选择阀

在组合分配系统中，选择阀是用来控制灭火剂的流向，使灭火剂能通过管道释放到预定防护区或保护对象的阀门。选择阀和防护区一一对应。

选择阀的种类按启动方式分电动式和气动式两种。电动式采用电磁先导阀或直接采用电动机开启；气动式则是利用启动气体的压力，推动汽缸中的活塞，将阀门打开。

由于选择阀平时处于关闭状态，因此，在灭火时，选择阀应在容器阀开放之前开启，或与容器阀同时开启。无论采用哪种启动方式的选择阀，均应设有手动操作机构，以便在系统自动控制失灵时，仍能将选择阀打开。

4）压力开关

压力开关可以将压力信号转换成电信号，一般设置在选择阀后，以判断各部位的动作正确与否。虽然有些阀门本身带有动作检测开关，但压力开关检测各部件的动作状态则最为可靠。另外压力开关的动作信号可作为放气门灯的启动信号。

5）安全阀

安全阀一般设置在储存容器的容器阀上及组合分配系统中的集流管部分。在组合分配系统的集流管部分，由于选择阀平时处于关闭状态，在容器阀的出口处至选择阀的进口端之间形成一个封闭的空间，因而在此空间内容易形成一个危险的高压区。为防止储存容器发生误喷射，在集流管末端应设置一个安全阀或泄压装置，当压力值超过规定值时，安全阀自动开启泄压以保证系统安全。

6）喷嘴

喷嘴安装在管网的末端用来向保护区喷洒灭火剂，同时也是用来控制灭火剂的流速和喷射方向的组件，它是气体灭火系统的一个关键组件。

7）管道及附件

二氧化碳灭火系统的管道及附件主要有高压软管、液路单向阀、气路单向阀、集流管启动管路、灭火剂输送管路及各种管道连接件等。

高压软管是连接容器阀与集流管的重要部件，它允许储存容器与集流管之间的安装存在一定的误差。另外，由于它上部带有止回阀，可以防止无关的储存容器误喷。气路单向阀主要用于控制启动气体的流向，以保证打开对应的灭火剂储存容器。集流管是用于汇集多个灭火剂储存容器所释放出来的灭火剂。灭火剂输送管路及管道连接部件主要用于将灭火剂输送到指定的保护区。

8）气体火灾报警控制系统

气体火灾报警控制系统主要由火灾探测器、信号输入模块、控制模块、声光报警器、变调喇叭、放气门灯、紧急启动/停止按钮、火灾报警控制器及灭火驱动盘、电源等组成。

火灾探测器主要用来探测保护区内的各种火灾参数，它可以是感烟、感温、感光、可燃气体、复合类火灾探测器。在实际应用时，往往是将上述几种探测器组合使用。信号输入模块用来将与灭火系统有关的动作信号（如压力开关信号、称重检漏装置的报警信号等）转换为电信号，以便在控制器上显示。控制模块用来控制防火门、窗等开口部位的关闭，非消防电源的切断，可燃液体、蒸汽输送管道的切断等。声光报警器及变调喇叭用来提醒现场人员赶紧撤离并通知保卫人员灾情发生的区域。放气门灯用来提醒现场人员该保护区正在喷射灭火剂，严禁入内。紧急启动是保护区内的现场人员在确认火灾发生后现场启动灭火系统的操作装置。紧急停止按钮用来中断自动控制信号的操作装置，在紧急启动按钮动作后或灭火剂已释放后，此按钮是无效的。火灾报警控制器的作用见本书项目2的相关内容。灭火驱动盘用来控制不同保护区对应的启动装置、联动设备等，一个保护区对应灭火驱动盘上的一个单元。整个系统电源应为消防电源。

6.1.3 二氧化碳灭火系统的联动控制

1. 联动控制的内容

二氧化碳灭火系统的联动控制包括火灾报警显示，灭火介质的自动释放灭火，切断被保护区的送、排风机，关闭门窗等。

火灾报警由安置在保护区域的火灾报警控制器来实现。灭火介质的释放同样由火灾探测器控制电磁阀，实现灭火介质的自动释放。系统中设置两路火灾探测器（感烟、感温），由两路信号的“与”关系，再经大约30 s的延时，自动释放灭火介质。联动控制系统关系到灭火效果的好坏，是保护人身、财产安全的重要措施。

2. 联动控制的过程

下面以二氧化碳灭火系统（如图6-4所示）为例，说明灭火系统中的联动控制过程。

由图6-4可以看出，当发生火灾时，被保护区域的火灾探测器探测到火灾信号后（或由消防按钮发出火灾信号），驱动火灾报警控制器，一方面发出火灾声、光报警，同时又发出主令控制信号，启动二氧化碳钢瓶启动容器上的电磁阀，开启二氧化碳钢瓶，灭火介质自动

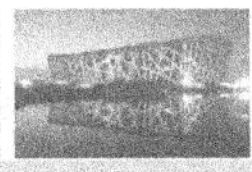

释放，并快速灭火。与此同时，火灾报警控制器还发出联动控制信号，停止空调风机、关闭防火门等，并延时一定的时间，待人员撤离后，再发送信号关闭房间；还应发出火灾声响报警，待二氧化碳喷出后，报警控制器发出指令，使置于门框上方的放气指示灯点亮。火灾扑灭后，报警控制器发出排气指示，说明灭火过程结束。

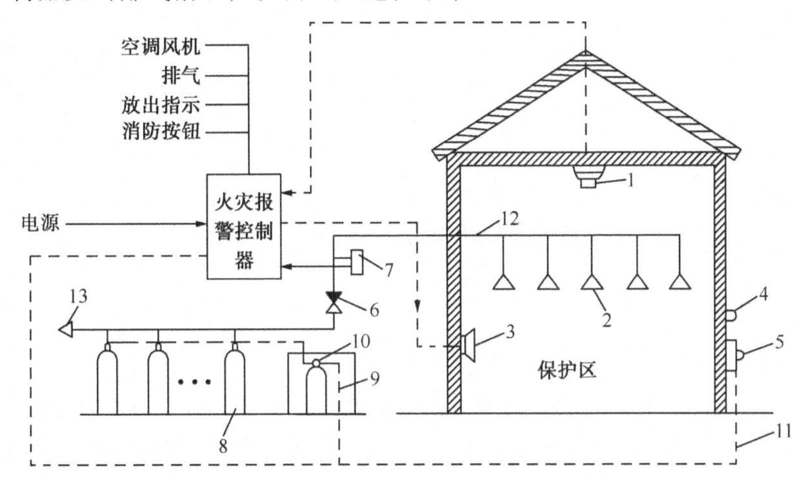

1—火灾探测器；2—喷头；3—警报器；4—放气指示灯；5—手动启动按钮；6—选择阀；7—压力开关
8—二氧化碳钢瓶；9—启动气瓶；10—电磁阀；11—控制电缆；12—二氧化碳管线；13—安全阀

图6-4　二氧化碳灭火系统

二氧化碳管网上的压力由压力开关（传感器）监测，一旦压力不足或过大，报警控制器将发出指令开大或关小钢瓶阀门，加大或减小管网中的二氧化碳压力。二氧化碳释放过程的自动控制，如图6-5所示。

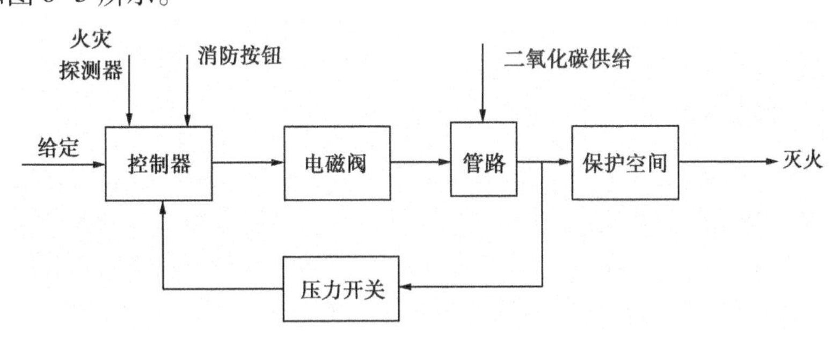

图6-5　二氧化碳释放过程的自动控制

二氧化碳灭火系统的手动控制也是十分必要的。当发生火灾时，用手直接开启二氧化碳容器阀，或将放气开关拉动，即可喷出二氧化碳灭火。这个开关一般装在房间门口附近墙上的一个玻璃面板箱内，火灾时将玻璃面板击破，就能拉动开关，喷出二氧化碳气体，实现快速灭火。这一过程的控制如图6-6所示。

装有二氧化碳灭火系统的保护场所（如变电所或配电室），一般都在门口加装选择开关，可就地选择自动或手动操作方式。当有工作人员进入里面工作时，为防止意外事故，即避免有人在里面工作时喷出二氧化碳影响健康，必须在入室之前把开关转到手动位置，离开时关门之后复归自动位置。同时，也为了避免无关人员乱动选择开关，宜用钥匙型转换开关。

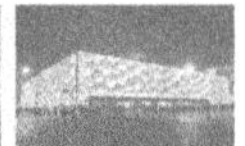

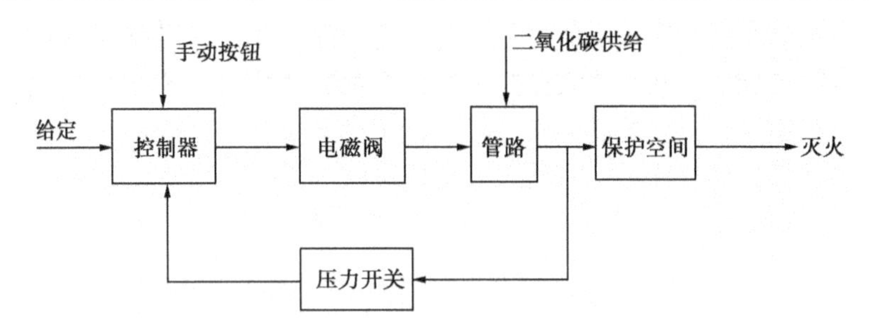

图6-6　二氧化碳释放过程的手动控制

6.1.4　气体灭火的应用场所和新型气体灭火系统

1. 气体灭火的应用场所

气体灭火适用于不能采用水或泡沫灭火的场所。

一个具有火灾危险的场所是否需用气体灭火系统防护，可依据国家现行的《建筑设计防火规范》（GB 50016—2006）、《高层民用建筑设计防火规范》（GB 50045—2005）、《人民防空工程设计防火规范》（GB 50098—2009）的有关规定，并结合下述基本原则进行考虑：一是该场所要求使用不污染被保护物的“清洁”灭火剂；二是该场所有电气火灾危险而要求使用不导电的灭火剂；三是该场所有贵重的设备、物品，要求使用能够迅速灭火的高效灭火剂；四是该场所不宜或难以使用其他类型的灭火剂。

二氧化碳灭火系统，可用于扑救下列火灾：灭火前可切断气源的气体火灾；液体火灾或石蜡、沥青等可融化的固体火灾；固体表面火灾及棉花、织物、纸张等部分固体深位火灾；电气火灾。二氧化碳灭火系统不得用于扑救下列火灾：硝化纤维、火药等含氧化剂的化学制品火灾；钾、钠、镁、钛等活泼金属火灾；氢化钾、氢化钠等金属氢化物火灾。

2. 新型气体灭火系统

由于卤代烷灭火剂的排放将导致地球大气臭氧层的破坏，危及人类生存的环境，1990年6月在伦敦由57个国家共同签订的《蒙特利尔议定书》，决定2000年完全停止生产和使用氟利昂、卤代烷和四氯化碳，对于人均消耗量低于0.3 kg的发展中国家这一限期可延迟到2010年。我国于1991年6月加入《蒙特利尔议定书》（修正案）缔约国行列。按照《中国消耗臭氧层物质逐步淘汰国家方案》，我国将于2005年停止生产哈龙1211灭火剂，2010年停止生产哈龙1301灭火剂。

近几年，随着《中国消防行业哈龙整体淘汰计划》的实施，哈龙生产和消耗量大幅度削减，哈龙替代品和替代技术迅速发展。1996年公安部消防局下发的《关于印发“哈龙替代品推广应用的规定”的通知》（公消［1996］196号）等文件，在指导和规范哈龙替代品的使用中发挥了积极的作用。但是，从近几年的执行情况看，仍存在一些问题，有的还相当严重。主要表现在：一是用户对已有的替代品和替代技术还只能做到部分替代的事实缺乏认识，盲目采用哈龙替代品和替代技术，忽视传统灭火技术的采用；二是有的商家对哈龙替代品和哈龙替代技术夸大宣传，任意扩大使用范围；三是对一些必要场所仍然可以使用哈龙产品进行保护认识不足，在一定程度上降低了必要场所的消防保护能力。针对目前世界上尚没有能够完全替代哈龙

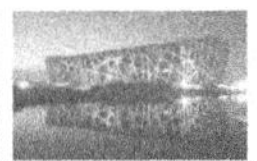

的替代品和替代技术的实际情况，哈龙替代工作必须坚持必要场所与非必要场所区别对待，传统灭火技术和哈龙替代技术并举，将发展中的替代技术规范在安全范围内使用的综合替代原则。在确保我国哈龙淘汰工作顺利完成的前提下，做到不因哈龙的淘汰而降低消防保护能力。为此，禁止在非必要场所安装使用哈龙固定灭火系统；非必要场所根据规范的要求宜采用传统的灭火技术（二氧化碳、干粉、水喷淋、泡沫等固定灭火系统），也可采用哈龙替代灭火技术。在必要场所既可以使用哈龙固定灭火系统，也可以采用哈龙替代技术。

1）必要场所的界定

目前，在少数有可能发生重大、特大火灾且损失确属难以弥补的A类或B类火灾的必要场所内允许选配哈龙灭火设备。凡属下列应用场所之一者，可审慎地视其为使用哈龙的必要场所。

（1）必须使用哈龙灭火设备进行安全保护，而且现场人员必须坚守岗位（如必须继续工作、指挥现场扑救），或某些现场的外援灭火相当困难，而其他类型的灭火设备均不能使用也不能保证灭火的要害场所。例如，军队的作战指挥中心、潜艇的重要舱室等。

（2）对灭火设备的重量及其所占空间限制非常严格的场所。例如，航空航天器，包括宇航器具和飞机等，国际上通常使用哈龙1301自动灭火系统来保护其发动机舱室等重要舱室。

（3）必须用哈龙灭火设备保护的特别危险和特别要害的，或对人身安全有可能造成极大危害而且人员撤离相当困难的场所。例如，有爆炸危险的重要封闭空间、有火灾或爆炸危险且其后果（包括人员伤亡和财产损失）相当严重的重大手术医疗场所和人数众多的要害公共场所，以及必须重点保护的无可替代的国家级文物、设备、财产等存储或使用场所。

（4）必须用哈龙灭火设备保护的，并且目前尚无可靠的替代系统，一旦发生火灾有可能对整个大区/省/市的生产与生活造成严重影响的要害场所，诸如核电站等重要工矿企业的中心控制和重要设备室等场所。

（5）政府有关主管部门和国家哈龙必要场所审核技术委员会共同审定的其他必要场所。

2）几种哈龙替代品的使用规定

为了规范和加强哈龙替代品的使用和管理，公安部消防局在2001年8月发出了《关于进一步加强哈龙替代品和替代技术管理的通知》（公消［2001］217号）。在此通知中，规定了几种清洁灭剂在我国的政策允许情况，如表6-1所示。

表6-1　几种清洁灭剂在我国的政策允许情况

一般名称	商品名称	化学组成	类　别	政策允许情况
HCFC混合A	NAFS-Ⅲ	$CHClF_2$（82%）$CHClFCF_2$（9.5%） $CHCl2CF_3$（4.75%）$C_{10}H_{16}$（3.75%）	HCFC	禁用
HCFC-124	FE-241	$CHClFCF_3$	HCFC	禁用
HFC-23	FE-13	CHF_3	HFC	可用
HFC-125	FE-25	CF_3CHF_2	HFC	禁用
HCF-227ea	FM-200	CF_3CHFCF_3	HFC	可用
HFC-236fa	FE-36	$CF_3CH_2CF_3$	HFC	可用

续表

一般名称	商品名称	化学组成	类　别	政策允许情况
FC-3-1-10	CEA-410	C_4F_{10}	PFC	禁用
FC-2-1-8		C_3F_8	PFC	禁用
氩气	IG-01	Ar	惰性气体	可用
氮气	IG-100	N_2	惰性气体	可用
氮、氩混合气体	IG-55	N_2（50%）Ar（50%）	惰性气体	可用
氮、氩、CO_2 混合氩气	IG-541	N_2（52%）Ar（40%）CO_2（8%）	惰性气体	可用

3）几种哈龙替代技术的介绍

（1）卤代烃类哈龙替代灭火系统。我国目前使用较多的是七氟丙烷（HFC-227ea）灭火系统。

七氟丙烷气体灭火剂不导电、不破坏大气臭氧层，在常温下可加压液化，在常温、常压条件下全部挥发，灭火后无残留物。七氟丙烷属于全淹没系统，可扑救A类（表面火）、B类、C类和电器火灾，可用于保护经常有人的场所。

七氟丙烷灭火系统的灭火原理为化学和物理共同作用，在火灾的类型、规模、喷放时间相同的条件下，灭A类表面火的最小设计浓度高于哈龙1301灭火系统，为7.5%（体积百分比）。灭火时，药剂本身的分解产物氟化氢（HF）的浓度也高于哈龙1301。

用于组合分配方式的七氟丙烷灭火系统，其关键部件的配置应满足相应的系统设计要求，并通过国家消防质检中心的型式检验。

（2）新型惰性气体灭火系统。此类技术主要包括IG-541、IG-55、IG-01、IG-100固定灭火系统。在我国常用的只有IG-541。

IG-541灭火剂是由氮气（N_2，52%）、氩气（Ar，40%）和二氧化碳（CO_2，8%）三种气体组成的无色、无味、无毒的混合气体，不破坏大气臭氧层，对环境无任何不利影响，不导电，灭火过程洁净，灭火后不留痕迹。IG-541灭火系统属于全淹没系统，适用于扑救A类（表面火）、B类、C类及电气火灾，可用于保护经常有人的场所。

IG-541惰性气体灭火系统是通过降低燃烧物周围的氧气浓度的物理作用来实现灭火的。灭A类表面火的最小设计浓度为36.5%，储存压力为15 MPa、20 MPa，属于高压系统。该系统对灭火药剂的气体配比、储气瓶、管路、阀门、喷嘴、储瓶间以及周围环境、温度的要求严格，系统的设备制造及安装工艺相对复杂。

（3）低压二氧化碳灭火系统。对于大型保护场所，低压二氧化碳灭火系统较高压二氧化碳灭火系统占地面积小，便于安装和维护保养。低压二氧化碳灭火系统属于全淹没系统，适用于扑救A类（表面火）、B类、C类及电器火灾，不能用于保护经常有人的场所。

低压二氧化碳灭火系统的制冷系统和安全阀是关键部件，必须具备极高的可靠性。

二氧化碳灭火系统在释放过程中，由于有固态 CO_2（干冰）存在，会使防护区的温度急剧下降，可能会对精密仪器、设备有一定影响。

二氧化碳灭火系统对释放管路和喷嘴选型有严格的要求，若设计、施工不合理，会因释放过程中产生的大量干冰阻塞管道或喷嘴造成事故。

（4）细水雾灭火系统。细水雾灭火技术使用高压或气流将流过喷嘴的水形成极细的水

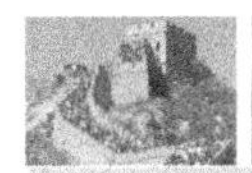
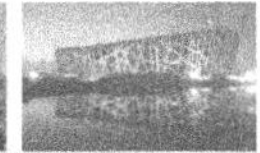
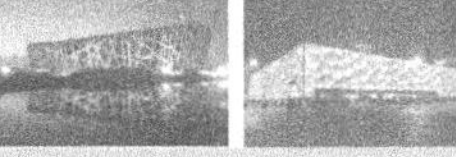

滴。细水雾灭火系统以冷却、窒息的原理灭火。细水雾具有良好的电绝缘性，对环境无污染，可以降低火灾中烟气的含量及毒性。

细水雾灭火系统对A类物质的深位火灾和有遮挡的火灾仅能起到控火作用。

(5) 气溶胶灭火装置。按产生气溶胶的方式可分为热气溶胶和冷气溶胶。目前国内工程上应用的气溶胶灭火装置都属于热型，冷气溶胶灭火技术尚处于研制阶段，无正式产品。热气溶胶以负催化、窒息等原理灭火。气溶胶与卤代烷类和惰性气体类哈龙替代技术不同，残留物的性质也不相同。热气溶胶属于全淹没系统，适用于变配电间、发电动机房、电缆夹层、电缆井、电缆沟等无人、相对封闭、空间较小的场所，适于扑救生产、储存柴油（35号柴油除外）、重油、润滑油等丙类可燃液体的火灾和可燃固体物质表面的火灾。

气溶胶灭火装置不能用于保护经常有人的场所，不能用于保护易燃易爆场所。气溶胶属于气固混合相，在技术上没有突破，且在通过国家质检中心型式检验之前，不能用于管网输送系统。气溶胶灭火后的残留物对精密仪器、设备会有一定影响，目前在技术上没有解决该问题，且没有通过检验的固定装置不能用于保护此类场所。

6.2　气体灭火系统的安装、调试与验收

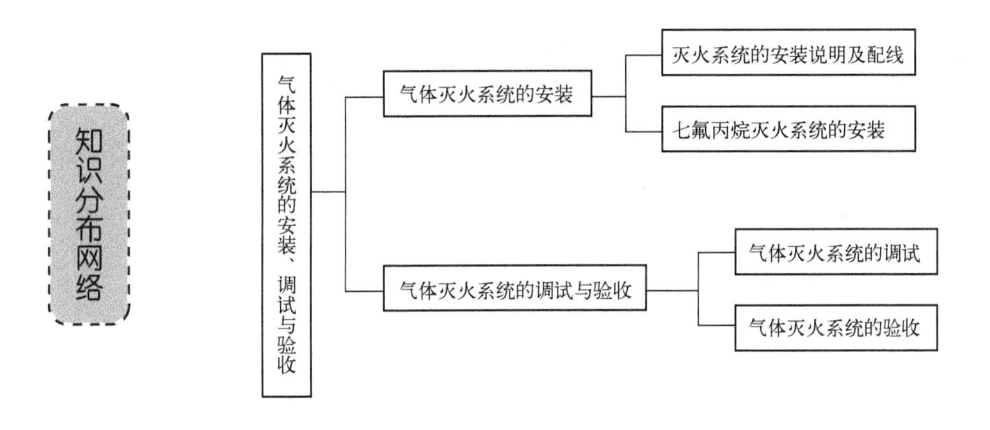

6.2.1　气体灭火系统的安装

1. 气体灭火系统的安装说明及配线

1) 气体灭火系统的安装说明

(1) 系统的主要组件

气体灭火系统一般由气体灭火控制器、感烟/感温探测器、警铃、声光报警器、手动/自动转换开关、现场紧急启/停盒、放气指示灯、灭火剂储存瓶组、液体单向阀、集流管、选择阀、压力信号器、管网和喷嘴以及阀驱动装置组成。气体灭火控制器是一种常用的灭火控制设备，用于高/低压二氧化碳、七氟丙烷、泡沫、气溶胶和其他替代哈龙（卤代烷）的灭火系统中，在灭火系统中起防区报警及气体灭火控制。多区（2区）气体灭火控制器在气体灭火系统中的应用，如图6-7所示。

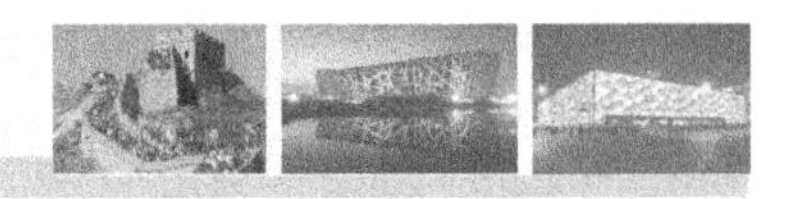

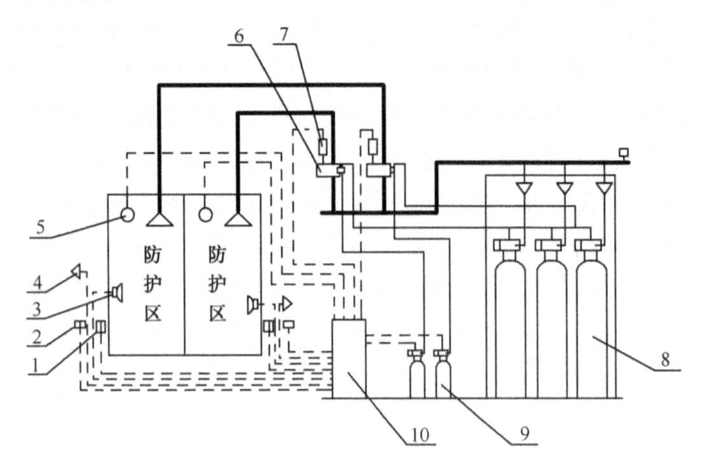

1—现场紧急启/停盒；2—放气指示灯；3—声光报警器；4—警铃；5—感烟/感温探测器；6—选择阀；
7—压力反馈装置；8—灭火剂储存容器；9—启动装置；10—多区（2区）气体灭火控制器

图6-7　多区气体灭火控制器在气体灭火系统中的应用

（2）系统使用场所的选择

气体灭火系统保护的主要场所有：发电机房、配电房、计算机房、结算中心、数据库房、档案库房、贵重物品库和电信业的交换机房、传输机房、数据通信机房、测量室、网管中心、无线机房、电源室及电力行业的电力调度室、电力控制中心等。火灾类别主要属于电气火灾和A类火灾。由于电气问题而引发火灾，这类火灾的初期往往产生较大的烟雾，所以选用良好的感烟探测装置来进行早期火灾的探测是十分必要的。

对建筑物内气体灭火系统的选择应考虑下列原则：

① 应遵循环保的要求，尽可能不选用哈龙灭火系统；

② 应尽可能选择对保护区内人员和物品损害少的灭火系统；

③ 系统要便于管理，日常维护方便；

④ 系统综合经济性好；

⑤ 应考虑灭火系统在喷放灭火失败后的后续灭火手段；

⑥ 系统应做到一用一备或一用二备；

⑦ 灭火系统要简单、可靠、轻便，灭火效能尽可能高；

⑧ 要考虑选用快速响应的探测系统以确保早期探测的灵敏可靠；

⑨ 设计时要注意与结构、工艺、暖通、电气各专业的沟通，确保保护区能满足气体灭火系统的设计要求。

（3）系统的安全措施

① 设置气体灭火系统的防护区内应设有疏散通道和安全出口，使人员能在30s内撤离防护区。

② 防护区内的疏散通道与出口，应设置应急照明装置和疏散灯光指示标志。防护区内应设置火灾和灭火剂释放的声报警器，并在每个入口处设置光报警器和已采用气体灭火系统防护的标志。

③ 防护区的门应向外开启并能自行关闭，疏散出口的门必须能从防护区内打开。

④ 用来保护经常有人的防护区的气体灭火系统，在有人时要将系统置于手动操作状态。

⑤ 灭火后的防护区应通风换气，地下防护区和无窗或固定窗扇的地上防护区以及地下储瓶间，应设置机械排风装置，排风口宜设在防护区下部并直通室外。

⑥ 设有气体灭火系统的建筑物，宜配置专用的空气呼吸器或氧气呼吸器。

⑦ 设置在有爆炸危险场所内的气体灭火系统管网，应设防静电接地装置。

（4）系统的动作过程

当灭火控制器接收到感烟探测器报警后，发出预火警声、光报警信号。同时，保护区内声光报警盒发出声、光报警信号，以提醒人员迅速撤离现场，继而联动防排烟设备，关闭门、窗、风机、防火阀等。当感温探测器报警且感烟探测器持续报警，并延迟 30 s 以后，灭火钢瓶组启动，靠气体打开储气瓶的瓶头阀和管网上的分配阀（选择阀），储气瓶里的气体通过管网向防护区喷洒。同时，联动控制柜切断非消防电源，关闭空调，鸣响警笛。管网压力变化，使压力开关动作，同时使防护区、钢瓶室的放气灯点亮。

2）气体灭火控制器的安装配线

火灾报警气体灭火控制器，因生产厂家不同，其产品也不同，但它们的基本功能是一致的。气体灭火控制器通常分为单区、2 区、4 区等系列，用户根据需要进行选取，外形一般为壁挂式。下面以赋安公司 JK-QB-AFN90（以下简称 AFN90）型产品为例，进行讲解。

（1）系统构成（如图 6-8 所示）

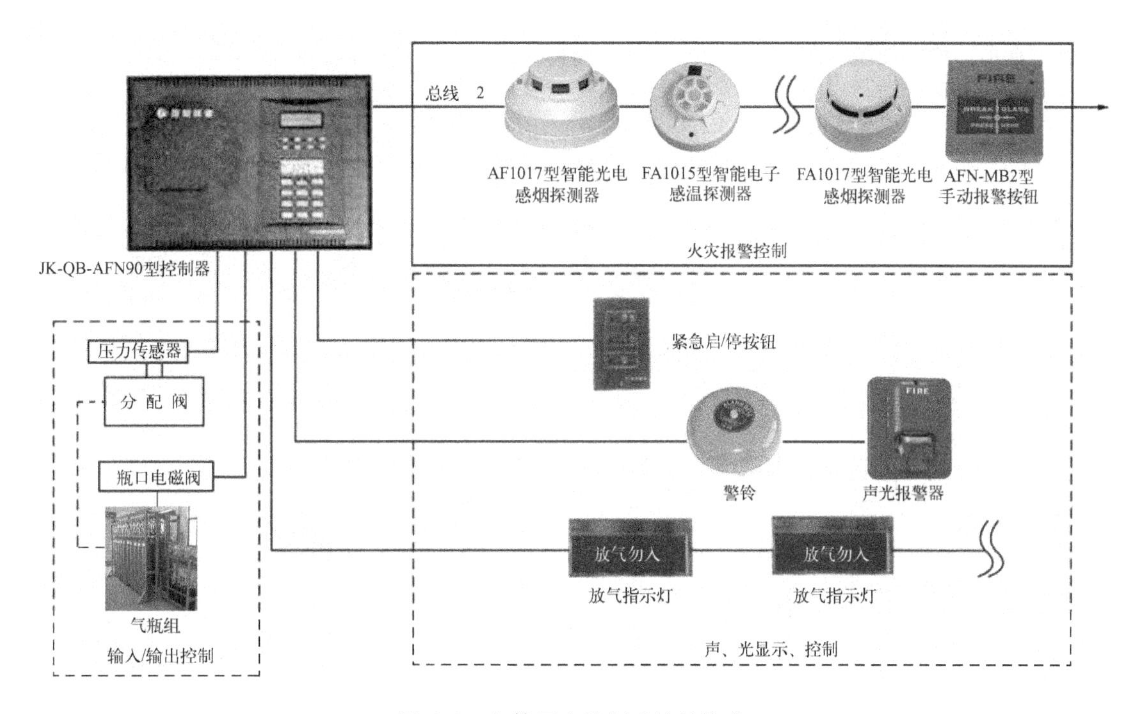

图 6-8　气体灭火控制系统的构成

（2）单区、4 区 AFN90 型产品的安装尺寸及外形尺寸，分别如图 6-9 和图 6-10 所示。

（3）单区、4 区 AFN90 型产品的接线端子，分别如图 6-11 和图 6-12 所示。单区、4 区 AFN90 型产品的接线端子说明，分别如表 6-2 和表 6-3 所示。

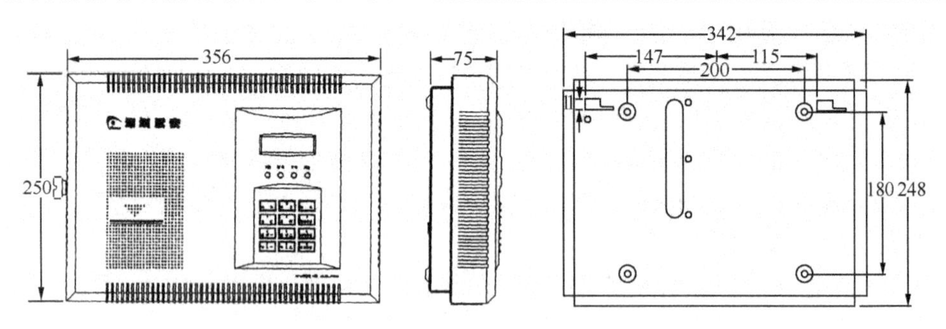

图6-9　单区AFN90型产品的安装尺寸及外形尺寸

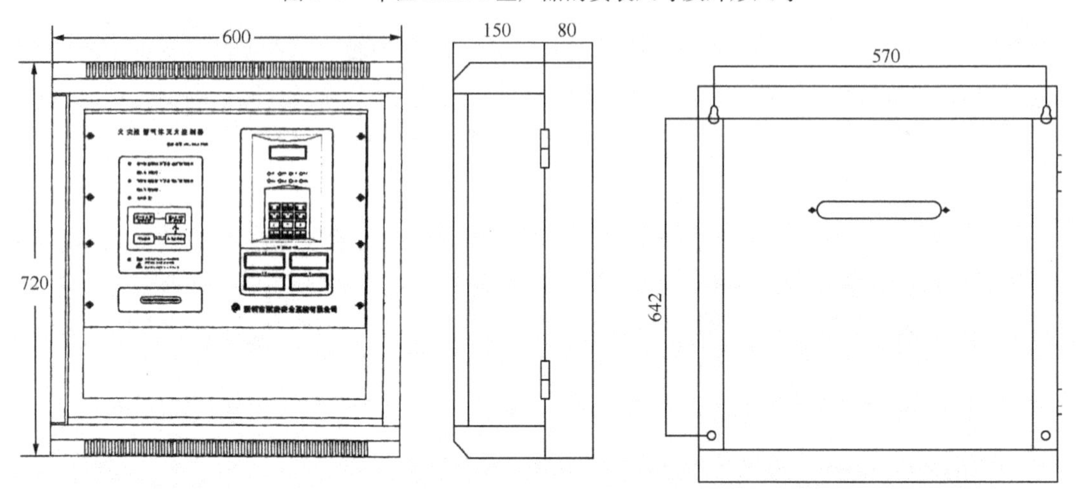

图6-10　4区AFN90型产品的安装尺寸及外形尺寸

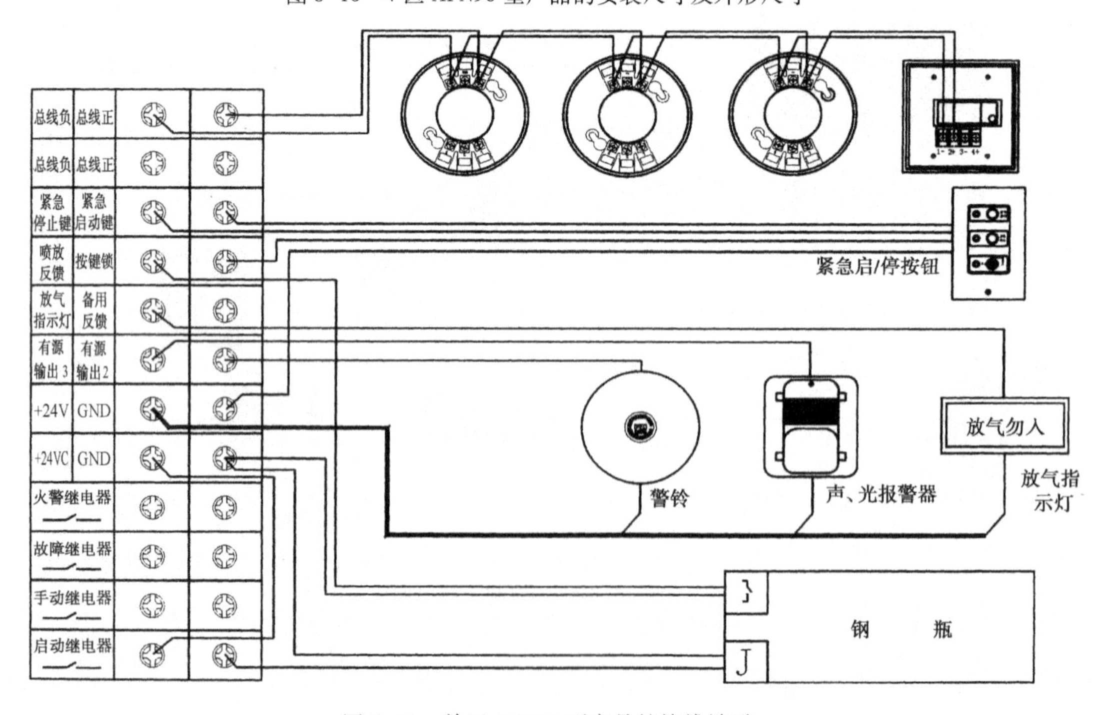

图6-11　单区AFN90型产品的接线端子

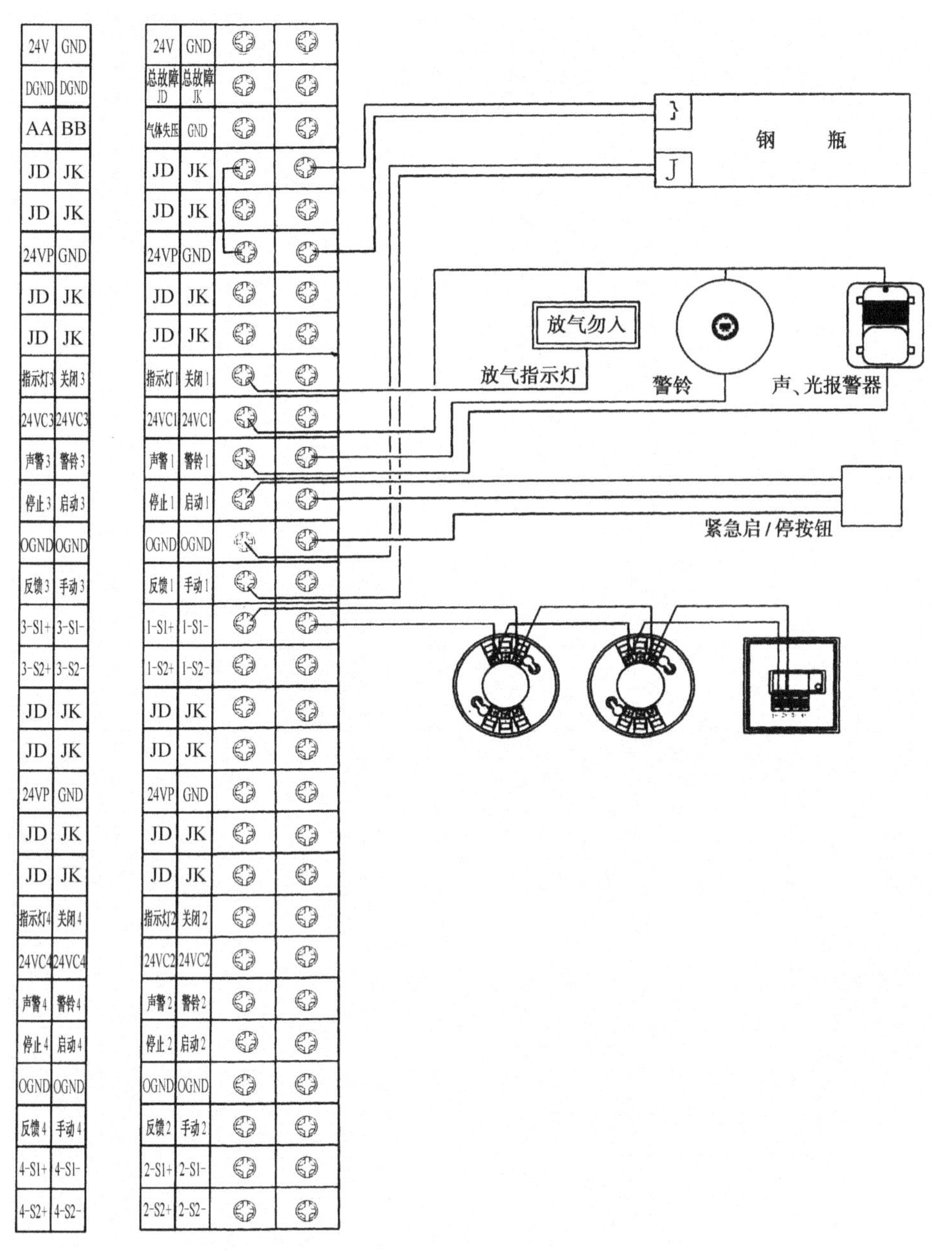

图 6-12 4 区 AFN90 型产品的接线端子

表 6-2 单区 AFN90 型产品的接线端子说明

端子标记		端子说明
总线负	总线正	接探测器总线
总线负	总线正	
紧急停止	紧急启动	紧急启/停
喷放反馈	按键锁	反馈输入
放气指示灯	备用反馈	放气指示、备用输入

续表

端子标记		端子说明
有源输出3	有源输出2	有源输出：2警铃；3声光
+24 V	GND	不可复位
+24 VC	GND	可复位
火警继电器		火警输出
故障继电器		故障输出
手动继电器		手动输出
启动继电器		喷放输出

表6-3　4区AFN90型产品的接线端子说明

端子说明	端子标记	端子标记	端子说明
电源24 V	24 V	GND	电源地
总故障继电器	总故障JD	总故障JK	总故障继电器
气体失重	气体失压	GND	反馈地
一区喷放继电器	1启动JD	1启动JK	一区喷放继电器
一区火警继电器	1火警JD	1火警JK	一区火警继电器
电源24 V	24VP	GND	电源地
一区放气指示继电器	1指示JD	1指示JK	一区放气指示继电器
一区手/自动状态输出	1手动JD	1手动JK	一区手/自动状态输出
一区放气指示	指示灯1	关闭1	一区封闭输出
一区可复位电源正	24 VC1	24 VC1	一区可复位电源正
一区声光报警器	声警1	警铃1	一区警铃
一区紧急停止按钮	停止1	启动1	一区紧急启动按钮
反馈公共地	0GND	0GND	反馈公共地
一区喷放反馈	反馈1	手动1	一区手动输入
总线正	1－S1＋	1－S1－	总线负
总线正	1－S2＋	1－S2－	总线负
二区喷放继电器	2启动JD	2启动JK	二区喷放继电器
二区火警继电器	2火警JD	2火警JK	二区火警继电器
电源24 V	24VP	GND	电源地
二区放气指示继电器	2指示JD	2指示JK	二区放气指示继电器
二区手/自动状态输出	2手动JD	2手动JK	二区手/自动状态输出
二区放气指示	指示灯2	关闭2	二区封闭输出
二区可复位电源正	24VC2	24VC2	二区可复位电源正
二区声光报警器	声警2	警铃2	二区警铃
二区紧急停止按钮	停止2	启动2	二区紧急启动按钮
反馈公共地	0GND	0GND	反馈公共地

续表

端子说明	端子标记	端子标记	端子说明
二区喷放反馈	反馈2	手动2	二区手动输入
总线正	2 - S1 +	2 - S1 -	总线负
总线正	2 - S2 +	2 - S2 -	总线负
电源24 V	24 V	GND	电源地
电源地	DGND	DGND	电源地
RS—485通信口	AA	BB	RS—485通信口
三区喷放继电器	3启动JD	3启动JK	三区喷放继电器
三区火警继电器	3火警JD	3火警JK	三区火警继电器
电源24 V	24VP	GND	电源地
三区放气指示继电器	3指示JD	3指示JK	三区放气指示继电器
三区手/自动状态输出	3手动JD	3手动JK	三区手/自动状态输出
三区放气指示	指示灯3	关闭3	三区封闭输出
三区可复位电源正	24VC3	24VC3	三区可复位电源正
三区声光报警器	声警3	警铃3	三区警铃
三区紧急停止按钮	停止3	启动3	三区紧急启动按钮
反馈公共地	0GND	0GND	反馈公共地
三区喷放反馈	反馈3	手动3	三区手动输入
总线正	3 - S1 +	3 - S1 -	总线负
总线正	3 - S1 +	3 - S2 -	总线负
四区喷放继电器	4启动JD	4启动JK	四区喷放继电器
四区火警继电器	4火警JD	4火警JK	四区火警继电器
电源24 V	24VP	GND	电源地
四区放气指示继电器	4指示JD	4指示JK	四区放气指示继电器
四区手/自动状态输出	4手动JD	4手动JK	四区手/自动状态输出
四区放气指示	指示灯4	关闭4	四区封闭输出
四区可复位电源正	24VC4	24VC4	四区可复位电源正
四区声光报警器	声警4	警铃4	四区警铃
四区紧急停止按钮	停止4	启动4	四区紧急启动按钮
反馈公共地	0GND	0GND	反馈公共地
四区喷放反馈	反馈4	手动4	四区手动输入
总线正	4 - S1 +	4 - S1 -	总线负
总线正	4 - S2 +	4 - S2 -	总线负

2. 七氟丙烷灭火系统的安装

按照《中国消耗臭氧层物质逐步淘汰国家方案》，我国于2005年停止生产卤代烷1211灭火剂，2010年停止生产卤代烷1301灭火剂。目前，国内常见的替代卤代烷的气体灭火系统有二氧化碳灭火系统、七氟丙烷（HFC-227ea）灭火系统、三氟甲烷（HFC-23）灭火系统、混合气体IG541灭火系统等。下面以七氟丙烷灭火系统为例，阐述气体灭火系统的安装配线。

1）七氟丙烷（HFC-227ea）灭火系统的技术指标

（1）灭火剂储存钢瓶规格：40L/70L/100L/120L/150L/180L。

（2）20 储存压力：2.5 MPa/4.2 MPa。

（3）最大工作压力（50）：3.4 MPa/5.3 MPa。

（4）启动方式：电磁启动、机械应急启动。

（5）电磁驱动装置氮气源压力：6.0 ± 1.0 MPa（20 ）。

（6）电磁驱动装置启动电源：DC24 V/1.5 A。

（7）灭火剂充装密度：≤1150 kg/m^3。

（8）灭火剂喷放时间：≤8 s。

（9）防护区环境温度：0℃～50℃。

（10）储存钢瓶喷放剩余量：≤2 kg/瓶组。

（11）储瓶间的室温要求：-10℃～50℃。

2）七氟丙烷（HFC-227ea）灭火系统的结构形式

（1）单元独立系统

单元独立系统指由一套灭火剂储存装置保护一个防护区的系统形式，如图6-13、图6-14所示。

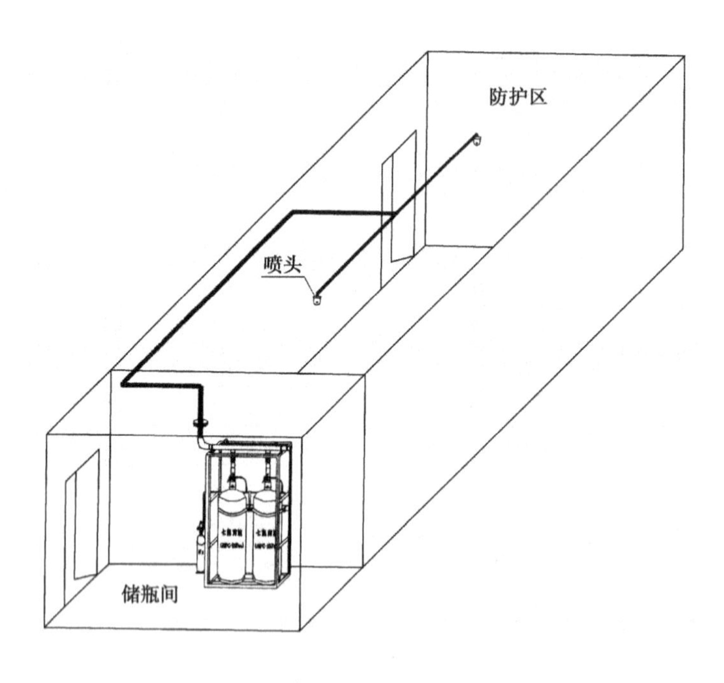

图6-13　单元独立系统示意图之一

（2）组合分配系统

组合分配系统是指用一套灭火剂储存装置通过多个选择阀的选择，保护多个防护区的系统形式。需不间断保护的防护区应考虑设主、备瓶组自动转换的系统形式，如图6-15、图6-16所示。

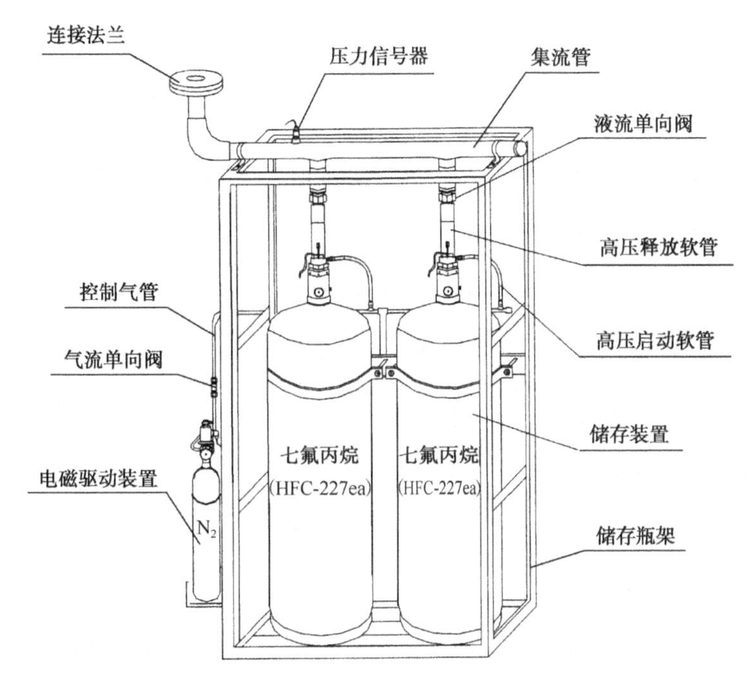

图6-14 单元独立系统示意图之二

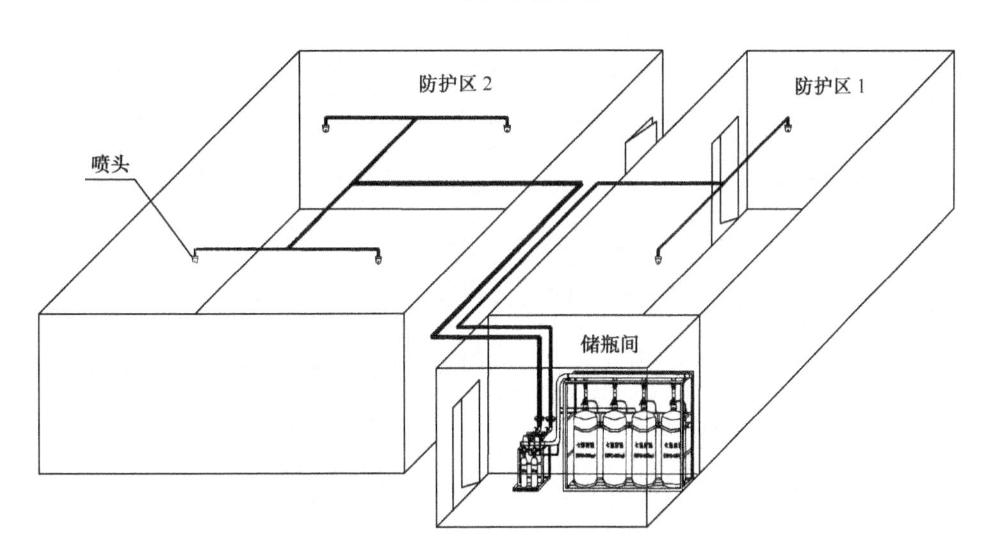

图6-15 组合分配系统示意图之一

(3) 主、备转换组合分配系统

主备转换组合分配系统用于需不间断保护的防护区或超过 8 个防护区组成的组合分配系统。该系统应按灭火剂的原储存量设置备用量，如图 6-17 所示。

(4) 柜式灭火装置

柜式灭火装置由柜体、灭火剂瓶组、管路、喷头、信号反馈部件、压力显示部件、驱动部件等组成，与火灾警报器、灭火控制器组成一套自动灭火系统。它可直接放置于防护区内，具有可移动、方便安装的特点，如图 6-18 所示。

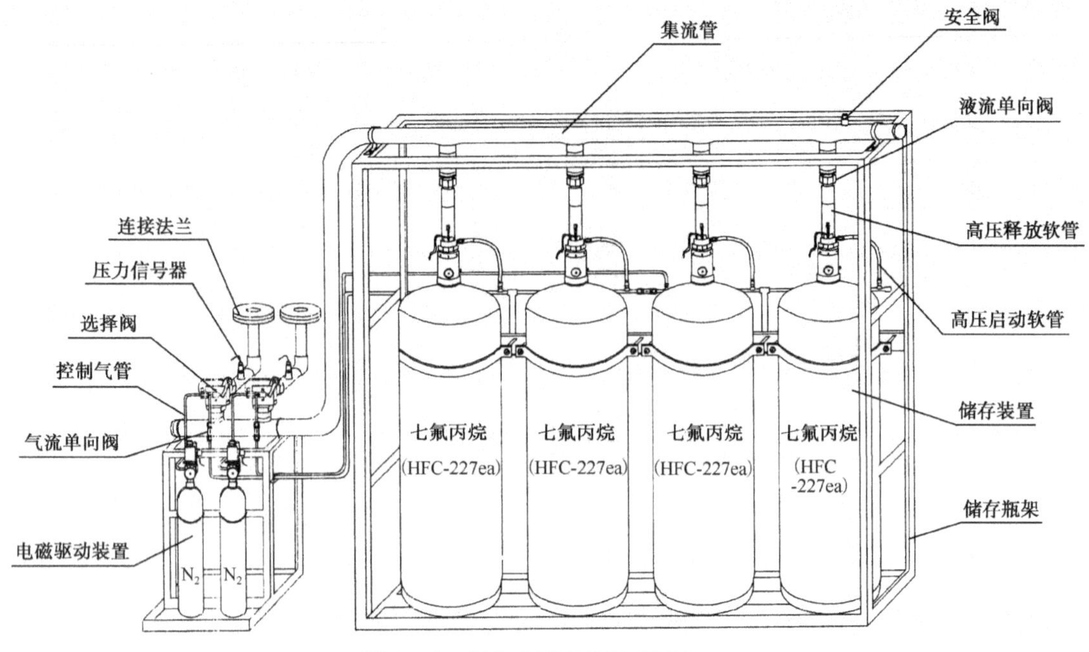

图 6-16　组合分配系统示意图之二

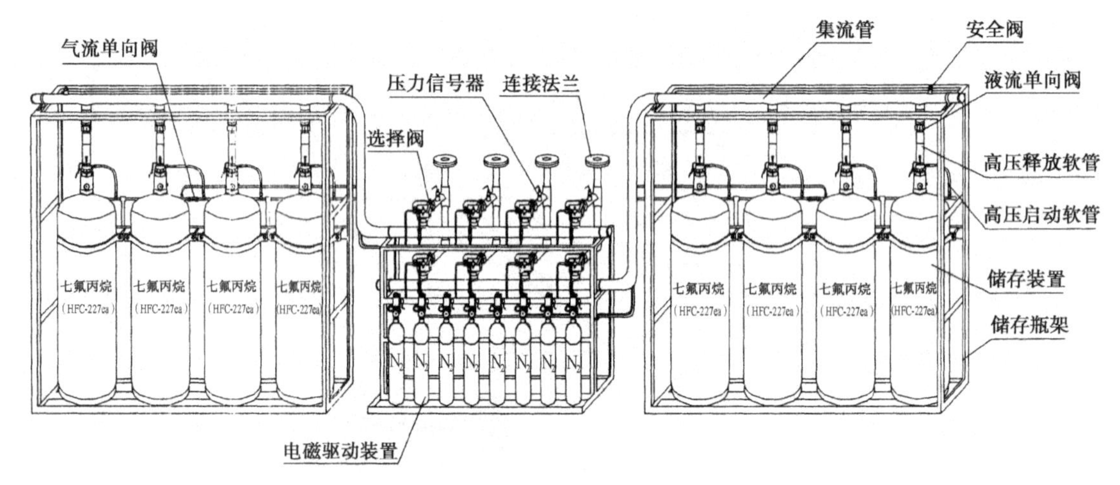

图 6-17　主、备转换组合分配系统示意图

（5）悬挂式灭火装置

① 电磁型悬挂式灭火装置。由灭火剂储存罐体、电磁驱动部件、喷头、压力显示部件、信号反馈部件组成，可悬挂或固定于墙壁上，与火灾探测部件、火灾警报器及灭火控制器组成一套自动灭火系统，具有不占地、安装简便的特点，如图 6-19 所示。

② 定温型悬挂式灭火装置。由灭火剂储存罐体、玻璃球喷头、压力显示部件组成，可悬挂或固定于墙壁上，具有不占地、无电气连接、安装简便的特点，如图 6-20 所示。

3）主要系统部件

（1）灭火剂储存装置

用途：用于储存七氟丙烷灭火剂，具有封存、释放、充装、超压泄放、压力显示等功能。

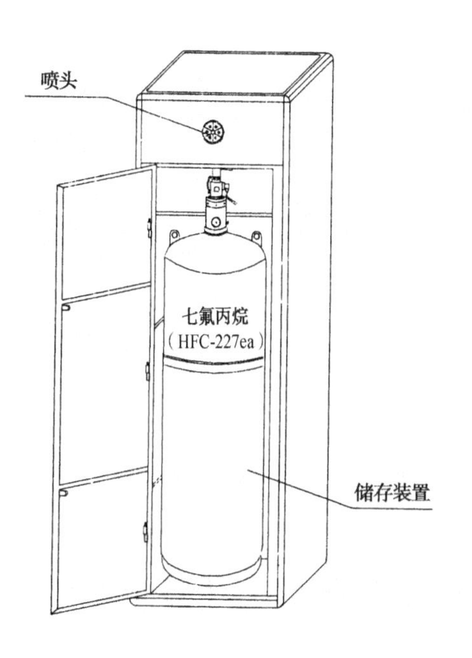

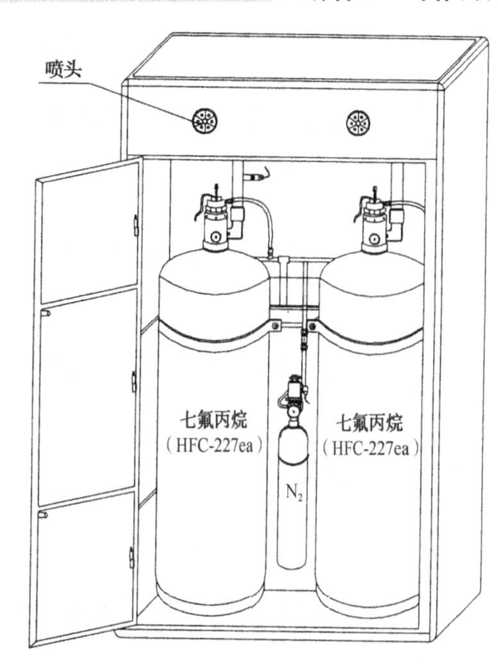

图6-18　柜式灭火装置

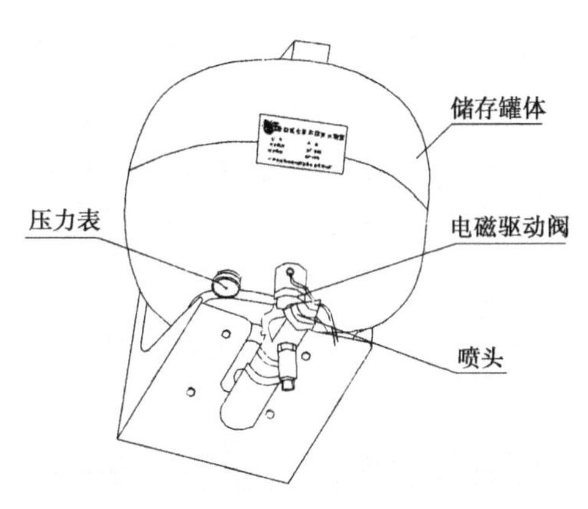

图6-19　电磁型悬挂式灭火装置

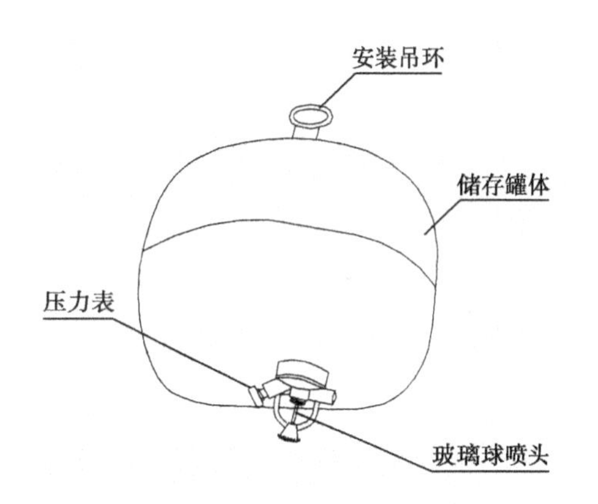

图6-20　定温型悬挂式灭火装置

结构：由容器阀、虹吸管、储存容器组成，如图6-21所示。

（2）电磁驱动装置

用途：用于储存启动气体（高压氮气），可电动或手动启动，释放启动气体，打开选择阀和容器阀，具有封存、释放、充装、低压泄放、压力显示等功能。

结构：由阀驱动装置和储存容器组成。阀驱动装置的材质为铜合金，刀片和膜片为不锈钢。储存容器是可重复充装的钢质无缝容器。该装置具有结构精巧、动作可靠、驱动电流小的特点，如图6-22所示。

（3）选择阀

用途：用于组合分配系统，一端连接集流管，一端与防护区管网连接，平时关闭，气动或手动方式开启。系统启动时，由电磁驱动装置释放出启动气体，顺序打开通向发生火灾的防护区对应的选择阀和灭火剂储存装置上的容器阀，将灭火剂释放到该防护区实施灭火。

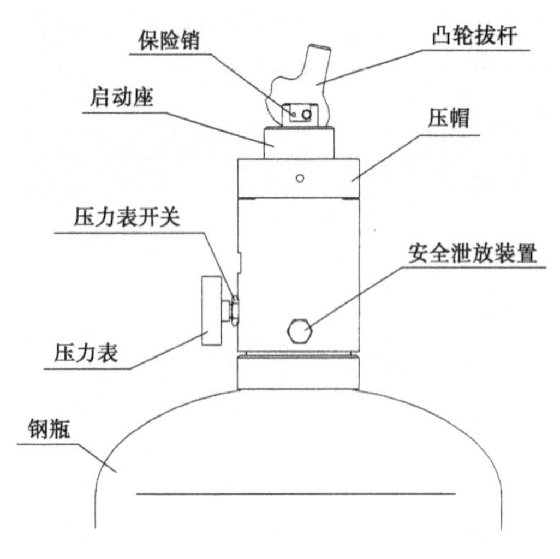

图6-21　灭火剂储存装置

手动压把
电磁铁
安全卡簧
安全挡片
压力表开关
压力表
钢瓶

图6-22　电磁驱动装置

结构：由阀体、活塞、压臂、转臂、驱动气缸、出入口活接头或连接法兰等组成，如图6-23所示。

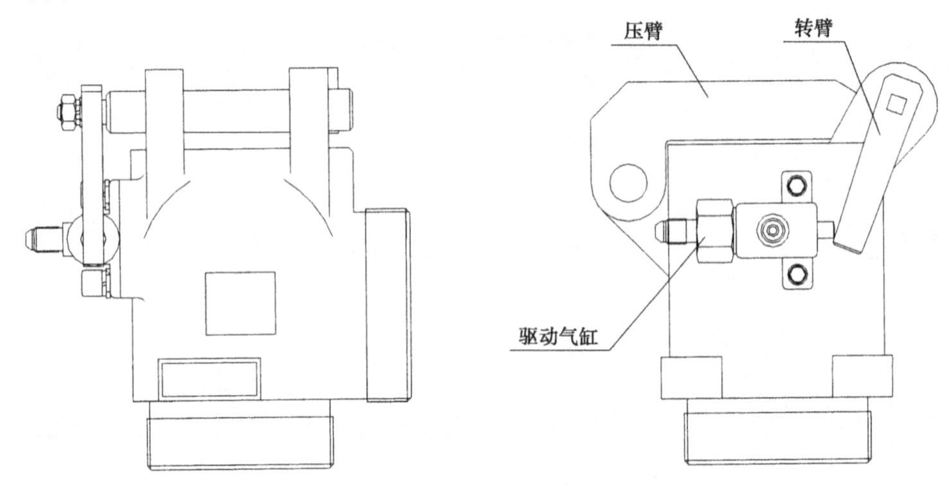

图6-23　选择阀

（4）液流单向阀

用途：安装在高压释放软管和集流管之间，用于防止灭火剂从集流管向储存装置倒流。

结构：由阀体、阀芯、阀座等组成，如图6-24 所示。

（5）气流单向阀

用途：安装于启动气体管路上，用于控制启动气体的气流方向。

结构：由阀体、阀芯、弹簧等组成，阀体材质为铜合金，如图6-25 所示。

（6）安全阀

用途：安装在组合分配系统的集流管上，当封存于集流管中的灭火剂压力升高到规定的压力时，泄压膜片爆破泄压，起到防止超压以保护集流管的作用。

结构：由安全阀栓、阀座、安全膜片、接头等组成。安全阀栓的材质为铜合金，安全膜片的材质为不锈钢，如图6-26 所示。

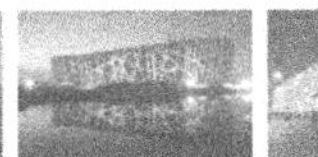
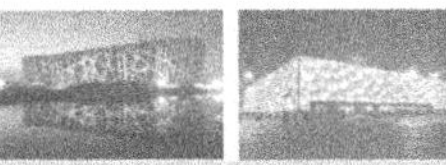

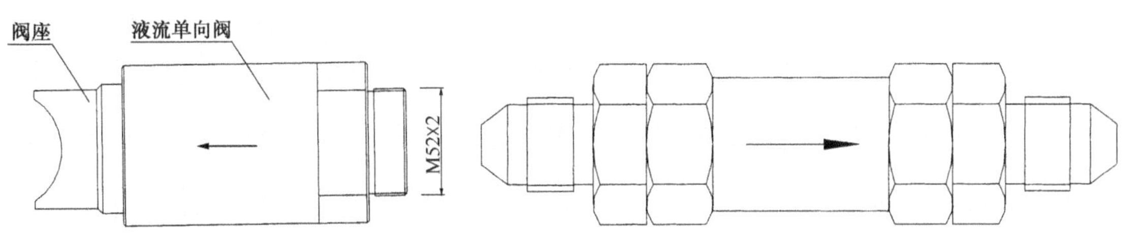

图6-24 液流单向阀

图6-25 气流单向阀

（7）压力信号器

用途：安装于通向防护区管网的主管路上，用于灭火剂释放后将信号反馈至灭火控制器，再由灭火控制器点亮喷放门灯及发出联动信号。

结构：由底座、外壳、锁帽、信号引线、活塞、微动开关等组成，外壳及活塞的材质为铜合金，如图6-27所示。

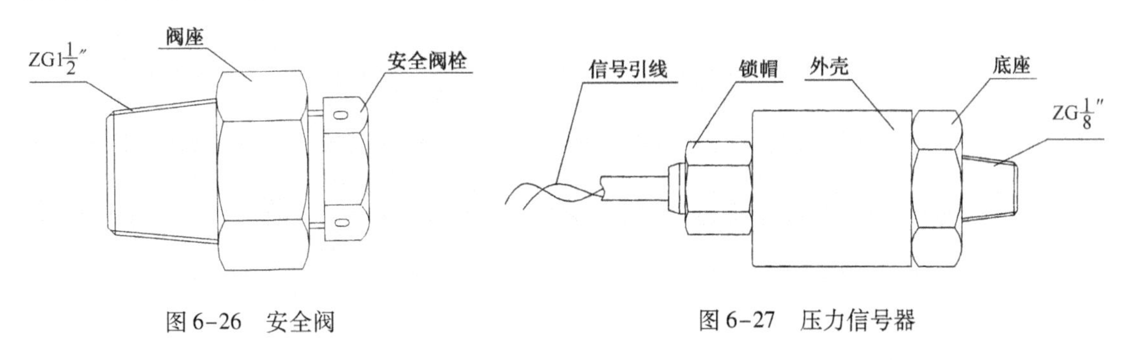

图6-26 安全阀

图6-27 压力信号器

（8）喷嘴

用途：安装于灭火系统管网的末端，用于按设计要求均匀地雾化喷洒灭火剂，其规格根据最终的水力计算结果选定。

结构：结构经优化设计，能将七氟丙烷灭火剂充分雾化均匀喷洒，材质为铜合金，装饰罩用于有吊顶的防护区，如图6-28所示。

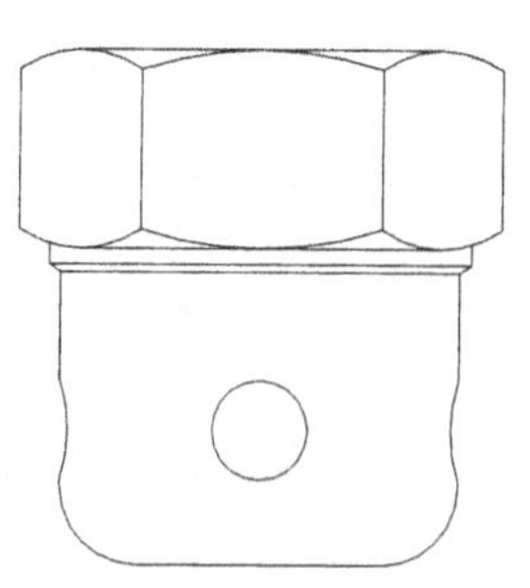

图6-28 喷嘴

（9）高压启动软管

用途：用于连接控制气管与容器阀之间的控制管路，输送从电磁驱动装置释放出来的启动气体，并在喷放灭火剂时起缓冲振动的作用。

结构：由不锈钢软管及活接头组成。

（10）高压释放软管

用途：用于容器阀与液流单向阀之间，输送从储存装置释放出来的灭火剂，在喷放灭火剂时起缓冲振动的作用。

结构：由不锈钢软管及活接头组成，如图6-29所示。

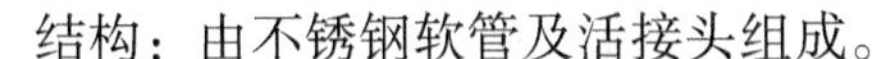

（11）控制气管

用途：用于输送启动气体的管路。

结构：紫铜管，壁厚1 mm，接口为扩口带活接头。

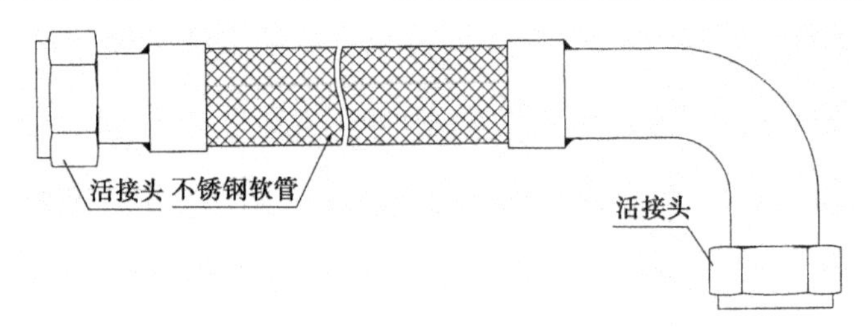

图 6-29　高压释放软管

（12）瓶架

用途：用来固定储存瓶组、选择阀、电磁驱动装置及集流管等，防止喷放时晃动。

结构：由左右支架、中梁、下梁等组成，结构形式简洁美观，易于拆卸装运，连接稳固可靠，外表经过防腐喷涂处理，如图 6-30 所示。

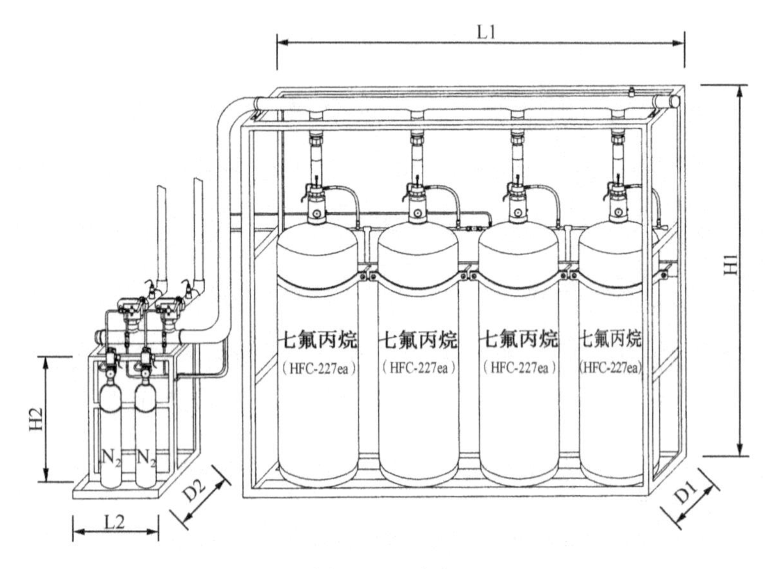

图 6-30　瓶架

4）系统安装原则

（1）系统设备安装前必须确认储瓶间设置条件与设计相符，组件及主要材料齐全且符合设计要求。

（2）设备支架安装。

① 按照储瓶间的设备布置设计图及系统结构形式的要求进行设备支架组装，注意安装顺序，安装完毕应进行矫正。

② 各部件的组装应使用配套的附件，如螺栓、螺母、垫圈、U 形卡等，注意不得组装错位。

③ 储存装置的支架组装完毕并经核实符合设计图纸的要求后，应用膨胀螺栓固定在储瓶间的地面上，灭火剂储存装置的安装高度差不宜超过 20 mm，电磁驱动装置的安装高度差不宜超过 10 mm。压力表应朝向操作面。

（3）储存装置的操作面距离墙或操作面之间的距离不宜小于 1.0 m，支架、框架应固定牢靠并应采取防腐处理措施。

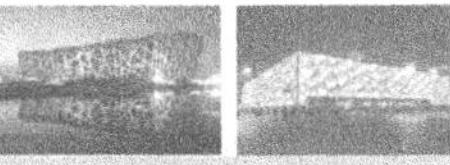

（4）集流管应牢靠地固定在瓶组框架上，并应采取防腐处理措施。集流管泄压装置的泄压方向不应朝向操作面。

（5）选择阀的操作手柄应安装在操作面一侧，与管道的连接宜采用活接头或法兰。

（6）电磁驱动装置的电气连接线应沿固定储存装置或驱动装置的支架、框架及墙面固定。

（7）选择阀和电磁驱动装置上应设置标明防护区名称或编号的永久性标志牌。

（8）电磁驱动装置、选择阀、储存装置均可手动机械应急操作，并有防止误操作的可靠措施。

（9）管道穿过墙壁、楼板处应安装套管。穿墙套管的长度应和墙厚相等，穿过楼板的套管长度应高出地板 50 mm。管道与套管间的空隙应采用柔性不燃烧材料填塞密实。

（10）管道布置应横平竖直，平行管道或交叉管道之间的间距应保持一致。管道应固定牢靠，管道支、吊架的最大间距应符合规定。

（11）管道末端喷嘴处应采用支架固定，支架与喷嘴间的管道长度不应大于 500 mm。公称直径大于或等于 50 mm 的主干管道，垂直方向和水平方向至少应各安装一个防晃支架。当穿过建筑物楼层时，每层应设一个防晃支架；当水平管道改变方向时，应设防晃支架。

（12）管道的三通管接头的分流出口应水平安装。

（13）控制管道应采用支架固定，管道支架的间距不宜大于 0.6 m。平行管道宜采用管夹固定，管夹的间距不宜大于 0.6 m，转弯处应增设一个管夹。

（14）喷嘴安装时应逐个核对其型号、规格和喷孔方向，并应符合设计要求。安装在吊顶下的不带装饰罩的喷嘴，其连接管管端螺纹不应露出吊顶；安装在吊顶下的带装饰罩的喷嘴，其装饰罩应紧贴吊顶。

6.2.2 气体灭火系统的调试与验收

1. 气体灭火系统的调试

1）一般要求

（1）系统的调试宜在系统设备安装完毕，以及有关的火灾自动报警系统和开口自动关闭装置、通风机械和防火阀等联动设备的调试完成后进行。

（2）气体灭火系统的调试负责人应由专业技术人员担任。参加调试的人员应职责明确。

（3）调试前应对照设计图纸检查系统组件和材料的型号、规格、数量，以及系统安装的质量，并应及时处理所发现的问题。

2）调试

（1）气体灭火系统的调试，应对每个防护区进行模拟自动启动试验。

（2）模拟自动启动试验时，应先关断有关灭火剂储存容器上的驱动器，安装相适应的指示灯、压力表或其他相应装置，再使被试防护区的火灾探测器接受模拟火灾信号。

（3）启动后，指示灯应显示正常或压力表测定的气压足以驱动容器阀和选择阀的要求，有关的声、光报警装置应均能发出符合设计要求的正常信号；有关的联动设备应动作正确，符合设计要求。

（4）进行模拟喷气试验时，应采取可靠的安全措施，确保人员安全和避免灭火剂的误

喷射。

（5）模拟喷气试验不应采用七氟丙烷灭火剂，宜采用氮气进行。氮气储存容器与被试验的防护区使用的灭火剂储存容器的结构、型号、规格应相同，连接与控制方式应一致，充装的氮气压力和灭火剂储存压力应相等。氮气储存容器数量可为一个。

（6）模拟喷气试验宜采用自动控制。模拟喷气试验的结果，应符合下列规定：

① 试验气体能喷入被试防护区内，且应能从被试防护区的每个喷嘴喷出；

② 有关控制阀门工作正常；

③ 有关声、光报警信号正确；

④ 储瓶间内的设备和对应防护区内的灭火剂输送管道无明显晃动和机械性损坏。

（7）进行备用灭火剂储存容器切换操作试验时，应连续作两次模拟火灾的自动控制，以检验系统是否符合设计要求。

（8）调试后应提供调试报告。调试报告的表格形式可根据气体灭火系统的结构形式和防护区的具体情况进行调整，如表6-4所示。

表6-4　气体灭火系统调试报告

工程名称		建设单位	
设计单位		施工单位	
调试单位		调试日期	
项目分类	项　目	结　果	
技术资料完整性检查	1. 设计说明书、施工图及设计变更文字记录； 2. 施工记录和隐蔽工程中间验收报告； 3. 系统及其主要组件的使用维护说明书； 4. 系统组件、管道材料及管道附件的检验报告和出厂合格证		
系统组件、管道及管道附件，以及安装质量检查	1. 系统组件、管道材料及管道附件的型号、规格和数量； 2. 系统主要组件及管道安装质量		
模拟喷气试验	1. 试验气体所喷入的防护区； 2. 有关控制阀门的工作状况； 3. 有关声、光报警信号显示； 4. 系统的可靠性		
备用灭火剂储存容器切换操作试验	1. 有关控制阀门的工作状况； 2. 有关声、光报警信号显示； 3. 试验气体所喷入的防护区		
调试情况说明和结论：			
参加调试人员签名： （调试单位盖章）　年　月　日			
建设单位意见： （盖章）　年　月　日			

2. 气体灭火系统的验收

1）一般规定

（1）气体灭火系统的竣工验收应由建设主管单位组织，公安消防监督机构、建设设计、

施工等单位组成验收组共同进行。

（2）竣工验收时，建设单位应提交下列技术资料：

① 经批准的竣工验收申请报告；

② 施工记录和隐蔽工程中间验收记录；

③ 竣工图和设计变更文字记录；

④ 竣工报告；

⑤ 设计说明书；

⑥ 调试报告；

⑦ 系统及其主要组件的使用维护说明书；

⑧ 系统组件、管道材料及管道附件的检验报告、试验报告和出厂合格证。

（3）竣工验收应包括下列场所和设备：

① 防护区和储瓶间；

② 系统设备和灭火剂输送管道；

③ 与气体灭火系统联动的有关设备；

④ 有关的安全设施。

（4）竣工验收完成后，应按本规范的规定提交竣工验收报告。竣工验收报告的表格形式可按气体灭火系统的结构形式和防护区的具体情况进行调整。

（5）气体灭火系统验收合格后，应将气体灭火系统恢复到正常工作状态。验收不合格的不得投入使用。

2）防护区和储瓶间验收

（1）防护区的划分、用途、位置、开口、通风、几何尺寸、环境温度及可燃物的种类与数量应符合设计要求，并应符合现行国家有关设计规范的规定。

（2）防护区中下列安全设施的设置应符合设计要求，并应符合现行国家有关标准、规范的规定：

① 防护区的疏散通道、疏散指示标志和应急照明装置；

② 防护区内和入口处的声光报警装置、入口处的安全标志；

③ 无窗或固定窗扇的地上防护区和地下防护区的排气装置；

④ 门窗设有密封条的防护区的泄压装置；

⑤ 专用的空气呼吸器或氧气呼吸器。

（3）储瓶间的位置、通道、耐火等级、应急照明装置及地下储瓶间机械排风装置应符合设计要求，并应符合现行有关国家标准、规范的规定。

3）设备验收

（1）灭火剂储存容器的数量、型号和规格，位置与固定方式，油漆和标志，灭火剂的充装量和储存压力，以及灭火剂储存容器的安装质量应符合设计要求。

（2）灭火剂储存容器内的充装量，应按实际安装的灭火剂储存容器总数（不足5个的按5个计）的20%进行称重抽查。卤代烷灭火剂储存容器内的储存压力应逐个检查。

（3）集流管的材料、规格、连接方式、布置和集流管上的泄压方向应符合设计要求和规范的有关规定。

（4）阀驱动装置的数量、型号、规格和标志，安装位置和固定方法，气动驱动装置中驱动气瓶的介质名称和充装压力，以及气动管道的规格、布置、连接方式和固定方法，应符合设计要求和规范的有关规定。

（5）选择阀的数量、型号、规格、位置、固定方法和标志及其安装质量应符合设计要求和规范的有关规定。

（6）设备的手动操作处，均应有标明对应防护区名称的耐久标志。手动操作装置均应有加铅封的安全销或防护罩。

（7）灭火剂输送管道的布置与连接方式、支架和吊架的位置及间距、穿过建筑构件及其变形缝的处理、各管段和附件的型号和规格以及防腐处理和油漆颜色，应符合设计要求和规范的有关规定。

（8）喷嘴的数量、型号、规格，安装位置、喷孔方向，固定方法和标志，应符合设计要求和规范的有关规定。

4）系统功能验收

（1）系统功能验收时，应进行下列试验：

① 按防护区总数（不足5个按5个计）的20%进行模拟启动试验；

② 按防护区总数（不足10个按10个计）的10%进行模拟喷气试验。

（2）模拟自动启动试验时，应先关断有关灭火剂储存容器上的驱动器，安上相适应的指示灯泡、压力表或其他相应装置，再使被试防护区的火灾探测器接收模拟火灾信号。试验时应符合下列规定：

① 指示灯泡显示正常或压力表测定的气压足以驱动容器阀和选择阀的要求；

② 有关的声、光报警装置均能发出符合设计要求的正常信号；

③ 有关的联动设备动作正确，符合设计要求；

（3）模拟喷气试验应符合规范的规定；

（4）当模拟喷气试验结果达不到规范的规定时，功能检验为不合格，应在排除故障后对全部防护区进行模拟喷气试验。

（5）竣工后应提供竣工验收报告。竣工验收报告的表格形式可根据气体灭火系统的结构形式和防护区的具体情况进行调整，如表6-5所示。

表6-5　气体灭火系统竣工验收报告

<table>
<tr><td>工程名称</td><td></td><td>系统名称</td><td></td></tr>
<tr><td>建设单位</td><td></td><td>设计单位</td><td></td></tr>
<tr><td>施工单位</td><td></td><td>验收单位</td><td></td></tr>
<tr><td>验收项目分类</td><td colspan="2">验收项目</td><td>验收结果</td></tr>
<tr><td>技术资料审查</td><td colspan="2">1. 竣工验收申请报告；
2. 施工记录和隐蔽工程中间验收报告；
3. 竣工图和设计变更文字记录；
4. 竣工报告；
5. 设计说明书；
6. 调试记录；
7. 系统及其主要组件的使用维护说明书；
8. 系统组件、管道材料及管道附件的检验报告和出厂合格证；
9. 管理、人员登记表</td><td></td></tr>
</table>

续表

验收项目分类	验 收 项 目	验 收 结 果
防护区和储瓶间检查	1. 防护区的设置条件； 2. 防护区的安全设施； 3. 储瓶间的设置条件； 4. 储瓶间的安全设施	
管道和系统组件检查	1. 管道及其附件的型号、规格、布置和安装质量； 2. 支、吊架的数量、位置和安装质量； 3. 喷嘴的型号、规格、标志和安装质量； 4. 灭火剂储存容器的数量、型号、规格、橒、灭火剂充装量、贮存压力和安装位置、安装质量； 5. 集流管的安装质量和泄压装置的泄压方向； 6. 阀驱动装置的数量、型号、规格、标志、安装位置和安装质量； 7. 选择阀的数量、型号、规格、标志、安装位置和安装质量； 8. 储瓶间设备的手动操作点标志	
系统试验	1. 模拟自动启动试验； 2. 模拟喷气试验	

实训6 某档案室气体灭火系统的设计与安装

1. 项目说明

该项目是某一档案室，采用的灭火气体为七氟丙烷（HFC-227ea），档案室1、2、3分别为三个防护区，设一套组合分配系统。各防护区采用全淹没灭火方式。该项目消防设计的部分图纸如下所示。

图6-31：七氟丙烷自动灭火系统管网系统平面图。

图6-32：七氟丙烷自动灭火系统报警系统平面图。

图6-33：七氟丙烷自动灭火系统管网系统图。

图6-34：七氟丙烷自动灭火系统电气控制系统图。

2. 系统的构成和控制方式

1）系统的构成

本系统由火灾自动报警系统、气体灭火系统设备及灭火剂输送管道组成。

（1）火灾自动报警系统包括火灾探测器、气体灭火控制器、消防警铃、声光报警器、紧急启/停按钮、放气指示灯及系统布线。

（2）气体灭火系统设备包括灭火剂储存装置、电磁驱动装置、连接软管、集流管、安全阀、单向阀、选择阀、控制阀、控制气管、瓶架、压力信号器、喷头。

（3）灭火剂输送管道包括高压内外镀锌无缝钢管及管道部件。

2）系统的控制方式

本系统具有自动、手动、机械应急操作三种启动方式。

（1）自动启动。灭火控制器设置在自动状态时若某防护区发生火灾并产生烟雾（或温度异常上升），该防护区的烟感（或温感）探测器动作并向灭火控制器送入一个火警信号，灭火控制器即进入单一火警状态，同时驱动消防警铃发出单一火灾报警信号，此时不会发出启动灭火

系统的控制信号。随着该防护区火灾的蔓延，温度持续上升（或产生烟雾），另一回路的感温（或感烟）探测器动作，向灭火控制器送入另一个火警信号，灭火控制器立即确认发生火灾并发出复合火灾报警信号及联动信号（关闭送、排风装置和防火阀、防火卷帘等）。经过设定时间的延时，灭火控制器输出信号启动灭火系统，灭火剂经输送管道释放到该防护区实施灭火。灭火控制器接收到压力信号器的反馈信号后，显亮防护区门外的放气指示灯，避免人员误入。气体灭火控制器可设置在手动状态下，在火灾发生时只发出火灾报警信号而不产生联动。

（2）手动操作。在值班人员确认火警后，按下灭火控制器面板上或现场的“紧急启动”按钮可马上启动灭火系统。在灭火剂喷放前，按下灭火控制器面板上或现场的“紧急启动”按钮，灭火系统将不会启动喷放。

（3）当自动启动、手动启动均失效时，可进入气瓶间实施机械应急操作，启动灭火系统。

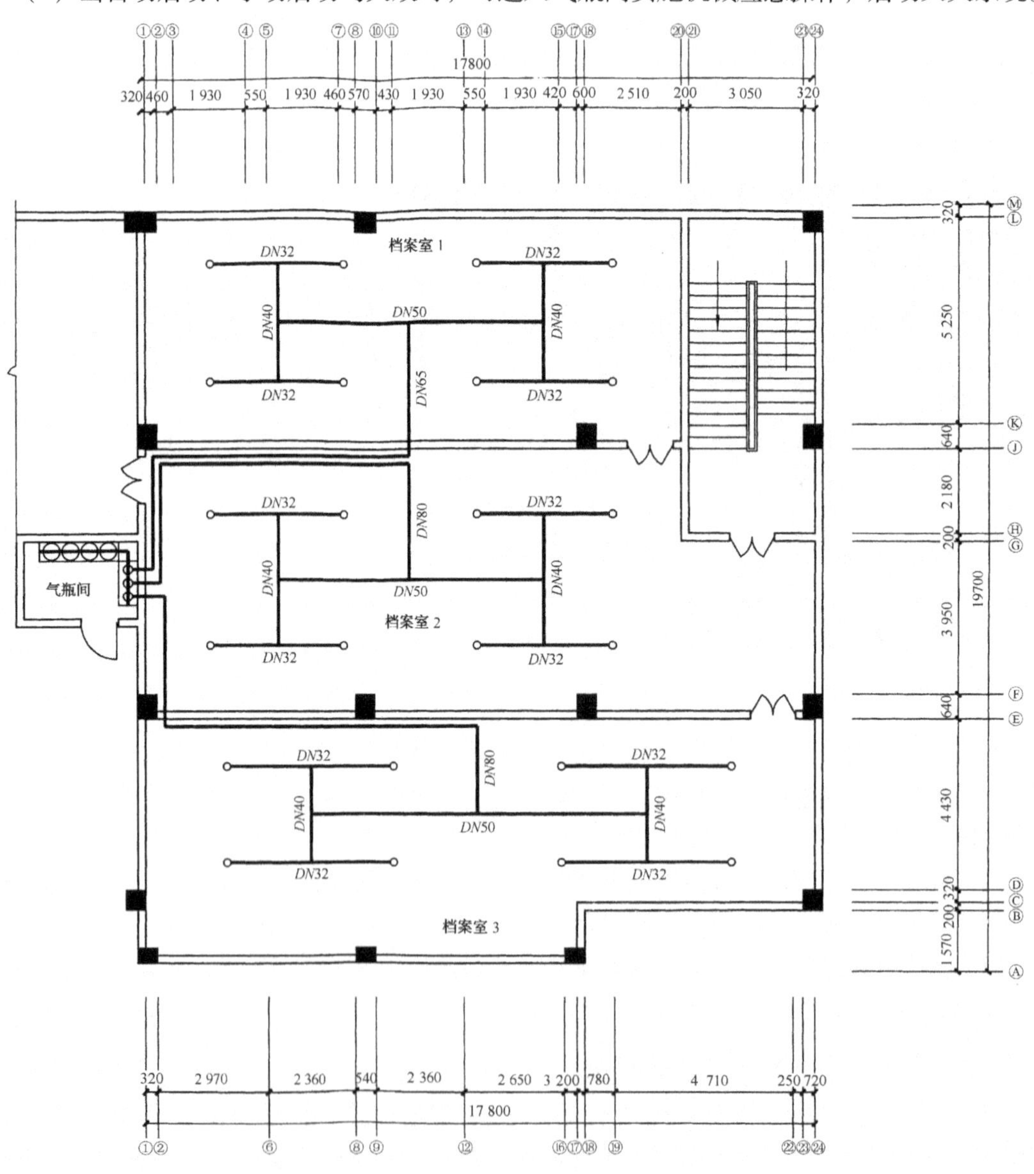

图6-31　七氟丙烷自动灭火系统管网系统平面图

3. 系统安装说明

1）火灾自动报警系统

（1）火灾自动报警系统的设备布置应依照图6-32进行，不得随意更改。

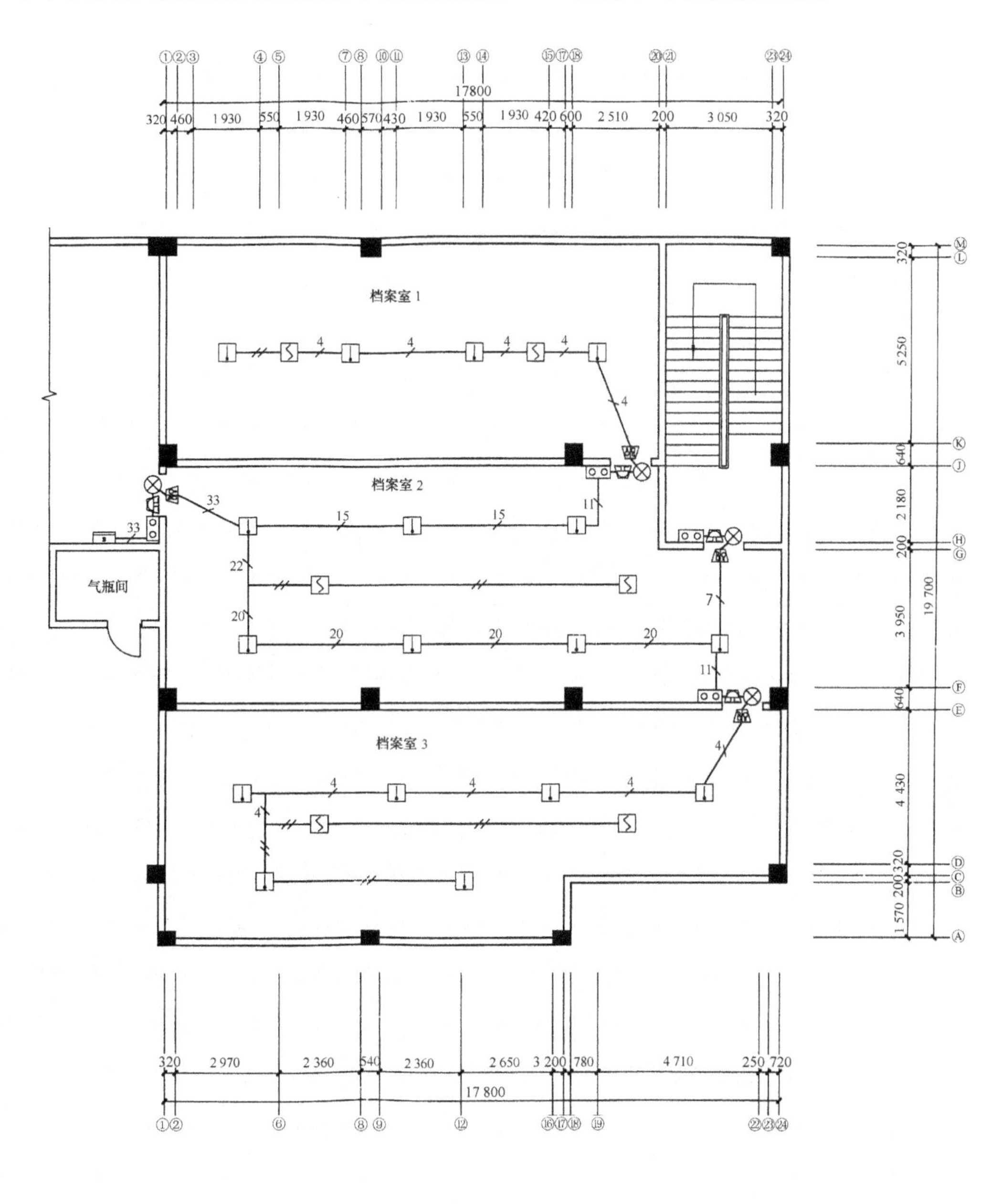

图6-32 七氟丙烷自动灭火系统报警系统平面图

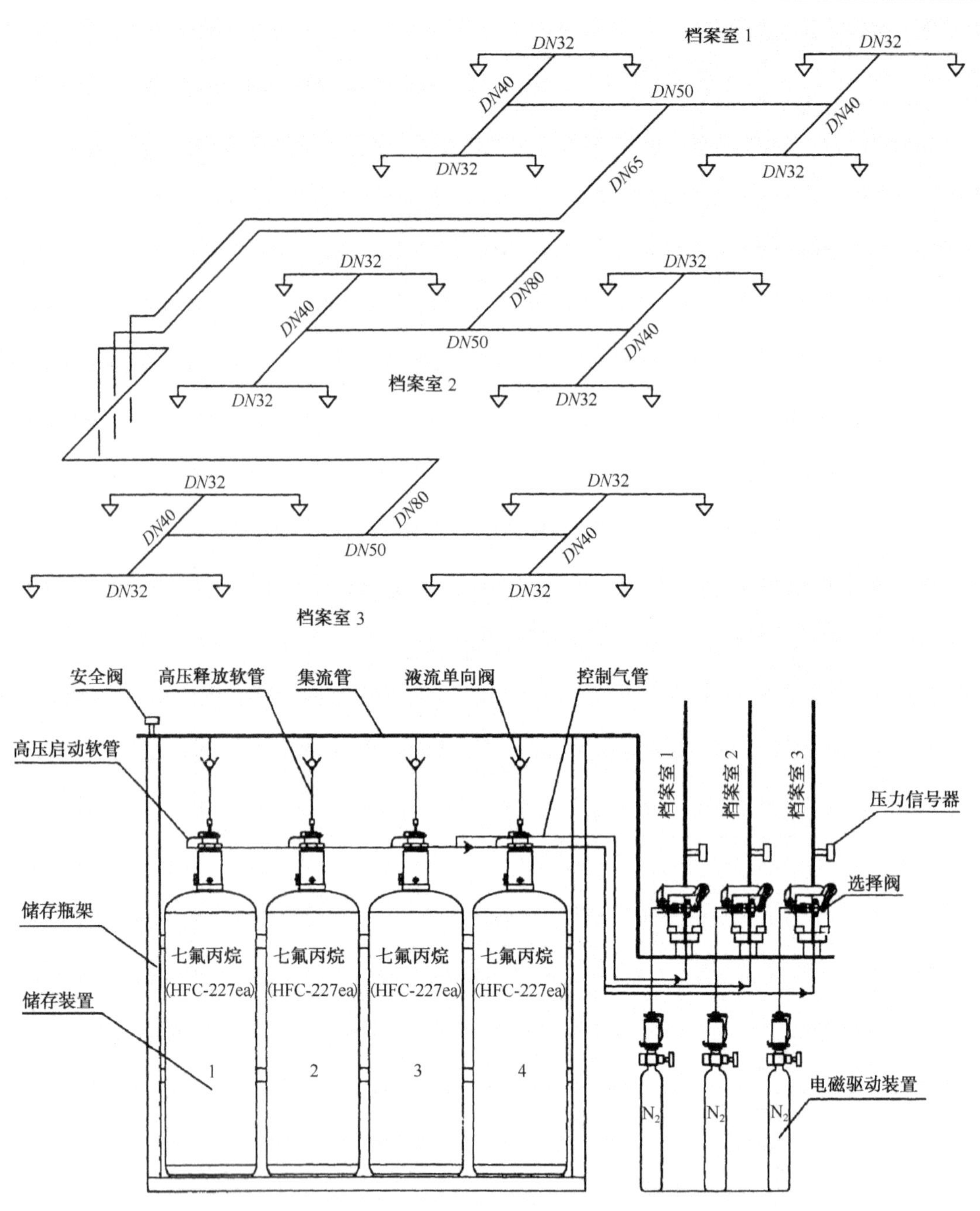

图 6-33　七氟丙烷自动灭火系统管网系统图

（2）火灾自动报警系统的布线应符合国家标准《火灾自动报警系统施工及验收规范》的规定，绝缘导线采用 ZR-BV1.5 mm^2，敷设方式为 MT/MR/CP，敷设部位为 WS/CE/SCE。

（3）火灾探测器的安装应符合国家标准《火灾自动报警系统施工及验收规范》的规定。

（4）紧急启/停按钮应安装在防护区门外的墙上距地（楼）面 1.3 ～ 1.5 m 处，安装应牢固并不得倾斜。

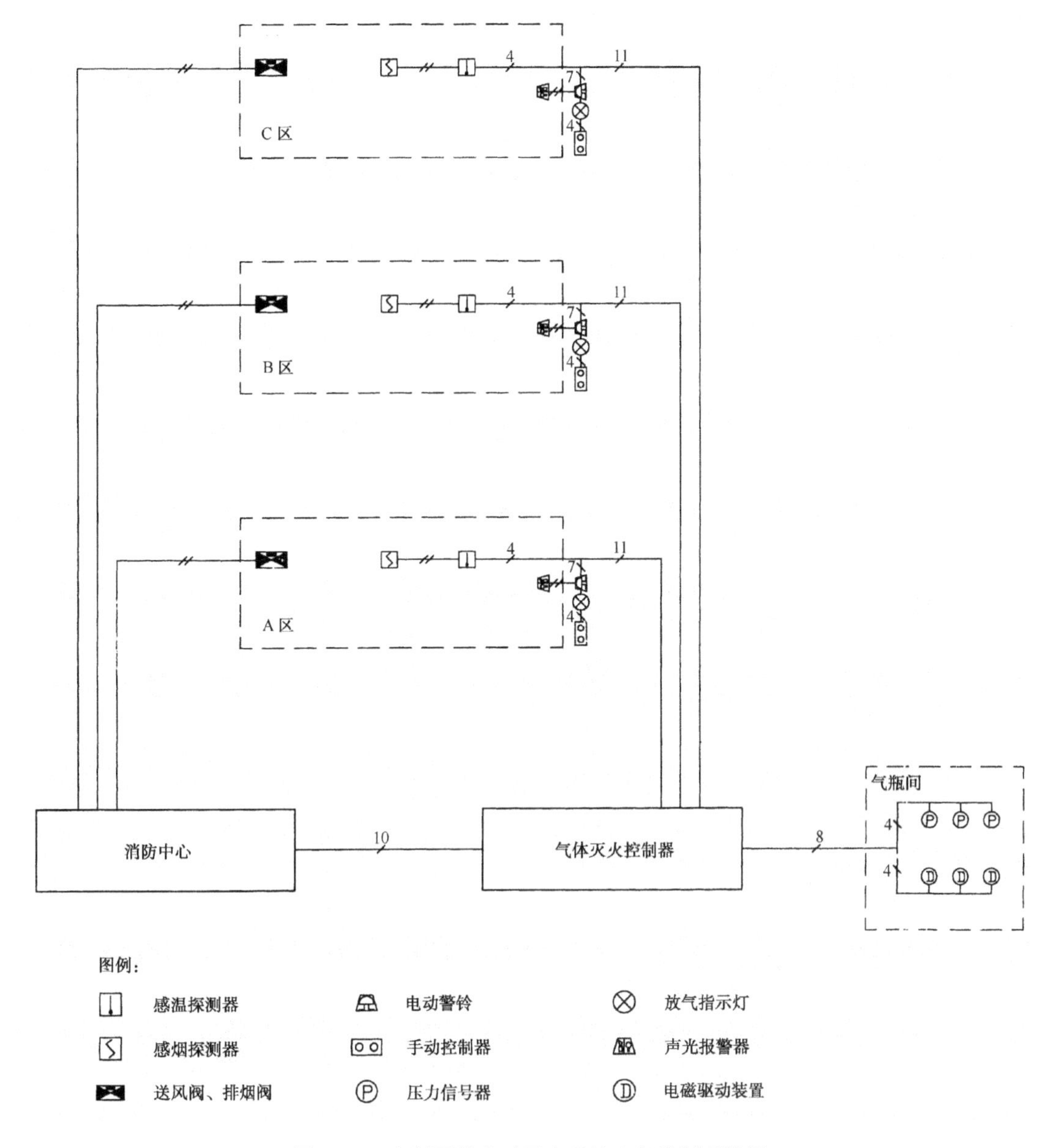

图6-34　七氟丙烷自动灭火系统电气控制系统图

(5) 消防警铃和放气指示灯应安装在防护区门外正上方的同一水平线上，间距一般是10 cm。声光报警器一般装在防护区内的正上方或防护区内显眼、无遮挡的位置，以便灭火剂喷放前提醒人员迅速撤离。

(6) 气体灭火控制器安装时，其底边距地（楼）面高度宜为1.3 ～ 1.5 m，安装应牢固并不得倾斜。安装在轻质墙上时，应采取加固措施，引入控制器的导线应符合《火灾自动报警系统施工及验收规范》的规定。

(7) 系统接地应符合国家标准《火灾自动报警系统设计规范》和《火灾自动报警系统施工及验收规范》的要求。

2）气体灭火系统设备

（1）气瓶间内系统设备的布置可根据现场实际情况作适当调整，但应符合国家标准《气体灭火系统施工及验收规范》的规定。

（2）灭火剂储存装置、电磁驱动装置、选择阀及其他系统组件的安装应符合国家标准《气体灭火系统施工及验收规范》的规定。

（3）集流管的制作，阀门、高压软管的安装，管道及支架的制作、安装以及管道的吹扫、实验、涂漆应符合国家标准《气体灭火系统施工及验收规范》和国家标准《工业管道工程施工及验收规范》（GB 50235—1997）中的有关规定。

3）灭火剂输送管道

（1）灭火剂输送管道的施工应按设计施工图和相应的技术文件进行，不得随意更改。

（2）输送灭火剂的管道应符合国家标准《无缝钢管》的规定，并应内外镀锌或涂防腐涂料。

（3）灭火剂输送管道的布置如图6-31所示，管道沿梁底吊架固定或沿地（楼）面支架固定（地板下），管道、管道部件及喷头的安装应符合国家标准《气体灭火系统施工及验收规范》的有关要求。

（4）灭火剂输送管道的吹扫、试验、涂漆

① 水压强度试验压力为6.3 MPa，不宜进行水压强度试验的防护区可采用气压强度试验代替，试验压力应为5.0 MPa。试验时必须采取有效的安全措施，进行管道强度试验时，应将压力升至试验压力后保压5 min，检查管道各连接处应无明显滴漏或泄漏，目测管道应无变形。

② 管道气压严密性试验的加压介质可采用空气或氮气，试验压力为4.2 MPa。试验时应将压力升至试验压力，关断试验气源后，3 min内压力降不应超过0.4 MPa；且用涂刷肥皂水等方法检查防护区的管道连接处，应无气泡产生。

③ 灭火剂输送管道应在水压强度试验合格后或气压严密性试验前进行吹扫，吹扫管道可采用压缩空气或氮气。吹扫时，管道末端的气流流速不应小于20 m/s，采用白布检查，直至无铁锈、尘土、水渍及其他脏物出现。

④ 灭火剂输送管道的外表面应涂红色油漆。在吊顶内、活动地板下等隐蔽场所内的管道，可涂红色油漆色环。每个防护区的色环宽度应一致，间距应均匀。

4. 系统调试

（1）调试负责人必须由有资格的专业技术人员担任，所有参加调试的人员应职责明确。

（2）调试前应按设计图纸要求检查系统设备的规格、型号、数量及安装质量，并应及时处理有关问题。

（3）系统调试的项目及要求应与国家标准《火灾自动报警系统施工及验收规范》和《气体灭火系统施工及验收规范》的要求相符合。

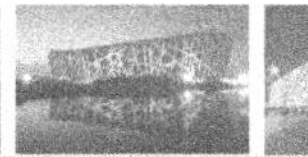

5. 系统设计参数（如表6–6所示）

表6–6　系统设计参数

防护区名称	容积（m^3）	修正系数	过热蒸汽比容（m^3/kg）	设计浓度（%）	计算用量（%）	泄压口面积（m^2）	实际用量（kg）	喷放时间（s）	浸渍时间（min）	系统储瓶数	额定增压压力（MPa）
档案室1	356.5	1	0.137 16	10	288.8	<0.13	291 = 97 × 3	>10	<10	4 × 120L	4.2
档案室2	467.3	1	0.137 16	10	378.6	<0.16	388 = 97 × 4	>10	<10		
档案室3	439.3	1	0.137 16	10	355.5	<0.15	388 = 97 × 4	>10	<10		

6. 设备清单表（如表6–7所示）

表6–7　设备清单表

序号	设备名称	型号规格	单　位	数　量
1	120L储存装置	QF120	瓶组	4
2	电磁驱动装置	ZEPD6	瓶组	3
3	灭火药剂	HFC-227ea	kg	388
4	高压释放软管	ZQXG-40/400	条	4
5	液流单向阀	EFD40	个	4
6	气流单向阀	ZEDQ4	个	4
7	集流管	ZQJG-80/04	套	1
8	安全阀	ZEAF-4.2	个	1
9	控制气管	ZEKG-04	套	1
10	压力信号器	KYQD4	个	3
11	储存瓶架	ZQCJ-04	套	1
12	驱动瓶架	ZEQJ-03	套	1
13	选择阀	ZEXF-65	个	1
14	控制阀	ZEXF-80	个	2
15	喷头	EF-32	个	24
16	气体灭火控制器	EI-2000QT/3	台	1
17	感烟探测器	JTY-LZ-M1000	个	6
18	感温探测器	JTW-ZD-K1000A	个	17
19	消防警铃	JLⅡ-24	个	4
20	声光报警器	BHZ-B	个	4
21	放气指示灯	ESL24-16	个	4
22	手动控制器（紧急启/停按钮）	MC1	个	4

实训7　气体灭火控制器的安装、接线

1. 实训说明

1）实训目的

（1）训练学生掌握气体灭火系统的工作原理。

（2）训练学生掌握气体灭火控制器的工作原理和接线方法。

2）实训课时

8 ～ 10 课时。

3）实训器材

气体灭火控制器（JB-QB-QM200/4）1 台、普通光电感烟探测器（JTY-GD-01K）2 ～ 3 个、普通感温探测器（JTW-ZD-01K）2 ～ 3 个，手动/自动切换盒（QM-MA-01）1 个、紧急启动/停止按钮（QM-AN-01）1 个、放气指示灯（QM-ZSD-01）1 个、螺丝刀、万用表、展板和导线等。

4）实训步骤

（1）按接线图要求将设备连接起来。

（2）按要求设置主机跳线（包括主机输出方式、延时时间等）。

（3）在确定线路连接没有问题后，打开主机电源。

（4）测试主机。当灭火控制器接收到感烟或感温探测器报警后，发出预火警声、光报警信号。同时，保护区内声光报警盒发出声、光报警信号，以提醒人员迅速撤离现场，继而联动防、排烟设备，关闭门、窗、风机、防火阀等。当感温探测器报警且感烟探测器持续报警，延迟 30s 以后，灭火钢瓶组启动，靠气体打开储气瓶的瓶头阀和管网上的分配阀（选择阀），储气瓶里的气体通过管网向防护区喷洒。同时，联动控制柜切断非消防电源，关闭空调，鸣响警笛。由于管网压力变化，使压力开关动作，同时使防护区、钢瓶室的放气灯点亮。

（5）应急操作。

①“急启”：设置在灭火保护区现场的手动控制按钮。按下“急启”按钮，控制器送出预警信号，灭火钢瓶组延时 30s 后自动打开。“急停”：设置在灭火保护区现场的手动控制按钮。在延时过程中，若确认为误动作或判断火情不大，按下“急停”按钮将阻止瓶头阀和分配阀（选择阀）的释放，不让气体喷洒。不论何时，按下“急停”按钮后将不能再次启动，需到现场将该按钮恢复。

② 在控制器上，按下直接输出的外控按钮，其效果与按下“急启”相同。

2. 实训操作指南

1）多区气体灭火控制器接线图（如图 6-35 所示）

2）技术指标

（1）交流输入电压：AC 220 V/50 Hz。

交流输入功率：120 W。

直流备电：DC 24 V/7.0 Ah（由 2 节 DC12 V/7.0 Ah 串联构成全密封免维护蓄电池）。

（2）直流 24 V 电源。

输出电流：长期持续 6 A，瞬态小于 8 A（3 s）。

（3）使用环境。

温度：－10 ～ +55 。

湿度：95%，RH40 无凝露。

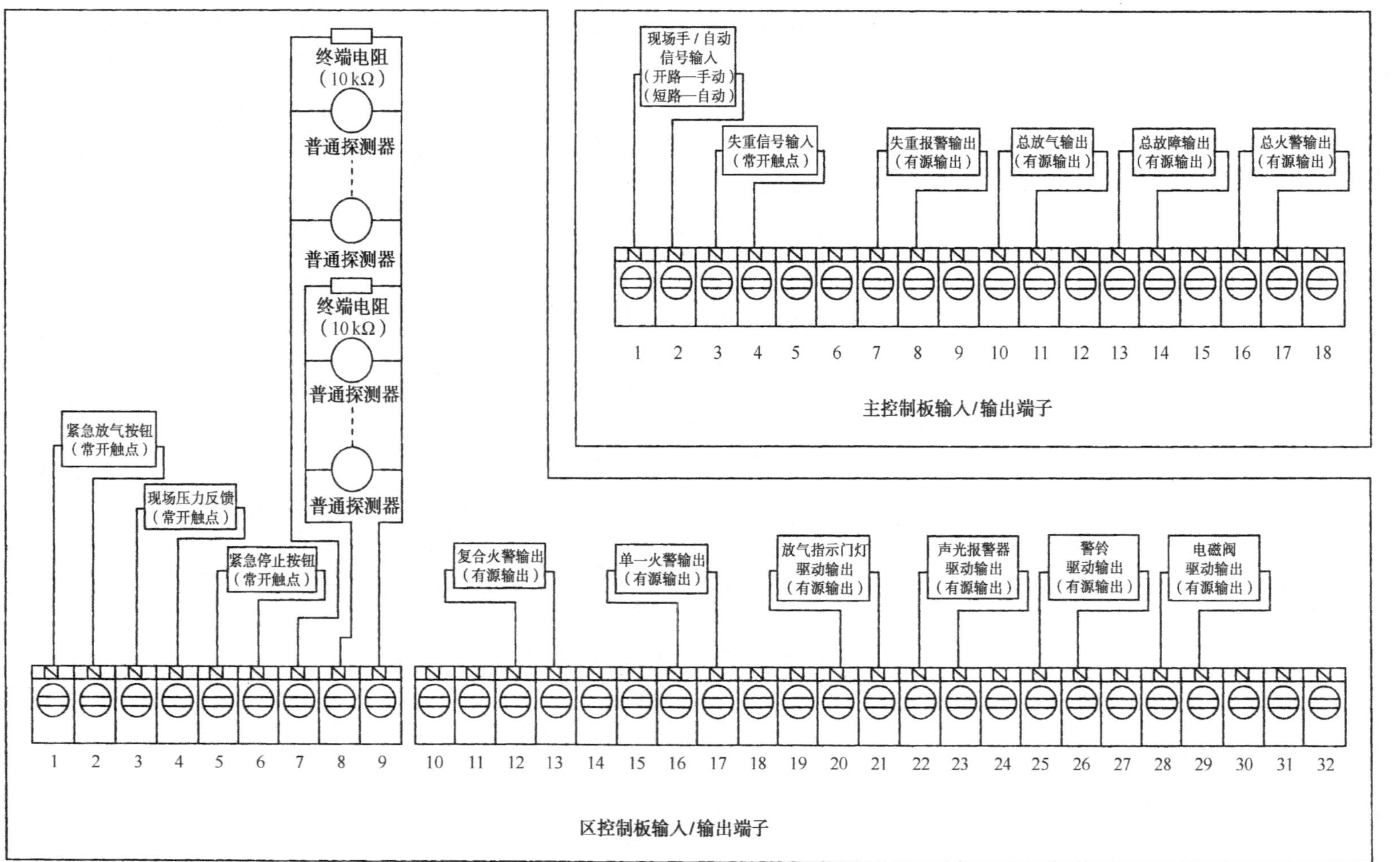

图 6–35 多区气体灭火控制器接线图

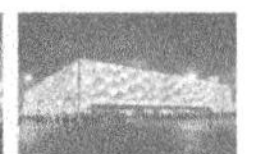

（4）容量。

灭火分区的数目最多为4个，灭火分区可按用户要求配置。

每个灭火分区探测器回路数目为2个，回路分别接普通感温、感烟火灾探测器。

每个回路可接探测器数目为10个普通探测器。

（5）探测器回路线制：2线制。

（6）探测器回路长度：1 000 m。

（7）回路报火警门限电压：9.1 V。

回路故障门限：21.3 V（在电源电压为24 V时）。

回路报警输出电流：8 mA（在电源电压为24 V时）。

（8）继电器触点容量：所有继电器均为7 A / DC24 V。

（9）输出回路限流。

电磁阀驱动输出回路：3 A。

单一火警、复合火警放气指示灯的无源输出回路未限流。

其他驱动输出回路：1 A。

3）功能特性

（1）区控制板提供2个探测器接入回路，回路采用2线制方式。可连接该公司生产的各类普通感烟、感温探测器，采用完善的代码冗余和数字去噪技术进行烟浓度和温度检测，保证系统的高稳定性，具备优良的火警反应速度，最大报警延迟2 s。

（2）区控制板可接入紧急启动按钮、紧急停止按钮或紧急启动/停止切换控制盒，保证在紧急情况发生时或设备现场维护时系统的工作完全受控。

（3）区控制板提供放气确认。现场压力反馈信号接入接口放气确认的方式可以由用户设置（包括现场压力反馈和电磁阀驱动信号输出两种方式）。当放气确认方式设置为现场压力反馈方式时，还可以由用户设置现场压力反馈的复用方式（包括每个灭火控制区独立拥有一个现场压力反馈和所有灭火分区合用一个现场压力反馈两种方式）。放气确认方式和现场压力反馈复用方式是由主控制板上的相应跳线来设置的。

（4）主控制板可接入现场手动/自动切换控制盒用于设置系统的工作状态，现场手动优先。

（5）主控制板可接入失重显示盘给出的失重报警信号。

（6）区控制板提供单一复合火警报警输出功能，输出方式包括无源节点输出和24 V有源输出各一组，可用做封闭信号以控制通风空调等设备。

（7）区控制板提供放气指示灯驱动输出功能，输出方式包括无源节点输出和24 V有源输出各一组。

（8）区控制板提供警铃、声光报警器驱动输出功能，且输出方式可选择无源节点输出或24 V有源输出。声光报警器的消声方式可由用户设置（包括允许消声和不允许消声两种方式）。声光报警器的消声方式是由主控制板上的相应跳线来设置的。

（9）区控制板提供独立的电磁阀驱动输出端口，且输出方式可选择无源节点输出或24 V有源输出。24 V有源输出时支持3 A（24 V）电磁阀电爆管启动电流。

（10）可预置0～35 s电磁阀电爆管自动启动延时时间，并提供启动倒计时显示。

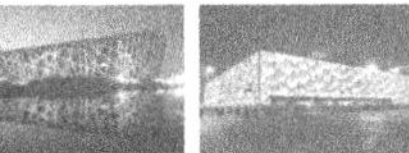

自动启动延时时间是由主控制板上的跳线来设置的。手动启动的延时方式也可由用户设置（包括立即启动和延时5 s启动两种方式）。手动启动的延时方式也是由主控制板上的跳线来设置的。

（11）灭火分区的电磁阀驱动输出信号将持续给出30 s，30 s后将停止驱动信号输出。多个灭火分区需要同时启动电磁阀时，按特定的顺序轮流启动。

（12）主控制板提供总火警报警输出、总故障报警输出、总放气报警输出、失重故障报警输出功能，且输出方式可选择无源节点输出或24 V有源输出，用于将报警信息传输至消防控制中心或集中监控设备。

（13）提供输入回路的断路故障检测功能和输出回路有源输出方式的短路、断路故障检测功能。

（14）全面监控各类故障（除部分出线故障外）。当故障排除时，控制器自动恢复，无须人为干预。

（15）系统区分故障/火警/放气延时/放气中四种状态，四种状态给出相应的声光报警。当系统处于暂停或灭火控制区处于紧急停止时，也有相应的声、光报警。

（16）引入硬件WATCHDOG技术，保证软件工作稳定可靠。

（17）采用硬件电源自适应技术，保证了系统可在外部供电异常波动时稳定工作。

（18）主、备电采用全电子式切换，使切换可靠、顺畅、无接缝。

（19）备用电池状态智能监控，具有过充和过放保护功能，有效地延长了电池的使用寿命。

（20）系统采用低功耗设计，备电连续工作时间大于48 h。

知识梳理与总结

1. 通过对气体灭火系统的分类及使用场所的讲解，使学生掌握气体灭火的基本知识。以二氧化碳管网式灭火系统为例，介绍气体灭火系统的工作原理和系统组成；以二氧化碳灭火系统的联动控制为例，说明气体灭火系统中的联动控制过程；同时对新型气体灭火系统也进行了介绍。

2. 通过对气体灭火系统的安装、调试、验收的要点进行讲解，使学生了解气体灭火系统施工的整个过程和方法。以七氟丙烷灭火系统为例，介绍了气体灭火系统的安装配线。

3. 通过技能项目、项目案例使学生掌握气体灭火系统的工作原理，气体灭火控制器的工作原理和接线方法，从而进一步熟悉气体灭火系统的安装、施工方法。

4. 气体灭火作为消防火灾灭火的一个重要组成部分，本身具有一定的独立性，有其特定的应用场所，通常使用在那些不能使用水进行灭火的场所，如变电站、通信集站、计算机机房等。随着人们对消防防范意识的提高，气体灭火的应用将更加重要和普遍。

复习思考题6

1. 全淹没气体灭火系统设计的基本要求有哪些？
2. 全淹没系统的灭火特点及应用场所有哪些？

3. 局部应用系统的灭火特点是什么?
4. 简述气体灭火系统的工作原理。
5. 组合分配系统主要由哪些装置组成？各有什么作用?
6. 二氧化碳气体灭火系统的特点和应用范围是什么?
7. 气体灭火控制器的工作原理是怎样的?
8. 七氟丙烷（HFC-227ea）自动灭火系统管网的布置有何要求?
9. 七氟丙烷（HFC-227ea）灭火系统的特点和应用范围是什么?
10. 气体灭火系统的安装要求是什么?
11. 气体灭火控制室应有哪些控制、显示功能?
12. 气体灭火系统调试的内容有哪些?
13. 气体灭火系统竣工验收的要求是什么?
14. 气体灭火系统主要灭火气体有哪些?

参 考 文 献

[1] 李有安．建筑电气实训指导［M］．北京：科学出版社，2003.

[2] 陆文华．建筑电气识图教材［M］．上海：科学技术出版社，2004.

[3] 孙景芝．电气消防技术［M］．北京：建筑工业出版社，2005.

[4] 某学院电教信息大楼建筑电气施工图纸［M］．深圳：化工部第八设计院，2002.

[5] 某大厦消防系统施工图纸［M］．深圳：深圳建筑设计总院，2004.

[6] 徐鹤生．消防系统工程［M］．北京：高等教育出版社，2004.

[7] 梁延东．建筑消防系统［M］．北京：中国建筑工业出版社，1997.

[8] 黄浩忠．火灾自动报警系统简明设计手册［M］．北京：中国建材工业出版社，2001.

[9] 李文武．简明建筑电气安装工手册［M］．北京：机械工业出版社，2004.

反侵权盗版声明

举报电话：（010）88254396；88258888
传　　真：（010）88254397
E-mail：dbqq@ phei. com. cn
通信地址：北京市海淀区万寿路 173 信箱
　　　　　电子工业出版社总编办公室
邮　　编：100036